计算机科学与技术专业核心教材体系建设 —— 建议使用时间

课程系列	一年级上	一年级下	二年级上	二年级下	三年级上	三年级下	四年级上	四年级下
选修系列								机器学习 物联网导论 大数据分析技术 数字图像处理技术
应用系列						计算机图形学		
					人工智能导论 数据库原理与技术 嵌入式系统	计算机体系结构		
系统系列					计算机网络			
			计算机系统综合实践					
			操作系统					
			计算机原理					
程序系列			软件工程 编译原理		软件工程综合实践			
			算法设计与分析					
			数据结构					
		面向对象程序设计 程序设计实践						
	计算机程序设计							
电类系列		数字逻辑设计 数字逻辑设计实验						
		电子技术基础						
	信息安全导论 离散数学(上)	离散数学(下)						
基础系列	大学计算机基础							

面向新工科专业建设计算机系列教材

并行程序设计

刘 轶 杨海龙 编著

清华大学出版社

北京

内 容 简 介

本书是针对"并行程序设计""并行计算"等课程编写的教材,内容包括并行计算基础知识、共享内存系统的OpenMP和Pthreads多线程编程、消息传递系统的MPI编程、Slurm作业管理系统、GPU等异构系统的CUDA/OpenCL/OpenACC/Athread编程、常用的并行设计与性能优化方法、典型并行应用算法等,另外,还特别增加了针对我国自主研发的申威处理器编程的相关内容。本书涵盖并行程序设计最常用的编程语言/接口、设计与性能优化方法、基础应用算法等内容,一方面反映了OpenMP、MPI等成熟编程语言/接口的新特性,以及GPU异构编程等新型编程接口;另一方面在典型并行应用算法部分尝试用计算机专业人员易于理解的方式介绍典型算法,特别是以线性方程组迭代求解方法中的共轭梯度法为例。本书每章都设置了以编程为主的习题,鼓励读者通过编写程序掌握相关方法。

本书适合作为计算机和信息类专业高年级本科生和研究生的教材,也可供高性能计算和并行计算领域的科研人员参考。

图书在版编目(CIP)数据

并行程序设计 / 刘轶,杨海龙编著 .— 北京:清华大学出版社,2024.4
面向新工科专业建设计算机系列教材
ISBN 978-7-302-66096-5

Ⅰ.①并… Ⅱ.①刘…②杨… Ⅲ.①并行程序–程序设计–教材… Ⅳ.① TP311.11

中国国家版本馆 CIP 数据核字(2024)第 072723 号

责任编辑:白立军
封面设计:刘 键
责任校对:韩天竹
责任印制:宋 林

出版发行:清华大学出版社
   网 址:https://www.tup.com.cn,https://www.wqxuetang.com
   地 址:北京清华大学学研大厦 A 座   邮 编:100084
   社 总 机:010-83470000   邮 购:010-62786544
   投稿与读者服务:010-62776969,c-service@tup.tsinghua.edu.cn
   质量反馈:010-62772015,zhiliang@tup.tsinghua.edu.cn
印 装 者:三河市人民印务有限公司
经 销:全国新华书店
开 本:185mm×260mm 印 张:21 彩 页:1 字 数:515 千字
版 次:2024 年 5 月第 1 版   印 次:2024 年 5 月第 1 次印刷
定 价:69.00 元

产品编号:088694-01

出版说明

一、系列教材背景

人类已经进入智能时代,云计算、大数据、物联网、人工智能、机器人、量子计算等是这个时代最重要的技术热点。为了适应和满足时代发展对人才培养的需要,2017年2月以来,教育部积极推进新工科建设,先后形成了"复旦共识""天大行动"和"北京指南",并发布了《教育部高等教育司关于开展新工科研究与实践的通知》《教育部办公厅关于推荐新工科研究与实践项目的通知》,全力探索形成领跑全球工程教育的中国模式、中国经验,助力高等教育强国建设。新工科有两个内涵:一是新的工科专业;二是传统工科专业的新需求。新工科建设将促进一批新专业的发展,这批新专业有的是依托于现有计算机类专业派生、扩展而成的,有的是多个专业有机整合而成的。由计算机类专业派生、扩展形成的新工科专业有计算机科学与技术、软件工程、网络工程、物联网工程、信息管理与信息系统、数据科学与大数据技术等。由计算机类学科交叉融合形成的新工科专业有网络空间安全、人工智能、机器人工程、数字媒体技术、智能科学与技术等。

在新工科建设的"九个一批"中,明确提出"建设一批体现产业和技术最新发展的新课程""建设一批产业急需的新兴工科专业"。新课程和新专业的持续建设,都需要以适应新工科教育的教材作为支撑。由于各个专业之间的课程相互交叉,但是又不能相互包含,所以在选题方向上,既考虑由计算机类专业派生、扩展形成的新工科专业的选题,又考虑由计算机类专业交叉融合形成的新工科专业的选题,特别是网络空间安全专业、智能科学与技术专业的选题。基于此,清华大学出版社计划出版"面向新工科专业建设计算机系列教材"。

二、教材定位

教材使用对象为"211工程"高校或同等水平及以上高校计算机类专业及相关专业学生。

三、教材编写原则

(1) 借鉴 *Computer Science Curricula* 2013(以下简称 CS2013)。CS2013

的核心知识领域包括算法与复杂度、体系结构与组织、计算科学、离散结构、图形学与可视化、人机交互、信息保障与安全、信息管理、智能系统、网络与通信、操作系统、基于平台的开发、并行与分布式计算、程序设计语言、软件开发基础、软件工程、系统基础、社会问题与专业实践等内容。

（2）处理好理论与技能培养的关系，注重理论与实践相结合，加强对学生思维方式的训练和计算思维的培养。计算机专业学生能力的培养特别强调理论学习、计算思维培养和实践训练。本系列教材以"重视理论，加强计算思维培养，突出案例和实践应用"为主要目标。

（3）为便于教学，在纸质教材的基础上，融合多种形式的教学辅助材料。每本教材可以有主教材、教师用书、习题解答、实验指导等。特别是在数字资源建设方面，可以结合当前出版融合的趋势，做好立体化教材建设，可考虑加上微课、微视频、二维码、MOOC等扩展资源。

四、教材特点

1. 满足新工科专业建设的需要

系列教材涵盖计算机科学与技术、软件工程、物联网工程、数据科学与大数据技术、网络空间安全、人工智能等专业的课程。

2. 案例体现传统工科专业的新需求

编写时，以案例驱动，任务引导，特别是有一些新应用场景的案例。

3. 循序渐进，内容全面

讲解基础知识和实用案例时，由简单到复杂，循序渐进，系统讲解。

4. 资源丰富，立体化建设

除了教学课件外，还可以提供教学大纲、教学计划、微视频等扩展资源，以方便教学。

五、优先出版

1. 精品课程配套教材

主要包括国家级或省级的精品课程和精品资源共享课的配套教材。

2. 传统优秀改版教材

对于已经出版、得到市场认可的优秀教材，由于新技术的发展，计划给图书配上新的教学形式、教学资源的改版教材。

3. 前沿技术与热点教材

反映计算机前沿和当前热点的相关教材，例如云计算、大数据、人工智能、物联网、网络空间安全等方面的教材。

六、联系方式

联系人：白立军

联系电话：010-83470179

联系和投稿邮箱：bailj@tup.tsinghua.edu.cn

面向新工科专业建设计算机系列教材编委会

2019 年 6 月

FOREWORD

前言

近年来，并行编程技术的发展非常迅速，与此同时，社会对并行编程技能的需求和应用也日益广泛，这主要受到以下几方面因素的推动：首先，多核 / 众核处理器、GPU、深度学习处理器等新型体系结构快速发展，其编程方法与传统并行编程相比有较大的差异，这推动并行编程模型及编程语言 / 接口出现了诸多变化；其次，人工智能、云计算、大数据分析等新兴应用对并行计算有着很高的要求，推动并行编程的应用领域从传统的科学 / 工程计算向更多的领域拓展；最后，高性能计算机系统的规模不断增大，异构体系结构已成为主流，这使得高性能应用软件的并行规模（进程 / 线程个数）越来越大，且需要适配多种异构体系结构，给大规模并行程序的编写提出了更高的要求。

目前，国内很多高校都开设了"并行程序设计"和"并行计算"课程，但缺少系统地、全面地介绍并行编程语言 / 接口的教材，这也是本书的编写初衷。与已有的一些并行编程教材和参考书相比，本书在内容编写上注重体现以下几个特点。

1. 注重编程能力训练

编程类课程的首要目标不是让学生记住多少概念或者接口函数，而是真正掌握编程技能，在面对实际问题时，能够编写满足需求的并行程序。有鉴于此，本书在介绍并行编程语言 / 接口时，同步给出了很多示例程序。例如，在介绍并行接口函数时，除了介绍函数功能和参数外，还给出了调用该函数的示例代码，这种代码虽然只有几行，但可以帮助初学者更清晰地了解如何在程序中使用该函数；又如，在介绍每种编程语言 / 接口的过程中，穿插介绍了多个相对完整的示例程序，可以帮助读者了解如何在程序中综合使用并行编程接口。此外，每章所附的习题也以编程为主，考虑到编写完整程序的工作量较大，很多习题只要求写出代码段落，以此帮助读者掌握并行编程接口的实际用法。

2. 体现编程语言的新特性

一方面，本书在介绍 OpenMP、Pthreads、MPI 等较为成熟的编程语言 / 接口时，注意体现这些语言 / 接口的新特性，如 OpenMP 中的 task 构造、MPI 如何使用多线程，以及单边通信接口等；另一方面，本书单独用一章内容介绍了主流的CUDA、OpenCL、OpenACC 异构编程接口，帮助读者全面了解新型异构体系结构的并行编程方法。

3. 反映自主高性能处理器的并行编程

我国超算技术在近年来取得了长足的进步，基于自主高性能处理器的高性能计算机系统已经达到世界领先水平。为了满足国内并行编程用户在国产超算系统上编程的需求、推动国产超算应用生态发展，本书在异构系统并行编程这一章中专门介绍了申威处理器的 Athread 编程接口，以及 OpenACC 在申威处理器上的编程方法。

4. 以简单易懂的方式阐述算法

数值算法不是本书的核心内容，要了解这方面的内容通常可以学习独立的课程和专门的教材，但在介绍并行编程时，不可避免地会涉及多种常用数值算法。有鉴于此，本书第 6 章介绍了一些典型应用算法，考虑到本书的读者主要来自计算机专业，在编写这部分内容时编者遵守"重在掌握算法思路和原理"的原则，尽量避免算法的形式化描述、推导、证明等相对晦涩的表述，而试图用相对简单易懂的方式阐述算法原理，以近年来在稀疏线性方程组求解中应用广泛的共轭梯度法为例，要全面介绍算法的形式化描述、推导及证明需要使用大量的篇幅，但这反而会影响读者了解这种算法的思路和原理。

下图显示了各章之间，以及它们与并行计算系统之间的关系。总体上编者建议教师按照第 1~6 章的顺序开展教学，第 6 章中部分算法的内容在前面几章已有所涉及，如矩阵乘法、LU 分解等。因此，可以在讲授第 2~4 章时结合并行应用算法展开这部分内容，或者将之与编程习题相结合。需要注意的是，第 2~4 章教学过程中宜选择相对简单的并行应用算法，以使学生集中精力学习和掌握各种编程语言 / 接口的使用和编程方法。

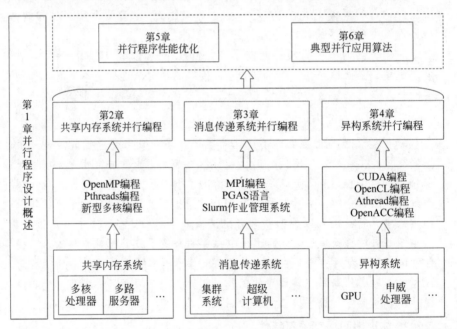

随着逐渐成稿，本书先后两年作为北京航空航天大学计算机学院的研究生专业课"并行程序设计"的内部讲义被使用。在此过程中，多名博士生和硕士生参与了编写工作，包括林放、孙庆骁、刘静怡、唐世泽、陈邦铎、程衍尚。在此对他们的辛勤工作表示感谢！本书的立项和出版离不开钱德沛院士和清华大学出版社的大力支持，在此亦表示深深的感谢！

编　者
2024 年 1 月

CONTENTS

目录

并行程序设计概述

在介绍如何编写并行程序之前，需要了解一些重要的基础性问题：第一，什么是并行？实现并行的方法是什么？第二，既然并行可以用来提升计算性能，那么如何衡量计算性能和速度？第三，运行并行程序的硬件系统是怎样的？第四，并行编程的语言大致是什么样的？包括哪些种类？本章将重点回答以上问题。

◆ 1.1 并行性概述

所谓"并行"就是让多个实体同时进行某些工作，以达到加快处理速度、缩短处理时间的目的。这里的"实体"可以是一段程序（如线程），也可以是计算机中的某个处理部件（如处理器）。而要实现"同时进行某些工作"，既可以在程序控制下进行，也可以由硬件或系统自动进行，也就是对编程人员透明。并行的目的比较单一，就是加快处理速度，在工作量确定不变的情况下缩短处理时间。具体到程序就是加快程序执行速度。

事实上，并行不是计算机所独有，而是一种被人类社会广泛采用且有着悠久历史的方法。例如，在农耕时代，每当庄稼成熟时，为了避免天气等原因造成粮食损失，人们常常会动员所有的劳力收割和晾晒庄稼，其中，有些人负责收割，有些人负责晾晒，这种分工在并行编程中被称为"功能并行"；在负责收割庄稼的人当中，每个人负责收割不同的田块，以加快收割速度，这在并行编程中被称为"数据并行"。又如，在现代社会，一些火车站或机场人流量很大，为了加快旅客通行速度、减少排队等待时间，这些场所通常会设置多个进出站通道或安检通道，这事实上也是并行。在这种场景下还存在一些有趣的现象：当旅客到来时，会自己寻找较短的队列去排队，这很像计算机里的任务分配/调度；在排队过程中，旅客发现自己所排的队列前进速度较慢，可以自行换到他们认为更快的队列去，这事实上是一种自主的负载均衡。

回到计算机本身，现代电子计算机普遍采用冯·诺依曼架构，其本质就是处理器按顺序从存储器中取出指令并执行，针对这种结构设计的各种高级语言也都基于顺序语义。例如，用 C 语言编写程序时，编程人员都假设程序会从 main( ) 函数开始按顺序一条一条地执行其中的语句。也就是说，人类是按照这种顺序执行的逻辑来编写程序的，这也符合人类的思维方式。这样就产生了一个问题：编程人员长期熟悉和掌握的是如何编写顺序执行的程序，而为了加快程序执行速度，又需要让程序并行执行。解决这一问题主要有两条途径：一是由程序员编写并行程序，如多线程程序，这要求编程人员掌握并行编程技能，并且以并行的逻辑思考和编写程序，显然会增大编程的难度和复杂性；二是在软硬件的配合下，使计算机自主地并行执行按照顺序逻辑编写的程序，这一过程对程序员透明，也就是说，程序员仍然按照顺序逻辑编写程序，但程序在执行时自动并行化。对比这两条途径，显然第二条途径更有吸引力，多年来人们也提出了很多方法实现这一目标，这些方法可以归纳为指令级并行和并行编译 / 自动并行化两类。

1. 指令级并行

现代计算机处理器广泛采用指令流水线，通过将指令执行过程分为多个阶段，并为每个阶段设计硬件部件，使硬件可以连续从内存中取出指令并送入流水线，进而同时处理多条指令，这就实现了指令级的并行（instruction level parallelism, ILP）。然而，由于前后指令间可能存在的依赖关系（相关性），流水线将不可能长时间连续运行，在执行分支 / 跳转指令时，流水线会经常性地出现停滞。

在指令流水线基础上，处理器还可以采用多发射和乱序执行（out-of-order execution）技术进一步提升指令级并行性。其中，多发射技术是为处理器增设执行部件，使之可以同时将多条指令投入运行，例如，主流处理器采用的 4- 发射指处理器可以同时投入执行 4 条指令；而乱序执行则允许处理器跳过当前导致流水线停滞的指令，直接执行后续指令。当然，这些技术的应用都必须在保证程序正确性的前提下进行，也就是说，无论是多发射还是乱序执行，成功与否都取决于指令之间是否存在依赖关系。

在多核处理器出现之前的相当长一段时期内，处理器微体系结构研究人员和处理器厂商都在上述指令级并行性技术上投入了大量资源，在不断发掘指令级并行性以提升处理器性能的同时，处理器内部支持指令级并行的硬件部件也越来越复杂，占用了处理器芯片的大量硅片面积，也在很大程度上消耗了摩尔定律带来的收益。

然而，由于程序是按照顺序逻辑编写的，即使经过编译优化，前后指令间的依赖关系（相关性）仍无法避免，而且包含多条顺序指令的指令块越大，其中存在依赖关系的概率也越大，这导致处理器的多发射机制存在扩展瓶颈。目前主流处理器采用 4– 发射，少数高性能处理器支持 8– 发射，几乎没有什么处理器支持 16– 发射，主要原因就是硬件开销成倍增加换来的边际收益越来越小。

在通过指令级并行方法挖掘程序中的隐藏并行性（hidden parallelism）达到极限的情况下，如今处理器不得不转向多核方向发展。

2. 并行编译 / 自动并行化

并行编译这类技术又被称为自动并行化，指在编译过程中将串行程序自动转换为可并行执行的程序。这一技术需要在串行程序中识别可以被并行执行的程序块或程序段落，然而，编译器在缺少程序算法和处理逻辑等高层知识的情况下，要识别可以被并行执行的大块程序是很困难的。目前较为成熟且被应用广泛的自动并行化方法还仅限于表达式和语句层次，例如，自动向量化（把循环计算转换为向量计算）、调整表达式计算顺序以适应处理器多发射结构等。

综上所述，在指令级并行技术发展已近极限，同时并行编译 / 自动并行化的作用又有限的情况下，人们不得不回归到依靠程序员编写并行程序的道路上。同时，在硬件方面，多核处理器已成为主流，以 GPU 为代表的异构计算系统日渐兴起，为了更高效地利用这些底层硬件，行业内需要更多的编程人员掌握并行编程能力；在应用方面，云计算、大数据、人工智能等新兴应用对计算性能的需求也越来越高，这也对并行编程提出了更高的要求。

◇ 1.2　如何衡量计算速度

如前所述，并行的目的就是为了加快程序的执行速度。那么，如何定量地衡量它呢？人们通常使用几个量化指标来进行表示和评价。

1. 衡量处理器和计算机系统的性能

程序的执行速度与硬件平台密切相关。因此，首先要明确如何衡量处理器和计算机系统的性能。

学习过计算机组成原理的人都知道，衡量处理器性能的最常用指标是 MIPS（million instructions per second），即处理器每秒执行的指令条数（单位：百万条）。然而，在并行计算领域，业内却很少采用这一指标，主要原因是：由于处理器架构和指令系统设计存在差异，在技术上很难把两种不同架构处理器的 MIPS 指标放在一起对比。典型的例子就是采用复杂指令集计算机（complex instruction set computer, CISC）的处理器和精简指令集计算机（reduced instruction set computer, RISC）的处理器之间的对比。CISC 架构处理器的指令集常常达到数百条，而 RISC 架构处理器的指令集往往只有数十条，精简指令集带来的一大好处是使处理器的指令执行速度更快，因而 RISC 处理器的 MIPS 指标明显高于 CISC 处理器。但另一方面，CISC 处理器的指令功能更强大，有的功能 RISC 处理器需要几条指令完成，而 CISC 处理器只需要一条指令足够了。在这种情况下，简单对比两种处理器的 MIPS 指标并无法判断哪种处理器性能更高。

在并行计算领域，由于程序常常是计算密集型的，即程序执行时间主要消耗在大量的浮点数运算上，因此，人们更多地使用**浮点计算性能指标**，即 **FLOPS**（floating-point operations per second）衡量处理器和计算系统的性能。

针对某个处理器，人们可以根据其工作频率、指令周期、浮点运算部件等参数推算其在理想情况下每秒可以完成的浮点运算次数，此即为该处理器的 FLOPS 指标。如果一个计算机系统包含多个处理器，则将各处理器性能指标简单相加就可以得出该计算系统的 FLOPS 指标。

可以看出，根据上述方法得出的 FLOPS 指标是处理器或计算机系统的理想性能，又被称为**峰值性能（peak performance）**。由于程序中存在大量的非浮点计算操作，在实际执行时，浮点运算部件很难按照理想状态全速运行。因此，处理器或计算机系统在运行程序时的实际性能一般会低于峰值性能，而人们恰恰更关心这种实际的**应用性能**，判断这种性能常常需要用到基准测试程序，本节后面将介绍此类程序。

随着处理器和超级计算机的性能越来越高，人们开始使用更高数量级的 FLOPS 指标表示系统的计算性能，如 GFLOPS、TFLOPS、PFLOPS、EFLOPS 等，对应中文的十亿次、万亿次、千万亿次、百亿亿次等，详见表 1-1。

表 1-1 常见量级的 FLOPS 指标

FLOPS 指标	含 义
GFLOPS	Giga-FLOPS，每秒 10^9 次浮点运算，或十亿次
TFLOPS	Tera-FLOPS，即 1000GFLOPS，或 10^{12} 次，或万亿次
PFLOPS	Peta-FLOPS，即 1000TFLOPS，或 10^{15} 次，或千万亿次
EFLOPS	Exa-FLOPS，即 1000PFLOPS，或 10^{18} 次，或百亿亿次
ZFLOPS	Zetta-FLOPS，即 1000EFLOPS，或 10^{21} 次，或十万亿亿次

近年来，随着深度学习技术的发展，人们研发了专门用于深度神经网络计算的深度学习处理器，这类处理器专门针对多层神经网络运算进行了优化设计，但大多只支持低精度浮点数或定点数（整数）运算。为了衡量这类处理器的计算性能，又出现了 **OPS**（**operations per second**）**指标**，即每秒操作次数，其中的"操作"是指神经网络的基本运算操作，通常指"乘 – 加"运算，但其运算的数据类型不是科学 / 工程计算常用的双精度或单精度浮点数，而是定点数或者低精度浮点数。

2. 衡量程序的执行速度

衡量程序的执行速度的最直观指标就是程序执行时间。除此之外，由于并行的目的是加快程序的执行速度，所以单纯通过程序执行时间难以直观地反映并行的加速效果。举一个简单的例子：在相同的硬件平台上，程序 A 的执行时间为 100 秒，经过并行优化后，其执行时间降为 60 秒；程序 B 的执行时间为 150 秒，经过并行优化后，其执行时间降为 80 秒。要评价 A、B 两个程序的并行优化效果，单纯使用执行时间就不够直观了。

为了更清晰直观地反映并行的加速效果，人们常采用**加速比**（**speedup**）指标。直观地说，加速比就是"加速的倍数"，它通过计算并行前后的程序执行时间比值得出，其具体定义如下。

假设程序的串行执行时间为 T_s，并行执行时间为 T_p，则加速比计算公式如式（1-1）所示。

$$S = \frac{T_s}{T_p} \tag{1-1}$$

仍以前述的程序 A、B 并行效果为例，可以计算出程序 A 的加速比是 1.67，而程序 B 的加速比是 1.88。由此可以直观地得出结论：程序 B 的加速效果更好。

加速比指标常常被用于评价程序的**并行可扩展性**，即程序性能是否能随着并行规模的增加而提升。例如，对于相同的程序和输入数据，如果把处理器个数加倍，程序性能可以提升多少？如果处理器个数增加到原来的 4 倍，程序性能又能提升多少？通过测试程序在不同处理器个数下的执行时间，计算其加速比，并绘制加速比曲线，就可以评估该程序的加速比变化趋势，也就是并行可扩展性，如图 1-1 所示。

图 1-1（a）、图 1-1（b）分别给出了两个加速比曲线的示例。图中的虚线对应的是**线性加速比**，它是指程序性能随处理器个数增加而线性提升，即用 n 个处理器时加速比为 n。显然，线性加速比是一种理想的情形，绝大多数并行程序都难以达到线性加速比，这是因为程序中的多种因素会限制加速比线性提升，本书的后半部分会深入讨论这一问题。

图 1-1（b）给出了一种特例，即程序性能在某些时候（处理器个数为 16 时）超过了

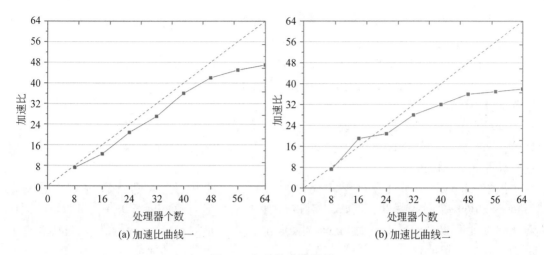

图 1-1 加速比曲线示例

线性加速比，这被称为**超线性加速比**（superliner speedup）。虽然看起来不可思议，但超线性加速比的确是可能发生的（尽管比较罕见），它通常是由于采用更多的处理器后，分配到每个处理器的数据集合变小，在某些情形下会显著提升处理器的高速缓存命中率，从而获得额外的性能提升。需要强调的是，对于绝大多数程序来说，这种额外的性能提升远不足以弥补并行化后多种因素带来的性能损失。因此，超线性加速比并不属于常态现象。

除了加速比指标以外，人们有时还使用**并行效率**（efficiency）衡量并行性能。其计算公式如式（1-2）所示。

$$E = \frac{T_s}{N \times T_p} \tag{1-2}$$

式中，T_s 和 T_p 的定义与前面的加速比计算公式相同，分别指程序的串行和并行执行时间，N 表示并行执行所用的处理器个数。如果某个程序在使用 N 个处理器时可获得线性加速比（也就是其并行计算时间仅为串行执行时间的 $1/N$），那么按照上述公式计算，其并行效率就是 100%；如果某个程序使用 16 个处理器时的加速比为 8 倍，则其并行效率为 50%。

由于计算并行效率是以串行程序作为基准的，故从严格意义上说，它是一种相对并行效率（relative efficiency），也就是相对于单处理器的效率。在有些时候还可以改变参照基准，如以较小规模的并行执行时间作为基准测试并行规模扩大时的相对并行效率，以评价程序性能的可扩展性。之所以这样做是因为求解问题规模将限制并行规模，举例来说，适合用 10 万个处理器计算的问题规模（如矩阵大小）很可能无法在单个处理器上完成计算，要么计算时间过长，要么数据量超过单节点的内存容量。这时，可能就需要用 1000 个处理器或者 1 万个处理器的并行执行时间为基准计算 10 万个处理器下的相对并行效率。

3. 基准测试程序

如前所述，相对于处理器或计算机系统的峰值性能指标，人们更关注其在实际运行程序时的表现，也就是**应用性能**。然而，由于应用程序种类千差万别，如何表征这些应用程序就成为了一个问题。为此，人们选取一些具有典型代表性的程序，将其作为**基准测试程序**（benchmark）。此类程序的核心算法在领域内应用广泛，通常被认为具有代表性，多数情况下，这类程序还具有代码量较小、易于分析使用的特点。

在高性能计算领域，最著名的基准测试程序要数 Linpack 了，它更确切的名称是 high performance linpack，简称 HPL，是一种采用高斯消去法（高斯消元法）求解线性方程组的程序，由于求解线性方程组涉及大量的稠密向量/矩阵计算，具有计算密集且进程间通信频繁的特点，能够比较好地测试计算机系统的计算性能和互联网络性能；同时，向量/矩阵计算不仅是科学和工程计算领域的基础算法，还是图像处理、深度神经网络等新兴应用的基础算法，具有广泛的代表性。因此，世界超级计算机排行榜 TOP500 采用 Linpack 性能排名，即在高性能计算机上运行 Linpack 程序，根据运行结果给出的 FLOPS 指标对这些高性能计算机排名。

虽然 Linpack 程序具有广泛的代表性，但实际的并行应用程序往往难以达到像 Linpack 那样高的计算密度。例如，实际应用程序常常在计算的同时访问大量数据，因而对访存性能有很高的要求，而 Linpack 程序由于计算非常密集、局部性好，对访存性能的敏感度相对较低。为了弥补这一局限性，人们还尝试使用其他基准测试程序以测试超级计算机的性能，并根据测试指标形成其他的排行榜。比较有代表性的是 HPCG（high performance conjugate gradients），它是一种采用共轭梯度法求解稀疏方程组的程序。该测试程序包含大量的稀疏向量/矩阵计算，对系统的访存性能有较高的要求，由此形成了除 Linpack 排名之外的高性能计算机性能排名——HPCG 排行榜。

由于应用程序种类和算法的多样性，一种基准测试程序的代表性是有限的。针对这一问题，人们常常将多个代表不同应用特征的程序组合到一起，形成基准测试程序集。在并行计算领域常用的基准测试程序集有 NPB、PARSEC、SPLASH2 等。以 NPB 为例，它从计算流体力学（computational fluid dynamics, CFD）应用衍生而来，包含 9 个测试程序，对应快速傅里叶变换（FFT）、整数排序、LU 矩阵分解等多种应用，可以从不同侧面反映被测系统的性能。

◆ 1.3 并行计算系统基本知识

1.3.1 弗林分类

弗林（Flynn）分类是一种经典的并行计算系统分类方法，它按照系统中指令流（instruction stream，IS）和数据流（data stream，DS）的数量进行组合，形成四种分类，如表 1-2 所示，四种系统的结构示意图如图 1-2 所示。

表 1-2 Flynn 分类的四种系统

类别	全 称	特 征	典 型 系 统
SISD	single instruction, single data	单条指令流、单条数据流	串行处理器
SIMD	single instruction, multiple data	单条指令流、多条数据流	向量处理器
MISD	multiple instruction, single data	多条指令流、单条数据流	无
MIMD	multiple instruction, multiple data	多条指令流、多条数据流	多核处理器、多处理器

在 Flynn 分类的四种系统中，SISD（单指令流、单数据流）系统即为传统的串行计算机或单核处理器计算机，MISD（多指令流、单数据流）系统尚未有实用的商用系统，而其他两种系统介绍如下。

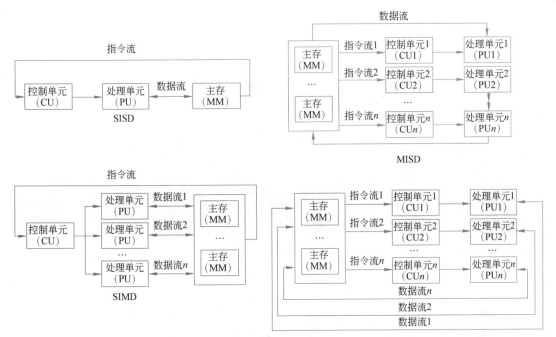

注：CU—Control Unit; PU—Processing Unit; MM—Main Memory。

图 1-2 Flynn 分类法的四种系统结构

1. SIMD

此类系统最为典型的应用就是向量处理器或向量计算机，是最早出现的一种并行计算模式，其核心特点是可以用一条指令完成对多个数据的并行处理，每个数据的运算操作相同。例如，两个向量相加或相乘时，每对元素的操作相同。在 SIMD 系统中，数据加载完毕后，可以用一条指令完成多对元素的并行计算，而如果没有这种并行计算支持，计算机就需要使用循环逻辑，每次循环完成一对元素的计算。

图 1-3 给出了一种向量运算部件的组成结构。该部件包括多个向量寄存器，每个向量寄存器具有固定长度，可以存放一个向量（多个浮点数），以 512 位向量宽度为例，则每个向量寄存器可存储 8 个双精度浮点数（每个双精度浮点数占用 8B）；向量载入 / 存储单元负责从主存中加载数据到向量寄存器，并将运算结果写入主存；用于向量运算的向量功能单元可以完成向量的加 / 减、乘、除，以及整数和逻辑运算，在流水线的支持下，由向量寄存器提供数据，向量功能单元可在每个指令周期完成一次运算操作。由于每次运算对象包含多个浮点数，其计算性能远高于通用 CPU 的算术逻辑单元（ALU）。

向量计算是科学和工程计算领域众多算法的基础与核心。因此，其对提升传统计算密集型应用的性能具有显著的效果。不仅于此，很多新兴应用也依赖向量计算，例如，以图像处理为基础的多媒体信息处理、深度学习中的卷积计算和神经网络权值更新等。

因此，SIMD 并行模式在计算机中得到了广泛的支持，其早期形态是向量计算机，后来常常被作为处理器的附属部件存在。目前主流的通用处理器大多具备向量计算部件，如 Intel 处理器中的 MMX/SSE/AVX 技术就依托向量计算部件实现。通过使用处理器指令集中的特定指令，程序可以利用这些向量部件进行数据的并行处理，每次可以处理的数据个

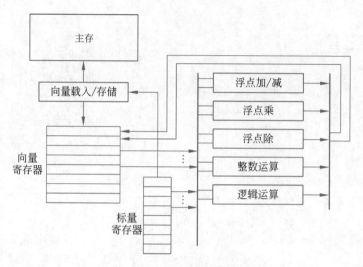

图 1-3　向量运算部件的典型结构

数取决于向量部件的宽度，以 512 位宽度的向量部件为例，它一次可以完成 8 对双精度浮点数的计算（每个双精度浮点数占用 8B）。

2. MIMD

此类系统最为典型的有多核处理器、多处理器系统、集群系统等，其典型特征是系统中的多个控制单元独立执行指令（即多条指令流），每条指令流独立处理数据（即多条数据流）。显然，系统中的每条指令流都可以映射为程序的线程或进程。因此，这类系统可以方便地支持多线程 / 多进程并行执行。

1.3.2　共享内存系统与消息传递系统

除了 Flynn 分类之外，另外一种分类方法与并行编程的硬件模型关联更为密切，即按照内存系统的组织和访问方式分类，此法可将并行系统分为共享内存系统和消息传递系统两类。

1. 共享内存系统

共享内存系统（shared-memory system）又被称为共享存储系统（取决于对单词 memory 的译法）。由于在某些场合"存储系统"又被用以指代外存，为避免混淆，本书统一采用共享内存系统这一名称。

图 1-4 给出了共享内存系统的结构，此类系统的特点是它的多个处理器 / 节点共享主存系统，并运行一个操作系统，进行统一的资源管理和进程 / 线程调度。

从并行编程角度看，这类系统可以支持多线程并行，即程序创建多个并行线程，这些线程在多个处理器上并行执行，线程之间可以通过共享内存进行交互 / 通信，如访问共享变量、同步等，因而线程间通信开销较小，耦合比较紧密。当然，在这类系统中，一个程序也可以创建多个进程并实现进程间并行。

与下面将要介绍的消息传递系统（分布式内存系统）相比，共享内存系统可支持多线程并行，具有可编程性好的优点；缺点是系统的可扩展性较差，这主要是因为多个处理器共享主存，当处理器数量较多时，主存很容易成为整个系统的瓶颈，因而限制了系统的规

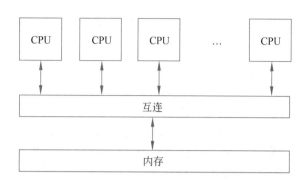

图 1-4 共享内存系统的结构

模。集中式共享内存系统的处理器数量通常不超过 16 个。

为了提高共享内存系统的可扩展性，人们将集中式共享内存改为分布式共享内存，即将主存分布到各个处理器节点，通过硬件机制实现内存的统一编址和共享访问。这类系统结构被称为非一致内存访问（non-uniform memory access, NUMA）系统，采用 NUMA 结构的并行系统规模可以达到数百乃至上千个处理器，但由于造价较高，此类系统普及面较窄。无论怎样，从程序员视角来看，NUMA 结构仍然属于共享内存系统，但由于此时内存被分布在各个处理器节点，访问本地内存和远程节点内存的时间延迟差异较大。

2. 消息传递系统

消息传递系统（message-passing system）又被称为分布式内存（distributed memory）系统，其结构如图 1-5 所示。此类系统与共享内存系统相比最大的不同之处在于：它的主存不是全局共享，而是分布在各个节点。虽然共享内存系统中的 NUMA 结构也将内存分布在各个处理器/节点，但 NUMA 具备共享内存的硬件机制，也就是一个节点可以直接访问另一个节点的内存，而消息传递系统只是通过互连网络将多个节点互连到一起，节点间没有共享内存的硬件机制，而只能通过互连网络传输消息，其结构如图 1-5 所示。

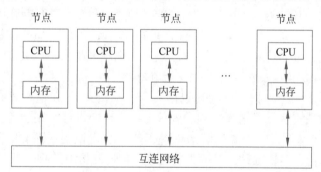

图 1-5 消息传递系统的结构

由于消息传递系统的上述结构特点，系统中的每个节点都拥有独立的内存空间，并运行独立的操作系统。显然，在这类系统上，程序无法将同属一个进程的多个线程分配在不同节点执行。因此，这类系统在节点间仅支持多进程并行，即程序创建多个进程，将其分配到多个节点并行执行，进程间通过互连网络传输消息进行通信和同步。多线程并行仅限在同一节点内部。

与共享内存系统对比可以看出，消息传递系统的缺点是编程较为复杂，即可编程性较差；其优点是可扩展性好，只要互连网络具备足够的性能和扩展能力，此类系统的规模可以无限扩展。超级计算机系统通常采用此类结构。

需要说明的是，共享内存系统和消息传递系统是两类基本的并行系统。现实世界中的很多并行系统实际上是混合结构。例如，消息传递系统中的处理器大多为多核处理器，节点还可能拥有多个处理器，这样就形成了节点间是消息传递，节点内是共享内存的混合并行结构。为了更高效地利用这些混合并行系统，很多程序采用混合并行编程模式，较为典型的是 MPI＋OpenMP，即程序采用 MPI 实现多进程并行，进程内采用 OpenMP 实现多线程技术以高效利用节点内的共享内存并行系统。

1.3.3 几种常见的并行计算系统

前面介绍了并行系统的一般结构和分类。至于在学习和工作中实际用到的并行计算系统，主要有多核处理器、多处理器、异构系统、集群和高性能计算机五种。

需要说明的是，本节介绍的五种常见并行系统并不属于严格意义上的分类，它们相互之间往往有重叠。例如，集群系统的节点常常采用多核处理器、对称多处理技术，有些还是异构系统结构；又如，多数高性能计算机也属于集群系统。

1. 多核处理器

多核（multicore）处理器就是在一个芯片上集成多个处理器，其正式名称是"片上多处理器"（chip multi-processor, CMP）。为了与独立的处理器区分，多核处理器中的每个处理器常被称为处理器核（processor core）。

多核处理器诞生于 21 世纪初，在此之前，每个处理器芯片中通常只有一个处理器，即"单核处理器"。自从微处理器于 20 世纪 70 年代诞生后，其性能提升长期依赖两种技术手段：一是不断提升工作频率（即通常所说的"主频"），二是在摩尔定律推动下持续改进处理器微体系结构以发掘程序中的隐藏并行性，以及增加高速缓存容量。然而这两种技术手段在 21 世纪初相继走到尽头，首先，随着处理器的工作频率持续增加，处理器芯片功耗不断增大，更为严重的是，集成电路内部的晶体管栅极漏电随晶体管数量和频率提升而日益严重，造成大量的功耗浪费，同时散热难度也越来越大；其次，随着处理器微体系结构的持续改进，程序中隐藏并行性的发掘已接近极限，而高速缓存容量的增大对程序性能的改善也有相对上限（与程序访问的数据集合大小相关）。在这种背景下，为了继续利用摩尔定律带来的晶体管数量增长红利，处理器厂商转向设计、制造多核处理器，即把多个处理器集成到一个芯片中，在保持工作频率基本不变以控制功耗的情况下实现处理器总体性能的提升。因此，多核处理器实际上是性能 - 功耗的折中产物。

图 1-6 以示例形式给出了一种典型的多核处理器结构。该处理器为四核结构，也就是有 4 个处理器核。然而有趣的是，图中标出了 8 个逻辑处理器（logical processor），这是因为与多核处理器同时代出现了一种处理器部件复用技术，被称为 SMT（simultaneous multi-threading，同时多线程）。SMT 技术支持在一个处理器核上同时执行多个线程，基本工作原理是：让多个线程共享处理器核的多数执行部件，如流水线、ALU 等，而为每个线程提供独立的寄存器和程序计数器，当一个线程中的指令访问主存时，由于访存时延较大，该线程的指令流水线将进入停滞状态，此时，处理器自动切换到其他线程执行，这样，处理器核就可以同时执行多个线程，且对软件透明。在这种情形下，对于一个处理器核来说，

从软件视角看到的处理器个数就不是一个而是多个。为了与物理核相区分，人们通常把这种从软件视角看到的处理器称为逻辑处理器。在本例中，一个处理器核可以支持 2 个同时多线程。因此，虽然是四核处理器，但在操作系统中可以看到的处理器数量可以达到 8 个。由于同时多线程是通过多个线程复用处理器核的多数部件而实现的，故其实际性能表现与应用程序的特性密切相关。为了适应不同应用场景的需求，多数采用该类处理器的计算机/服务器都在配置界面中提供了打开/关闭该项功能的选项。自然地，当该项功能被关闭时，操作系统中看到的处理器个数就与实际物理核的个数相等。需要说明的是，"同时多线程"是该类技术较为正式和学术化的名称，处理器厂商往往使用自有的技术术语，在 Intel 处理器中，该技术被称为超线程（hyperthreading）。

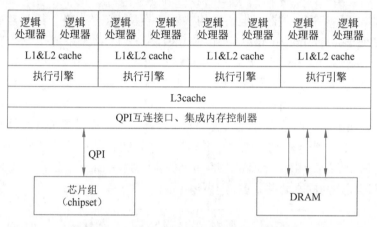

图 1-6　多核处理器的典型组成结构示例

在图 1-6 所示的多核处理器中，L1 cache、L2 cache、L3 cache 分别指一级、二级和三级高速缓存。可以看出，L1 和 L2 这两级 cache 均为处理器核私有，而三级 cache 为所有核共享；该处理器还集成了内存控制器（memory controller）和高速互连接口（QuickPath Interconnect，QPI）。

随着片上多处理器中核数逐渐增多，业内又出现了**众核**（**many-core**）的概念。关于多核与众核的核数差异，目前业内并没有公认的严格标准。一般认为，当核数超过 32 或 64 时才可以被称为众核。需要强调的是，众核概念的提出并不是单纯为了表明处理器拥有更多的核数，而主要是因为当处理器核数较多时，处理器体系结构需要进行专门的设计优化。例如，当核数较少时，可以使用总线连接所有核，而当核数较多时，总线就变成了系统性能瓶颈，此时通常需要使用片上网络（network on chip, NoC）；又如，由于处理器核数量众多，集中共享式的 cache 很容易成为系统瓶颈，因此需要采用分布式 cache 结构。

处理器的核数是一个在工业界略显混乱的有趣话题。这种"混乱和有趣"体现在厂商公布的处理器参数上，同时代的处理器经常具有数量悬殊的"核数"，最为典型的就是通用处理器（CPU）往往只有几个或十几个核，而图形处理器（GPU）动辄拥有数千个核。为了使概念更加清晰，有必要从技术原理上对此进行讨论。首先，从多核处理器的起源可以看出，所谓"核数"从原理上讲就是片内的处理器个数。按照前面介绍的 Flynn 分类，可以认为一个处理器（核）应当具有一条独立的指令流和至少一条数据流。据此分析，通用处理器中的核符合这一条件，而某些 GPU 中的核却不完全符合这一条件，这是因为有些 GPU 将多个核构成一组，组内的核以"锁步"（lockstep）的形式执行相同的指令流，按照 Flynn 分类，组内的这些核应当被视作一个处理器（核），因为它符合 SIMD（单指令流多数据流）的分类定义，即组内的多个核执行同一条指令流，同时处理多个数据。基于以上分析，从处理器角度衡量，多数 GPU 的核数需要打一个折扣，具体取决于锁步执行的组内核数。

2. 多处理器系统

多处理器系统的历史比多核处理器更为悠久，它通常是指在一个系统中集成多个处理器以实现并行计算。所以，从原理上讲，多核处理器就是把过去需要用一个或多个板卡实现的多处理器系统集成到了一个芯片上。

虽然已经出现了多核处理器，但传统的多处理器系统仍然存在，最为常见的多处理器系统是**对称多处理**（symmetric multi-processing，SMP），这类系统在一个节点内集成多个处理器，这些处理器共享节点的内存。图 1-7 给出了一种包含四个处理器的对称多处理系统结构。"对称"是指多个处理器在硬件结构上不加区分，且对软件透明，即程序在操作系统控制下可以运行在任何一个处理器上。由此可见，对称多处理系统是典型的共享内存系统。需要说明的是，对称多处理系统中的处理器仍然可以是多核处理器，在这种情形下，系统中的多个处理器（核）构成了两个并行层次：处理器内的多个处理器核之间的并行、多个处理器之间的并行。由于处理器内的多个核常常共享 cache，因此，处理器内的核间耦合关系比处理器之间的耦合关系更为紧密。

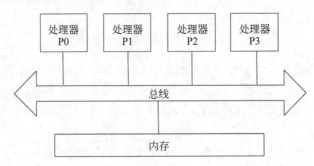

图 1-7　包含四个处理器的对称多处理系统结构

市场上常见的多路服务器即为对称多处理系统。例如，双路（dual-way）服务器拥有 2 个处理器，四路（quad-way）服务器拥有 4 个处理器，其中，双路服务器由于性价比高的特点广泛被用于数据中心、高性能计算机等领域。由于共享内存系统可扩展性较差，此类服务器拥有的处理器个数通常不超过 8 个，拥有更多个数处理器的服务器要么采用 NUMA 结构，要么改用消息传递系统结构。

3. 异构系统

在前面介绍的多核处理器和对称多处理系统中，处理器（核）具有相同的系统结构，在软件层面可以不加区分，这类系统被称为同构（homogeneous）系统。而在异构（heterogeneous）系统中，多个处理器或计算部件具有不同的体系结构，这些处理器/计算部件凭借其自身特点在系统中充当不同的角色。异构是近年来计算机体系结构的重要发展方向。

以常见的 CPU-GPU 异构系统为例，系统包含 CPU 和 GPU 两种不同的计算部件，其中 CPU 负责运行操作系统、执行 I/O 操作、加载并运行程序等，其作用与传统处理器相同；而 GPU（graph processing unit）的系统结构和指令系统均与 CPU 不同，在系统中，GPU 凭借其更高的计算性能常常被用作加速器（accelerator），即通过执行程序中的密集计算部分来加快程序的执行速度。

为什么 GPU 能实现比通用 CPU 更高的计算性能呢？这与 GPU 所采用的 SIMT（single-instruction multiple-thread）结构密切相关。通过和经典体系结构进行对照可以更好地理解这种结构。回顾本章前面介绍的 Flynn 分类中的 SIMD 结构，它为处理器配置向量运算部件，处理器执行一条指令流就能够同时完成多个数据的计算。实际上 SIMT 结构可以被看作 SIMD 的标量化实现，也就是每个"核"只完成标量计算（不配置向量部件），多个"核"执行相同的指令流，但每个核处理不同的数据，这样，多个"核"就共同实现了向量计算，也就是 SIMD 的效果。由于这种标量化的"核"结构比通用 CPU 简单得多，在相同的集成电路设计和工艺条件下，GPU 拥有的"核"数量就可以比通用 CPU 多得多，进而实现高效的计算。需要指出的是，SIMT 结构中的"核"通常采用分组结构，GPU 把这种组称为流式多处理器（streaming multiprocessor, SM），每个组包含多个"核"，组内的"核"采用锁步方式执行程序，即这些"核"共用一个程序计数器（program counter, PC），因此它们执行相同的指令，但由于每个"核"都拥有自己的局部存储，因而可以处理不同的数据，这就是 SIMT 名称的由来，即多个"核"执行多个线程，但这些线程对应一条指令流。注意前面这段内容中的"核"都加了引号，目的是避免将之和通用 CPU 中的处理器核混淆。根据 SIMT 结构，组内的"核"以锁步方式执行一条指令流，按照处理器应具有独立指令流的基本条件，一个组内的多个"核"不能被看作多个处理器（核），而是相当于一个处理器。

由于异构系统中的多个处理器/计算部件具有不同的体系结构和指令系统，其编程难度更高，程序也将更为复杂。例如，在 CPU-GPU 异构系统中，程序需要分别为 CPU 和 GPU 提供代码。虽然使用相同的高级程序设计语言（如 C 语言），但不同结构的处理器/计算部件常常使用不同的并行模式、线程结构和编程原语，使得其并行程序具有较大差异。不仅如此，为了充分利用系统中的多个计算部件，程序员需要考虑不同体系结构处理器之间的协同计算、数据传输等因素，这进一步增大了异构系统的编程难度和复杂性。

根据层次的不同，异构系统也存在多种形态。对于不同体系结构的处理器/计算部件来说，如果它们出现在处理器内部，则为**处理器内异构**；如果出现在计算节点内部，则为**节点内异构**；如果出现在不同的计算节点之间，则为**节点间异构**。

4. 集群系统

集群（cluster）系统就是用互连网络将多个产品级的计算机连接到一起，并通过运行专门软件以完成并行计算的系统，其结构如图 1-8 所示。从实现技术看，集群采用工业化、产品级的计算机和互连网络设备，因而具有易于实现、造价低的特点；从系统构成来看，集群是典型的消息传递型系统，因而系统规模易于扩展。正是由于集群系统的上述特点，其在多节点构成的并行系统中占有主流地位。统计数据表明，大多数的高性能计算机系统都采用集群结构。

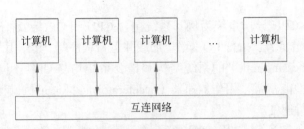

图 1-8   集群系统的一般结构

在节点确定的情况下，集群系统的整体性能就取决于节点个数和互连网络性能。节点个数一般受到系统造价、安装空间、能耗、散热等因素的限制；而互连网络既可以采用价格低廉的网络设备（如"千兆"以太网），也可以采用带宽更高、延迟更小的高速网络（如infiniband）。

集群系统的实现手段灵活，涵盖面很宽。例如，使用廉价的以太网交换机将若干台个人计算机互连，就可以形成造价低廉的小规模集群系统；也可以采用多路服务器和infiniband 高速互连设备，形成性能更高、可扩展性更好、运行更稳定的集群系统，当然，此类系统的造价也更高。

集群系统的每个节点都需要安装运行操作系统，并使用专门软件支持节点间的通信。在高性能计算领域，应用最为广泛的是 MPI（message passing interface），通过在每个节点上安装配置 MPI 软件，可以在集群系统中支持执行 MPI 并行程序，以及 MPI 进程间的消息传输。

由于集群系统常常是多个用户共享使用，为了避免多用户同时使用系统造成混乱，需要安装运行专门的管理软件，此类软件被称为作业管理系统或集群管理系统，如 Slurm、PBS、LSF 等，负责管理集群系统中的各种硬件资源，以及多个用户的应用程序。当用户运行并行程序时，需要远程登录到集群系统，按照规定的格式编写作业脚本，在脚本中指定需要使用的节点个数，以及程序运行的其他参数，并将作业脚本提交给作业管理系统，由系统进行统一的排队和调度，并在程序执行完毕后获取程序输出的结果。

5. 高性能计算机 / 超级计算机

高性能计算机（high performance computer, HPC）、超级计算机（supercomputer），以及前面介绍的集群，这几个术语关系密切且有一定重叠。高性能计算机通常泛指计算性能很高的计算系统，大多数高性能计算机采用集群架构，但并不意味着所有的集群系统都是高性能计算机。例如，将几台个人计算机通过千兆以太网互连到一起，再辅以专门软件即可形成集群系统，但由于这类系统性能较低，人们通常不认为它是高性能计算机；反之，也不是所有的高性能计算机都是集群，按照实现技术划分，某些高性能计算机采用专门设计的互连网络或计算节点，而不是像集群那样采用产品化的节点和互连网络设备，一般认为，这类系统不是集群结构，而被称为 MPP（massively parallel processing）结构。至于超级计算机，它是一种更为通俗的名称，泛指高性能计算机中那些性能更高的系统，但对于达到何种规模、何种性能才能被称为超级计算机，业内并没有明确的共识。

超级计算机是人类当前能够达到的计算能力极限，因而按照计算性能对现有的超级计算机进行排名就成为重要且引人关注的事。最为著名的高性能计算机 / 超级计算机排行榜是 TOP500。需要说明的是，该排行榜并不是按照超级计算机的峰值性能排名，而是按照基准测试程序 Linpack 在机器上的运行性能排名，排名第一的机器常常被称为世界上最快的超级计算机。Linpack 程序以线性方程组求解为核心，具有计算密集、通信密集的特点，能够较好地反映出机器的浮点计算和互连网络性能，当然它也有一定局限性，在综合性能方面，主要是对内存性能的体现不够。因此，近年也开始出现一些其他的基准测试程序排名作为补充，如 HPCG 排名。除此之外，还有一些按其他指标进行排名的超级计算机排行榜，例如，按照性能 / 功耗比进行排名以反映能耗效率的 Green500、按照图计算程序性能排名的 Graph500 等。

1.3.4 互连网络

无论是在多核处理器中，还是在高性能计算机系统中，互连网络（interconnect network）都是重要的核心部件。在并行计算系统数十年的发展历程中，业内先后出现了很多种互连网络结构，本节只是简单介绍目前在多核处理器和高性能计算机中常见的几种典型互连网络结构，如图 1-9 所示。

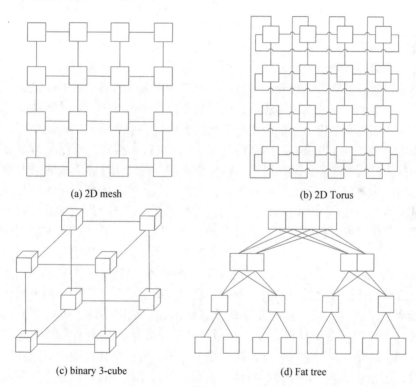

(a) 2D mesh   (b) 2D Torus

(c) binary 3-cube   (d) Fat tree

图 1-9 常见的几种典型互连网络结构

图 1-9（a）所示的 2D mesh 是一种非常简洁的二维网格结构，网格中每个节点连接一个处理器核，同时进行路由转发，进而实现多个处理器核间的互连。单从互连网络结构的角度看，2D mesh 并不算优越，因为当网络规模较大时，节点之间的跳数（被称为互连网络的直径）增大，导致时延变大（想象一下网络中对角节点间的通信），但 2D mesh 之所以被多种多核 / 众核处理器采用，主要原因是这种二维结构易于在芯片内实现。这类被集成在处理器芯片内的互连网络又被称为片上网络。

图 1-9（b）所示的互连网络结构被称为 2D Torus，它是 2D mesh 结构的一种改进，其通过在网络的边界节点之间增加横向和纵向的环路，使任意两个节点之间的跳数大大缩短（网络直径变小），与此同时，互连网络复杂度也会增大，因为节点间的物理连线无法在二维平面上实现，这增大了在芯片内实现的难度。

图 1-9（c）所示的互连网络被称为 3- 立方体（3-cube）。这种网络结构是超立方体（hypercube）网络的一种。超立方体是一类互连网络，根据维数不同可以分为 1-cube（2 个节点）、2-cube（4 个节点）、3-cube（8 个节点）……q-cube（2^q 个节点），维数越高，网络的规模越大，能够连接的计算节点也越多。在图 1-9（c）所示的三维立方体基础上，4-cube 网络结构就包含两个三维立方体，这两个三维立方体的对应位置节点之间有连线，显然，这几乎已经达到能够用图形表示且直观理解的极限了。由于超立方体网络的维数越高，结构越复杂、连线越多，所以它很难在大规模并行系统中被全面采用（想象一下数千个节点的超立方体网络）。因此，这种网络结构通常被用于小规模系统，或者大规模系统的局部，如一个机柜内的计算机之间。

图 1-9（d）所示的互连网络结构被称为胖树（fat tree）。这种网络结构被广泛应用于集群系统。由于集群系统主要使用产品化技术构建，在计算机网络中广泛使用的交换机就成为了一种很好的选择。要知道，多台交换机之间互连可以形成树状结构的互连网络，但这种纯粹的树状结构对通信十分密集的集群系统来说，其性能和可扩展性往往难以满足要求，这主要是因为当集群系统规模较大时，树状结构的上层（靠近根的位置）成为了网络的骨干，要承载多个计算节点间的通信，因而易于成为系统的瓶颈。胖树就是针对这一问题的改进，通过在树状结构的上层使用多条链路，解决多节点间的通信瓶颈问题。由于胖树结构可以方便地使用 infiniband、高速以太网等网络技术实现，不但成本相对较低，而且网络规模易于灵活改变和扩展，近年来被广泛应用于高性能计算机和数据中心。

互连网络结构对应用编程人员是透明的。也就是说，在一般情况下，编写应用程序时并不需要考虑系统的互连网络结构是怎样的。之所以在本章还介绍这部分内容，主要是因为互连网络在很多时候对程序的性能有较大的影响。因此，编程人员了解底层计算系统的互连网络是非常必要的。首先，互连网络的性能与进程间的消息传输延迟密切相关，编程人员了解这些信息可以更好地进行并行设计和性能优化；其次，在大规模并行系统中，不同计算节点之间的通信延迟是不同的，例如，在有些高性能计算机中，同一机柜内的计算节点间甚至采用全连接互连，这将使这些节点间的通信只需 1 跳，而如果节点间距离较远，消息传输需经过多台交换机转发，则通信延迟就要比机柜内节点间的通信延迟大得多，编程时如果能充分利用这一特性，就可以显著提升程序整体性能（本书在第 3 章介绍MPI 编程时，还会介绍进程拓扑机制，这种编程机制将使程序员可以建立进程间的拓扑并与底层互连网络架构适配，以提升进程间消息通信的性能）；最后，设计并行系统支撑软件需要充分考虑互连网络结构，最典型的例子是在高性能计算机上移植优化 MPI 通信库时，需要根据互连网络结构实现和优化消息传输，特别是实现集合通信。

1.3.5 多级存储体系结构

现代电子计算机普遍采用冯·诺依曼结构，其典型特征是存储器中存放程序和数据，处理器执行程序并处理数据。该结构的最大优点是实现了硬件与处理逻辑和数据的解耦，即硬件对程序和数据通用，而程序和数据被存放在存储器中，可供灵活修改。然而这种结构也存在一个固有的问题——存储墙（memory wall），即处理器的运行速度超过存储器提供指令和数据的速度，进而导致处理器-内存之间存在性能瓶颈。出现这一问题的主要原因是处理器技术发展的首要目标是提升性能，而存储器技术要兼顾性能和容量两个目标。随着应用的发展，计算机需要配置越来越大容量的内存，这导致主存储器性能的提升速度跟不上处理器的性能提升速度。随着时间的推移，两者的性能差距越来越大，目前主流的DRAM 访问延迟与处理器指令周期的差距达到了一个数量级，也就是说，存储墙问题日趋严重。

为了弥补处理器和主存之间的性能差距，人们采用了高速缓存技术，即使用性能接近处理器的小容量存储器作为高速缓存（cache），利用程序局部性原理将指令和数据放入高速缓存以提升访存性能。随着技术的发展，处理器开始使用多级的高速缓存，进而形成多级存储体系结构，如图 1-10 所示。

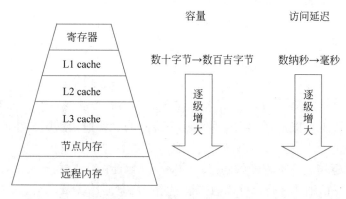

图 1-10 多级存储体系结构

本书讨论存储体系结构的主要原因是：**访存性能对程序整体性能有着重要的影响**，而在硬件平台确定的情况下，访存性能就取决于程序的局部性，局部性越好，程序执行过程中的高速缓存（cache）命中率就越高，访存性能也就越好。在并行程序的设计和优化过程中，优化数据结构及数据访问方式可以改善数据局部性，进而提升程序性能。

◇ 1.4 并行编程语言 / 接口分类

首先要说明的是，本书所讨论的并行编程语言并不是严格意义的编程语言，在多数情形下，并行编程语言是对现有编程语言的扩展，最为常见的是基于 C/C＋＋、FORTRAN语言的扩展，具体的扩展形式可以是应用编程接口函数（application programming interface，API）、模板库，也可以是嵌入编译指令或编程原语。因此，它们更确切的称呼应当是并行编程接口、语言扩展等，本书笼统地将之称为并行编程语言 / 接口。对现有编程语言进行扩展这种实现方式的最大优点是易于学习和掌握，编程人员无须学习全新的编程语言，只需要经过简单学习就可以掌握并行编程的基本能力。

按照不同的分类标准，并行编程语言可以有多种分类。较为主流的是按照编程语言所面向的并行系统种类分类，其中最为常见的就是按照 1.3 节介绍的共享内存系统和消息传递系统分类，即分为两个基本类别：面向共享内存系统的编程语言和面向消息传递系统的编程语言。从编程人员视角来看，这两类编程语言的编程模型有着较大的差异。随着技术的发展，业内还出现了同时支持两种编程模型的 PGAS 类编程语言。另外，随着异构计算系统的兴起，业内也出现了专门针对异构系统的编程语言。

1. 面向共享内存系统的并行编程语言 / 接口

正如 1.3 节所述，这类编程语言 / 接口的典型特征是支持多线程编程，应用较为广泛的有 OpenMP、Pthreads 等。

为了更好地支持多核 / 众核处理器，有些编程语言 / 接口使用比线程更细粒度的并行实体，如 Cilk 使用"任务"（task）作为并行实体，并提供专门的细粒度任务调度环境。从原理上讲，人们仍然可以将其视为线程，只不过不是操作系统级别的线程而已。本书第 2 章将介绍此类编程语言 / 接口。

2. 面向消息传递系统的并行编程语言 / 接口

在消息传递系统中，节点之间不共享内存，因此节点间的并行计算需要通过多进程并行来实现，也就是每个节点运行一个或多个进程，多个节点上的进程并行运行，彼此之间通过发送 / 接收消息实现同步和通信。

目前应用最为广泛的消息传递编程接口是 MPI，它支持节点间进程的并行执行模式，并提供一系列进程间发送 / 接收消息的接口函数。本书第 3 章将介绍这部分内容。

与多线程环境下可以通过共享变量实现线程间的隐式通信不同，在消息传递系统中，进程之间需要显式地调用通信接口函数。因此，这类程序的编写更为复杂。不仅如此，由于消息传递的时延较大，进程间的消息传输对程序性能的影响也较大，为优化程序性能，编程人员通常需要精细地并行设计以减少进程间的消息通信。

3. PGAS 语言

PGAS（partitioned global address space）是一类编程语言，它试图让一种编程语言同时兼有共享内存类和消息传递类编程语言的优点。这类语言的主要特征是为编程人员提供共享地址空间抽象以简化编程，同时向编程人员暴露数据 / 线程局部性以便优化性能。目前的 PGAS 语言主要有 UPC（Unified Parallel C）、Co-Array FORTRAN、Titanium、X-10 和 Chapel。

设想在一个集群结构的高性能计算机系统中，采用 MPI 编程接口虽然可以编写出性能很好的并行程序，但可编程性差的缺点却降低了软件生产率（即编程花费的时间长）；而 PGAS 语言则提供全局地址空间，也就是编程人员不需要通过调用消息发送 / 接收函数以共享数据，这样就提高了可编程性；同时，在底层通过软件或部分硬件支持的方式实现透明的节点间内存共享，由于节点间消息传递延迟远大于内存访问延迟，节点间的内存共享势必会严重影响程序性能。为了缓解这一问题，PGAS 语言向编程人员暴露这一特征，即"统一地址空间"是分区（partitioned）的，每个分区对应节点内部的内存，而访问其他节点的内存就是访问其他分区地址空间，这常常需要通过专门的编程原语实现。

4. 面向异构系统的编程语言 / 接口

面向异构系统的编程语言 / 接口分为专用型和通用型两类。专用型编程语言 / 接口由硬件厂商为自己的系统专门设计，通常无法用于其他结构的系统，典型的有 Nvidia 公司为其 GPU 设计的 CUDA 编程接口、专门用于申威处理器的 Athread 编程接口等；通用型编程语言 / 接口通常适用于多种厂商的系统，典型的有 OpenCL、OpenACC 等。

由于异构系统大多依赖通用 CPU 运行操作系统并完成程序的加载、启动和运行，相应地，异构计算程序也大多采用嵌入式的混合结构，即程序主体结构仍然面向通用 CPU，在程序中嵌入面向异构计算部件的代码段落或函数，并用专门的编译指令或函数予以标识，以便编译和运行时进行区分。在 CUDA 编程接口中，这种代码段落被称为"核函数"（kernel function）。由于程序主体结构仍然面向通用 CPU，因此，程序可以在 CPU 上启动和运行，当执行到面向异构部件的代码时，由程序运行环境自动在异构部件上执行这部分代码，在此期间，CPU 仍然可以正常运行程序代码。利用这种机制，通过精心编程即可以实现 CPU 和异构部件之间的协同并行计算。

◈ 1.5　浮点数格式

传统的浮点数包括单精度和双精度两种，近年来，随着以深度学习为代表的人工智能技术快速发展，人们也设计了一系列更低精度的浮点数。本节将介绍这两类浮点数格式。

1. 单精度浮点数和双精度浮点数

计算机内部使用定点数和浮点数分别表示整数和小数。科学和工程计算通常使用浮点数，最常用的是双精度浮点数和单精度浮点数。在计算机内部，浮点数由符号位（sign）、阶码（exponent）、尾数（mantissa 或 fraction）三部分构成，通常符号位由 1 位表示，而阶码和尾数的宽度分别决定了浮点数能够表示的取值范围和精度，也就是说，阶码占用位数越多，则能够表示的取值范围越大，而尾数占用位数越多，则能够表示的精度（也就是小数点后位数）越高。

目前应用最广泛的浮点数据格式标准是 IEEE754。根据该标准，双精度浮点数占用 8 字节（64 位），对应的 C 语言数据类型是 double；单精度浮点数占用 4 字节（32 位），对应的 C 语言数据类型是 float。两种数据格式如图 1-11 所示，其中，单精度浮点数的阶码宽度为 8b，尾数宽度为 23b；双精度浮点数的阶码宽度为 11b，尾数宽度为 52b。

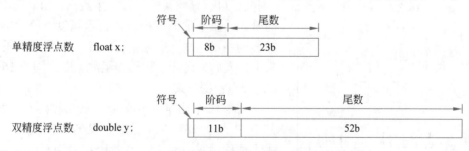

图 1-11　单精度和双精度浮点数格式

在很多文献中，单精度和双精度浮点数分别被简写为 FP32、FP64，其中 FP 指代浮点数一词的英文缩写（floating point），而 32 和 64 分别表示这两种浮点数的数据位宽（位数）。

表 1-3 给出了单精度和双精度浮点数能够表示的最大、最小值以及相对误差。通过表中内容可以看出，虽然单精度浮点数能够表示的取值范围很大，但其相对误差仅有小数点

后 7~8 位。因此，为保证计算精度，科学和工程计算中使用最多的是双精度浮点数，单精度浮点数通常用于精度要求不高的场合。

表 1-3　单精度和双精度浮点数的取值范围及精度

格　　式	最　大　值	最　小　值	相对误差（精度）
单精度浮点数	3.403×10^{38}	1.175×10^{-38}	5.960×10^{-8}
双精度浮点数	1.797×10^{308}	2.225×10^{-308}	1.110×10^{-16}

选用单精度浮点数虽然会降低计算精度，但它可以减少一半的存储空间，同时大幅提升计算性能。很多处理器的 FP32 计算性能两倍于 FP64 计算性能。

在选择数据格式时，不但需要考虑单个数值的取值范围和相对误差，还需要考虑误差累积和误差传递。这是因为很多算法的计算过程包含多次循环迭代，这样，浮点数之间的多次计算会累积误差，或者算法中某一阶段的计算误差会被传递到下一阶段，这可能导致最终计算结果的相对误差小于所使用数据类型的静态误差。

2. 低精度浮点数

近年来，随着深度学习技术的快速发展，与深度神经网络相关的计算成为一种重要的需求。与传统的科学和工程计算相比，这类计算的一个鲜明特点是其对数据精度的要求较低，这与多层神经网络自身特有的近似及错误容忍特性有关。由于在使用相同硬件实现技术的前提下，低精度数据的计算性能要高于高精度数据，为此，很多处理器开始增加对低精度数据格式的支持。在这一背景下，近年来出现了一系列低精度数据格式，如半精度浮点数 FP16、8 位浮点数 FP8 等。在神经网络训练和推理中使用这种低精度数据格式一方面可以利用处理器硬件获得远高于传统单精度和双精度浮点数的计算性能，另一方面也可以大幅减少数据量和对存储空间的占用。

在浮点数宽度不断减少的情况下，其阶码和尾数的宽度选择将面临困难。如前所述，阶码占用位数越多，则取值范围越宽，而尾数占用位数越多，则表示的精度越高。在数据位宽非常有限的情况下，两者之间常常难以取舍，无法满足不同场景的需求。例如，选用较宽的尾数，虽然精度提升，但取值范围减小可能导致某些计算产生溢出；如果选用较宽的阶码，虽然取值范围较大，但精度下降可能影响神经网络的训练／推理精度。为了满足不同的应用需求，人们又设计了阶码和尾数宽度不同的 16 位和 8 位浮点数据格式。

图 1-12 给出了几种典型的低精度浮点数格式，其中 FP16 为 IEEE754 标准定义的半精度浮点数格式（被称为 binary16），其阶码宽度为 5 位，尾数宽度为 10 位；为了确保在神经网络计算中数据不溢出，人们新定义了 BF16 格式（brain float），其仍采用 16 位宽度，但将阶码增加到 8 位，而将尾数减少到 7 位，也就是以降低精度为代价来增大取值范围；对于 8 位浮点数，人们则设计了两种格式，分

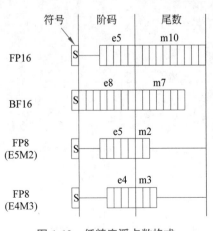

图 1-12　低精度浮点数格式

别是 5 位阶码 +2 位尾数的 FP8（E5M2）格式，以及 4 位阶码 +3 位尾数的 FP8（E4M3）格式。

低精度浮点数最初主要被用于深度学习应用，但由于处理器 / 加速器设计了专门的低精度浮点数运算部件，这些低精度数据的计算性能远远高于了单精度和双精度浮点数的性能。这促使人们开始探索在科学和工程计算中使用这些低精度数据，以充分发挥处理器硬件的性能优势。这种做法被称为"混合精度计算"，也就是在计算过程中混合使用不同精度的数据格式，在保证最终结果精度的前提下，尽可能地利用处理器中低精度运算部件的性能优势，典型做法是在计算过程中的某个阶段或算法的某个部分使用低精度数据格式以提升计算性能，之后恢复原有的高精度数据格式以保证最终计算结果的精度。

◆ 1.6 例 子 程 序

本书使用一个贯穿全书的例子程序——矩阵相乘，以便清晰地展示并行程序的编写方法。此外，很多并行编程语言都支持两种常用操作：规约和扫描，本节也将予以介绍。

1.6.1 矩阵相乘

矩阵相乘是线性代数中的典型运算，也是求解很多应用领域问题的基础算法，其计算公式如下。

假设两个二维 $n \times n$ 矩阵 A 和 B 如下。

$$A = \begin{bmatrix} a_{0,0} & a_{0,1} & \cdots & a_{0,n-1} \\ a_{1,0} & a_{1,1} & \cdots & a_{1,n-1} \\ \cdots & \cdots & \cdots & \cdots \\ a_{n-1,0} & a_{n-1,1} & \cdots & a_{n-1,n-1} \end{bmatrix}$$

$$B = \begin{bmatrix} b_{0,0} & b_{0,1} & \cdots & b_{0,n-1} \\ b_{1,0} & b_{1,1} & \cdots & b_{1,n-1} \\ \cdots & \cdots & \cdots & \cdots \\ b_{n-1,0} & b_{n-1,1} & \cdots & b_{n-1,n-1} \end{bmatrix}$$

矩阵 A、B 相乘得到结果矩阵 C 如下。

$$C = A \times B = \begin{bmatrix} c_{0,0} & c_{0,1} & \cdots & c_{0,n-1} \\ c_{1,0} & c_{1,1} & \cdots & c_{1,n-1} \\ \cdots & \cdots & \cdots & \cdots \\ c_{n-1,0} & c_{n-1,1} & \cdots & c_{n-1,n-1} \end{bmatrix}$$

其中，元素 $c_{i,j}$ 的计算公式如下（示意图如图 1-13 所示）。

$$c_{i,j} = \sum_{k=0}^{n-1} a_{i,k} \times b_{k,j} \tag{1-3}$$

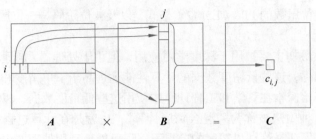

图 1-13 矩阵乘法示意图

根据以上计算方法，可以得到对应的类 C 语言程序，如代码清单 1-1 所示。

代码清单 1-1 矩阵相乘的串行程序。

```
1    double  A[n][n], B[n][n], C[n][n];  // 矩阵 A、B、C
2    for ( i = 0; i < n; i++ )
3      for ( j = 0; j < n; j++ )
4      {
5         C[i][j] = 0;
6         for ( k = 0; k < n; k++ )
7            C[i][j] = C[i][j] + A[i][k] * B[k][j];
8      }
```

需要说明的是，上述程序只是矩阵相乘的最直观表达。从程序性能角度考虑，即使作为串行程序，上述程序也存在值得改进的地方。例如，二维数组在内存中通常采用按行存储的方式，因此，矩阵 A 在内存中的存储顺序就是：$A[0][0]$，$A[0][1]$，$\cdots$，$A[0][n-1]$，$A[1][0]$，$A[1][1]$....。按照这种内存分布，上述程序中最内层循环对矩阵 A 中元素的访问是连续的，而对矩阵 B 中元素的访问是跳跃的，这种不连续的跳跃式内存访问就是通常所说的数据局部性不好，将导致 cache 命中率下降，进而影响程序性能。如果矩阵规模较大，这种数据局部性问题带来的性能损失将十分可观，而通过改进程序可以使最内层循环对矩阵的访问全部是连续的，第 5 章将深入分析这一问题，并给出经过局部性优化的矩阵相乘代码。在此之前，这里仍然采用这种更加直观易读的代码来介绍各种并行编程语言。本书的后续各章将给出以上程序的多种并行实现版本，以示范各种编程语言 / 接口的并行编程方法。

1.6.2 规约和扫描

下面介绍两种典型的计算：规约（reduce）和扫描（scan），其中扫描又被称为前缀求和（prefix sum）。

1. 规约

规约是对一组数据执行某种计算，最终获得单个或少量计算结果的操作。最典型的规约操作就是对一组数值求和，最终得到累加和。显然，这种规约操作所执行的计算就是加法，因此被称为 "+- 规约" 或 "加 – 规约"。除此之外还有一些简单的规约操作，如求平均值、求最大值、求最小值等。随着大数据应用的普及，各种算法对数据的处理逻辑也更加复杂，如复杂数据的筛选、数据中指定模式的统计等，这使得规约操作不再限于某种简单计算，而往往涉及一段程序，甚至更加复杂，但从原理上仍然可以将其视为一种规约操作。需要说明的是，大数据分析领域著名的 MapReduce 计算模型中的 Reduce 就是指规约。

下面以"加 – 规约"为例对规约操作进行更深入的分析。

假设对给定数组 $x[]$ 执行"加 – 规约"，该操作实际上就是对数组元素进行循环求和，见代码清单 1-2。

代码清单 1-2　数组的循环求和（加 – 规约）。

```
1    double  x[n];
2    double sum;
3    sum = 0;
4    for ( i = 0; i < n; i++ )
5        sum += x[i];
```

上述循环求和程序非常简单，之所以还在这里讨论，主要是希望从并行角度对其进行分析。由于"加 – 规约"操作的使用极为普遍，当数组中的元素数量很多，或者需要频繁使用该操作时，编程人员就会希望通过并行提升计算性能。然而，仔细观察上述代码就会发现，程序的 n 次循环存在前后依赖关系，也就是说，数组中的元素是按照顺序——累加的，每次循环都要更新同一个累加和变量 sum。如果简单地将各次循环并行执行，将导致计算结果出错。

上述顺序求和的数据依赖关系如图 1-14（a）所示，通过改变"加 – 规约"的计算方法可以去除这种依赖关系。图 1-14（b）给出了一种成对求和的计算方法，即不在一个循环中顺序累加，而是对数组中的相邻元素两两成对求和，再对得到的中间结果进行两两成对求和，以此类推，最终得到"加 – 规约"计算结果，这可以得到一棵规约树，树中每一层的相邻元素两两成对求和都可以并行进行。显然，这种计算方法的改变可以大幅提升程序的并行性，在理论上是最优的。然而，人们在实践中却发现这种方式得到的性能并不理想，主要是由于并行化本身是需要开销的，这种开销存在于每一次求和计算，这就使得并行获得的性能收益大打折扣。相比这种全面并行的方案，对数组元素进行分组求和可以获得更优的性能，即将数组中的元素分成多个组，使每组中元素连续，通俗地讲，就是将数组切分成多段，然后对每一段数据使用循环顺序求和，而段与段的求和则并行进行，最后，再将各段的局部和累加到一起，就得到本次"加 – 规约"的计算结果。按照这种实现方式，并行开销存在于一段数据的计算而不是一对数据，也就是使并行开销在计算时间中的占比更低，因此可以获得更好的性能。具体将数组切分成多少段可以根据数组大小和可用处理器个数确定。第 5 章将进一步讨论这一问题。

2. 扫描与前缀求和

与规约操作密切相关的另一种常用操作是**扫描**，又被称为**前缀求和**。扫描操作相当于逐级规约，仍然以"加 – 规约"为例，其对应的扫描操作定义如下。

对 n 个数的序列：

$$x_0, x_1, x_2, ..., x_{n-1}$$

计算得到 n 个数的序列：

$$y_0, y_1, y_2, ..., y_{n-1}$$

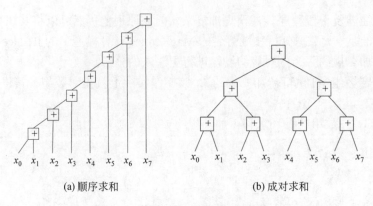

(a) 顺序求和   (b) 成对求和

图 1-14 对数组求和的两种计算方法

其中任一元素 y_i 是序列 x 中前 i 个数之和，即

$$y_i = \sum_{j=0}^{i} x_j , \quad j=0,1,2,\cdots,n-1 \tag{1-4}$$

代码清单 1-3 给出了上述扫描操作的串行代码。可以看出，在每次循环时，**y[i]** 的计算需要用到 **y[i-1]** 的值，这意味着前后循环之间存在依赖关系，因此无法直接将其并行化。但这个串行代码也有其优点：首先，该程序的计算复杂度仅为 $O(n)$；其次，程序的计算逻辑清晰简单。

代码清单 1-3 扫描操作的串行代码。

```
1    double  x[n], y[n];
2    y[0] = x[0];
3    for ( i = 1; i < n; i++ )
4        y[i] = y[i-1] + x[i];
```

扫描（前缀求和）是许多应用算法的基础操作，如排序、词法分析、字符串比较、多项式求值、递归方程求解等。为此，人们提出了多种扫描操作的并行算法。需要说明的是，很多算法在实现并行的同时也增加了总的计算复杂度。下面介绍一种仍然将计算复杂度控制在 $O(n)$ 的并行扫描算法。

该算法使用一种并行计算中常用的算法模式：平衡树（balanced tree），具体思想是：在输入数据之上构建一棵平衡二叉树，然后在这棵树上进行一次"上扫"（up sweep）和一次"下扫"（down sweep），以此完成前缀求和。其中的"上扫"是指从树的叶子节点向根节点执行遍历，"下扫"则是指从树的根节点向叶子节点执行遍历。

下面通过一个例子说明并行扫描算法的原理。

给定一个包含 8 个元素的序列：

$$x = \{ 3, 1, 7, 0, 4, 1, 6, 3 \}$$

执行扫描操作后，得到的前缀和为：

$$y = \{ 3, 4, 11, 11, 15, 16, 22, 25 \}$$

图 1-15 给出了计算前缀和的上扫和下扫过程。

图 1-15（a）为上扫过程，可以看出，上扫过程就是"加 – 规约"的成对求和过程。树中的叶子节点为输入数据序列，对于非叶子节点 v，其左侧子节点记为 $L[v]$，右侧子节点记为 $R[v]$，节点 v 的值记为 sum[v]，该值等于左右两个子节点值之和，即上扫计算公式为：

$$sum[v] = sum[L[v]] + sum[R[v]] \qquad (1\text{-}5)$$

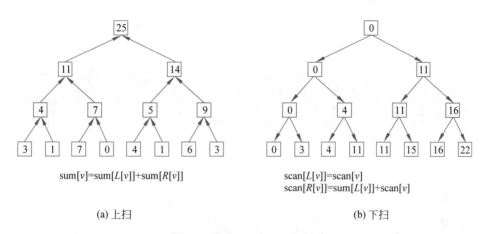

(a) 上扫　　　　　　　　　　　　　　(b) 下扫

图 1-15　并行扫描的上扫和下扫过程示意

上扫完成后，再执行下扫过程，如图 1-15（b）所示。下扫过程是计算前缀和的过程，对于树中的非叶子节点 v，其值记为 scan[v]。根节点的值为 0，从根节点开始，计算其左侧和右侧子节点的值，公式如下：

$$\begin{aligned} scan[L[v]] &= scan[v] \\ scan[R[v]] &= sum[L[v]] + scan[v] \end{aligned} \qquad (1\text{-}6)$$

由以上公式可知，对于节点 v，其左侧子节点 $L[v]$ 的值就等于节点 v 的值 scan[v]；而其右侧子节点 $R[v]$ 的值等于两个分项值之和，其中一个分项为节点 v 的值 scan[v]，另一个分项为上扫过程所得到树中对应位置节点 v 的左侧子节点值 sum[$L[v]$]。也就是说，下扫过程需要用到上扫过程的中间结果。

下扫过程完成后，取各叶子节点的值，去掉第一个值 0，同时在末尾添加上扫过程得到的根节点值（即输入序列的"加 – 规约"结果），最后形成的序列即为前缀和序列。

对于有 n 个叶子节点的平衡二叉树，树的层数 $d = \log_2 n$，其中层 d 的节点数为 2^d。如果在每个节点处执行一次加操作，则单次遍历操作的计算复杂度就是 $O(n)$。从上扫和下扫过程可以看出，各子树的计算可以并行执行。

上述算法基于平衡二叉树完成计算，但在实际计算时并不需要实际构建树数据结构，而只需使用一个数组即可。图 1-16 给出了上述 8 元素序列在数组上的扫描计算过程，可以看出，整个计算过程全部在一个数组上完成，共分为 8 步，其中 2 步用于数据准备，上扫、下扫过程各 3 步，对应平衡二叉树的高度。从平衡二叉树的上扫和下扫过程可知，其子树的计算可以并行进行，这表现为数组中的不同元素间的并行计算。假设输入数据序列中元素个数为 n，则上扫、下扫的步骤数各为 $\log_2 n$，总的步骤数为 $(2 \times \log_2 n + 2)$。

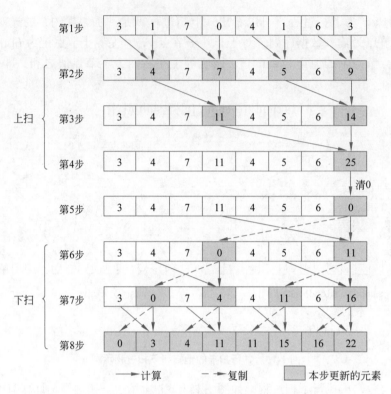

图 1-16   并行扫描过程的数组内容变化

◆ 1.7 小　　结

并行是一种专门用于加快计算速度的方法。事实上计算机处理器内部已经通过多种指令级并行技术在一定程度上实现了程序的透明并行执行。然而，指令级并行性的发掘是有极限的，同时，伴随着多核处理器、GPU 等异构加速器的发展，程序面对的计算部件数量越来越多。在这种情形下，通过编写并行程序充分利用硬件资源、提升应用程序性能，就成为了一件必要且有意义的事。

本章在给出并行计算系统性能指标和概念分类的基础上，介绍了编程人员在实践中可能遇到的几种并行计算系统，包括多核处理器、多处理器系统（对称多处理）、异构系统、集群系统和高性能计算机。随后，还介绍了这些并行计算系统中的互连网络结构和存储系统结构，这些知识对理解并行编程语言 / 接口是非常必要的，同时也有助于编写出性能更优的并行程序。

并行编程语言有多种分类，其中较为主流的分类是按照编程语言所面向的并行系统种类分类，即分为面向共享内存系统的编程语言和面向消息传递系统的编程语言。从编程人员视角来看，这两类编程语言的编程模型有着较大的差异。随着技术发展，业内还出现了同时支持两种编程模型的 PGAS 类语言。另外，随着异构计算系统兴起，业内也出现了专门针对异构系统的编程语言。

本章最后介绍了两种典型的例子程序：矩阵相乘和规约 / 扫描。其中，矩阵相乘将作为贯穿本书的例子程序出现在后面各章中，几乎在介绍每种并行编程语言时都将给出使用这种编程语言编写的矩阵相乘程序。本书最后一章还将进一步介绍矩阵相乘的并行算法。第二种例子程序——规约和扫描，实际上包含两种密切相关的操作，其中，扫描操作又被称为前缀求和，其计算复杂度更高，是众多应用的基础算法，另外，本章也介绍了该操作的并行算法。

◆ 习 题

1. 写出以下英文缩写的全称。

FLOPS；GFLOPS；HPL；SIMD；GPU。

2. 解释以下术语的含义。

峰值性能；线性加速比；异构系统；集群系统。

3. 简单介绍基准测试程序 HPL、HPCG、NPB。

4. 写出并行程序的加速比计算公式。假设某程序在不同线程数下的执行时间如表 1-4 所示，画出该程序的加速比和线性加速比曲线。

表 1-4 某程序在不同线程数下的执行时间

线 程 数	执行时间 /s
串行	100
2	55
4	30
8	20
16	15

5. 共享内存系统和消息传递系统的主要区别是什么？这两类系统的并行编程有什么特点？

6. 分析对比双精度、单精度、半精度浮点数的优缺点。

7. 对于 1.5 节给出的矩阵相乘程序，如果矩阵大小为 10 000×10 000，每个元素为 8 字节双精度浮点数，请回答以下问题。

（1）估算 A、B、C 三个矩阵占用的内存大小。

（2）矩阵相乘的计算复杂度是多少？对题中所述矩阵，浮点运算次数是多少？

（3）假设某四核处理器，每个处理器核的双精度浮点峰值性能为 20GFLOPS，处理器执行该矩阵相乘程序的应用性能为峰值性能的 50%，完成题中矩阵相乘需花费的时间是多少？

8. 什么是规约？什么是扫描（前缀求和）？假设有一个包含 1000 万个元素的数组，请编写程序对该数组执行串行加法规约和扫描，并分别统计两种操作的计算时间。

共享内存系统并行编程

要了解并掌握共享内存系统的并行编程，首先要理解三个问题。

（1）什么是共享内存系统？

（2）如何使用共享内存系统进行并行编程？

（3）怎么保证共享的安全？

本章将通过学习和讨论几种主流的并行编程语言/接口来回答上述问题，内容包括：首先，学习共享内存系统中的并行模型，以及多线程并行所涉及的同步与互斥的概念；然后，重点介绍两种主流的共享内存系统并行编程语言/接口，即 OpenMP（open multi-processing）和 Pthreads（POSIX thread）；最后，简要介绍其他一些面向多核系统的新型编程语言/接口。

◆ 2.1 共享内存系统中的并行模型

操作系统每当启动、执行一个程序时，都会为其创建一个进程（process）。进程是为了让多个程序在系统中并发执行而提出的概念，其由进程 ID 标识，是操作系统分配资源的基本单位。操作系统会为每个进程分配不同的地址空间，这块地址空间由该进程私有，在通常情况下，系统中会同时有多个进程运行，各进程的地址空间是相互隔离的，不能被直接访问，这样设计的目的是保证系统的安全性和稳定性。一个例子是，如果一个程序执行时由于指针跑飞、缓冲区溢出等错误导致出错，那么在多数情况下只会影响这个程序自身，而不会导致整个系统崩溃，主要原因就是这个程序的进程无法直接访问和修改其他进程和操作系统内核的内存空间。当然，多个进程之间也不是完全封闭的独立王国，进程之间是可以相互交互的，但需要通过操作系统提供的进程间通信机制（inter-process communication, IPC）实现，如管道、信号量、共享内存等。系统中的所有进程都将在操作系统调度下运行，目前主流操作系统的调度机制以时间片为基础，多个进程以时间片轮转的形式在处理器上运行，在此基础上，系统还常常辅以优先级调度以确保高优先级应用的响应速度。

以多核处理器为代表的共享内存系统虽然可以通过多进程的方式实现并行计算，但这种方式存在开销大且进程间交互复杂的问题。由于每个进程都拥有自己独立的地址空间，多进程轮转调度涉及寄存器、页表、高速缓存（cache）等多种硬件部件，上下文切换开销较高，将对程序性能产生不利影响。鉴于此，人们希望设计一种"轻量级"的进程（light-weight process，LWP）以降低进程间切换的开销，具体方法就是让这些轻量级进程位于同一地址空间内，并且共享资源（如分配的内存、打开的文件句柄和套接字等）。在这种情形下，操作系统轮转调度这些轻量级进程时只需切换寄存器内容即可，这就是线程（thread）的最初概念，事实上，线程的早期名称就是轻量级进程。

操作系统为了便于管理资源，仍然保留了进程的概念，并将其作为分配资源的实体。一个进程内部可以同时运行一个或多个线程，图 2-1 给出了一个进程内运行 1 个、2 个、多个线程的情形，这些线程共享进程拥有的资源，如内存、文件句柄等。线程是处理器调度的最小单位，是运行在处理器上的程序实例。熟悉 Java 的读者应该知道，Java 程序运行时会启动一个虚拟机（JVM）实例，此 JVM 实例即是一个进程，其可以派生或创建多个线程共享进程的资源，同样，如果进程被销毁，则该进程中的线程也将被全部销毁。

(a) 单进程单线程　　　　　(b) 单进程双线程　　　　　(c) 单进程多线程

图 2-1　进程－线程执行关系

在共享内存系统中，多个线程可以共享一个进程的系统资源，创建一个新线程不需要申请额外的系统资源，只需要设置线程控制块以标识线程，由于线程间耦合紧密，多线程并行执行的开销要明显低于多进程并行。基于以上原因，在共享内存系统中，用多线程方式实现并行的效率要高于多进程并行方式，而且由于多个线程之间可以共享程序中的变量，其编程也更加方便简洁。

线程间的通信方式分为显式通信和隐式通信。共享内存系统中的线程间通信是隐式的，也就是实现线程间通信不需要显式地发送和接收消息，只需要通过线程间共享变量和同步即可，这就涉及了多线程安全访问共享变量的问题。接下来将介绍多线程并行的基本流程，以及其中涉及的同步与互斥概念。

2.1.1　多线程并行概述

操作系统在创建进程时，会自动为其生成一个主线程（master thread），而进程中的其他线程将由主线程创建，当然，创建出的线程还可以自己再创建新的线程，如图 2-2 所示。也就是说，主线程将贯穿整个程序的运行，它随着进程创建而生成，并随着进程结束而退出。在程序运行过程中需要并行计算时，主线程将派生一个或多个工作线程来执行并行任务，并行任务结束后工作线程会自动退出，主线程将回收工作线程的计算结果并继续执行。

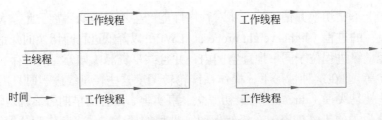

图 2-2 主线程与两个派生的工作线程

2.2 节和 2.3 节将具体介绍 OpenMP 和 Pthreads 创建和管理工作线程的过程。

2.1.2 同步与互斥的概念

多线程的并行执行存在不确定性。假定同时启动若干个线程，这些线程都执行相同的程序，经过一段时间后，每个线程的执行进度会产生差异，有些线程执行得会快一些，有些线程执行得会慢一些。如果重复这一过程，会发现这种执行进度的差异在每次执行时都会不一样，有时这些线程快一些，有时那些线程快一些。这种现象被称为并行程序执行的不确定性（non-deterministic）。之所以会产生这种现象，是因为线程在处理器上执行时会受到多种因素的影响，如处理器外部中断、访存操作 cache 命中/不命中、操作系统内核执行、线程调度等，这些干扰因素会影响线程执行程序的速度。编写并行程序时必须认识到这种不确定性是客观存在的，并且要保证程序输出正确的结果。

多线程并行执行时，由于多个线程共享进程的内存空间，这些线程就都可以访问程序中的共享变量（如 C 语言程序中的全局变量）。当两个或多个线程同时写入一个变量，或者有些线程写入某个变量而其他线程读取该变量时，都可能导致错误的结果，这被称为**数据竞争**（data race）。由于多线程执行的不确定性，数据竞争导致的后果是也不确定的，也就是可能产生错误的结果，也可能不会。有经验的编程人员都知道，在编写和调试程序的过程中，偶尔运行出错的程序是最难调试的，因为无法确定性地复现故障，想定位错误就非常困难。对于多线程程序来说，数据竞争导致的错误就属于这种情形，这在编程时需要尤其注意。

为了避免出现数据竞争，多线程访问共享变量时，需要遵循"互斥"规则。所谓**"互斥"**，就是线程进行某些操作时须保证其独占性和排他性。在多线程编程中，互斥一般被用于对共享变量的访问。

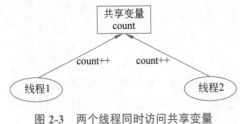

图 2-3 两个线程同时访问共享变量

图 2-3 给出了一个数据竞争的简单例子。假设共享变量 count 的初始值为 0，随后线程 1 和线程 2 都执行对 count 变量的自增操作。加法操作需要线程首先将 count 的值从内存加载到寄存器中，如果不对两个线程的执行加以控制，就可能出现这样一种情形：线程 1 和线程 2 复制到寄存器中的值均为 count 的初始值 0，各自对寄存器进行自增操作后，将寄存器值写回内存，结果，内存中 count 的值是 1 而不是 2，即程序执行结果"漏掉"了一次加操作，导致 count 的值出现错误。更糟糕的是上述出错情形并不一定会发生，在多数情况下，某个线程的执行速度快一些，首先完成了对 count 的

自增操作，另一个线程将在前一个线程执行结果的基础上对 count 进行自增，得到的结果就是正确的。显然，这种不确定性导致的程序出错将会是编程人员的"噩梦"，尤其是当程序规模较大时。

数据竞争会导致程序出现随机性的错误，即程序在很多时候运行结果是正确的，但有些时候会产生错误结果。一旦编程时不慎引入了数据竞争，调试会很困难。因此，在编程时要尤其慎重。为了避免数据竞争，需要将访问共享变量的代码段设置为**临界区（critical section）**，以确保临界区内的代码一次只被一个线程执行，当某个线程 A 进入临界区时，后续试图进入临界区的线程必须等待，直到线程 A 退出临界区。在多线程编程中，常通过互斥锁实现临界区，即线程进入临界区时，执行"上锁"操作，退出临界区时，执行"开锁"操作；如果一把锁处于"已上锁"状态，则执行"上锁"操作的线程将进入睡眠状态，而"开锁"操作将唤醒在这把锁上睡眠的线程，从而使其可以完成"上锁-开锁"操作。

所谓**"同步"**，通俗来讲就是步调一致，例如，在播放视频时需要保证音频与画面的同步。在共享内存系统中，线程同步是指多个线程为了完成同一个任务，需要通过某种特定的手段控制彼此之间的执行顺序，使各个线程可以按照规定的先后顺序执行。并行编程中常用的一种线程同步机制是栅栏（barrier）机制，它的作用是为并行执行进度不一的多个线程设置一个同步点，先到达该点的线程必须等待，直到所有线程都到达该点后线程才能被继续执行。另外一种更为复杂的线程同步是生产者-消费者关系，一组线程生成数据并存入缓冲区，同时另一组线程从缓冲区中读取这些数据，这两组线程之间就需要进行同步。当缓冲区中无剩余空间时，数据生成线程就要等待，直到数据被取走；而当缓冲区中没有数据时，数据读取线程需要等待，直到新的数据生成。

2.2 OpenMP 编程

OpenMP 和 Pthreads 是两种主流且较为成熟的多线程并行编程接口，其中，OpenMP 是在一个较高的层次上进行多线程程序的开发，而 Pthreads 则处于较为底层的位置，需要编程人员明确规定每个线程的行为细节。本节将介绍使用 OpenMP 编写多线程程序的方法。

OpenMP 无须对底层线程的交互进行编程，甚至有时只需要程序员在串行程序中添加几行编译指令，声明哪一块程序应该被并行执行，随后编译器和运行时（runtime）系统即可完成线程的创建及工作任务分配，这不仅大大降低了并行编程的复杂度，还可以让编程人员将关注点放在并行算法本身。OpenMP 的特点决定了它适合基于数据并行的多线程程序，对功能并行且线程间同步和互斥关系较为复杂的场景的处理则较为困难。

2.2.1 概述

OpenMP 开发于 20 世纪 90 年代后期，目前其编程规范由 OpenMP 体系结构审核委员会（Architecture Review Board, ARB）负责制订，具体的版本发布情况可以参考官网。

OpenMP 为共享内存并行程序的开发人员提供了一个可移植的、可扩展的模型，支持的编程语言包括 C/C++ 和 FORTRAN。Windows 和 Linux/UNIX 平台均支持 OpenMP 程序的开发。如果想要在 Windows 开发环境 Microsoft Visual Studio 中开发 OpenMP 程序，只需在其编译选项中添加"/openmp"参数即可；而如果需要在 Linux 系统中使用 gcc 编译器，则只需在编译选项中添加"-fopenmp"参数。

OpenMP 由以下三部分构成。

（1）一组编译指令（compiler directive）。这些编译指令的主要作用包括：在程序中标识可并行的区域，为多个线程划分不同的代码块，在多个线程之间分配工作，以及控制线程之间的同步与互斥等。

（2）运行函数库（library routine）。使用函数库中的函数可以设置和查询线程数量，查询线程的唯一标识符等。对于 C/C++，OpenMP 的函数库头文件为 <omp.h>。

（3）环境变量（environment variable）。OpenMP 提供了一些环境变量，可以在运行时控制并行代码的执行，例如，OMP_NUM_THREADS 可以被用来设置默认线程个数。

对于 C/C++ 程序，使用预处理命令 #pragma 可以引入 OpenMP 的并行架构，其语法格式如下。

```
#pragma omp directives …
```

在 C/C++ 程序中，凡是以"#"开头的语句都是预处理命令，其中最常用的是 #include 和 #define，而 #pragma 也是一种预处理命令，它常被用来设定编译器的状态或指示编译器完成一些特定的动作。OpenMP 就是利用"#pragma omp"来引入各种编译指令以建立并行架构的，其中 omp 是 OpenMP 的简写，用于标识 OpenMP 编译命令。换句话说，在 C/C++ 程序中，所有的 OpenMP 编译指令均以"#pragma omp"开头。

OpenMP 程序的并行执行模型如图 2-4 所示。要知道，操作系统启动并执行一个程序时，将为其创建一个进程，该进程启动后将对应一个线程，其被称为主线程（master thread）。对于 C 语言程序来说，主线程从 main( ) 函数开始执行。在主线程的执行过程中，一旦遇到 OpenMP 的 parallel 编译指令（图中圆圈所示的位置），就会生成多个线程（如何确定线程个数将在随后详述），这些新生成的线程又被称为子线程，它们与主线程并行执行；在执行过程中，无论是主线程还是子线程，一旦遇到 parallel 编译指令，还将生成多个线程。这些线程执行到特定位置时将被结束，最后只剩主线程，程序结束时，主线程与进程同时被结束。

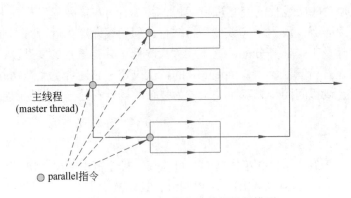

图 2-4　OpenMP 程序的并行执行模型

下面来看一段非常简单但却很典型的 OpenMP 程序。

```
#pragma omp parallel for
for ( int i = 0; i < n; i++ )
    c[i] = a[i] + b[i];
```

以上程序使用一个 for 循环完成两个数组 a[ ] 和 b[ ] 相加（即向量求和），结果存入数组 c[ ]。在循环语句之前加入 OpenMP 编译指令 "#pragma omp parallel for" 后，程序在运行时将创建一组线程，并由这组线程并行地完成该循环的计算。图 2-5 给出了一种执行示意图，可以看出，共有 1000 次循环，由 5 个线程并行完成，每个线程负责循环中的一段（200 次循环）。

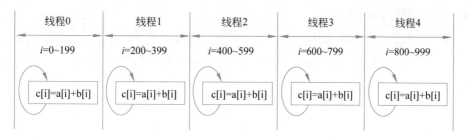

图 2-5 OpenMP 程序的执行示意图

从以上程序可以看出，在程序中插入 OpenMP 编译指令即可实现程序的并行化，编程较为简单，而且这一特性使得它非常适合对串行程序进行并行化改造。

OpenMP 的另外一个特性是：用户在各种平台上编译 OpenMP 程序时，如果编译器支持 OpenMP，则可以通过编译命令将程序编译成 OpenMP 并行程序，从而在运行时获得性能的提升；而如果编译器不支持 OpenMP，那么它将忽略程序中的 "#pragma omp" 编译指令，程序仍然被编译为串行程序。

OpenMP 还支持 FORTRAN 语言编程，此时 OpenMP 编译指令被包含在 comment 语句中。

后续各个小节将介绍 OpenMP 的各种编译指令和并行构造，为简单起见，后续的编程语法和程序均使用 C/C++ 语言。

2.2.2 OpenMP 的基本命令

首先从一个简单的 Hello World 程序开始学习 OpenMP 编程，如代码清单 2-1 所示。这个程序主要用于展示如何在 OpenMP 程序中创建多个线程，其中，涉及几个重要的基本命令。

代码清单 2-1 一个简单的 OpenMP 程序 Hello World。

```
1    #include <stdio.h>
2    #include <stdlib.h>
3    #include <omp.h>
4
5    void main(int argc, char *argv[])
6    {
7        /* 从命令行参数获取用户输入的线程数 */
8        int threadCount = atoi(argv[1]);
9
```

```
10        /* 每个线程均执行输出语句 */
11        #pragma omp parallel num_threads(threadCount)
12        {
13            printf("Hello from thread %d of %d\n", \
14                    omp_get_thread_num( ), omp_get_num_threads( ) );
15        }
16    }
```

该程序需由 OpenMP 的编译指令 "#pragma omp parallel" 生成多个线程, 并让这些线程执行 printf( ) 语句以显示一条信息。编译指令的具体含义将在后面说明, 首先, 看 OpenMP 程序的编译和运行。

1. 程序的编译运行和结果输出

我们将该程序文件命名为 hello.c, 并采用 gcc 编译器对该程序进行编译 (注意需要包含 "-fopenmp" 选项)。

```
$ gcc -fopenmp -o hello hello.c
```

然后运行编译生成的可执行程序 hello, 需要在命令行参数中指定线程的个数。例如, 希望使用 2 个线程, 则可以输入以下命令。

```
$ ./hello 2
```

可以观察到输出结果如下。

```
Hello from thread 0 of 2
Hello from thread 1 of 2
```

然而, 如果再次运行这个程序, 又可能会得到下面的结果。

```
Hello from thread 1 of 2
Hello from thread 0 of 2
```

通过观察两次输出结果, 可以发现程序并不是按照线程编号的顺序输出, 这是因为两个线程的执行速度快慢不一, 可能会导致执行 printf( ) 语句的顺序不确定。

2. 程序的代码说明

现在仔细分析代码清单 2-1 中的程序。为了让用户在命令行中指定线程个数, 需要使用 atoi( ) 函数 (第 8 行) 将命令行参数中的线程数参数从字符型转换为整型, 为此需要在第 2 行引入标准库头文件 <stdlib.h>。

第 3 行中引入了 OpenMP 的函数库头文件 <omp.h>。

第 11 行中使用了 OpenMP 的编译指令 parallel 标识并行区域, 该指令的格式如下。

```
#pragma omp parallel
    structured_block
```

如前所述, 所有的 OpenMP 编译指令均以 "#pragma omp" 开头, 此处的 OpenMP 指令为 parallel, 它的作用是创建多个线程, 并且每个线程都执行该指令后面的**结构块**

（**structured block**）。

　　在 OpenMP 中，结构块可以是一行语句或者由"{ }"定义的复合语句。复合语句可以包含多条语句，其中可以调用其他函数，但结构块只能有一个入口和一个出口，也就是不能使用 goto 这种跳转语句。结构块的出口处包含了一个隐藏栅栏（barrier），用于同步执行该结构块的全部线程。

　　parallel 指令可以创建多个线程，在 OpenMP 中，线程个数可由以下方法设定，优先级从上到下依次递减。

　　（1）用 num_threads 子句显式地指定线程个数。前面的 Hello world 程序中就使用了该方法：用 num_threads（threadCount）子句指定生成 threadCount 个线程。

　　（2）调用 OpenMP 提供的接口函数 omp_set_num_threads( ) 设置默认线程个数，Hello World 程序可用以下语句替换原来的第 11 行预编译指令。

```
omp_set_num_threads(threadCount);
#pragma omp parallel
```

　　（3）设置环境变量 OMP_NUM_THREADS，整个程序运行期间均有效。

```
$ export OMP_NUM_THREADS = threadCount
```

　　（4）如果未通过上述方式指定线程数量，则可由 OpenMP 系统根据系统资源情况自动设置线程个数。

　　继续回到 Hello World 程序。该程序的 parallel 指令后跟的结构块中是一条 printf( ) 语句，也就意味着创建的 threadCount 个线程将各显示一条信息。需要说明的是，这条语句中调用了两个 OpenMP 接口函数，用于获取线程号和线程个数，这两个函数定义如下。

```
int omp_get_thread_num(void);      // 获取当前线程的线程号
int omp_get_num_threads(void);     // 获取当前线程组中的线程个数
```

2.2.3　共享工作构造及其组合

　　在 OpenMP 程序中，开发者可以使用 parallel 命令定义一个并行区域（结构块），并生成多个线程并行执行该并行区域中的语句。在很多时候，人们并不希望多个线程重复相同的工作，而是希望把需要完成的工作分配给多个线程并行完成。为此，OpenMP 提供了多种共享工作构造（construct），基本的共享工作构造有 sections 构造、for 构造、single 构造。

　　OpenMP 的共享工作构造用于定义多线程并行执行语句，但工作构造自身并不生成多线程，而是利用 parallel 命令生成的多线程。也就是说，共享工作构造需要与 parallel 命令配合使用。此外，在每个共享工作构造之后都有一个隐式的栅栏（barrier）用于同步所有线程。接下来，本小节将分别介绍三种不同的共享工作构造，使读者可以了解它们的具体构造方式及使用场景。

　　1. sections 构造——任务并行

　　sections 命令可以将一段程序语句分成多个可以并行执行的块，被称为 section，每个

section 包含一个划分好的结构块,由一个线程执行且只执行一次,多个 section 可并行执行。一个 sections 构造中不同 section 的结构块可被分配给线程组中的多个线程并行执行。需要注意的是,除了第一个结构块无须显式地使用 section 定义之外,其余的块均需要 section 命令显式地标注。

sections 构造的编译指令定义如下。

```
#pragma omp sections
{
    #pragma omp section
        structured_block
    #pragma omp section
        structured_block
    …
}
```

上述编译指令定义了一个 sections 构造,其使用 section 指令定义了多个 section,每个 section 对应一个结构块,当程序执行时,这些 section 将由线程组中的线程并行执行。需要说明的是,sections 指令并不会创建多线程,创建多线程依赖前面介绍的 parallel 指令。因此,sections 指令通常与 parallel 指令一起使用,由 parallel 指令标识并行区域并创建线程组。如果创建的线程数量大于 section 的数量,则部分线程将会空闲,如代码清单 2-2 所示;如果创建的线程数量小于 section 数量,则一个线程可能会执行多个 section,具体分配方式由 OpenMP 的任务映射机制完成。

代码清单 2-2　section 构造使用示例。

```
1    #pragma omp parallel num_threads(4)
2    {
3      #pragma omp sections
4      {    /* 第一个结构化代码块不需要 section 指令显式标出 */
5        printf(" Hello from thread %d\n", omp_get_thread_num( ));
6        #pragma omp section
7        printf(" Hello from thread %d\n", omp_get_thread_num( ));
8      }
9    }
```

代码清单 2-2 首先使用 parallel 指令定义一个并行区域并生成多个线程,线程个数由 num_threads 子句指定为 4;随后,使用 sections 指令定义了一个共享工作构造,其包含 2 个 section,每个 section 对应一条 printf( ) 语句;按照定义,每个 section 将由一个线程执行,故只有两个线程执行 printf( ) 语句,其余两个线程空闲,输出的代码执行结果可能如下。

```
Hello from thread 1
Hello from thread 2
```

或者如下。

```
Hello from thread 3
Hello from thread 0
```

如果读者想要测试线程数量小于 section 数量的情况，可以自行添加 section 子句数量直到其大于线程数量，然后查看运行结果。

2. for 构造——数据并行

for 构造用于将 for 循环并行化。for 指令后跟一个 for 循环语句，程序执行时，循环将按某种方式被划分成多块，然后分配给线程组中的线程并行执行。与 sections 构造类似，for 构造也需要与 parallel 指令配合使用。

for 构造的编译指令定义如下。

```
#pragma omp for
    for_loop
```

程序执行遇到 for 指令时，跟随其后的 for 循环将被分成多段（通常每段包含连续多次循环），并被分配给多个线程并行执行。显然，在进行此项操作时，这个 for 循环的循环次数必须是确定的，这也是 for 构造必须满足的限制条件，否则会导致编译出错。按照这一限制条件，C 语言编程允许使用的 for（;;）这种语句就不能再被用于 for 构造（无法确定循环次数）。此外，for 循环也不能包含退出循环的操作，包括 break、goto 等语句，也就是说，在并行区域内不能进行"代码跳转"，这与前面提到的结构块需要遵循的原则相呼应，即只能有一个入口和一个出口。

下面给出一段使用 for 构造的简单示例代码。

```
1    #pragma omp parallel
2    {
3        #pragma omp for private(i)
4        for ( i = 0; i < N; i++ )
5            c[i] = a[i] + b[i];
5    }
```

以上代码使用一个 for 循环完成了两个数组 a[ ] 和 b[ ] 相加，结果将被存入数组 c[ ]，数组长度为 N。程序首先使用 parallel 指令生成多线程（未显式地指定线程数），然后在并行区域中，使用 for 指令对循环进行并行化，即循环被划分成多块（称为 chunk），并分配给 parallel 命令生成的多个线程并行执行，循环被划分的块数与线程个数之间没有必然联系。当块数 ≥ 线程数时，每个线程将被分到一块工作，如果还有剩下的块，就等待直到有线程空闲时再进行分配；当块数 < 线程数时，将只有部分线程获得工作，其他线程会直接到本构造的末尾等待。

以上代码的 for 指令使用了一个之前没有出现过的子句 private(i)，其作用是将循环变量 i 定义为线程私有变量，在后面将进一步介绍。在 OpenMP 中，子句（clause）不能单独出现，需要配合编译指令使用，前面介绍过的子句 num_threads( ) 也属于这一类。一条编译指令可以使用多个子句，通常情况下，多个子句的前后顺序任意。

如前所述，for 构造要求循环次数在执行时是确定的。在以上示例代码中，循环次数为 N，这就要求程序执行到该循环时，N 的值是确定的，且在循环过程中不变。

至此，还有一个问题尚待明确，那就是：N 次循环被分成多少个块？默认情况下，循环的分块由 OpenMP 运行环境自动进行，但在有些场景下，编程人员希望指定分块大小，也就是指定每一个块包含的循环次数，这可以使用 OpenMP 的 schedule( ) 子句实现，以下给出两种 schedule( ) 子句的使用示例，其具体语法和使用规则将在后面的子句部分详细介绍。

```
1    // 示例一：指定每个 chunk 包含 100 次循环
2    #pragma omp for private(i) schedule(static,100)
3
4    // 示例二：指定每个 chunk 包含 N/4 次循环
5    #pragma omp for private(i) schedule(static,N/4)
```

3. single 构造——串行执行

single 构造被用于指定一段语句仅由一个线程执行。当程序执行遇到 single 指令时，其后跟的结构块将只由某个线程执行，其他未被指定的线程会在结构块的出口处等待。这种执行方式相当于串行执行，一般被用于执行非线程安全的代码，例如，I/O 操作。

指令语法如下。

```
#pragma omp single
   structured_block
```

4. 共享工作构造与 parallel 指令组合使用

OpenMP 中的三种共享工作构造需要与 parallel 指令配合使用，为了简化程序，开发者可以将 parallel 指令与工作构造指令组合在一条编译指令中，如图 2-6 所示。

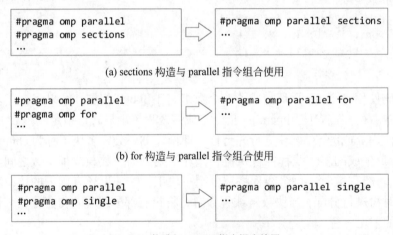

(a) sections 构造与 parallel 指令组合使用

(b) for 构造与 parallel 指令组合使用

(c) single 构造与 parallel 指令组合使用

图 2-6　工作构造与 parallel 指令组合使用

通过将工作构造与 parallel 指令组合使用，可以将 2 条编译指令组合为 1 条，使程序更加简洁，但如果程序中连续使用了多种工作构造，则使用分离的指令也不失为一种更好的选择，示例如下。

```
1    #pragma omp parallel
2    {
```

```
3      #pragma omp sections
4      { … }
5      #pragma omp for
6      { … }
7      #pragma omp single
8      { … }
9   }
```

5. master 与 masked 构造

master 构造用于指定一段语句仅由主线程（master thread）执行，该指令定义如下。

```
#pragma omp master
    structured_block
```

当程序执行遇到 master 指令时，其后跟的结构块将只由主线程执行，其他线程将直接跳过该结构块继续执行。需要说明的是，该构造的末尾处没有隐含的 barrier。因此，除主线程之外的其他线程不会在结构块末尾等待。

OpenMP 自 5.0 版起新增了一种 masked 构造，该构造可以被视为 master 构造的扩展版，可以指定线程组的一个子集执行一段语句，该指令定义如下。

```
#pragma omp masked [filter(thread_num)]
    structured_block
```

当程序执行遇到 masked 指令时，如果该指令带有 filter 子句，则程序会对 filter 子句的参数表达式求值；如果求值结果与本线程编号相等，则执行后面所跟的结构块，否则跳过该结构块继续执行。也就是说，filter 子句的参数表达式在不同线程中的求值结果可能是不同的。如果参数表达式直接使用常数，则仅会由线程编号等于该常数值的线程执行结构块；如果该指令没有使用 filter 子句，则该指令的作用等价于 master 指令，也就是默认指定线程 0（即主线程）执行结构块。同样地，该构造末尾处没有隐含的 barrier。

需要说明的是，在高版本的 OpenMP 中，master 构造被 masked 构造所取代，因为 "#pragma omp masked" 的作用等价于 "#pragma omp master"。编程使用这两种构造时，需注意所用平台的 OpenMP 版本。

6. 矩阵相乘程序示例

下面给出 OpenMP 版的矩阵相乘示例程序，如代码清单 2-3 所示。程序首先进行矩阵的初始化（第 9~15 行），之后，在矩阵相乘三重循环的最外层循环之前添加了 parallel 指令和 for 构造的组合（第 16 行），按照定义，该指令仅对它后面紧跟的 for 循环起作用，也就是对最外层循环进行并行化。分析程序可知，每个线程将负责结果矩阵 *C* 中若干行元素的计算。

代码清单 2-3 用 for 构造实现矩阵相乘。

```
1    #include <stdio.h>
2    #include <omp.h>
3    #include <stdlib.h>
```

```
4      #define N 8000                            // 矩阵维数
5      double A[N][N],B[N][N],C[N][N];
6      void main(int argc, char *argv[])
7      {
8          int i,j,k;
9          for ( i = 0; i < N; i++ )        // 初始化随机数矩阵和结果矩阵
10             for ( j = 0; j < N; j++ )
11             {
12                 A[i][j] = (double)rand( )/(RAND_MAX);
13                 B[i][j] = (double)rand( )/(RAND_MAX);
14                 C[i][j] = 0;
15             }
16         #pragma omp parallel for private(i,j,k)
17         {
18           for ( i = 0; i < N; i++ )
19               for ( j = 0; j < N; j++ )
20                   for ( k = 0; k < N; k++ )
21                       C[i][j] += A[i][k] * B[k][j];
22         }
23     }
```

2.2.4　线程间同步与互斥

本章开始部分曾经提到，当多个线程并行执行时，受多种因素影响，各个线程的执行进度是不确定的，并且一个进程的多个线程共享该进程的变量，多个线程同时写入一个共享变量可能导致数据竞争。为了解决这些问题，OpenMP 提供了若干种同步/互斥指令用于实现共享变量的互斥访问和保证线程同步，下面介绍三种最常用的指令。

1. 线程同步——barrier 指令

barrier 指令可以提供线程间的同步机制——栅栏。下文将通过一个简单的示例说明为什么需要 barrier。

如图 2-7 所示，程序使用 OpenMP 的 for 指令实现两个 for 循环的并行化。可以看出，前一个循环完成向量运算 a[ ]=b[ ]+c[ ]，而后一个循环完成向量运算 d[ ]=a[ ]+b[ ]。这样，后一个循环需要用到前一个循环的计算结果，这就形成了数据依赖关系。如果不对多个线程的并行执行加以约束，就有可能出现如下情形。

```
#pragma omp parallel
{
    #pragma omp for
    for ( i = 0; i < N; i++ )
        a[i] = b[i] + c[i];
    -----------------------barrier
    #pragma omp for
    for ( i = 0; i < N; i++ )
        d[i] = a[i] + b[i];}
}
```

图 2-7　需要线程间同步的示例

某个线程执行进度很快，迅速完成前一个循环的工作后，开始执行后一个循环的工作，而此时该线程计算所需的 a[ ] 部分尚未被计算出来，这就会产生错误的结果。为了保证程序的正确性，需要在前后两次循环之间设置一种类似栅栏的同步机制，强制所有线程只能在完成前一个循环的工作后再开始执行后一个循环。OpenMP 的 barrier 指令就提供了这种功能，幸运的是，在 OpenMP 的 sections、for、single 工作共享构造的末尾处有一个默认的 barrier，这样，这个程序示例，就不再需要显式地加入 barrier 指令。而如果需要在程序中显式地进行这种线程间同步，则可以使用 barrier 指令。

barrier 指令的定义如下。

```
#pragma omp barrier
```

barrier 指令提供了一种显式栅栏，它规定当线程组中的线程到达该指令时需要等待，直到所有的线程都到达后才可以继续执行。

图 2-8 展示了 barrier 指令的执行效果，其中线程 1 执行速度较快，所以率先到达 barrier 处，等待执行速度较慢的线程 2 和线程 3，直到 3 个线程全部执行到 barrier 指令，则 barrier 区域结束。

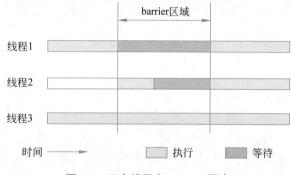

图 2-8 三个线程在 barrier 同步

2. 线程互斥（临界区）—— critical 指令

critical 指令用于在程序中实现临界区（critical section），即实现线程间的互斥。

critical 指令定义如下。

```
#pragma omp critical [name]
    structured_block
```

该指令将结构块定义为临界区，也就是强制结构块中的程序只能同时被一个线程执行；当某个线程 A 执行结构块时，其他线程只能等待，直到线程 A 执行完结构块，下一个线程才能进入临界区。这种一次只允许一个线程执行的操作被称为互斥（**mutual exclusion**），互斥操作确保了结构块中的语句同时只被一个线程执行，从而避免了线程间由于数据竞争而产生错误结果。

图 2-9 展示了三个线程顺序进入 / 退出临界区的示意图，在图中，线程 1、线程 2 和线程 3 按顺序依次执行需要原子执行的部分（即 critical 指令后跟的结构块）。

critical 指令还包括一个可选的标识符 [name]，用于给临界区显式地指定一个名字；如果不指定名字，则临界区默认使用相同的名字。由于多个线程会在具有相同名字的临界区互斥，故如果程序中有多组线程分别执行不同的临界区，则应通过给临界区命名以避免不同临界区之间的不必要互斥。

下面来看两段使用临界区的示例代码，见代码清单 2-4。这两段程序的功能相同，都是使用一个 for 循环对一个全局计数器 sum 计数。

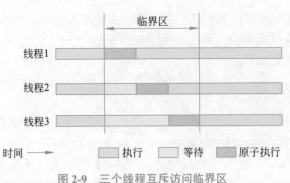

图 2-9 三个线程互斥访问临界区

代码清单 2-4 使用 critical 指令的两段示例代码。

```
1    // 第一段示例代码：在循环内使用临界区
2    int sum = 0;
3    #pragma omp parallel for shared(sum)
4    for ( int i = 0; i < N; i++ )
5        #pragma omp critical
6            sum++;
7
8    // 第二段示例代码：不在循环内使用临界区
9    int sum = 0, mySum = 0;
10   #pragma omp parallel firstprivate(mySum) shared(sum)
11   {
12       #pragma omp for private(i)
13       for ( int i = 0; i < N; i++ )
14           mySum++;
15       #pragma omp critical
16           sum += mySum;
17   }
```

第一段示例代码直接在 for 循环中对计数器 sum 进行累加，并使用 parallel for 指令将 for 循环并行化，为了避免多个线程同时修改共享变量 sum 导致的数据竞争，使用 critical 指令将 sum++ 语句定义为临界区。这段程序的正确性没有问题，但却是低效的，因为线程在每次循环都将进行一次互斥，这将严重地限制并行性，而且临界区的进入 / 退出机制还将引入额外开销。

第二段示例代码从性能优化的角度对程序进行了改进。为了避免在循环中修改共享变量带来的临界区开销问题，代码中增加了一个局部计数器 mySum，并在 parallel 指令处使用了子句 firstprivate（mySum），该子句将 mySum 定义为线程私有变量，并且每个线程的私有副本被初始化为该变量的当前值（即 0）；之后 for 循环只是对局部计数器 mySum 进行累加，由于每个线程拥有该变量的私有副本，循环过程中不再需要定义临界区；循环结束后，每个线程将局部计数器 mySum 累加到全局计数器 sum 中，此时使用 critical 指令进行了临界区保护。

与第一段示例代码相比，第二段示例代码避免了在循环中使用临界区，因而多个线程可以完全并行地执行 for 循环，其并行效率显著高于第一段示例代码。这种优化以新增线程私有变量的方法避免了多线程频繁修改共享变量，进而大幅减少了线程间的互斥开销，对并行程序设计具有广泛的参考价值。

以上示例代码中使用了子句 shared 和 firstprivate，它们的用法将在后面详细介绍。

3. 轻量级临界区——atomic 指令

atomic 指令提供了一种更加轻量和高效的临界区实现方式，该指令的语法形式如下。

```
#pragma omp atomic [read | write | update]
    expression_statement
```

与 critical 指令相比，atomic 指令后面不是一个结构块，而是一个表达式语句，如 sum++。由于临界区仅为一个表达式，故代码可以采用更加高效的底层实现。因此，atomic 指令的开销低于 critical 指令。一些实验测试表明，使用 atomic 指令的开销仅为 critical 指令的几分之一。

对于前面的示例代码，临界区可以改用 atomic 指令，程序如下。

```
1    #pragma omp atomic
2        sum += mySum;
```

atomic 指令还有几个可选的子句，包括 read、write、update，用于指定对变量的访问类型，以供底层更高效的实现。其中，read 子句表示对变量只读；write 子句表示对变量只写；update 表示更新变量的值。update 与 write 的区别在于：假设要保护的变量是 x，则使用 write 子句时，表达式语句的等号左侧为 x，右侧为一个表达式；使用 update 子句时，表达式语句的等号左侧和右侧均含有 x。例如，表达式语句 x++ 的等价表达式是 x=x+1，因此属于 update。在不使用子句的情况下，默认为 update。

前面的 atomic 语句示例也可以增加 update 子句，两种程序写法是等价的。

```
1    #pragma omp atomic update
2        sum += mySum;
```

2.2.5 常用子句

OpenMP 支持一系列子句（clause）。子句与编译指令的区别是，子句不能被单独使用，而只能与编译指令配合使用，用于指定一些特定行为和属性。前面介绍的 for 循环构造中使用的 schedule 子句就是一种常用的子句。

表 2-1 列出了几种常用的 OpenMP 子句及其用途，下面逐个介绍这些子句。

表 2-1 常用的 OpenMP 子句及其用途

子 句	用 途
nowait	与 for、sections、single 工作构造配合使用，指定其后隐式的 barrier 无效
schedule	与 for 循环构造配合使用，指定循环的分块
shared	数据属性子句，指定线程共享变量列表
private	数据属性子句，指定线程私有变量列表，每个线程将拥有变量的私有副本
firstprivate	数据属性子句，与 private 类似，区别是将变量值作为初值赋给同名变量的每个私有副本

续表

子　　句	用　　途
lastprivate	数据属性子句，与 private 类似，区别是工作构造结束后，将某个线程的变量私有副本值赋给同名变量
default	指定变量共享属性
reduction	指定规约操作及作用变量

1. nowait 子句

nowait 子句的功能是忽略工作构造结尾处的隐式栅栏。前面介绍 sections、for、single 这三种共享工作构造时都曾经提到，它们在结构块的出口处有一个隐含的 barrier 以确保所有线程同步，即当所有线程都执行完工作构造后，才继续执行后续的程序，这将使开发者无须显式地添加 barrier 指令即可实现线程的同步。

由于 barrier 会降低程序的并行效率，故如果工作构造后面的程序与工作构造之间没有依赖关系，那么进行这种额外的线程同步就是不必要的。此时可以使用 nowait 子句使线程忽略代码块结束处的隐式栅栏。使用该子句后，执行速度快的线程可以继续执行后续程序，这将有助于提升程序性能。

nowait 子句一般用于 for 指令、sections 指令和 single 指令之后，如下所示。

```
#pragma omp parallel
{
    #pragma omp for private(i) nowait
        for ( i = 0; i < N; i++ )
            c[i] = a[i] + b[i];
}
```

注意，nowait 不能被直接用于"#pragma omp parallel"指令之后，也就是说，其只能使用分开声明方式，然后将 nowait 子句放在工作共享构造指令 for、sections 和 single 的单独语句之后。

2. schedule 子句

默认情况下，for 指令或 parallel for 指令将按线程个数对循环进行均等划分，然后将之分配给线程组中的各个线程。如果希望指定划分范围和调度方式，则可以使用 schedule 子句，该子句允许开发者自定义划分和分配工作的方式。schedule 子句的语法形式如下。

```
schedule(<kind>[,chunk_size])
```

其中，kind 的取值及其用法如表 2-2 所示。

表 2-2　schedule 子句中 kind 的取值及其用法

类　　型	用　　法
static	按 chunk_size 大小将循环划分为若干块，如图 2-10 所示，然后在循环执行前，将分块按线程号顺序以轮转的方式分配给线程组中的线程
dynamic	按 chunk_size 大小将循环划分为若干块，然后在循环执行时，按照先执行完先分配的原则分配给线程组中的线程

续表

类　型	用　法
guided	按剩余的循环次数/线程数的值将循环划分为若干块，然后在执行循环时，按先执行完先分配的原则分配给线程组中的线程，也就是说，当一个块完成后，下一个块会变小，但限制条件是块的大小不能小于 chunk_size，最后一块除外
auto	由编译器和运行时系统决定调度方式
runtime	运行时确定调度方式，调度方式由环境变量 OMP_SCHEDULE 或库函数 omp_set_schedule（）指定

chunk_size 指定每个块中包含的循环次数，只有 static、dynamic 和 guided 三种调度方式使用 chunk_size，在这三种调度方式中，guided 的系统开销最大，dynamic 的开销要大于 static。如果 chunk_size 未被指定，则 static 默认会将 chunk_size 设置为总的循环次数/线程数，但实际分配中因为总的循环次数/线程数不一定是整数，所以每个线程可能分到的循环次数会相差 1。例如，假设有 7 次循环，4 个线程，chunk_size 为 1.75，因此只能近似等分，为前 3 个线程分别划分 2 次循环，最后一个线程执行最后 1 次循环。OpenMP 的大部分默认调度实现即为 schedule（static），但不能保证每个线程分到的循环次数相等，因为循环次数/线程数可能存在非整数的情况。dynamic 和 guided 方式中 chunk_size 默认值为 1。

图 2-10 给出了一种循环分块示例，共 12 次循环，当使用 schedule（static,1）、schedule（static,2）、schedule（static,4）时，分块后第 1 块所对应的循环如图 2-10 所示。

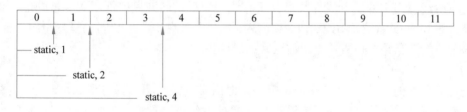

图 2-10　static 调度方式示例

schedule 子句通常会跟在 parallel for 指令后，由开发者指定调度方式。还可以通过环境变量 OMP_SCHEDULE 指定调度方式，例如，在终端输入命令。

```
$ export OMP_SCHEDULE =" static,1"
```

在并行化一个 for 循环时，首先需要考虑每次循环的计算量是否相同，如果相同，则按照默认调度方式就能够获得较好的性能；如果每次循环的计算量递增或者递减，则使用较小 chunk_size 的 static 调度方式更好；如果无法确定每次循环的计算量，则可以通过指定环境变量 OMP_SCHEDULE 的值来测试不同调度方式下的性能从而得到最优调度方式。

3. 数据访问属性子句

在 OpenMP 编程中，理解并使用变量作用域是至关重要的。根据 C 语言规范，变量按作用域（在程序中的可用范围）可以分为全局变量和局部变量。当涉及到多线程时，变量将按照能否被多个线程共享而分为共享变量和线程私有变量，其中，共享变量允许所有线程访问，但某个线程的私有变量不能被其他线程访问。

下面通过 5 个常用子句进一步介绍 OpenMP 中变量属性的设置方式。表 2-3 给出了这 5 个子句的适用范围。

表 2-3 常用数据作用域子句的适用范围

子句类型	并行构造指令			
	parallel	for	sections	single
shared	接受	接受	—	—
private	接受	接受	接受	接受
firstprivate	接受	接受	接受	接受
lastprivate	—	接受	接受	—
default	接受	接受	接受	—

由表 2-3 可知，数据访问属性子句通常与并行构造指令 parallel、for 和 sections 一同使用，用于指定并行区域内变量的访问属性。需要注意的是，在并行区域外声明的变量默认是共享变量，而循环变量和在并行区域内声明的变量默认是私有变量，如代码清单 2-3 中的矩阵 A、B、C 均为共享变量，而并行区域内的循环迭代变量 i、j、k 为私有变量，所以矩阵相乘可以正确地执行。如果要显式指定变量的访问属性，则需要使用 shared、private、firstprivate、lastprivate 等子句，下面逐一介绍。

1）shared 子句

shared 子句的语法形式为：shared（list），其参数列表中的每个变量均为共享变量。共享变量将由线程组中的所有线程共享，所有线程通过访问同一地址获取变量的值，shared 子句经常跟在 parallel 之后用于指明共享变量。开发者在程序中访问共享变量时，需要考虑数据竞争的情况并在必要时使用临界区加以保护。

2）private 子句

private 子句的语法形式与 shared 相同，但语义有很大不同，对于 private 子句参数列表中的每个变量，线程组中的每个线程都会拥有一个变量的私有副本，这也意味着，私有副本变量只在并行区域内有效，与并行区域外同名的变量并没有关联，故此私有副本不会用并行区域前的同名变量的值作为其初始化值。

对于大多数 OpenMP 指令，上文所说的并行区域就是指结构块。假设程序中定义了一个全局变量 x，如果程序在定义一个 for 构造时使用了 private(x) 子句将变量 x 定义为私有变量，则在多线程并行执行 for 循环时，将为每个线程创建变量 x 的私有副本；在执行 for 循环过程中，线程对 x 的访问都针对的是其私有副本；当 for 循环执行结束时，线程的私有变量 x 都被释放；for 循环结束后，程序对变量 x 的访问都是针对全局变量。对于 private 子句来说，全局变量 x 的值与线程私有变量 x 的值之间没有关联，如果希望线程私有变量获得全局变量的当前值作为初始值，则应使用 firstprivate 子句，而如果希望将线程私有变量的计算结果更新到全局变量中，则应使用 lastprivate 子句。

在前文给出的矩阵相乘程序中，在对矩阵相乘的三重循环进行并行化时（代码段落如下所示），就使用 private 子句将循环变量 i、j、k 定义为私有变量，这是因为 for 构造将循环划分成多个部分，交给多线程并行执行，也就是说，多个线程都要使用这三个循环变量，而且其在各个线程中的值是不同的，因此必须使用 private 子句予以声明，否则程序的正确性将无法得到保证。

```
1    #pragma omp parallel for private(i,j,k)
2    {
3        for ( i = 0; i < N; i++ )
4            for ( j = 0; j < N; j++ )
5                for ( k = 0; k < N; k++ )
6                    C[i][j] += A[i][k] * B[k][j];
7    }
```

3）firstprivate 子句

在 private 子句中，线程私有变量副本的初始值是不确定的，线程需要自行对变量进行初始化。如果希望私有副本被创建后获得同名共享变量的值作为初始值，则可以使用 firstprivate 子句。也就是说，firstprivate 子句就是在 private 子句功能的基础上增加了私有变量的初始化功能。

仍然使用前文用过的程序示例来说明 private 子句和 firstprivate 子句的用法。代码清单 2-5 给出了前文临界区程序示例的两种写法。第一种写法在 parallel 指令中使用了 private 子句将局部计数器 mySum 定义为线程私有变量，并自行在结构块内将 mySum 清 0（也就是每个线程对私有副本的值清 0），以便各线程在 for 循环中分别累加计数；第二种写法定义全局变量 mySum 时将其初始化为 0，并在 parallel 指令中使用 firstprivate 子句将 mySum 定义为线程私有变量，此时各线程私有副本 mySum 被初始化为全局变量 mySum 的当前值（即 0），因此，结构体中无须专门对 mySum 进行初始化。关于该示例程序还有一点需要说明：两种程序写法在将 mySum 定义为私有变量时，都将子句放在 parallel 指令中，而没有放在 for 指令内，其原因在于该私有变量的作用域，如果将子句放在 for 循环处，则 for 循环结束后，线程私有副本将被释放，但程序接下来要将各线程的 mySum 累加到全局计数器 sum 中，因此，线程私有副本的作用域应当覆盖整个 parallel 指令的结构块。

代码清单 2-5　private 和 firstprivate 子句的两段示例代码。

```
1    // 第一种写法：使用 private 子句
2    int sum = 0, mySum;
3    #pragma omp parallel private(mySum) shared(sum)
4    {
5        mySum = 0;
6        #pragma omp for private(i)
7        for ( int i = 0; i < N; i++ )
8            mySum++;
9        #pragma omp atomic
10           sum += mySum;
11   }
12   // 第二种写法：使用 firstprivate 子句
13   int sum = 0, mySum = 0;
14   #pragma omp parallel firstprivate(mySum) shared(sum)
15   {
16       #pragma omp for private(i)
17       for ( int i = 0; i < N; i++ )
18           mySum++;
```

```
19      #pragma omp atomic
20          sum += mySum;
21  }
```

4）lastprivate 子句

如果说 firstprivate 子句是将共享变量的值带入到线程私有副本，那么 lastprivate 子句就是将线程私有副本的值带出到共享变量。也就是线程私有副本被释放前，将其值赋给程序中的同名共享变量。

一个关键问题是：多个线程拥有的私有变量值可能不同，应当将哪个线程的变量值赋给共享变量呢？OpenMP 专门做了定义：如果是 for 构造，则将最后一次循环的值赋给退出并行区域后的同名变量；如果是 secions 构造，则使用最后一个 section 中的值。

5）default 子句

default 子句用于显式地指定变量在各种工作构造中的默认共享属性，其语法定义如下。

```
default( none | private | firstprivate | shared )
```

如果子句的参数为 none，则工作构造中访问的变量没有默认的共享属性，也就是说，程序需要显式地使用 private、firstprivate、shared 子句指定变量的共享属性。

如果子句的参数不是 none，则工作构造中访问的变量将默认使用该共享属性，除非变量已经被 private、firstprivate、shared 子句显式地定义。以 default（shared）为例，对于工作构造访问的所有变量，除了 private、firstprivate、shared 子句指定的变量之外，都默认使用 shared 属性，即所有线程共享访问。

OpenMP 对 C 语言中不同种类变量的共享属性定义了详细的规则，如静态变量、结构块内定义的变量、动态分配的内存等，本书不再赘述。由于变量共享属性错误可能导致程序产生错误的结果，一种稳妥的做法是，在定义工作构造时，显式地定义所有要访问变量的共享属性，即使用前面介绍的几种数据属性子句覆盖所有要访问的变量。这种做法虽然略显烦琐，但一方面可确保程序的正确性，另一方面也使程序更加清晰且易于理解。与此相似的一种做法是，虽然各种编程语言都对表达式中算术运算和逻辑运算的优先顺序做了明确规定，但一个"好"的程序会在表达式中使用括号"( )"来显式地定义计算顺序，虽然有些括号对于程序正确性而言并不是必需的，但这样编写的程序更加清晰、易于理解，是值得鼓励的编程习惯。如果并行区域中访问的变量很多，那么逐一用 private、shared 等子句显式地指定虽然过于烦琐，此时可使用 default 子句显式地指定大多数变量的共享属性，然后用 private 或 shared 子句显式地指定剩余变量的共享属性。

4. threadprivate 指令与 copyin 子句

前文介绍的数据属性子句 private、firstprivate 和 lastprivate 都是用于线程私有变量的。除了这些子句之外，OpenMP 还提供了一种 threadprivate 指令，该指令也被用于线程私有变量。下面介绍该指令及其配套的 copyin 子句。

threadprivate 指令用于定义程序执行过程中始终有效的线程私有变量，这是它与private、firstprivate 和 lastprivate 子句的最大区别。要知道，private 这些数据属性子句需要和 OpenMP 指令配合使用，其作用域仅限于指令后跟的结构块，结构块执行完毕后，这些子句定义的线程私有变量将被释放。如果希望线程私有变量在整个程序执行过程中都有效，那么这些子句将难以满足要求。此时可以使用 OpenMP 的 threadprivate 指令，该指令语法如下。

```
#pragma omp threadprivate(list)
```

threadprivate 指令的作用是：为参数列表中的每个变量创建线程私有副本，并且该私有副本将一直持续到程序执行结束。另外，其要求参数列表中的变量必须是程序中已经定义的全局变量或静态变量。

假设一个程序包含多个连续的 parallel 指令，如果 parallel 指令使用 private 子句定义了线程私有变量，则该 parallel 区域结束时，这些线程私有变量将被释放，并不会在下一个 parallel 区域中有效。而如果使用 threadprivate 指令定义了线程私有变量，则这些变量将在多个 parallel 区域中有效。由 threadprivate 指令定义的变量使用方法与普通的 C 语言全局变量类似，区别在于每个线程访问的是自己的私有副本。

关于 threadprivate 指令还有三点需要强调：① threadprivate 是 OpenMP 指令，而 private、firstprivate 和 lastprivate 是子句；② threadprivate 指令定义的线程私有变量将在程序的后续执行过程中一直有效；③ 程序使用 threadprivate 指令定义线程私有变量之后，在 parallel 区域中，每个线程访问的是线程私有变量，而在 parallel 区域之外，程序将仅由主线程执行（也就是程序的串行部分），此时程序访问的是主线程变量。

对于 threadprivate 指令定义的线程私有变量，是否可以像 firstprivate 子句那样将之初始化呢？这可以使用 copyin 子句来实现，该子句的语法形式与数据属性子句相同，即 copyin（list）。参数 list 中的变量列表应当是 threadprivate 指令定义的线程私有变量，该子句的功能是：将变量在主线程的值赋给其他线程。

下面通过代码清单 2-6 说明 threadprivate 指令和 copyin 子句的使用方法。

代码清单 2-6 threadprivate 指令和 copyin 子句的示例。

```
1    int x;
2    #pragma omp threadprivate(x)
3    x = 1;
4    #pragma omp parallel copyin(x) num_threads(4)
5        x++;
6    x = 10;
7    #pragma omp parallel num_threads(4)
8        printf("x=%d in thread %d\n", x, omp_get_thread_num( ));
```

如代码清单 2-6 所示，这段程序执行时将显示如下信息（假设线程按顺序显示信息）。

```
x=10 in thread 0
x=2 in thread 1
x=2 in thread 2
x=2 in thread 3
```

下面结合程序执行过程进行说明。程序第 2 行使用 threadprivate 指令将变量 x 定义为线程私有变量，由于此时尚未进入 parallel 区域，第 3 行的赋值语句只由主线程执行，因此主线程的变量 x 变为 1；第 4 行的 parallel 指令将生成 4 个线程（由 num_threads 子句指定），每个线程拥有一个私有变量 x，并且按照 copyin 子句的定义，主线程（线程 0）的 x 值被赋给线程 1、2、3 的 x；这样，在这个 parallel 区域中，每个线程都执行 x++，将使每个线程的 x 值变为 2；第 1 个 parallel 区域结束后，线程私有变量 x 仍然有效，但 x=10 这条赋值语句将只由主线程执行；随后进入第 2 个 parallel 区域，在该区域中，每个线程显示自己的 x 值及线程号，此时主线程的 x 为 10，其他线程的 x 均为 2。

5. reduction 子句

reduction 子句专门被设计用来在 for 构造中实现规约计算。

首先，给出一段简单的"加 – 规约"程序如下。

```
1    double x[N], sum;
2    sum = 0;
3    for( i = 0 ; i < N; i++)
4        sum + = x[i];
```

该程序使用一个 for 循环对数组中各元素累加求和。此类计算操作一般被称为**规约**（**reduce**），也就是对一批数据进行操作，得到的结果是一个数据或者少量数据，规约操作类型可以是加法、乘法、求最大值等。对于本段示例代码来说，执行的就是"加 - 规约"。

如果要使用 OpenMP 对这段程序并行化，最简单直接的做法就是在 for 循环前面添加"#pragma omp parallel for private（i）"，以使用多线程并行执行 for 循环。然而，这样修改的代码是错误的，仔细观察就会发现代码中的各次循环都要修改变量 sum，这样，循环之间就存在数据依赖关系。此时如果使用 OpenMP 编译指令强行并行化，多个线程并行执行时会同时写入变量 sum，将导致错误的计算结果，而且，OpenMP 编译阶段并不会检查这种数据依赖可能导致的错误，也就是说，该程序在编译时并不会报错。当然，可以使用 critical 或 atomic 指令将这条 sum 累加语句设置为临界区，这样就可以保证程序的正确性了，但由于线程是串行通过临界区的，故这样写出的程序就基本丧失了并行可能带来的好处。这个例子也给编程人员发出了一个**警告：不能简单地认为在串行程序中添加 OpenMP 编译指令就可以实现并行化**，而需要在分析程序中存在的依赖关系和变量作用域的基础上设计正确的并行方案，使用必要的子句，以避免由于并行引入的错误。

下面回到"加 – 规约"例子。如果想消除这段代码中的数据依赖，则需要引入新的变量并改写程序（如在前面的示例程序中定义的局部计数器 mySum），这不但费力，而且还会使程序变得更加复杂。为简化这一问题，OpenMP 提供了一种 reduction 子句。使用该子句对"加 – 规约"程序进行并行化后得到的代码如下。

```
1    double x[N], sum;
2    sum = 0;
3    #pragma omp parallel for private(i) reduction(+ : sum)
4    for ( i = 0 ; i < N; i++ )
5        sum + = x[i];
```

reduction 子句的语法形式如下。

```
reduction(operator : list)
```

reduction 子句的第一个参数是 operator 是规约操作符，其被用于指定规约操作类型，它可以是 +、*、&、|、^、&&、||，其定义与 C 语言中对应操作符的定义相同；子句的第二个参数是规约变量列表，用于指定对哪些变量执行规约操作。

使用 reduction 子句的作用是：对规约变量列表 list 中的变量，为每个线程创建一个私有副本；在规约结束时，对所有私有副本执行指定的规约操作，并将结果写入共享变量。

对于本小节的"加 – 规约"例子，在多线程并行执行 for 循环时，每个线程将拥有一个私有变量副本 sum，并使用该私有副本来累加本线程的计算结果；循环结束时，对这些线程的累加结果执行"+"操作，得到最终的计算结果；显然这种处理方式避免了多个线程并行执行循环时同时写入一个变量导致的数据竞争。

事实上，reduction 子句中的操作符是指最后的规约操作，至于在 for 循环中对变量 sum 执行何种操作，OpenMP 并没有明确规定。也就是说，在循环语句中对变量 sum 进行其他处理也并不违规，但这会使程序逻辑变得更加复杂。因此，为保持程序的正确性和易于理解，编者仍然建议将循环语句中的计算操作与 reduction 子句中的操作符保持一致。

2.2.6 OpenMP 示例程序：级数法计算圆周率

本小节将给出一个较为完整的 OpenMP 示例程序——计算圆周率 π。历史上，数学家先后提出了多种计算圆周率 π 的方法，如我国魏晋时期（约公元 3 世纪）的《九章算术注》中就提出了割圆术，通过将圆的内接正多边形无限逼近圆，以此计算圆周率。此外，计算圆周率的方法还有级数法、反正切式、椭圆积分法等。

本小节的示例程序采用无穷级数法计算 π 的值，该方法由莱布尼茨于 1673 年提出，计算公式如下。

$$\pi = 4 \times \left(1 - \frac{1}{3} + \frac{1}{5} - \frac{1}{7} + \cdots \right) = 4 \times \sum_{i=0}^{\infty} \frac{(-1)^i}{2i+1} \tag{2-1}$$

在按照上述的级数法公式计算圆周率时，i 的取值越大，计算得到的 π 的精度也就越高。当 $i=10^5$ 时，π 的精度可达到小数点后 5 位，当 $i=10^6$ 时，π 的精度可达到小数点后 6 位，以此类推。因此，级数法适合用计算机求解，且由于级数的各项之间没有依赖关系，故该算法非常适合使用并行技术加速计算。

代码清单 2-7 给出了计算圆周率的 OpenMP 程序。该程序使用一个 for 循环来计算级数并进行累加，其中，级数累加结果存于变量 pi 中，而变量 sign 作为级数项的正负号，注意这里将 sign 也定义为浮点数而不是一般理解的整数，主要是为了避免在计算 pi 值的时候（第 13 行）不会得出整数型的结果（由于 C 语言的变量类型转换）。程序中与 OpenMP 相关的编译指令仅有一条（第 9 行），它使用"#pragma omp parallel for"对 for 循环进行并行化，并使用 private 子句将循环变量 i 和级数项正负号变量 sign 定义为线程私有变量。最后，使用 reduction 子句对变量 pi 进行"加 – 规约"，这将使每个线程在循环过程中拥有 pi 的私有副本，从而避免了同时写共享变量导致的数据竞争，并在循环结束时对每个线程的私有副本进行"加 – 规约"，得到级数的累加结果。总体而言，由于各线程并行执行 for 循环的过程中彼此之间没有同步 / 互斥操作，该程序在被改为多线程后仍可以获得较好的加速效果。

代码清单 2-7　用级数法计算圆周率的 OpenMP 程序。

```
1     #include <stdio.h>
2     #include <omp.h>
3
4     #define N 100000000              // 级数项数
5     int main( )
6     {
7        double sign=1.0, pi=0.0;      // 级数项的正负号 ;pi 的累加值
8
9        #pragma omp parallel for private(i,sign) reduction(+ : pi)
10       for( i = 0 ; i < N; i++)
11       {
12          sign = (i&1 ? -1: 1);       // 根据循环索引计算正负号
13          pi += (sign / (2*i+1));     // 累加一个级数项
14       }
15       pi = 4 * pi;
16       printf(" PI = %.10f\n", pi );
17    }
```

2.2.7　task 工作构造

task 是 OpenMP 3.0 新增的一种工作构造，它与前面介绍的 sections、for、single 等共享工作构造有较大不同，因此将之单独放在本小节介绍。将之放在 OpenMP 本节最后单独介绍的另一个原因是：OpenMP 3.0 及以上版本才具备该机制，如果所用编译器仅支持低版本的 OpenMP，则将无法在编程时使用 task 构造。

1. 为什么需要 task 构造?

OpenMP 的 task 概念与通常理解的"任务"基本一致，它是 OpenMP 中可以被线程执行的独立工作单元。换句话说，OpenMP 的 task 构造提供了一种显式定义任务的方法。与此对应，当使用 sections、for、single 等共享工作构造时，OpenMP 将创建隐式的 task，并将其分配给线程执行。那么，在已经提供若干种共享工作构造的情况下，为什么还要设计一种新的 task 构造呢? 主要是**为了更灵活地划分任务并控制多线程工作**。具体来说，有两种典型场景难以由原有的工作构造处理：一是动态或不规则的循环；二是函数递归调用。

首先，通过一个动态循环的例子说明。代码清单 2-8 给出了一个简单的链表遍历程序，该程序使用一个指针，从链表头部开始，使用一个 while 循环逐个遍历链表中的节点，并调用 process( ) 函数对节点进行处理，直至到达链表尾部（指针变为空）。如果链表中节点的处理开销较大，就有必要对其并行处理。

代码清单 2-8　遍历链表的串行程序。

```
1     p = head;            // 指针指向链表头部
2     while ( p )
3     {
4        process( p );     // 处理当前指向的链表节点
5        p = p->next;      // 沿链表指向下一个节点
6     }
```

然而，该程序很难被直接用 OpenMP 并行化，分析如下。

首先，考虑到 OpenMP 没有针对 while 循环的工作构造，是否可以先将 while 循环改写成 for 循环，然后用 for 循环构造将之并行化呢？答案是否定的，即便可以将 while 循环改写为 for 循环，如本程序的 while 循环可被改写如下。

```
1    for ( p = head; p != NULL; p = p->next )
2        process( p );
```

但这个 for 循环无法使用 for 构造，因为这是一个动态循环，也就是说，在循环开始时，循环次数是未知的，这违背了 for 循环构造的使用条件。

解决这一问题需要对程序做较大幅度的改写：先对链表进行一次遍历，遍历过程中仅对节点计数但不调用 process( ) 函数，由此获得当前链表中的节点总数；随后，再次遍历链表（此时用 for 循环），同时调用 process( ) 函数对节点进行处理，这样改写程序后，for 循环次数在循环开始时是确定的（循环次数等于节点数），这样就可以使用"#pragma omp for"进行并行化了。然而，这样改写程序不但会使原本简洁的程序变得复杂，而且还增加了程序的执行开销（需要先遍历链表进行计数），这显然不是好的解决方案。

既然无法直接使用 for 构造并行化，那么是否可以使用 sections 构造呢？即将整个 while 循环定义成 sections，并将循环内的 process( ) 调用定义成一个 section。但这样也是不允许的，因为 sections 构造要求程序段落是静态的，不能在循环和函数嵌套调用中使用 section。

从以上例子可以看出，OpenMP 对动态循环这类场景的支持面临困难，这也是设计 task 构造的动机。

2. task 构造的使用方法

定义 task 构造的编译指令格式如下。

```
#pragma omp task
        structured_block
```

该指令用于定义一个显式的任务。当线程执行该指令时，程序将为结构块生成一个显式任务，这个任务可能立即被该线程执行，也可能延后执行，如果延后执行，则该任务可能被分配给本组线程中的任何一个。由于任务交由不同的线程执行，故任务完成的进度是不确定的，在需要的时候，可以使用同步构造或者子句确保任务完成。

task 构造允许嵌套，也就是说，可以在一个 task 构造的结构块内部定义新的 task。如果一个 task 在执行时遇到嵌套的 task，就会生成新的 task，而不是直接在当前 task 中执行。注意，新生成的 task 可能被分派给其他线程执行。

下面通过一个简单的例子程序说明 task 构造是如何使用和工作的。如代码清单 2-9 所示，该段程序首先用 parallel 指令生成 4 个线程，由于每个线程都将执行第 3 行的 task 指令，因此它们将生成 4 个任务，每个任务都执行函数 Func_A( )；随后，第 5 行的 barrier 指令确保了这些任务都会被执行完毕；由于第 7 行使用了 single 指令，其下方的结构块将只由一个线程执行，因此只会生成一个任务，该任务执行函数 Func_B( )；由于在 single 构造的结束处有一个隐含的 barrier，因此，在 single 构造结束时，可保证函数 Func_B( ) 对应的任务已被执行完成。

代码清单 2-9　task 构造的一个例子程序。

```
1     #pragma omp parallel num_threads(4)
2     {
3       #pragma omp task        // 该指令将生成 4 个 task
4         Func_A( );
5       #pragma omp barrier     // 确保所有 task 完成
6       #pragma omp single
7       {
8         #pragma omp task      // 该指令只生成一个 task
9           Func_B( );
10      }
11    }
```

下面介绍使用 task 构造的链表遍历程序，见代码清单 2-10。程序在使用 parallel 指令生成多线程后，使用一条 single 指令限定其后的结构块仅由一个线程执行（假定为线程 0），本组线程中的其他线程将在 single 构造的结尾处等待 barrier；线程 0 在执行 while 循环遍历链表的过程中，每次循环都在 task 指令处生成一个任务，该任务将执行 process( ) 函数；这些生成的任务将由本组线程共享，也就是由等待在结尾处 barrier 的线程并行执行；因此在程序的执行过程中，线程 0 执行 while 循环遍历链表，同时生成新任务，这些任务将被分配给同组其他线程并行执行。

代码清单 2-10　使用 task 构造的链表遍历程序。

```
1     #pragma omp parallel
2     {
3       #pragma omp single
4       {
5         p = head;
6         while ( p )
7         {
8           #pragma omp task firstprivate(p)
9             process( p );
10          p = p->next;
11        }
12      }
13    }
```

下面讨论任务中的变量作用域。在链表遍历程序中，调用 process( ) 函数时需使用指针 p 作为参数，该指针指向待处理的链表节点。显然，每次函数调用的参数 p 都指向不同的链表节点。由于每次函数调用都对应一个不同的任务，这些任务可能被不同线程并行执行，因此必须确保线程执行该函数时的参数 p 指向正确的链表节点，这需要通过 task 指令使用的 firstprivate 子句来实现（见程序第 8 行）。该子句将为每个任务创建一个变量 p 的私有副本，并将其值初始化为同名变量的当前值（也就是当前指向的链表节点），这样，当线程执行这些任务时，就可以确保参数值的正确性。需要强调的是，如果该程序不使用 firstprivate 子句，则生成的多个任务将使用共享变量 p 作为 process( ) 函数的参数，由于线程 0 在遍历链表过程中不断修改变量 p，这些任务在执行时将使用错误的参数，导致程序执行结果错误。

与前面给出的链表遍历串行程序相比，这个多线程的链表遍历程序只添加了 3 条 OpenMP 编译指令，程序原本的逻辑和代码基本不变，保持了 OpenMP 简洁易用的优点。

3. taskwait 构造

taskwait 构造是专门用于 task 的同步机制，其指令格式如下。

```
#pragma omp taskwait
```

该指令的用法和 barrier 指令很相似，但功能有一定差异，可以被看作是"子任务版的barrier"。要知道，barrier 指令为本组线程设置了全局同步，线程执行到该编译指令时将进入等待，直到本组所有线程都到达该位置，这也意味着在此之前的所有任务均已被执行完毕。taskwait 指令则是为当前任务的所有子任务设置全局同步，任务执行到该编译指令时将被挂起，直到该任务创建的所有子任务完成。

如前所述，task 构造允许嵌套使用，也就是在一条 task 指令的结构块内部可以嵌套使用 task 指令，被内部嵌套的 task 指令所生成的任务就是当前任务的子任务，由于这些子任务可能被分派给其他线程执行，其执行进度和完成时间就各不相同，当需要确保这些子任务都完成时，就可以使用 taskwait 指令。虽然此时用 barrier 指令也能达到目的，但 barrier 指令会影响所有线程和任务，而 taskwait 指令只影响当前任务和它的子任务，影响范围较小，对程序性能的影响也比 barrier 小，特别是当线程数和任务数量较多时。

下面通过一个例子程序说明 taskwait 指令的使用方法。这个例子程序属于 task 构造最适用的两种场景中的另一种——函数递归调用。

斐波那契（Fibonacci）数列是一种非常适合用递归方式计算的问题，其定义如下。

$$F(0)=0, F(1)=1, F(n)=F(n-1)+F(n-2) \tag{2-2}$$

代码清单 2-11 给出了计算 Fibonacci 数列的串行程序和 OpenMP 并行程序。

首先看串行程序，该程序采用递归方式实现，fib（n）函数首先检查递归结束条件，即 n 等于 0 或 1 时直接返回，否则通过递归调用计算 fib（n–1）和 fib（n–2），然后求和返回。

随后给出的 OpenMP 程序仍然未对串行程序做大幅修改，而只是添加了若干条 OpenMP 指令以实现多线程并行。首先需要说明的是，由于递归调用形成了函数的嵌套调用，故其是不能使用 sections 构造的。因此，本程序转而使用了 task 构造，分别在计算 fib（n–1）和 fib（n–2）两条语句前增加了 task 指令，将这两个函数调用定义为任务；随后在计算 x+y 之前，使用 taskwait 编译指令（第 24 行），该指令可以确保当前任务的所有子任务完成，也就是 fib（n–1）和 fib（n–2）计算完毕，由于这两个函数调用是递归调用，在嵌套递归调用过程中还将生成新的任务，这些任务都属于当前任务的子任务，只有这些子任务都计算完毕，当前函数执行过程中的 fib（n–1）和 fib（n–2）调用才会返回结果。

代码清单 2-11　Fibonacci 数列计算程序。

```
// 串行程序
1    int fib( int n )
```

```
2   {
3      int x, y;
4      if ( n < 2 )
5         return n;
6      else
7      {
8         x = fib( n-1 );
9         y = fib( n-2 );
10        return x+y;
11     }
12  }
//OpenMP 程序
13  int fib( int n )
14  {
15     int x, y;
16     if ( n < 2 )
17        return n;
18     else
19     {
20        #pragma omp task shared(x) firstprivate(n)
21           x = fib( n-1 );
22        #pragma omp task shared(y) firstprivate(n)
23           y = fib( n-2 );
24        #pragma omp taskwait
25        return x+y;
26     }
27  }
28  int main( )
29  {
30     #pragma omp parallel
31        fib(8);
32  }
```

关于该程序中的变量共享属性，这里还需做进一步说明。首先，两条 task 指令均使用 firstprivate（n）把变量 n 定义为任务私有副本，实际上，对该程序来说，这个子句并不是必需的，原因是此处的变量 n 是函数调用的参数，因此这个变量 n 仅在本次函数调用内有效，也就是说，该变量原本就是私有变量，与 firstprivate 为每个任务创建变量私有副本不同的是，这里的 fib（n−1）和 fib（n−2）这两个任务使用相同的变量副本。如果读者对编译原理有一定了解，可以更加清晰地理解该问题，即函数调用的参数存放在栈中，也就是每次函数调用的参数都是私有副本，该副本随着函数返回而释放（退栈）。结论是此处的 firstprivate（n）使用与否不会影响程序的正确性。除了变量 n 之外，程序中 task 指令还使用 shared 子句分别将变量 x 和 y 定义为共享变量，这是为了确保任务的计算结果存入本函数的临时变量 x 和 y 中，因为随后要计算 x＋y。

本节介绍了 OpenMP 编程方法。总体而言，OpenMP 只需在程序中添加一系列编译指令即可实现多线程并行，是一种较为简洁的共享内存并行编程接口，尤其适合多重循环等密集计算程序的并行化应用。OpenMP 已经得到主流系统平台和编译器的支持，其编程规范仍然在持续演进过程中，除了本小节介绍的新增 task 构造外，新的 OpenMP 规范已经开始尝试增加对异构系统编程的支持，在实际编程时，开发者需要注意系统平台和编译器对各种 OpenMP 编程特性的支持程度。

2.3　Pthreads 编程

在 2.2 节介绍 OpenMP 编程的基础上，本节将介绍另一种成熟的多线程编程接口——Pthreads。Pthreads 并不是编程语言，而是一个支持多线程的编程接口函数库，也就是说，它不是 OpenMP 那样通过编译指令建立并行架构，而是提供各种接口函数供程序调用，以此实现线程的创建、销毁、同步、互斥等各种并行机制。Pthreads 提供的所有接口函数均以"pthread_"开头，例如，pthread_create() 函数被用于创建线程。

接下来首先介绍 Pthreads 的背景、支持的编程语言和平台，然后重点介绍如何使用 Pthreads 实现共享内存系统中的多线程编程，包括线程的创建和销毁、线程的同步与互斥等内容，最后讨论多线程安全和性能问题，期间还会给出多个示例程序。

2.3.1　Pthreads 简介

Pthreads 是 POSIX Threads 的简写，它是一套关于线程的应用程序编程接口（Application Programming Interface, API），提供了 POSIX 标准的线程相关功能。POSIX（Portable Operating System Interface）诞生于 20 世纪 80 年代中期，其技术背景是：当时存在多种类型的 UNIX 系统，其中既有大学和实验室研发的版本（如开源软件 FreeBSD 的前身 BSD UNIX 就属于此类），也有各计算机厂商推出的定制系统，各种 UNIX 系统虽然具有相似的原理和系统结构，但系统实现各不相同。更重要的是，不同 UNIX 系统提供的编程接口互不兼容，这给上层应用程序的开发和移植带来了诸多不便。有鉴于此，电气与电子工程师协会（IEEE）联合各系统厂商制定了 IEEE POSIX 标准，统一和规范了 UNIX 系统的应用编程接口。POSIX 标准使应用软件厂商可以按照统一的编程接口为 UNIX 系统开发软件，在不同的系统平台上只需重新编译程序即可，大大提升了应用软件的开发效率和可移植性。后来，借助开源软件浪潮迅速发展成为主流操作系统平台的 Linux 系统也遵从 POSIX 标准。POSIX 标准较为庞杂，包含多种子标准，涵盖操作系统的各个方面，其中的 IEEE POSIX 1003.1 就是为多线程制定的编程接口标准，通常被称为 POSIX Threads，简称 Pthreads。

使用 Pthreads 编程可以实现多线程程序的跨平台兼容性。例如，在 Linux/UNIX 的平台上，可以使用 GNU 的 gcc 编译器（其支持 Pthreads 编程接口）对 Pthreads 程序进行编译；在 Windows 平台上，虽然 Win32 具备专有的多线程编程接口，但其仍支持使用开源软件 POSIX Thread for Win32 进行 Pthreads 程序的开发。Pthreads 线程库中所有的函数都以"pthread_"开头，函数原型定义在头文件 <pthread.h> 中。

2.3.2　线程的创建和终止

Pthreads 程序的并行模型如图 2-11 所示。当一个 Pthreads 程序被启动执行时，操作系统将为其创建一个进程，该进程对应一个主线程，该主线程通过调用 pthread_create() 函数创建一个或多个子线程，其被称为工作线程（worker thread），每个工作线程执行指定的线程函数，实现多线程并行执行，在工作线程完成相关工作后，调用 pthread_exit() 函数结束本线程，而主线程调用 pthread_join() 函数等待各工作线程结束，完成线程合并，并最终结束程序的执行。

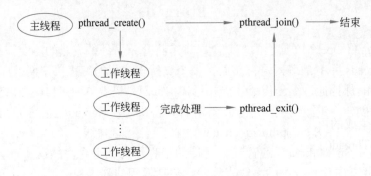

图 2-11　Pthreads 程序的并行模型

在了解 Pthreads 程序的整体架构后，下文仍然先从一个简单的 Hello World 程序开始学习 Pthreads 中线程的创建与销毁，如代码清单 2-12 所示。

代码清单 2-12　一个简单的 Pthreads 程序——Hello World。

```
1    #include <stdio.h>
2    #include <stdlib.h>
3    #include <pthread.h>
4
5    #define MAX_THREAD 128   /* 最大线程数 */
6    int threadCount; /* 用户输入线程数 */
7
8    void *helloThread( void *tid )
9    {
10       long my_tid = (long)tid;
11       printf(" Hello from thread %ld of %d\n" , my_tid, threadCount );
12       pthread_exit( NULL ); /* 线程退出 */
13   }
14   void main( int argc, char *argv[] )
15   {
16       long tid;
17       pthread_t threadID[MAX_THREAD];
18       void *threadStatus;
19        /* 从指令行获取用户输入的线程数 */
20       threadCount = atoi( argv[1] );
21       /* 创建线程 */
22       for ( tid = 0; tid < threadCount; tid++ )
23           pthread_create( &threadID[tid],
24                           NULL,
25                           helloThread,
26                           (void*)tid);
27       /* 合并线程 */
28       for ( tid = 0; tid < threadCount; tid++ )
```

```
29              pthread_join( threadID[tid], (void*)&threadStatus );
30      /* 等待子线程全部结束后，执行输出语句 */
31      printf(" Hello from the main thread\n" );
32  }
```

1. 程序的编译运行和输出结果

将该程序文件命名为 hello.c，并使用 gcc 编译器编译之，注意，编译时需要使用"-lpthread"选项才能使用 Pthreads 线程库。

```
$ gcc -o hello hello.c -lpthread
```

然后运行生成的可执行程序 hello，在命令行中输入线程个数。例如，希望有 2 个线程来执行 helloThread( ) 函数，则可以输入以下命令。

```
$ ./hello 2
```

可以观察到输出结果如下。

```
Hello from thread 0 of 2
Hello from thread 1 of 2
Hello from the main thread
```

将线程数调整为 4，即输入以下命令。

```
$ ./hello 4
```

可能会得到下面的结果。

```
Hello from thread 0 of 4
Hello from thread 2 of 4
Hello from thread 3 of 4
Hello from thread 1 of 4
Hello from the main thread
```

2. Hello World 程序中创建与销毁线程

现在分析代码清单 2-12 中的源程序。程序前两行是标准输入输出头文件 <stdio.h> 和包含 atoi( ) 函数的标准库函数头文件 <stdlib.h>。与编写 OpenMP 程序需要引入 <omp.h> 头文件类似，编写 Pthreads 程序需要引入的是 Pthread 线程库的头文件 <pthread.h>。在引入了 <pthread.h> 后，程序员便可以使用 Pthreads 库中的函数和变量。

程序第 5、6 行定义了一个常量和一个变量，分别是程序支持的最大线程个数 MAX_THREAD，以及用来存放用户输入线程数的变量 threadCount。

接下来从主函数 main( ) 开始介绍 Pthreads 线程的创建和合并。主函数定义了一个类型为 pthread_t 的数组 threadID[ ]（第 17 行），它被用来存放要创建的线程 ID。程序启动后，主线程将执行 main( ) 函数，该函数首先读取用户输入的线程个数，之后在一个 for 循环（第 22~26 行）中调用 Pthreads 的线程创建 pthread_create( ) 函数逐个创建线程，该函数的定义如下。

```
int pthread_create(pthread_t *thread,
                   const pthread_attr_t *attr,
                   void *(*start_routine)(void*),
                   void *arg );
```

程序每调用一次 pthread_create( ) 函数就会创建一个线程，新线程将执行第 3 个参数 start_routine 所指定的函数，这个函数又被称为**线程函数**。在示例程序中，指定的线程函数是 helloThread( )，该函数定义位于第 8~13 行，后面将详细说明。

pthread_create( ) 函数的其他参数说明如下：第 1 个参数为线程标识符指针，指向一个 pthread_t 对象，函数返回时，其中将存放新创建线程的 ID 等信息；第 2 个参数用于设置线程属性，默认为 NULL，表示创建的子线程是需要与主线程合并的，也就是说，子线程执行结束后需要由主线程回收其占用的资源；第 3 个参数用于指定线程要执行的函数（即线程函数）；第 4 个参数是要传递给线程函数的参数指针。pthread_create( ) 函数的返回值为 int 类型，用于表示线程是否创建成功，成功则返回值为 0。

示例程序中的 for 循环结束后，该进程的线程总数为 threadCount+1，对应主线程以及新创建的 threadCount 个线程。除主线程外，新创建的线程都将执行线程函数 helloThread( )。

在 Pthreads 中，线程函数的语法定义如下。

```
void *function( void *args )
```

线程函数的参数 args 即为 pthread_create( ) 函数的第 4 个参数。在示例程序中，调用 pthread_create( ) 函数时直接将循环变量 tid 传递给了线程函数，将其作为线程的编号。实际的应用程序也可以通过该参数传递数组或者结构体的指针。新创建的函数将执行指定的线程函数，线程函数内部还可以调用其他函数进行处理。在线程结束工作后，可以调用 pthread_exit( ) 函数来显式地终止本线程；也可以使用 return 语句来隐式地终止本线程，如 return NULL、return &tid，它等同于调用函数 pthread_exit（NULL）、pthread_exit（(void*) &tid ）。

线程退出函数的语法形式如下。

```
void pthread_exit( void *status );
```

该函数只有一个参数，表示线程结束的返回值，且为空指针类型，其返回值可由 pthread_join( ) 函数获取。但是需要注意的是，pthread_exit( ) 函数只是线程的主动退出行为，而并不会释放退出线程占用的资源，线程资源的真正释放和回收需要调用 pthread_join( ) 函数。

示例程序的线程函数 helloThread( ) 非常简单，它首先执行 printf( ) 语句显示一条 Hello 信息，其中包含线程号和线程总数，然后执行函数 pthread_exit( ) 来显式地终止线程。

接下来回到主函数 main( )，该函数在创建完工作线程之后，进入等待这些工作线程结束的状态，这将通过在一个 for 循环中调用 Pthreads 的线程合并函数 pthread_join( ) 来实现（第 28~29 行）。

线程合并函数 pthread_join( ) 的语法形式如下。

```
int pthread_join(pthread_t  thread,
                  void **status );
```

该函数等待指定线程结束后才会返回。第 1 个参数为希望等待结束的线程标识符，该参数可直接使用调用 pthread_create( ) 的第 1 个参数（线程被创建时将在该参数中填入线程标识符）；第 2 个参数则被用来接收线程结束时返回的数据，也就是线程函数调用 pthread_exit( ) 的参数。示例程序中线程返回空指针 NULL，因此 pthread_join( ) 返回后的 status 也是 NULL。

当主线程调用 pthread_join( ) 函数时，主线程会被阻塞，直到指定的线程结束主线程才会被唤醒，函数返回并继续执行。同时，对于工作线程来说，只有当 pthread_join( ) 函数返回后才算真正意义上的结束，线程的内存资源（线程描述符和堆栈）才会被释放。

对比 Pthreads 和 OpenMP 创建线程的过程可以发现，OpenMP 编程通过 parallel 编译指令一次性创建指定数量的线程；而 Pthreads 则需要由一个线程（主线程）显式地调用 pthread_create( ) 函数来创建新线程，同时由开发者直接指定新线程执行的函数。相对而言，Pthreads 的多线程编程更加底层，也更加复杂，但同时也带来一些好处：首先，开发者可以灵活、清晰地定义每个线程执行的函数和程序，前面给出的示例程序中，多个线程都执行相同的线程函数，事实上，可以在创建线程时指定其执行不同的函数，这在功能并行类型的并行程序中更显优势；其次，Pthreads 是一种非常高效的线程编程接口，其接口函数调用开销和线程间的并行开销都很低，在以性能为目标的多线程编程中是一种不错的选择。

3. 线程管理接口函数

表 2-4 列出了常用的 Pthreads 线程管理接口函数。除了前文已经介绍过的创建、结合、终止线程的函数外，还有用于查询线程自身 ID 的 pthread_self( ) 函数，以及比较两个线程 ID 是否相同的 pthread_equal( ) 函数。

表 2-4　Pthreads 的线程管理接口函数

功　　能	接　口　函　数

创建线程	`int pthread_create(pthread_t *thread,`
	`                    const pthread_attr_t* attr,`
	`                    void *(*start_routine)(void*),`
	`                    void* arg );`

结合线程	`int pthread_join( pthread_t  thread,` `                  void **status );`
终止线程	`void pthread_exit( void *status );`
获取线程 ID	`pthread_t pthread_self( );`
判断线程 ID 是否相同	`int pthread_equal( pthread_t t1,` `                   pthread_t t2 );`

4. Pthreads 版的矩阵相乘程序

接下来介绍 Pthreads 版的矩阵相乘程序示例，如代码清单 2-13 所示。该程序使用多个线程并行地将矩阵相乘：$C=A\times B$，其中矩阵大小均为 $N\times N$。程序的并行设计思路是让每个线程负责结果矩阵 C 中若干行的计算。

该程序主函数 main( ) 的处理流程与前面的 Hello World 程序基本相同，都是通过一个 for 循环创建多个线程，之后调用 pthread_join( ) 函数等待各工作线程结束。与 Hello World 程序的不同之处在于，创建线程时指定的线程函数为 matrixMultiply( )。此外，矩阵数据的初始化和结果输出在程序中将被略去。

线程函数 matrixMultiply( ) 完成结果矩阵 *C* 中若干行的计算。由于多个线程都将执行该函数，函数需要让不同线程计算不同的矩阵行，这将通过使用线程号来实现。首先，根据矩阵大小 *N* 和线程个数 THREAD_NUM 计算每个线程负责计算的矩阵行数，该值存于变量 N_per_thread 中；之后，根据线程号 my_tid 计算出本线程负责的起始行号 low 和终止行号 high，由于矩阵行数可能无法被线程数整除，最后一个线程需要负责计算这些可能的剩余行，这将由第 12~15 行的 if 语句实现；在确定线程负责计算的起始和终止行号之后，就可以使用一个三重循环完成这些矩阵行的计算了（第 17~20 行）；最后，线程函数调用 pthread_exit( ) 终止自身。

代码清单 2-13　Pthreads 版的矩阵相乘示例程序。

```
1    #define THREAD_NUM  4  /* 线程个数 */
2    #define N 6000          /* 矩阵大小 */
3    double A[N][N],B[N][N],C[N][N]; /* 矩阵 */
4
5    void *matrixMultiply( void *tid )
6    {
7        long my_tid = (long)tid;
8        int N_per_thread = N/THREAD_NUM;        // 每线程负责计算的矩阵行数
9        int low, high;
10       /* 划分线程计算范围 */
11       low = my_tid * N_per_thread;
12       if ( my_tid == THREAD_NUM-1 )           // 最后一个线程
13           high = N;
14       else
15           high = ( my_tid + 1 ) * N_per_thread;
16       /* 计算矩阵相乘 */
17       for (int i = low ; i < high ; i++)
18         for (int j = 0 ; j < N ; j++)
19           for (int k = 0 ; k < N ; k++)
20             C[i][j] += A[i][k] * B[k][j];
21       pthread_exit( NULL ); /* 线程退出 */
22    }
23    void main( int argc, char *argv[] )
24    {
25        long tid;
26        pthread_t threadID[THREAD_NUM];
27        void *threadStatus;
28
29        /* 创建线程 */
30        for ( tid = 0; tid < THREAD_NUM; tid++ )
31            pthread_create( &threadID[tid],
32                            NULL,
33                            matrixMultiply,
```

```
34                              (void*)tid);
35      /* 合并线程 */
36      for ( tid = 0; tid < THREAD_NUM; tid++ )
37          pthread_join( threadID[tid], (void*)&threadStatus );
38   }
```

2.3.3 线程互斥

多个线程访问共享变量时，为了保证程序的正确性，需要进行互斥访问。OpenMP 中使用 critical 和 atomic 指令实现临界区，而 Pthreads 编程中最常用的线程互斥机制是互斥锁 mutex。此外，Pthreads 还提供了一种读写锁 rwlock，它专门为共享变量互斥访问而设计，通过区分变量的读 / 写操作来提升线程间互斥的效率，适用于对共享变量读操作较多的场景。本小节将分别介绍这两种互斥编程接口。

1. 互斥锁 mutex

互斥锁对应一种 Pthreads 变量类型 pthread_mutex_t，以下代码定义了一个互斥锁变量 lock。

```
pthread_mutex_t  lock;
```

首先看一段使用互斥锁的简单示例程序。假设有多个线程对共享变量 count 进行累加操作，即执行 count++，显然，该操作需要被定义为临界区，以避免多个线程同时写变量导致的数据竞争。使用 Pthreads 互斥锁的示例代码如下。

```
1    pthread_mutex_lock( &lock );
2    count++;  /* count 为全局共享变量 */
3    pthread_mutex_unlock( &lock );
```

这段程序使用了一个互斥锁变量 lock，该变量又被称为互斥体，或被简称为锁。程序在语句 count++ 之前调用接口函数 pthread_mutex_lock( ) 对 lock 上锁，以阻止其他线程进入该临界区；在退出临界区时，调用接口函数 pthread_mutex_unlock( ) 对 lock 开锁，以使其他等待的线程可以获得该互斥锁并进入临界区。

互斥锁是 Pthreads 实现临界区的有效方式，可以被用来保护共享数据结构，避免多个线程同时读 / 写共享变量导致数据竞争。互斥锁有两种可能的状态：未上锁状态（锁不属于任何线程）和上锁状态（锁只属于一个线程）。当一个线程进入临界区时，程序需要对互斥锁执行上锁操作，此时需要先检测互斥锁的当前状态：如果互斥锁已经处于上锁状态，则该线程将被阻塞；如果互斥锁处于未上锁状态，则执行上锁操作后，线程进入临界区，并在离开临界区后对互斥锁执行开锁操作，以唤醒等待该互斥锁的一个线程。这也就是说，一个互斥锁不可能同时被两个线程持有，如果某个线程 A 想要获取一个互斥锁，且该锁已被另一个线程 B 上锁，则线程 A 将会被阻塞，直到拥有该互斥锁的线程 B 对该互斥锁执行开锁操作。

Pthreads 提供了一系列接口函数以实现互斥锁的上锁、开锁、创建、销毁等操作，如表 2-5 所示。

表 2-5 互斥锁的创建、销毁、使用函数

操 作	函 数
创建与销毁	`int pthread_mutex_init(pthread_mutex_t *mutex,` `                          const pthread_mutexattr_t *mutexattr);`
	`int pthread_mutex_destroy(pthread_mutex_t *mutex);`
上锁与开锁	`int pthread_mutex_lock(pthread_mutex_t *mutex);`
	`int pthread_mutex_trylock(pthread_mutex_t *mutex);`
	`int pthread_mutex_unlock(pthread_mutex_t *mutex);`

下面逐一介绍这些接口函数。

1) pthread_mutex_lock()

线程调用 pthread_mutex_lock() 对指定的互斥锁执行上锁操作。如果该互斥锁未上锁，则加锁后成功返回；如果该互斥锁已经上锁，则线程将被阻塞。

2) pthread_mutex_unlock()

线程调用 pthread_mutex_unlock() 对指定的互斥锁执行开锁操作。如果有线程因等待该互斥锁被阻塞，则阻塞线程中的一个将被唤醒并获得互斥锁。

3) pthread_mutex_trylock()

线程调用 pthread_mutex_trylock() 实现非阻塞式的上锁操作。该函数与 pthread_mutex_lock() 的区别是，如果指定的互斥锁已处于上锁状态，则调用线程将不会被阻塞，而是返回 Pthreads 常量 EBUSY。也就是说，该函数返回不意味着加锁成功，而需要通过检查返回值来进行判断，如返回值为 EBUSY，则意味着互斥锁已被占用，即加锁失败。

4) pthread_mutex_init() 与 pthread_mutex_destroy()

pthread_mutex_init() 用于对指定的互斥锁进行初始化。在 Pthreads 中，互斥锁变量必须经过初始化之后才可以被使用。该函数的第 1 个参数为需要初始化的互斥锁变量指针，第 2 个参数则用于指定互斥锁的属性，通常情况下可将其设置为 NULL，即使用默认属性。

为了简化互斥锁的初始化，Pthreads 还提供了一个用于互斥锁初始化的宏：PTHREAD_MUTEX_INITIALIZER。如果互斥锁变量是静态定义的，则可以直接使用这个宏进行变量初始化，而无须专门调用 pthread_mutex_init()；如果互斥锁变量是使用 malloc() 动态分配的，则无法使用这个宏，而只能调用初始化函数。

pthread_mutex_destroy() 用于销毁指定的互斥锁。代码清单 2-14 给出了使用静态和动态互斥锁变量的两段示例程序。

代码清单 2-14 静态和动态互斥锁的使用示例。

```
// 使用静态互斥锁变量
1    pthread_mutex_t lock = PTHREAD_MUTEX_INITIALIZER;     // 初始化互斥锁变量
2    …
3    pthread_mutex_lock( &lock );                          // 上锁
4    count++;                                              //count 为共享变量
5    pthread_mutex_unlock( &lock );                        // 开锁
6    …
7    pthread_mutex_destory( &lock );                       // 销毁互斥锁
```

```
     // 使用动态互斥锁变量
8    pthread_mutex_t *pLock;                              // 定义互斥锁变量指针
9    pLock=(pthread_mutex_t*)malloc(sizeof(pthread_mutex_t));   // 分配内存
10   pthread_mutex_init( pLock, NULL );          // 初始化互斥锁
11   pthread_mutex_lock( pLock );                // 上锁
12   count++;  //count 为共享变量
13   pthread_mutex_unlock( pLock );              // 开锁
14   ...
15   pthread_mutex_destory( pLock );             // 销毁互斥锁
16   free( pLock );  // 释放互斥变量
```

使用静态互斥锁变量的程序定义了一个类型为 pthread_mutex_t 的互斥锁 lock，并使用宏 PTHREAD_MUTEX_INITIALIZER 对其进行初始化；当不再使用互斥锁时，调用 pthread_mutex_destroy( ) 销毁该互斥锁。使用动态互斥锁变量的程序定义了一个类型为 pthread_mutex_t 的互斥锁变量指针 pLock，并使用 malloc( ) 为该指针分配内存，之后调用 pthread_mutex_init( ) 初始化互斥锁；后续的上锁 / 开锁操作与静态互斥锁相同；当不再使用互斥锁时，调用 pthread_mutex_destroy( ) 将其销毁，并使用 free( ) 释放内存。

2. 读写锁 rwlock

互斥锁的功能已经可以满足线程间的互斥和临界区的需求，但它存在一个可能影响性能的问题，即它不区分变量读 / 写操作。也就是说，只要线程访问共享变量（无论读或写），就需要使用互斥锁进行互斥。如果按照读 / 写操作对变量访问进行区分就可以发现，当多个线程对共享变量执行读操作时，互斥是不必要的（因为线程不修改变量值，不会导致数据竞争）。即多个线程访问共享变量时，只须对"读 – 写"和"写 – 写"进行互斥，而"读 – 读"则无须互斥，如表 2-6 所示。

表 2-6　线程间"读 – 写"共享变量 x 时互斥的必要性

读 / 写	读共享变量 x	写共享变量 x
读共享变量 x	无须互斥	须互斥
写共享变量 x	须互斥	须互斥

图 2-12 给出了一种多线程访问共享变量的场景。该程序仅有少数线程写共享变量（以下称"写线程"），其他多数线程都只读共享变量（以下称"读线程"）。此时如果使用互斥锁实现共享变量的互斥访问，就会在多个读线程之间施加不必要的互斥，这显然会降低程序性能。

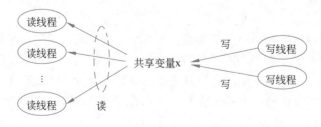

图 2-12　读写锁 rwlock 的典型适用场景

读写锁 rwlock 就是针对上述场景而设计的互斥机制。它在一个锁变量上提供读、写两种加锁操作，线程只读变量时，只须获取"读锁"；线程只写变量时，只须获取"写锁"；锁变量按照表 2-6 所示的规则实现线程间的互斥。

与互斥锁相似，读写锁 rwlock 也有一种专门的数据对象类型 pthread_rwlock_t，所有的上锁、开锁、初始化等操作均针对读写锁对象进行。读写锁的接口函数也与互斥锁十分相似，不同之处是上锁操作被分成了读锁和写锁两种，如表 2-7 所示。

表 2-7　读写锁的创建、销毁、使用函数

操　　作	函　数　名　称
创建与销毁	int pthread_rwlock_init(pthread_rwlock_t *rwlock, 　　　　　　　　　const pthread_rwlockattr_t *attr);
	int pthread_rwlock_destroy(pthread_rwlock_t *rwlock);
上锁与开锁	int pthread_rwlock_wrlock(pthread_rwlock_t *rwlock);
	int pthread_rwlock_trywrlock(pthread_rwlock_t *rwlock);
	int pthread_rwlock_rdlock(pthread_rwlock_t *rwlock);
	int pthread_rwlock_tryrdlock(pthread_rwlock_t *rwlock);
	int pthread_rwlock_unlock(pthread_rwlock_t *rwlock);

可以看出，读写锁的接口函数与互斥锁非常相似，但其上锁操作被分成了上"写锁（wrlock）"和"读锁（rdlock）"两种，以便在底层实现中避免只读线程之间的互斥。下面逐一介绍这些接口函数。

1）pthread_rwlock_wrlock()

线程调用 pthread_rwlock_wrlock() 对指定的读写锁执行写操作上锁（上"写锁"）。如果没有线程持有该读写锁（包括写锁和读锁），则加锁后成功返回；如果该读写锁已经被加了写锁或读锁，则线程将被阻塞。

对于一个读写锁来说，写锁是独占式的。仅当没有线程持有该读写锁时（既没有读锁也没有写锁），线程才可以获得写锁；一旦线程获得写锁后，随后其他线程申请写锁或者读锁时都将被阻塞。

2）pthread_rwlock_rdlock()

线程调用 pthread_rwlock_rdlock() 对指定的读写锁执行读操作上锁（上"读锁"）。如果没有线程持有该读写锁的写锁，则加锁后成功返回（返回值：0）；如果该读写锁已经被上了写锁，则线程将被阻塞。

对于一个读写锁来说，读锁是非独占式的。只要没有线程持有该读写锁的写锁，线程就能够成功获得读锁，也就是说，可以有多个线程同时持有读锁。

同一个读写锁的读锁和写锁是互斥的。当某个线程持有写锁时，申请读锁的线程将被阻塞；而当有线程持有读锁时，申请写锁的线程将被阻塞。

需要强调的是，由于 Pthreads 允许多个线程同时持有读锁，只有当所有的读线程都执行开锁操作后，即持有读锁的线程个数为 0 时，该读写锁的读锁才会变为开锁状态。

3）pthread_rwlock_unlock()

线程调用 pthread_rwlock_unlock() 对指定的读写锁执行开锁操作。需要说明的是，无论是读锁还是写锁，都需要调用该函数执行开锁操作。

如果是持有读锁的线程调用该函数，则释放的是读锁；如果仍然有其他线程持有读锁，则该读写锁的读锁仍将处于上锁状态；只有当最后一个持有读锁的线程释放读锁时，该读写锁才会被置为开锁状态。

如果是持有写锁的线程调用该函数，则该读写锁将被置为开锁状态（因为写锁是独占的）。

当该读写锁变为开锁状态时，如果有线程阻塞在该锁上，则阻塞线程中的一个将获得该锁并被唤醒。唤醒线程的选取与运行平台的线程调度策略和 Pthreads 线程库的具体实现相关。

4）pthread_rwlock_trywrlock( ) 和 pthread_rwlock_tryrdlock( )

这两个函数可以提供非阻塞式的写锁或读锁上锁操作。如果上锁成功，则函数将立即返回（返回值：0）；如果上锁条件不满足，则调用线程将不会被阻塞，而是立即返回（返回值：EBUSY）。

5）pthread_rwlock_init( ) 和 pthread_rwlock_destroy( )

这两个函数提供读写锁对象的初始化和释放，参数与互斥锁的接口函数相似。

pthread_rwlock_init( ) 用于对指定的读写锁进行初始化，第 1 个参数为需要初始化的读写锁变量指针，第 2 个参数则被用于指定读写锁的属性，通常情况下可将其设置为 NULL，即使用默认属性。

为了简化读写锁的初始化过程，Pthreads 还提供了一个用于读写锁初始化的宏：PTHREAD_RWLOCK_INITIALIZER。如果读写锁变量是静态定义的，则开发者可以直接使用这个宏进行变量初始化，而无须专门调用 pthread_rwlock_init( )；如果互斥锁变量是使用 malloc( ) 动态分配的，则开发者将无法使用这个宏，而只能调用初始化函数。

pthread_rwlock_destroy( ) 用于销毁指定的互斥锁。

比较互斥锁 mutex 和读写锁 rwlock 可以发现，互斥锁用于实现通用的临界区和互斥，是 Pthreads 编程中使用最多的互斥机制；读写锁可以通过区分共享变量的读写操作避免只读线程间的互斥，因此，当共享变量的只读线程较多时，该机制可以提升线程间互斥的效率，付出的代价则是编程复杂性增大，这是因为共享变量的读写操作需要调用不同的接口函数，而且复杂的加锁操作也增大了死锁的风险。

2.3.4 Pthreads 示例程序：级数法计算圆周率

2.2.6 节 OpenMP 编程中介绍了一种用级数法计算圆周率的 OpenMP 多线程程序。本节将给出用相同算法实现的 Pthreads 程序，该程序将使用互斥锁实现多线程访问共享变量，因此也是一种线程互斥的示例程序。

该程序的设计思路是将级数项分成多段，由每个线程负责一段，实现级数的并行计算，最后汇总计算结果。该并行方案与 OpenMP 版程序采用的并行方案基本相同。

如代码清单 2-15 所示，程序的主线程负责创建工作线程，并等待所有工作线程结束后，显示计算结果。该程序的线程函数为 thread_PI( )，每个工作线程启动后，首先根据线程号 my_id 计算本线程负责的级数项范围（low 和 high），随后用一个 for 循环完成级数的计算。在循环过程中，级数之和将被累加到线程函数的临时变量 my_pi 中。

需要说明的是，变量 my_pi 被定义在线程函数内部，也就是 C 语言的临时变量，这类变量的作用域限于函数内部，且将随着函数结束被释放。熟悉编译原理的读者都知道，在程序运行过程中，这些临时变量将被分配在栈中。随着函数结束退栈，这些变量将被自然地释放。在多线程场景下，线程函数将被每个线程执行，这就意味着每个线程的栈都将分配这些临时变量。也就是说，这些定义在线程函数内部的临时变量具有线程私有变量的特性，即每个线程拥有自己的私有副本（在线程的栈中）。正因如此，每个线程将自己负责的级数之和累加到 my_pi 时，无须进行互斥操作。

待循环结束后，在互斥锁 lock 的保护下，将 my_pi 的值累加到全局变量 pi 中。

代码清单 2-15　用级数法计算圆周率的 Pthreads 程序。

```
1    #define THREAD_NUM  4                    // 线程个数
2    #define N 100000000                      // 级数项数
3    double pi=0.0;
4    pthread_mutex_t lock = PTHREAD_MUTEX_INITIALIZER;
5
6    void *thread_PI( void *tid )
7    {
8        long my_id = (long)tid;
9        long my_N = N / THREAD_NUM;          // 每个线程负责计算的级数项数
10       int low, high;
11       double sign=1.0, my_pi=0.0;
12       /* 划分线程计算范围 */
13       low = my_tid * my_N;
14       high = low + my_N;
15       for( i = low ; i < high; i++ )
16       {
17           sign = (i&1 ? -1: 1);            // 根据循环索引计算正负号
18           my_pi + = (sign / (2*i+1));      // 累加一个级数项
19       }
20       pthread_mutex_lock( &lock );         // 上锁
21       pi += my_pi;                // 将线程局部 pi 值 my_pi 累加到全局变量 pi
22       pthread_mutex_unlock( &lock );       // 开锁
23   }
24   int main( )
25   {
26       pthread_t tid[THREAD_NUM];
27       int i;
28       /* 创建线程 */
29       for ( i = 0; i < THREAD_NUM; i++ )
30           pthread_create( &tid[i], NULL, thread_PI, &i );
31       /* 等待各线程结束 */
32       for ( i = 0; i < THREAD_NUM; i++ )
33           pthread_join( tid[i], NULL );
34       pi = 4 * pi;
35       printf(" PI = %.10f\n", pi );
36   }
```

需要说明的是，该程序每个线程使用临时变量 my_pi 存放累加结果，而不是直接在全局变量 pi 上累加，这样可以避免在 for 循环中使用互斥锁访问共享变量，使每个线程可以完全并行地完成自己的计算。这也是本书第 5 章将要介绍的"独立计算块"原则的一种具体体现，它是保证并行可扩展性的一项重要原则。

2.3.5　线程同步

Pthreads 的多个线程可以执行相同或者不同的线程函数，以完成指定的处理工作。在很多情形下，OpenMP 所提供的 barrier 这种简单的线程间同步机制很难满足需求，为了实现更复杂的线程间同步关系，Pthreads 提供了条件变量机制。

条件变量是 Pthreads 编程接口中最为复杂的部分。在某种程度上，条件变量的编程接口不是一个个可以被独立调用的接口函数，而更像是一种编程框架，应用程序要按照某种流程和顺序调用相关的接口函数，这与 Pthreads 的底层实现及复杂的线程执行时序有关。

本小节将介绍 Pthreads 中线程同步机制的使用方法，包括条件变量（**conditional variable**）和栅栏。

1. 条件变量

在使用多个线程进行并行处理时，一种典型的应用场景就是"生产者 - 消费者"关系。即一组线程作为"生产者"生成数据，而另一组线程则作为"消费者"处理数据；当没有数据可供处理时，消费者线程就必须等待，直到有生产者线程生成了数据；当存放数据的数据结构被占满时，生产者线程必须等待，直到消费者线程取出数据腾出空间。

在 Pthreads 中，开发者可以使用条件变量实现这种复杂的线程间同步关系。条件变量是一种 Pthreads 的变量类型，以下代码定义了一个条件变量 cond。

```
pthread_cond_t cond;
```

Pthreads 提供了一系列条件变量接口函数，线程调用这些函数以实现其之间通过条件变量进行的同步。最主要的两个接口函数是：用于等待条件变量的 pthread_cond_wait( ) 和用于向条件变量发信号的 pthread_cond_signal( )。线程通过调用这两个接口函数实现同步的示意图如图 2-13 所示。

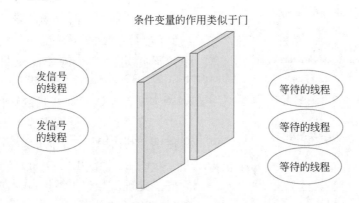

条件变量的作用类似于门

图 2-13　**Pthreads** 条件变量应用示意图

在图 2-13 中，条件变量起到了类似于"门"的作用。一组线程调用 pthread_cond_wait( ) 等待指定的条件变量，这些线程将被阻塞，相当于在门外等待；当有线程调用 pthread_cond_signal( ) 向条件变量发信号时，等待线程当中的一个或者多个将被唤醒，这相当于门被打开，使一个或多个在等待的线程得以进入门内。

因此，程序可以使用条件变量表示某种状态或者条件，当状态/条件不满足时，线程将调用 pthread_cond_wait( ) 进入等待状态；当状态/条件变为满足时，导致这种变化的线程则会调用 pthread_cond_signal( ) 唤醒等待的线程。这很像是操作系统中的信号量（semphore）和 P/V 操作，但不幸的是，Pthreads 的条件变量与信号量机制有很大不同，主要体现在以下两个方面：① 条件变量没有记忆，也就是说，当线程向条件变量发信号时，如果此时没有线程在等待该条件变量，则信号发送操作不会产生任何效果，条件变量也不会存储该信号，如果后续有线程调用 pthread_cond_wait( )，这些线程仍然会被阻塞，这显然与信号量有很大不同；② 向条件变量发信号可能唤醒不止一个处于等待的线程，这与 Pthreads 底层高效实现有关。

表 2-8 列出了条件变量的基本操作函数，下面逐一介绍。

表 2-8 条件变量的基本操作函数

操 作 类 别	函 数 名 称
初始化条件变量	int pthread_cond_init(pthread_cond_t *cond, 　　　　　　　　　pthread_condattr_t *condattr);
销毁条件变量	int pthread_cond_destroy(pthread_cond_t *cond);
等待条件变量	int pthread_cond_wait(pthread_cond_t *cond, 　　　　　　　　　pthread_mutex_t *mutex); int pthread_cond_timedwait(pthread_cond_t *cond, 　　　　　　　　　pthread_mutex_t *mutex, 　　　　　　　　　const struct timespec *abstime);
向条件变量发信号	int pthread_cond_signal(pthread_cond_t *cond); int pthread_cond_broadcast(pthread_cond_t *cond);

1）pthread_cond_wait( ) 与 pthread_cond_timedwait( )

线程调用 pthread_cond_wait( ) 等待指定的条件变量。线程调用该函数时将被阻塞，直到其他线程向该条件变量发信号才可能被唤醒，线程被唤醒后，函数将返回。该函数有2 个参数：第 1 个参数 cond 为条件变量指针，用于指定要等待的条件变量；第 2 个参数mutex 为一个互斥锁指针，该互斥锁用于保护多线程对该条件变量的访问。在 Pthreads 中，每个条件变量都需要与一个互斥锁配合使用，其作用将在后面的示例中详述。

图 2-14 给 出 了 pthread_cond_wait( ) 的底层处理流程，了解该流程对于理解条件变量接口函数的调用方法和流程有很大帮助。线 程 在 调 用 pthread_cond_wait( ) 时，互斥锁 lock 必须处于上锁状态，随后线程将自动释放该互斥锁，然后进入阻塞状态；当其他

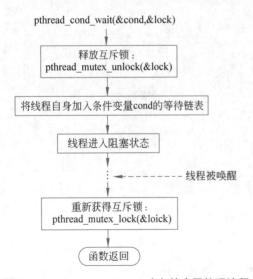

图 2-14 **pthread_cond_wait**（ ）的底层处理流程

线程给条件变量发信号唤醒被阻塞的线程时，该线程将在函数返回前执行 pthread_mutex_lock( ) 以重新获得互斥锁 lock；如果同时有多个线程被唤醒，则由于加锁操作的互斥特性，将只会有一个线程获得互斥锁，其他的被唤醒线程将被阻塞在互斥锁上。

pthread_cond_timedwait( ) 相当于限时版的条件变量等待函数，该函数同样将阻塞调用线程，但此函数的参数指定了最长阻塞时间，如果指定的时间到达时线程仍未被发信号唤醒，则线程将自动被唤醒，同时函数会返回一个错误值 ETIMEDOUT。也就是说，线程调用该函数时，函数返回并不意味着条件变量已被发信号，程序需要检查返回值，如果返回值是 ETIMEDOUT，表示等待超时，只有返回值为 0 才表示条件变量已被发信号。该函数有 3 个参数，其中，前 2 个参数与 pthread_cond_wait( ) 相同，第 3 个参数 abstime 用于指定最长等待时间，其变量类型为 POSIX 的时间结构体 struct timespec，定义于 time.h 头文件中。使用该函数时，通常要先调用 POSIX 接口函数 clock_gettime( ) 获取当前系统时间，然后在其上增加一个时间偏移（如 3 秒），以此作为调用 pthread_cond_timedwait( ) 的参数。

2）pthread_cond_signal( ) 与 pthread_cond_broadcast( )

线程调用 pthread_cond_signal( ) 向指定的条件变量发信号，该操作将**唤醒至少一个**等待该条件变量的线程。如果此时没有线程等待该条件变量，则函数不会进行其他操作，直接成功返回。注意此处所使用的"至少一个"措辞，根据 POSIX 规范，被唤醒的线程可能有一个或者多个。虽然从编程角度看，仅唤醒一个等待线程可以使逻辑更为清晰明确，但在多处理器环境下，要确保只唤醒一个线程反而会增加 Pthreads 底层实现的复杂度和开销。因此，虽然该函数在大多数情况下将只唤醒一个等待线程，但也不排除在某些情况下它会唤醒多个线程。这种同时唤醒多个线程的情形又被称为"惊群"，一些实验测试表明，多个线程频繁调用条件变量接口函数时，的确存在"惊群"现象。开发者必须确知这一点，并在程序中给予必要的处理，确保多个线程被唤醒时不会产生错误的结果。

pthread_cond_broadcast( ) 也是向指定的条件变量发信号，但它将唤醒所有等待该条件变量的线程。

那些被唤醒的线程将试图重新获得互斥锁（即这两个函数的第 2 个参数所指定的互斥锁），显然，只有一个线程可以成功加锁，其他线程仍将被阻塞在互斥锁上。

需要强调的是，当线程调用 pthread_cond_signal( ) 或 pthread_cond_broadcast( ) 时，如果在指定的条件变量上没有线程等待，则函数不会产生任何效果。换句话说，这两个函数调用没有记忆，如果随后有线程调用 pthread_cond_wait( ) 等待条件变量的话，其仍然会被阻塞。

3）pthread_cond_init( ) 与 pthread_cond_destroy( )

pthread_cond_init( ) 用于对指定的条件变量进行初始化。在 Pthreads 中，条件变量必须经过初始化之后才可以使用。该函数的第 1 个参数为需要初始化的条件变量指针，第 2 个参数用于指定条件变量的属性，因此通常情况下可将其设置为 NULL，即使用默认属性。

为了简化条件变量的初始化，Pthreads 还提供了一个用于条件变量初始化的宏：PTHREAD_COND_INITIALIZER。如果条件变量是静态定义的，则开发者可以直接使用这个宏进行变量初始化，而无须专门调用 pthread_cond_init( )；如果条件变量是使用

malloc( ) 动态分配的，就无法使用这个宏，而只能调用初始化函数。

pthread_cond_destroy( ) 用于销毁指定的条件变量。

下面结合示例代码介绍以上几个接口函数的使用方法。

由于线程一旦调用 pthread_cond_wait( ) 就会被阻塞，为了避免线程在条件已满足的情况下被阻塞，通常需要在调用 pthread_cond_wait( ) 之前先检测条件是否满足，只有在条件不满足的情况下才会调用该函数。在条件变量机制中，开发者们通常会使用 while 语句而不是 if 语句来完成这种条件检测（原因将在后面详述），示例代码如下。

```
1    pthread_cond_t cond = PTHREAD_COND_INITIALIZER;
2    pthread_mutex_t lock = PTHREAD_MUTEX_INITIALIZER;
3
4    while ( 条件不满足 )
5        pthread_cond_wait( &cond, &lock );
```

如前所述，条件变量必须与一个互斥锁配合使用，用以保护条件变量，即保护 pthread_cond_wait( ) 的第 2 个参数。

接下来说明为什么条件变量必须与一个互斥锁配合使用。假设两个线程并行执行的场景：线程 A 等待条件变量 cond，同时，线程 B 给条件变量 cond 发信号。如果不使用互斥锁保护，两个线程可能产生如图 2-15 所示的时序，即线程 A 检测到条件不满足，在调用 pthread_cond_wait( ) 函数之前，恰好线程 B 调用 pthread_cond_signal( ) 向条件变量发送了信号。由于此时线程 A 尚未被阻塞在条件变量上，线程 B 执行的信号发送操作将不会产生任何效果，而线程 A 将调用 pthread_cond_wait( ) 函数进入阻塞状态。也就是说，这种执行时序出现了信号丢失的情形，如果此后线程 B 不再发送信号，则线程 A 将被永久阻塞。

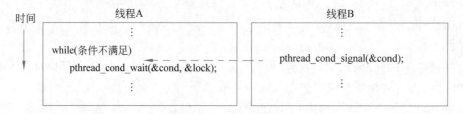

图 2-15　无互斥锁保护可能导致的条件变量信号丢失

为了避免出现上述信号丢失的情形，Pthreads 强制要求条件变量必须与一个互斥锁配合使用，程序对条件变量接口函数的调用必须使用互斥锁进行保护；而当线程调用 pthread_cond_wait( ) 函数被阻塞时，将自动释放该互斥锁，以允许其他线程获得该互斥锁，执行 pthread_cond_signal( ) 操作。

根据上述讨论，线程 A、B 的示例代码如代码清单 2-16 所示。在示例程序中，所有对条件变量的操作都受到互斥锁的保护，由于线程 A 调用 pthread_cond_wait( ) 被阻塞时将自动释放互斥锁，故线程 B 可以向条件变量发送信号以唤醒线程 A。此外，无论是线程 A 还是线程 B，其对互斥锁的上锁 / 开锁操作都形成了临界区，程序可以在此临界区内访问共享变量，这也符合多线程同步的一般情形，即线程之间通常使用共享的数据结构进行数据交换。

代码清单 2-16 使用互斥锁保护的条件变量操作示例。

```
// 线程 A 的示例代码
1    pthread_mutex_lock( &lock );
2      …
3    while ( 条件不满足 )
4      pthread_cond_wait( &cond, &lock );
5    …
6    pthread_mutex_unlock( &lock );

// 线程 B 的示例代码
7    pthread_mutex_lock( &lock );
8    …
9    pthread_cond_signal( &cond );
10   ...
11   pthread_mutex_unlock( &lock );
```

接下来讨论示例程序为什么使用 while 语句而不是 if 语句检测条件是否满足。为简单起见，前面的分析只分析了两个线程的场景，但在实际应用中，这两种线程往往分别有多个，即有多个线程执行线程 A 的程序，同时有多个线程执行线程 B 的程序。为方便讨论，将执行线程 A 程序的多个线程（也就是等待条件变量的线程）称为 A 类线程；同理，将执行线程 B 程序的线程称为 B 类线程。

由于 A 类线程在调用 pthread_cond_wait( ) 被阻塞时将自动释放互斥锁，这将允许其他 A 类线程进入临界区，也就是可能会有多个 A 类线程被阻塞在条件变量上。当有 B 类线程调用 pthread_cond_signal( ) 时，可能唤醒一个或多个 A 类线程，其将只会有一个线程获得互斥锁并得以继续执行，而其他被唤醒的线程将由于加锁失败而被阻塞（即调用 pthread_mutex_lock( ) 被阻塞），此后一旦有线程执行开锁操作，这些等待线程中的一个就将会被唤醒继续执行，而此时条件变量是否被满足是未知的。因此，为了保证正确性，需要让获得互斥锁的线程重新检测条件是否被满足，这就是使用 while 语句的原因。

接下来通过一个示例程序进一步说明条件变量的编程使用方法，如代码清单 2-17 所示。

代码清单 2-17 主线程与子线程同步示例。

```
1    #include <stdio.h>
2    #include <pthread.h>
3    #include <unistd.h>
4.
5    pthread_mutex_t lock = PTHREAD_MUTEX_INITIALIZER;
6    pthread_cond_t cond = PTHREAD_COND_INITIALIZER;
7    int count = 0;
8
9    void *printHello( void *tid )
10   {
11       pthread_mutex_lock( &lock );
12       printf(" worker thread get the lock\n" );
13       count++;
14       pthread_cond_signal( &cond );
15       printf(" unblock the main thread\n" );
```

```
16          pthread_mutex_unlock( &lock );
17     }
18     void main(int argc, char* argv[])
19     {
20          pthread_t tid;
21          /* 创建线程 */
22          pthread_create( &tid, NULL, printHello, NULL );
23          pthread_mutex_lock( &lock );
24          printf(" main thread get the lock\n" );
25          While ( count == 0 )
26               pthread_cond_wait( &cond, &lock );
27          printf(" Hello from the main thread\n" );
28          pthread_mutex_unlock( &lock );
29          /*结束子线程并销毁互斥变量与条件变量 */
30          pthread_join( tid, NULL );
31          pthread_mutex_destroy( &lock );
32          pthread_cond_destroy( &cond );
33     }
```

在示例程序中，主线程创建了一个工作线程，该工作线程将执行 printHello( ) 函数，函数将对一个全局变量 count 执行加 1 操作；主线程和工作线程之间通过一个条件变量进行同步，主线程检测到变量 count 的值为 0 时就等待条件变量；工作线程执行 count++ 后将调用 pthread_cond_signal( ) 唤醒主线程；主线程被唤醒后会进行线程合并，然后销毁条件变量和互斥锁。

该示例程序的输出结果如下。

```
main thread get the lock
worker thread get the lock
unblock the main thread
Hello from the main thread
```

上述输出结果意味着主线程创建工作线程之后首先获得了互斥锁，然后检测到 count 值为 0，开始等待条件变量（同时自动释放互斥锁）；工作线程随后被执行，首先获得互斥锁，执行 count++，然后调用 pthread_cond_signal( ) 唤醒主线程。

下面分析主线程和工作线程的另一种执行时序：主线程创建工作线程后，工作线程的执行进度更快，首先获得了互斥锁，执行 count++，并调用 pthread_cond_signal( ) 发信号，由于此时主线程尚未在条件变量上等待，故信号发送操作将不会产生任何效果；与此同时，主线程执行进度稍慢，将被阻塞在互斥锁处，待工作线程结束时释放互斥锁才被唤醒，由于此时 count 值已变为 1，主线程检测到条件已满足，将不会在条件变量上等待，也就是直接跳过 while 循环进行后续处理。这样，无论主线程和工作线程的执行进度快慢如何都可以确保程序正确进行同步和执行。

2. 栅栏

下面介绍 Pthreads 提供的栅栏同步机制。

Pthreads 提供了 barrier 变量类型 pthread_barrier_t，以下代码定义了一个 barrier 变量。

```
pthread_barrier_t  barrier;
```

barrier 相关的接口函数主要有 3 个，具体定义如表 2-9 所示。

表 2-9 栅栏接口的基本操作函数

操　作	函 数 名 称

创建	int pthread_barrier_init(pthread_barrier_t *barrier,
	                          const pthread_barrierattr_t *attr,
	                          unsigned count);

阻塞	int pthread_barrier_wait(pthread_barrier_t *barrier);
销毁	int pthread_barrier_destroy(pthread_barrier_t *barrier);

下面逐个介绍 barrier 接口函数。

1）pthread_barrier_init( )

该函数用于初始化指定的 barrier 对象。与前面的互斥锁和条件变量初始化函数不同，该函数的参数有 3 个：第 1 个参数为待初始化的 barrier 变量指针；第 2 个参数为 barrier 变量属性，通常被设置为 NULL，即使用默认属性；第 3 个参数 count 为需要同步的线程数量，必须大于 0。

2）pthread_barrier_wait( )

该函数用于在指定的 barrier 上同步。线程调用该函数后将被阻塞，直到指定数量的线程都调用了 pthread_barrier_wait( ) 在该 barrier 上同步。这里的"指定数量"是程序在初始化该 barrier 时指定的 count 参数。

当指定数量的线程都在 barrier 上调用了该函数时，所有阻塞在该 barrier 上的线程都将被唤醒，然后函数返回。随后，该 barrier 状态复位，可以进行下一次线程同步操作。

3）pthread_barrier_destroy( )

该函数用于销毁指定的 barrier。

代码清单 2-18 给出了一段使用 barrier 的示例程序。在该程序中，主线程创建了 THREAD_NUM 个工作线程，主线程还完成 barrier 变量的初始化及最后的销毁，在初始化 barrier 时，指定参与同步的线程个数为 THREAD_NUM；被创建的工作线程执行线程函数 thread_worker( )，在处理过程中，调用 pthread_barrier_wait( ) 实现所有工作线程的同步。注意在本程序中，主线程没有调用 pthread_barrier_wait( )，即它没有参与 barrier 同步。

代码清单 2-18 Pthreads 的 barrier 使用示例。

```
1    #define THREAD_NUM 8              // 线程个数
2    pthread_barrier_t barrier;        //barrier 变量
3
4    void *thread_worker( void *tid )
5    {
6        …
7        pthread_barrier_wait( &barrier );    //THREAD_NUM 个线程 barrier
8        …
9    }
10   int main( )
```

```
11   {
12       pthread_t tid[THREAD_NUM];
13       int i;
14       /* 初始化 barrier*/
15       pthread_barrier_init( &barrier, NULL, THREAD_NUM );
16       /* 创建线程 */
17       for ( i = 0; i < THREAD_NUM; i++ )
18           pthread_create( &tid[i], NULL, thread_worker, &i );
19       /* 等待各线程结束 */
20       for ( i = 0; i < THREAD_NUM; i++ )
21           pthread_join( tid[i], NULL );
22       /* 销毁 barrier*/
23       pthread_barrier_destroy( &barrier, NULL, THREAD_NUM );
24   }
```

3. 不属于 Pthreads 的信号量

有些关于多线程编程的书籍和资料还介绍了信号量（semaphore）机制，涉及的典型接口函数包括 sem_init( )、sem_wait( )、sem_post( ) 等。这些接口函数提供了操作系统教科书中讲述的信号量和 P/V 操作，其中，sem_init( ) 用于完成信号量初始化，而 sem_wait( ) 和 sem_post( ) 则等同于 P 操作和 V 操作，即给信号量执行"减 1"和"加 1"操作，并进行必要的线程阻塞与唤醒。

需要说明的是，上述信号量机制并不属于 Pthreads，而是 Linux/UNIX 系统的进程间通信机制（inter-process communication, IPC）的一部分。这一点从那些接口函数名称不是以"pthread_"开头也可以看出来。在有些应用场景下，编程时使用信号量机制的确要比 Pthreads 条件变量方便很多。但需要注意的是，信号量相关的接口函数都属于操作系统内核调用，其开销相对较高，而 Pthreads 的大部分功能是以用户态接口库方式实现的，因此是一种轻量高效的多线程机制。一些实验测试表明 Pthreads 接口函数的时间开销要比 Linux 内核接口调用小得多。在编写 Pthreads 多线程程序时，可根据实际情况决定使用信号量机制还是 Pthreads 条件变量。

2.3.6　Pthreads 示例程序：生产者 – 消费者

本节将介绍一个"生产者 – 消费者"类型的 Pthreads 程序。生产者 – 消费者是功能并行的典型场景，其处理逻辑通常可描述如下：多个线程分为两组，一组线程负责生成数据，即"生产者"；另一组线程负责处理数据，即"消费者"；生产者线程和消费者线程之间通过一个缓冲区交换数据。由于缓冲区容量通常是有限的，所以这种场景又被称为有限缓冲区（bounded buffer）。

在这个程序中，交换数据用的缓冲区处于非常重要的地位。图 2-16 给出了这种缓冲

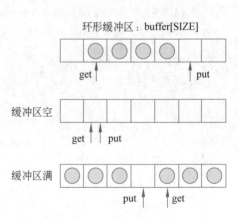

图 2-16　生产者 – 消费者线程使用的环形缓冲区

区的结构。由于生产者和消费者线程是持续工作的，而缓冲区容量又有限，因此这里用环形缓冲区存储数据，图中缓冲区的定义为 buffer[SIZE]，即包含 SIZE 个元素的一维数组。缓冲区的读 / 写可通过两个指针变量 put 和 get 实现，即程序向 buffer[put] 处写入数据，写入完成后，put 向前移动一格，由于缓冲区长度为 SIZE，故 put 的有效取值范围是 0,1,2,…,SIZE–1，因此应做取模运算，即 put =（put + 1）%SIZE；同理，程序从 buffer[get] 处读取数据，读出数据后，get 向前移动一格，同样为取模运算；初始时，缓冲区中没有数据，此时 put 和 get 指向同一个位置；如果数据填入缓冲区的速度快于读出速度，则会出现缓冲区满的情形，如图中所示，此时 put 和 get 相差一格，也就是缓冲区中有一个位置没有使用，之所以这样定义，是因为一旦使用了最后这个空闲的位置，put 和 get 将指向同一个位置，这样就无法与缓冲区为空的状态相区分了。

在定义了环形缓冲区后，围绕该缓冲区，程序中的多个线程需遵守如下规则。

（1）多个生产者线程向缓冲区中填入数据。

（2）多个消费者线程从缓冲区中读出数据。

（3）当缓冲区为满时，生产者线程需等待，直到消费者线程读出数据。

（4）当缓冲区为空时，消费者线程需等待，直到生产者线程填入数据。

可以看到，上述逻辑非常适合由操作系统课程中介绍的信号量和 P/V 操作实现。不幸的是，Pthreads 并没有提供与信号量和 P/V 操作完全对应的编程机制，虽然条件变量与其很相近，但语义的差异仍然使 Pthreads 程序复杂了不少。

代码清单 2-19 给出了程序代码。程序第 1~3 行定义了互斥锁 lock 和条件变量 nonempty、nonfull，用于线程间同步 / 互斥，其具体使用随后详述；第 4~6 行定义了交换数据用的环形缓冲区；程序中定义了 2 个函数：PutItem( ) 和 GetItem( )，分别供生产者线程和消费者线程调用。下面分析这两个函数的工作原理。

PutItem( ) 和 GetItem( ) 两个函数都在进入和退出时对互斥锁 lock 进行了加锁和解锁（第 10、18 行和第 23、31 行），这意味着生产者线程之间、消费者线程之间、生产者和消费者线程之间都形成了互斥关系，如果这种互斥关系将覆盖整个函数执行过程，那么就会导致一个问题：当缓冲区为空或满时，生产者 / 消费者线程需要等待另一方线程读出 / 写入数据，但如果自己一方已经占有了互斥锁，那么另一方线程将无法完成期望的操作，这将导致死锁。回顾前文条件变量的内容可以看到，条件变量配套使用一个互斥锁，当线程由于等待条件变量进入阻塞时，将释放该互斥锁，而当满足条件唤醒线程时，将试图重新获得这个互斥锁，在本程序中，lock 就起到这个作用，下面详细分析其原理。

以 GetItem( ) 为例，初始时缓冲区为空，如果有消费者线程首先调用了 GetItem( )，则在第 24~27 行检测到缓冲区为空，并调用 pthread_cond_wait( ) 等待条件变量 nonempty，该函数将同时释放 lock；这样，在消费者线程阻塞期间，生产者线程就可以调用 PutItem( )写入数据（第 15~16 行），并在写入完成后调用 pthread_cond_signal( ) 向条件变量 nonempty 发送信号（第 17 行），这将唤醒等待 nonempty 的一个或多个消费者线程。如果有多个消费者线程被唤醒，其中仅一个能够获得互斥锁 lock（假设该线程为 A），则其他消费者线程将在互斥锁上阻塞，这也是第 24 行使用 while 循环而不是 if 语句检测缓冲区是否为空的原因。假设被唤醒且获得互斥锁的消费者线程 A 从缓冲区中读出了仅有的一个数据后，缓冲区将再次变为空，而线程 A 在退出 GetItem( ) 前将对 lock 解锁，这很可能会唤醒某个先前与线程 A 同时被唤醒但未能获得互斥锁的其他消费者线程，此时，这个被唤醒的线程将由于 while 循环继续等待条件变量 nonempty，而不会错误地从缓冲区读取数据（此时缓冲区为空），这样就保证了程序的正确性。

对生产者线程调用的 PutItem( ) 来说，其逻辑基本相似，如果在第 11~14 行检测到缓冲区为满，则调用 pthread_cond_wait( ) 等待另一个条件变量 nonfull。消费者线程从缓冲区读出数据后，将向条件变量 nonfull 发送信号，这会唤醒等待的生产者线程，使其可以向缓冲区中写入数据。

综上所述，生产者线程和消费者线程通过条件变量 nonempty 和 nonfull 实现了彼此之间的同步，而互斥锁 lock 不但保证了条件变量正常工作，还确保了多个线程互斥访问缓冲区指针 put、get 及缓冲区数据。

代码清单 2-19　Pthreads 版本的生产者 – 消费者程序。

```
1    pthread_mutex_t    lock = PTHREAD_MUTEX_INITIALIZER;
2    pthread_cond_t     nonempty = PTHREAD_COND_INITIALIZER;
3    pthread_cond_t     nonfull = PTHREAD_COND_INITIALIZER;
4    Item buffer[SIZE];
5    int  put = 0;                         // 指向下一个插入项的索引区缓冲
6    int  get = 0;                         // 指向下一个移除项的索引区缓冲
7
8    void PutItem( Item x )                // 生产者线程调用
9    {
10       pthread_mutex_lock( &lock );
11       while ( (put+1)%SIZE == get )     // 缓冲区为满
12       {
13           pthread_cond_wait( &nonfull, &lock );
14       }
15       buffer[put] = x;
16       put = ( put + 1 ) % SIZE;
17       pthread_cond_signal( &nonempty );
18       pthread_mutex_unlock( &lock );
19    }
20   Item  GetItem( )                      // 消费者线程调用
21    {
22       Item  x;
23       pthread_mutex_lock( &lock );
24       while ( put == get )              // 缓冲区为空
25       {
26           pthread_cond_wait( &nonempty, &lock );
27       }
28       x = buffer[get];
29       get = ( get + 1 ) % SIZE;
30       pthread_cond_signal( &nonfull );
31       pthread_mutex_unlock( &lock );
32       return x;
33    }
```

2.3.7 线程死锁与锁粒度

1. 互斥锁与死锁

多个线程在访问共享资源时不可避免地要使
用条件变量和互斥锁,但如果使用不当则往往会
造成不可估计的后果。图 2-17 给出了一种导致
死锁的情形,假设有两个共享变量 a、b,分别受
互斥锁 mutex1、mutex2 的保护;线程 1 要访问变
量 a,先获得了互斥锁 mutex1,同样地,线程 2
要访问变量 b,先获得了互斥锁 mutex2;此时,

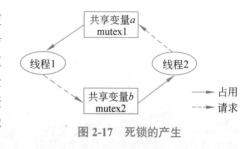

图 2-17 死锁的产生

线程 1 还要访问变量 b,这需要对 mutex2 加锁,但由于 mutex2 已被线程 2 获得,因此线
程 1 将被阻塞,与此同时,线程 2 还要访问变量 a,这需要对 mutex1 加锁,那么显然线
程 2 也将被阻塞。导致的结果是:线程 1 和线程 2 互相等待对方持有的互斥锁,这是典型
的**死锁**(**deadlock**)。

在这个例子中,由于两个线程需要互斥访问共享变量 a 和 b,如果恰好出现了不当的
执行顺序,那么就会发生死锁。更确切地说,死锁发生的四个必要条件如下。

(1)互斥:共享变量 a 和 b 同时只能被一个线程访问。

(2)请求与占用:两个线程均占用了一个互斥锁,并请求另一个互斥锁。

(3)不可剥夺:分配给某个线程的互斥锁只能由线程自己释放。

(4)循环等待:线程 1 在等待线程 2 占用的互斥锁 mutex2,线程 2 在等待线程 1 占用
的互斥锁 mutex1,如图 2-17 所示,存在环路。

能够破坏死锁产生的必要条件便可以避免死锁。对于 Pthreads 来说,上述四个必要条
件中的第 1 条"互斥"和第 3 条"不可剥夺"属于必须遵守的规则,因此,避免死锁需要
通过第 2 条"请求与占用"或第 4 条"循环等待"实现。

要破坏"请求与占用"条件,需要避免线程分次申请多个互斥锁,这一目标可以采用
"一次性申请"的方法来实现,即使用一个互斥锁保护所有共享变量。对于前面的例子而言,
可以使用一个互斥锁 mutex1 保护共享变量 a 和 b,如图 2-18(a)所示。线程 1 获得互斥
锁 mutex1 之后,就可以访问共享变量 a 和 b,这样可以避免线程占用一个互斥锁后再申
请另一个互斥锁。这种方案相对简单,但存在一个明显的问题:当程序要访问的共享变量
较多时,如果只使用一个互斥锁保护所有共享变量,则会在线程间增加很多不必要的互斥,
进而降低程序性能,该问题还将在后面讨论锁的粒度时更深入地分析。

要破坏"循环等待"条件,需要避免线程在申请互斥锁时形成环路。这可以通过采
用**"按顺序申请"**方案来实现,即由开发者规定锁的层次结构,并在程序中按顺序申请锁。
对于前面的例子,可以规定锁的顺序为 mutex1、mutex2,即线程 1 和线程 2 都必须先获
取 mutex1,然后再获取 mutex2,如图 2-18(b)所示,这样就可以避免线程间申请互斥
锁时形成环路。这种方案简单易行,且适用于程序中设置多个互斥锁的情形,可以在编写
并行程序时使用。但需要注意的是,这种方案给程序增加了一种隐含的编程规则,即必须
按顺序加锁,这会在一定程度上增加编程的复杂度,而且给程序的后续维护带来一定的麻

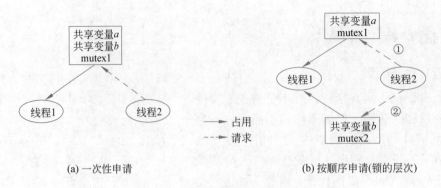

(a) 一次性申请　　　　　　　　　　(b) 按顺序申请(锁的层次)

图 2-18　避免死锁的两种常用方式

烦，因为存在一个无法否认的现实：很多开发者不会在程序设计文档中明确写出这种加锁顺序。

2. 管程

在 Pthreads 程序中，加锁 / 开锁操作分散在程序各处，这会增加编程的复杂度。一方面，程序必须使用互斥锁来保护对共享变量的访问，一旦编程时不慎出现漏加锁或错加锁，程序运行将出现不确定的错误或死锁，而且调试这种程序中的错误也非常困难；另一方面，在程序使用多个互斥锁的情形下，采用按顺序加锁的编程方式也会增加开发者的负担。

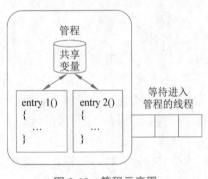

图 2-19　管程示意图

为了避免上述麻烦，可以在程序中采用管程（monitor）机制。如图 2-19 所示，管程的思路是：将程序中的共享变量及访问共享变量的操作集成到一起，以管程入口的形式向程序提供访问接口。也就是说，程序必须通过调用管程入口访问共享变量。这样，只需在管程入口程序中添加上锁 / 开锁操作即可实现多线程互斥访问的共享变量，管程之外的程序也不再需要调用加锁 / 开锁接口函数，而只需调用管程入口。

显然，管程的设计思路与面向对象的编程方法非常契合。也就是用类实现管程，将共享变量及访问共享变量的操作封装为类，类提供的方法即为管程入口。这种实现方式带来的好处是，程序对共享变量的访问只能通过访问类实现，而访问共享变量所涉及的加锁 / 开锁操作均被实现在类的接口中，这样就可以大幅简化编程，特别适合共享变量多并且访问操作分散在程序中各处的场景。

管程方案也有缺点，由于加锁 / 开锁操作均被集中在管程入口中，访问管程入口会导致线程间互斥，但由于这些加锁操作是对线程程序透明的，编程人员在程序中调用管程入口时可能并没有意识到该操作对程序性能的不利影响，这显然对确保多线程程序的性能不利。

3. 锁的粒度

加锁操作会在线程间增加互斥关系，强制多个并行线程串行使用互斥锁，这会对程序性能造成不利影响，而且还涉及死锁问题。因此，使用互斥锁是 Pthreads 编程中的一个重要问题。

“锁的粒度”是指一个互斥锁保护多少共享变量。锁的粒度大就指互斥锁保护的共享变量多；反之，锁的粒度小就指互斥锁保护的共享变量少。

显然，关于锁的粒度可以有**两种极端的选择**：第一种选择是用一个互斥锁保护程序中所有的共享变量，这不但减少了定义和维护锁变量的麻烦，还可以避免因线程间加锁顺序不当而导致的死锁，但这样只要线程访问共享变量就会在线程间产生互斥，即使两个线程访问不同的变量，本来无需互斥，但由于使用一个互斥锁，这两个线程间仍然会产生互斥，因此，当线程较多且访问共享变量比较频繁时，程序的性能将受到严重影响；第二种选择是给每个共享变量配置独立的互斥锁，也就是每个共享变量对应一个互斥锁，由于不同线程访问不同变量时使用不同的互斥锁，这就可以避免线程间不必要的互斥，但这种做法需要定义和维护很多互斥锁变量，将会增加编程复杂度，如果一个线程需要连续访问多个变量，那么就需要一长串的加锁操作，不但编程复杂，而且加锁操作本身还会产生开销，操作次数过多显然也会影响程序的性能。

下面通过一个例子讨论锁的粒度。

如图 2-20 所示，假设有三个线程 Thread_T1、Thread_T2、Thread_T3 访问共享变量 x、y，其中线程 Thread_T1 只访问变量 x，线程 Thread_T2 只访问变量 y，线程 Thread_T3 则需要同时访问 x 和 y。关于互斥锁的设置，可以采用两种方案。

（1）方案一：用一个互斥锁 L 保护共享变量 x 和 y，如图 2-20（a）所示，可以看出，三个线程都只需一次加锁操作，编程较为简单，但线程 Thread_T1 和 Thread_T2 间将产生互斥，这种互斥本来是不必要的，因为这两个线程访问的变量不同。

（2）方案二：为变量 x 和 y 分别设置不同的互斥锁 L1 和 L2，如图 2-20（b）所示，

Thread_T1　//只访问 x
{
pthread_mutex_lock(&L);
x = …;
pthread_mutex_unlock(&L);
}
	Thread_T2　//只访问 y
	{
	pthread_mutex_lock(&L);
	y = …;
	pthread_mutex_unlock(&L);
	}
		Thread_T3　//访问 x 和 y
		{
		pthread_mutex_lock(&L);
		x = …;
		y = …;
		pthread_mutex_unlock(&L);
		}

(a) 方案一：用一个锁变量L保护共享变量x和y

Thread_T1　//只访问 x
{
pthread_mutex_lock(&L1);
x = …;
pthread_mutex_unlock(&L1);
}
	Thread_T2　//只访问 y
	{
	pthread_mutex_lock(&L2);
	y = …;
	pthread_mutex_unlock(&L2);
	}
		Thread_T3　//访问 x 和 y
		{
		pthread_mutex_lock(&L1);
		pthread_mutex_lock(&L2);
		x = …;
		y = …;
		pthread_mutex_unlock(&L2);
		pthread_mutex_unlock(&L1);
		}

(b) 方案二：用两个锁变量L1和L2分别保护共享变量x和y

图 2-20　锁的粒度例子

此时线程 Thread_T1 和 Thread_T2 仍然只需一次加锁操作，而且由于使用的锁变量不同，这两个线程之间不会产生互斥，因此性能得以提升，但线程 Thread_T3 需要两次加锁操作，性能会下降。

以上两种互斥锁设置方案孰优孰劣呢？这没有唯一的答案，要根据程序的情况而定。如果线程 Thread_T1 和 Thread_T2 执行得很频繁，那么第 2 种方案更好一些，因为第 1 种方案会在线程 Thread_T1 和 Thread_T2 之间产生不必要的互斥，这两个线程频繁执行对性能影响更大，所以此时第 2 种方案的性能优于第 1 种方案；而如果线程 Thread_T3 执行得更频繁，且线程 Thread_T1、Thread_T2 执行频率低，那么第 1 种方案就更好一些，因为线程 Thread_T3 只需 1 次加锁操作，而尽管此时线程 Thread_T1 和 Thread_T2 间存在不必要的互斥，但因为执行频度较低，对性能的影响有限。

上述例子虽然很简单，但清晰地展现了不同互斥锁设置方案的优缺点。在实际应用中，多线程的共享变量数量更多，此时，只设置一个互斥锁或是为每个变量设置独立的互斥锁都不是最优选择。锁的粒度需要综合考虑不同线程的执行频率、不同共享变量的访问频率、共享变量之间的逻辑关系、编程复杂性等多种因素，综合权衡后选定相对较优的方案。

◈ 2.4　面向多核系统的新型编程语言 / 接口

前面介绍了 OpenMP 和 Pthreads 这两种较为成熟且应用广泛的多线程编程语言 / 接口。近年来，随着多核处理器的快速发展，出现了一些为适应多核系统并行编程而设计的新型编程语言 / 接口，本节将简单介绍其中较为典型的 Cilk 和 TBB。

与传统的 OpenMP 和 Pthreads 相比，Cilk 和 TBB 的主要特点体现在两方面：首先，为进一步简化并行编程，向开发者提供更高层级的编程抽象，不再需要开发者自行创建线程或是指定线程数，而只需指定程序中的可并行部分（Cilk），或选定适合的模板（TBB）；其次，针对多核处理器中核间耦合紧密、且处理器核数不断增加的特点，提供更细粒度的任务并行也可以充分利用多核硬件资源。

2.4.1　Cilk 与 Cilk++

Cilk 最初是由麻省理工学院（MIT）开发的一个开源项目，该项目针对多核处理器提出了一种并行编程语言扩展，试图以简单高效的方式实现并行编程。其最初仅支持 C 语言，后来被产品化，并于 2009 年被 Intel 公司收购，对编程语言的支持也从 C 语言扩展到 C++，即 Cilk++。Cilk 和 Cilk++ 由一个编译器、一个运行时系统和一个可以进行竞争检测的工具组成，支持 Linux 和 Windows 平台。

1. Cilk 程序的基本形态

图 2-21 给出了一段典型的 Cilk 程序样例。这段程序用于计算斐波那契（Fibonacci）数列，图 2-21（a）给出了该数列的计算方法，图 2-21（b）则给出了递归形式的 Cilk 程序。可以看出，Cilk 使用了一些专有的关键字，如图中所示的 cilk、spawn、sync，通过在程序中添加这些关键字（标注出可以并行的部分）即可实现程序的并行化。该程序经过支持 Cilk 的编译器编译后，可在 Cilk 运行环境中并行执行。

需要说明的是，Cilk 的并行实体被称为**任务**（**task**），而不是人们熟悉的线程。实际上，Cilk 使用一个运行环境以支持程序运行，包括创建、调度并行任务等都由运行环境自己完成。这么做的主要原因是，Cilk 试图实现细粒度并行以充分利用多核资源，这要求数量众多的任务并行执行，并且创建和调度任务的开销要足够小，而主流操作系统内核的多线程机制难以满足这一要求。从原理上看，Cilk 的任务和传统的线程没有实质性区别，可以将 Cilk 任务看作更加轻量的线程。

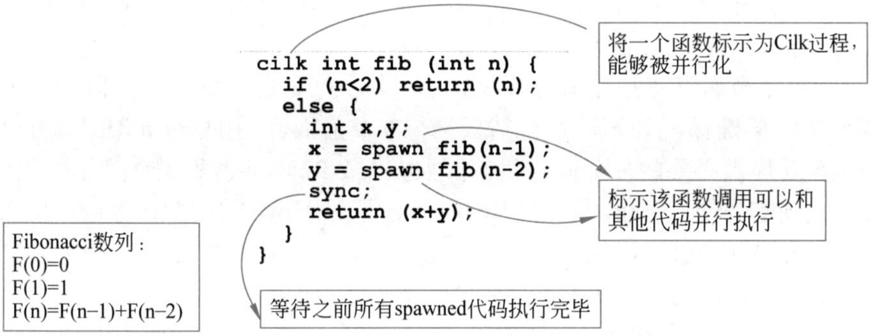

```
cilk int fib (int n) {          将一个函数标示为Cilk过程，
  if (n<2) return (n);           能够被并行化
  else {
    int x,y;
    x = spawn fib(n-1);
    y = spawn fib(n-2);          标示该函数调用可以和
    sync;                        其他代码并行执行
    return (x+y);
  }
}
```

Fibonacci数列：
F(0)=0
F(1)=1
F(n)=F(n-1)+F(n-2)

等待之前所有spawned代码执行完毕

(a) 斐波那契数列   (b) 计算斐波那契数列的 Cilk 程序示例

图 2-21　Cilk 程序样例

2. 基本关键字

在了解 Cilk 程序的基本形态后，下面介绍 Cilk 的关键字及其用法。仍然以前述的斐波那契数列计算程序为例，图 2-22 给出了完整的 Cilk 和 Cilk++ 程序。

Cilk 程序中包含了三个重要的关键字：cilk、spawn 和 sync，其中 cilk 关键字用于标识一个函数是 Cilk 代码，对于其他两个关键字 spawn 和 sync，Cilk++ 程序也有对应的关键字 cilk_spawn 和 cilk_sync，其用法基本相同，从图中两个对比代码段落也可以看出这一点。相比于 Cilk，Cilk++ 又增加了 cilk_for 关键字用于对循环迭代进行并行执行。接下来介绍前两个重要的关键字。

```
#include<cilk/cilk.h> /*头文件*/

cilk int fib(int n)
{
  int x,y;
  if (n<2) return n;
  else {
    x = spawn fib(n-1);
    y = spawn fib(n-2);
    sync;
    return (x+y);
  }
}
```

```
#include<cilk/cilk.h>/*头文件*/

int fib(int n)
{
  int x,y;
  if (n<2) return n;
  else {
    x = cilk_spawn fib(n-1);
    y = cilk_spawn fib(n-2);
    cilk_sync;
    return (x+y);
  }
}
```

(a) Cilk 程序   (b) Cilk++程序

图 2-22　Cilk 与 Cilk++ 程序对比

1）spawn 与 cilk_spawn 关键字

关键字 spawn 通常位于函数调用之前，用于标识该函数调用可以作为任务与其他任务并行执行，调用该函数的任务是它的父任务。关键字 spawn 标识的函数调用与通常的 C 语言函数调用在语义上有一定不同之处，在 C 语言程序中调用一个函数时，必须等待该函数返回才可以继续往下执行，而图 2-22（a）的代码中由 spawn 关键字标识的两个函数调用其实是两个并行的任务，这两个任务有共同的父任务，也就是说，这些函数调用何时完成是不确定的，所生成任务的执行由 Cilk 运行时系统的调度器根据硬件状况来动态决定。

2）sync 与 cilk_sync 关键字

spawn 关键字虽然可使并行化更加容易，但同时引发了一个问题，即这些 spawn 任务如何在需要的时候确保得到函数执行结果？与本章前面介绍的 OpenMP 和 Pthreads 编程类似，Cilk 需要提供必要的任务同步机制。如在图 2-22 的斐波那契数列示例程序中，在返回 x+y 的值前需要使用一个同步语句 sync 来对上面 spawn 的两个任务进行显式地同步，以保证 x+y 求和语句能够正确执行。需要注意的是，sync 只是对同一个函数内的并行任务进行同步，相当于局部栅栏，而不是全局栅栏。

除了由 sync 语句提供的显式同步之外，其实每个任务在返回之前都会进行隐式同步，确保它生成的所有子任务在它返回之前终止。

3. 任务窃取调度策略

使用 Cilk 关键字 spawn 对程序中的可并行部分进行标注后，程序在运行时将生成数量众多的并行任务，且每个任务的计算量较小，这被称为细粒度并行（fine-grained parallelism）。对于细粒度任务调度来说，操作系统创建和调度的线程开销相对较大（与任务的计算量相比）。因此，高效地调度这些细粒度的任务，就成为了必须解决的问题。

传统的操作系统线程调度采用的是工作共享（work sharing）机制。当一个线程被创建时，其将按照负载均衡算法被分派给一个处理器（核），使线程与该处理器（核）形成绑定关系；在默认情况下，线程都在这个绑定处理器上调度执行（如从睡眠状态被唤醒后）；当处理器（核）之间出现负载不均衡时，选择负载较重的处理器（核），将部分线程迁移到空闲处理器（核），即可改变线程与处理器（核）的绑定关系。这种工作共享机制适合线程执行时间长、计算量较大的情形，但对于 Cilk 程序中任务数量众多且每个任务计算量较小的场景，线程迁移的开销与任务计算量相比显得过大，将导致整个系统的运行效率低下。

图 2-23 给出了前面斐波那契数列程序的任务生成情况。可以看出，一个 fib（4）的计算将生成十多个任务，每个任务的计算量都很小，这对任务调度机制提出了很高的要求。针对这一问题，Cilk 运行环境采用了一种被称为"任务窃取"（work stealing）的高效任务调度技术。

任务窃取机制的核心思路是：当处理器（核）空闲时，从邻近的其他处理器核窃取任务执行，而不是将任务从其他处理器（核）迁移过来执行，以此实现负载均衡。这种调度方式无须在处理器（核）之间迁移任务，任务调度开销相对较小，而且能很好地适应任务变化频繁的场景。

Cilk 中任务窃取调度机制的主要原理描述如下。

（1）每个处理器（核）维护一条就绪任务队列，该队列采用分层结构，即队列中的每

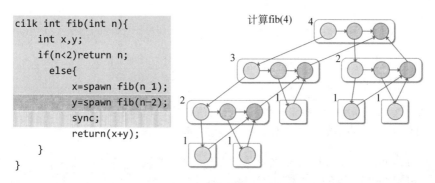

```cilk
cilk int fib(int n){
    int x,y;
    if(n<2)return n;
    else{
        x=spawn fib(n_1);
        y=spawn fib(n-2);
        sync;
        return(x+y);
    }
}
```

计算fib(4)

图 2-23　斐波那契数列程序的任务生成

一项对应同一层次的任务，这些任务通过一个链表链接到队列。图 2-23 中右侧任务树的每组任务方框上标注的数字即为其对应的层次。

（2）当一个处理器的就绪队列为空时，它就变为了"窃取者"（thief），从现有处理器中随机选择一个"被窃者"（victim），从被窃者的就绪队列尾部（最浅层）窃取一个任务执行。

（3）从最浅层窃取任务的理由是：最浅层任务往往会生成更多的子任务（相当于一棵子树），整体计算量较大，这样可以减少窃取次数。

（4）任务窃取涉及窃取者和被窃者之间的通信。

在任务窃取这种轻量级任务调度机制的支持下，Cilk 可以在多核环境中实现程序的高效细粒度并行执行。

2.4.2　TBB

TBB（Threading Building Block）由 Intel 公司自行开发，它不像 Cilk 那样扩展现有编程语言，而是实现了一套 C++ 模板库，其包含一系列接口函数、并发容器、同步原语、任务调度器等，与编程相关的主要有通用并行算法和流图，它们可被用于实现常见的并行模式。TBB 支持 Windows、Linux 等操作系统，通过安装开源软件包便可以在 Linux/gcc 或 Windows Visual Studio 编译器下进行 TBB 程序的编译。

1. 常见的并行模式

TBB 最重要的特性是：针对若干种常见的并行模式和并行算法，将其封装成模板形式，由开发者根据需要选择和调用。也就是说，开发者只需根据应用特点选择合适的并行模式，并调用对应的模板函数来指明并行模式，即可实现程序的并行执行，在此过程中，开发者无须了解底层系统如何实现并行，也不需要和线程打交道。

TBB 对并行算法封装的几种典型模板函数见表 2-10。

表 2-10　TBB 对并行算法封装的几种典型模板函数

模 板 函 数	说　　明
parallel_for	循环并行化
parallel_reduce	并行规约
parallel_scan	并行扫描（前缀计算）

续表

模 板 函 数	说　　　明
parallel_do	并行处理工作项
parallel_pipeline	流水线执行

接下来看 parallel_for 算法的一个简单示例，如代码清单 2-20 所示。

代码清单 2-20　一个简单的 TBB 程序 ApplyFoo。

```
1    #include <tbb/tbb.h> /*TBB 头文件 */
2    #include <tbb/parallel_for.h>
3    #include <tbb/blocked_range.h>
4    #include <iostream>
5
6    using namespace tbb;
7    using namespace std;
8    #define N 20
9    class ApplyFoo
10   {
11      int *const my_a;
12      public:
13         void operator( )( const blocked_range<size_t>& r) const
14         {
15            int *a = my_a;
16            for( size_t i=r.begin( ); i!=r.end( ); ++i )
17                 cout<<a[i]<<"";
18         }
19       ApplyFoo( int a[] ) : my_a(a){}
20   };
21   int main( )
22   {
23      task_scheduler_init init;/* 自定义任务调度 */
24      int a[N];
25      for ( int i = 0; i < N; i ++ ) a[i] = i;
26      /* 使用 parallel_for 模板函数，对数组 a[] 并行处理 */
27      parallel_for(blocked_range<size_t>(0,N), ApplyFoo(a));
28      return 0;
29   }
```

在 Linux 系统下先安装开源软件包 oneTBB，然后在程序中引入 <tbb/parallel_for.h> 头文件便可以使用相应的模板函数，使用 g++ 编译运行时需要添加 -ltbb 以链接 TBB 库。输出结果如下。

```
0 1 2 3 4 5 6 7 8 9 10 15 16 11 17 1812   13 14 19
```

也可能如下。

```
0 1 2 3 4 5 6 7 8 9 15 16 17 18 19 12 13 14 10 11
```

上述示例实现了一个简单的并行输出 int 型数组，其中代码第 23 行使用 task_scheduler_init 可以自定义任务池的工作线程数量和队列长度。代码中调用的 parallel_for 模板函数的语法如下。

```
template<typename Range, typename Body>
void parallel_for( const Range& range, const Body& body);
```

该模板函数使用默认分割策略将 body 指定范围的 range 循环划分成更小块的子范围，对每个子范围内的循环并行执行 Body 重载的 operator( ) 操作，Body 的定义必须满足以下语法。

```
Body::Body( const Body& );// 构造函数
Body::~Body( ); // 析构函数
void Body::operator( )( Range& r ) const;//Range 对象 r 调用
```

2. 流图

选择使用前述的各种模板函数可以实现模块或者函数内的并行化。较为复杂的程序往往包含多个模块和多个函数，并且模块之间、函数之间需要满足一定的执行流程，其间也存在并行性。这涉及程序中的并行层次，既要考虑核心计算模块（函数）内部的并行化，也要考虑多个模块（函数）之间的并行化。

图 2-24 给出了一个综合使用 TBB 的并行算法和流图（flow graph）对程序进行并行化的例子。假设原始程序包含 4 个函数：A、B、C、D，这 4 个函数顺序执行，如图 2-24（a）所示。首先，使用前面介绍的 TBB 并行模板函数，如 parallel_for、parallel_reduce 等对函数 B、D 进行并行化，如图 2-24（b）所示；随后，假设按照程序执行逻辑，函数 B、C 之间没有依赖关系，这意味着函数 B 和 C 可以并行执行，这就可以使用 TBB 的流图来进行并行化，如图 2-24（c）所示。通过使用流图可以描述程序中各模块之间的执行顺序和依赖关系，那些在流图中没有前后依赖关系的模块可以被并行执行。

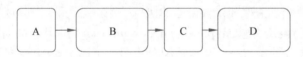

(a) 原始程序：A、B、C、D四个函数顺序执行

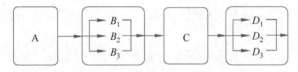

(b) 使用TBB并行模板实现函数B、D内部的并行执行

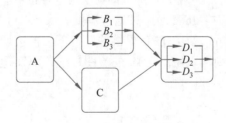

(c) 使用 TBB 流图实现函数间并行执行

图 2-24 TBB 并行算法与流图结合示例

以上示例通过将 TBB 的流图和模板函数相结合，不但实现了函数内部密集计算部分的并行化，而且还实现了函数或模块之间的并行化。

◈ 2.5 小　　结

本章首先介绍了共享内存系统并行编程涉及的一些基本概念，包括线程、线程间同步 / 互斥等，接着介绍了两种较为成熟的主流多线程编程接口：OpenMP 和 Pthreads。

OpenMP 编程主要是通过使用预处理指令 #pragma，对串行程序进行增量式并行化，如果所用的编译器不支持，则其将仍然按原来的串行程序执行。OpenMP 程序由 parallel 指令来创建线程组，并指定并行区域；如果想要将并行区域按照数据集划分为不同的任务，分配给多个线程并行执行，则可使用 OpenMP 的 for、sections 与 parallel 指令的组合来进行程序的编写，如果需要线程组中的一个线程执行非线程安全的操作，那么 single 构造将更为合适；程序编写过程中需要注意多线程的同步与互斥问题，不受限的共享变量访问可能导致程序结果的不确定性，为此，OpenMP 提供了 barrier、critical 和 atomic 等常用指令来实现线程互斥与同步；最后，OpenMP 指令还可以配合使用若干种子句，用以指定工作构造的执行方式。通过本节内容，读者可以对 OpenMP 并行编程有较为全面的了解。

Pthreads 编程相比 OpenMP 编程来说更加复杂，它需要在程序中调用接口函数显式地进行线程创建和销毁，并处理线程间同步 / 互斥的细节。编写 Pthreads 多线程程序时需要引入 <pthread.h> 头文件，编译链接生成可执行程序时在命令行后面添加 -lpthread 以链接 Pthreads 线程库。Pthreads 程序由 pthread_create( ) 函数以创建新线程，同时指定新线程执行的函数，在新线程执行结束时，可通过 pthread_exit( ) 显式地结束；主线程则将通过调用 pthread_join( ) 函数合并子线程并回收其内存资源。Pthreads 程序中的多线程的同步与互斥问题相当考验开发者的并行编程能力，因为线程交互的细节均需要由开发者指定，包括所有可能涉及的资源竞争情况和线程合适的执行顺序。编写程序时要特别注意，加锁操作 pthread_mutex_lock( ) 与开锁操作 pthread_mutex_unlock( ) 一定是成对出现的，两者被用于保护临界区；条件变量要与一个互斥锁配合使用，用以实现多个线程在条件变量上的同步；条件变量的编程也是 Pthreads 编程中最为复杂的部分，本章在这部分内容进行了较为详细的分析；针对互斥锁可能导致的死锁问题，以及锁的粒度对程序性能的影响进行了分析和讨论。

在介绍成熟的多线程编程接口的基础上，本章还介绍了两种专门为多核系统设计的新型编程语言 / 接口：Cilk 和 TBB。Cilk 是一种 C/C++ 语言的扩展，其并行可编程性很好，只需使用关键字标识出程序中的可并行部分即可实现程序的并行化，并行任务的创建和调度均由 Cilk 的运行时系统完成。Intel TBB 则通过提供一系列 C++ 模板支持并行程序的编写，函数内部的密集计算部分可以使用 TBB 提供的并行算法模板函数实现并行化，而函数之间的执行顺序和依赖关系则可以使用 TBB 的流图描述，以实现无依赖关系的函数之间的并行执行。

◈ 习　　题

1. 在 Linux 系统中完成 OpenMP 版 Hello world 程序的编译和运行。

2. OpenMP 中的 Sections 构造发挥什么作用? 什么时候使用它?

3. 编写一个 OpenMP 程序, 实现 for 循环的并行处理, 并尝试在程序中指定线程个数, 以及指定 for 循环的 chunk 大小。

4. 说明以下 OpenMP 指令的用途:

barrier、critical、atomic

5. 说明以下 OpenMP 子句的异同之处:

shared、private、firstprivate、lastprivate

6. OpenMP 矩阵相乘编程实验。

（1）用 OpenMP 实现矩阵相乘程序, 并在多核处理器上测试不同线程个数下完成 8000×8000 矩阵相乘的计算时间, 画出加速比曲线。

（2）尝试在编译时打开 / 关闭自动向量化选项, 比较计算性能。

7. 正弦函数 $\sin(x)$ 的泰勒级数展开如下式。请用 OpenMP 编程实现其计算程序, 并在多核处理器上测试不同线程个数下的计算时间, 画出加速比曲线。

$$\sin(x)=x-\frac{x^3}{3!}+\frac{x^5}{5!}-\frac{x^7}{7!}+\cdots=\sum_{i=0}^{\infty}(-1)^i\frac{x^{2i+1}}{(2i+1)!} \qquad (2\text{-}3)$$

8. 回顾第1章介绍的加-规约和扫描(前缀求和),用 OpenMP 编写并行扫描(前缀求和)程序, 并与串行程序性能进行对比。

9. 为什么需要为 OpenMP 设计 task 构造? 如何使用 task 构造?

10. 在 Linux 系统中完成 Pthreads 版 Hello World 程序的编译和运行。

11. 如果要用临界区保护多个线程对共享变量的读 / 写, 那么在 OpenMP 和 Pthreads 中它们分别是怎样实现的?

12. 请回答以下关于 Pthreads 线程同步接口的问题。

（1）pthread_cond_wait( ) 和 pthread_cond_signal( ) 的用途是什么?

（2）为什么 pthread_cond_wait( ) 要配合使用一个互斥锁 mutex,并将其作为调用参数?

（3）为什么在调用 pthread_cond_wait( ) 之前要检查条件是否满足? 为什么此处应使用 while 语句?

13. 用 Pthreads 实现并行扫描（前缀求和）程序, 对超过 1000 万个元素的数组, 测试不同线程个数下的性能及加速比。

14. 用 Pthreads 实现多线程的生产者 - 消费者程序, 将其中一些线程作为生产者, 并将其他线程作为消费者, 生产者线程和消费者线程使用一个环形缓冲区交换数据。生产者线程代号为 A、B、C……每个生产者线程生成数据所需时间在 0~1 毫秒取随机值, 所生成数据为 1 个字符, 值为线程代号字符, 生成数据后填入环形缓冲区, 每个消费者线程每次从环形缓冲区中读取一个字符, 处理数据所需时间在 0~1 毫秒取随机值。

15. 如果已经学习过 Java 语言,请尝试自学 Java threads 多线程编程（Java Thread 类）, 并完成以下小题。

（1）分析比较 Java threads 中线程创建、互斥 / 同步等操作与 Pthreads 编程接口的异同之处。

（2）实现 Java 版的并行扫描（前缀求和）程序, 对超过 1000 万个元素的数组, 测试不同线程个数下的性能及加速比, 并与 Pthreads 版的程序性能进行比较。

消息传递系统并行编程

消息传递系统又被称为分布式内存系统，这种系统通常使用互连网络将多个计算节点连到一起，每个节点拥有独立的内存空间，并运行独立的操作系统。消息传递系统的可扩展性好，适合运行大规模并行程序。在此类系统中，程序以多进程并行的方式运行在各个计算节点，进程之间通过消息传输的方式实现数据交换和同步，以协同完成整个计算任务。正由于可扩展性好，当前几乎所有的高性能计算机系统都采用此种架构。

消息传递系统采用的最主流并行编程模型是 MPI（message passing interface），本章将重点讨论如何使用 MPI 进行并行编程。除了 MPI 编程之外，近年来还出现了一类新的用于消息传递系统的编程语言——PGAS 语言，这类语言试图将共享内存编程的一些特点引入消息传递系统中，以改善消息传递系统的可编程性和软件生产率。本章最后还将介绍主流的作业管理系统 Slurm，它通常被安装运行在高性能计算机系统中，以实现多个用户共享使用高性能计算资源之目的。

◆ 3.1 MPI 简介

3.1.1 MPI 是什么？

以集群系统为代表的消息传递系统在 20 世纪 80 年代后期兴起，为了在这类系统上编写并行程序，消息传递型编程接口开始出现，早期比较有代表性的是PVM（parallel virtual machine），后来 MPI（message passing interface）接口规范于 1994 年发布，凭借其更强的消息通信功能和灵活的特性逐渐占据主流。

MPI 是一种消息传递型并行编程接口规范，它定义了一系列在进程间进行消息传输和同步的编程接口。换句话说，MPI 不是一种编程语言，而是编程接口规范。目前 MPI 支持 C/C++ 语言和 FORTRAN 语言，对于 C/C++ 语言来说，MPI 对应一系列接口函数；对于 FORTRAN 语言来说，MPI 对应的则是一系列子程序（subroutine）。

在没有特殊说明的情况下，本章后面部分的内容都针对 C 语言。后面介绍的绝大多数编程接口和数据结构都有对应的 FORTRAN 语言版本，感兴趣的读者可以在 MPI 编程参考手册中找到相应的内容。

目前存在多种按照 MPI 规范实现的 MPI 程序库，主要有开源软件和厂商软件两类。经典的开源 MPI 程序库有 MPICH、OpenMPI、LAM 等；一些处理器和计算机厂商推出了针对其处理器和系统的 MPI 程序库，如 Intel MPI、IBM MPI 等。

目前，MPI 被广泛应用于从小规模集群系统到超级计算机的各种消息传递型系统中，已成为高性能计算机系统中最主流的并行编程接口。历经数十年发展以来，虽然 MPI 接口规范不断尝试加入一些新的特性，版本也从最初的 MPI v1 升级到 MPI v5，但其本质仍然是以进程间消息发送/接收为核心。随着计算机体系结构的不断演变，以及并行程序规模不断增大，MPI 的一些缺点也逐渐显露出来，突出的一点是：较为原始的底层消息接口导致可编程性不好，降低了并行程序开发的生产率（productivity）。因此，业内也出现了一些新的编程模型和编程语言，如 Charm++ 和本章后面将要介绍的 PGAS，但这些语言都处于相对小众的地位，难以动摇 MPI 在高性能计算机中的主流编程接口地位。形成这种局面的主要原因有两个：一是 MPI 编程接口虽然"原始""可编程性差"，但它具有相对优越的性能，以及很好的灵活性和包容性，例如，MPI 自身不支持多线程编程，也不支持 GPU 异构编程，但它可以很好地与这些新型编程接口融合，进而可以方便地实现多线程或调用 GPU 核函数；第二个原因是使用习惯和历史积累，如今已经有大量基于 MPI 开发的软件和算法库在应用中，特别是很多科学/工程计算软件已经在各自应用领域得到广泛应用，进而形成了 MPI 的稳固地位。

3.1.2　MPI 的并行模式

MPI 程序执行的并行模式被称为**单程序多数据**（**single program multiple data, SPMD**）。如图 3-1 所示，一个 MPI 程序在被执行时将创建多个 MPI 进程，每个进程执行相同的程序，即"单程序"；数据则被分成多块，分别由不同的进程处理，从而实现多个进程的并行计算，即"多数据"；这些进程被分派在各个节点上执行，并通过调用 MPI 接口函数实现进程间的消息发送/接收，以及进程间的同步；程序执行时创建的 MPI 进程个数，以及每个节点上运行的进程个数，与可用的计算资源，即节点个数和处理器个数之间没有强制性关联，很多情形下，人们习惯按照每个处理器（核）一个进程的方式分配计算资源和创建进程，但这并不是强制性的，例如，可以给每个处理器（核）分派多个进程，或者节点中的进程个数少于处理器（核）数。

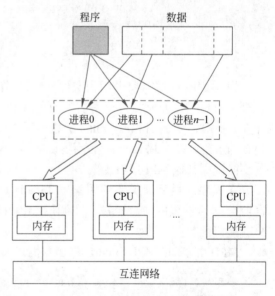

图 3-1　MPI 的 SPMD 并行模式

需要说明的是，上述多个 MPI 进程是在 MPI 程序启动时被创建的，而进程个数则由程序的启动参数指定。也就是说，无须在程序中显式调用接口函数创建 MPI 进程，程序在编写时也并不知道会以多少个进程执行，实际上，每次执行程序时可以指定不同的进程个数。

如上所述,MPI 程序的并行单位是进程,其消息发送 / 接收都是在进程之间进行的,因此,可以认为 MPI 是一种多进程编程接口。那么,MPI 和第 2 章介绍的多线程编程是何关系? 简略地说,MPI 不排斥多线程,但它并不提供与线程相关的编程接口。如果要在 MPI 程序中实现多线程,则可以通过 OpenMP、Pthreads 等多线程接口在 MPI 进程中实现。在 3.6 节编者将专门讨论这一问题。

3.1.3 一个简单的 MPI 程序

为了帮助读者理解 MPI 程序的基本构成,本节首先介绍 MPI 版的 Hello World 程序,见代码清单 3-1。

代码清单 3-1 MPI 版本的 Hello World 程序。

```
1    #include <stdio.h>
2    #include "mpi.h"
3
4    int main(int argc, char **argv)
5    {
6       int rank, numProcs;
7
8       MPI_Init(&argc,&argv);
9       MPI_Comm_rank(MPI_COMM_WORLD, &rank);
10      MPI_Comm_size(MPI_COMM_WORLD, &numProcs);
11      printf("Hello World! I am rank %d, there are %d processes\n",
12             rank, numProcs );
13      MPI_Finalize( );
14      return 0;
15   }
```

编写 MPI 程序需要引用头文件 mpi.h(第 2 行),该文件定义了所有 MPI 接口函数的原型、数据类型及常量定义等。所有的 MPI 接口函数都以字符串"MPI_"开头,MPI 程序在开始时需要调用 MPI_Init( ) 函数(第 8 行),该函数是通知 MPI 环境进行初始化操作,包括为进程指定全局 rank、分配消息缓冲区等。需要注意的是,程序在调用 MPI_Init( ) 之前不能调用其他 MPI 接口函数。

在程序的最后,需要调用 MPI_Finalize( ) 函数(第 13 行),该函数是通知 MPI 环境回收分配给进程的所有资源。在调用 MPI_Finalize( ) 函数之后,程序将无法再调用其他MPI 接口函数。

MPI_Init( ) 和 MPI_Finalize( ) 函数的定义如下。

```
int MPI_Init( int *argc, char **argv );
int MPI_Finalize( );
```

在 MPI_Init( ) 和 MPI_Finalize( ) 之间,程序可以进行计算,也可以调用 MPI 接口函数实现进程间通信 / 同步。

在执行上述程序时,每个进程都会输出一条 Hello World 信息,该信息还包含进程号

（rank）和进程个数，这两个数值通过调用函数 MPI_Comm_rank( ) 和 MPI_Comm_size( ) 获得，后面会详细介绍这两个函数的功能。

假设以 4 个进程运行该程序，则执行结果如下。

```
Hello World! I am rank 0, there are 4 processes
Hello World! I am rank 1, there are 4 processes
Hello World! I am rank 2, there are 4 processes
Hello World! I am rank 3, there are 4 processes
```

通过程序执行结果可以看出，按照 MPI 的 SPMD 并行模式，该程序的每个进程都执行相同的程序，并通过 printf( ) 语句显示一条信息。事实上，由于多个进程并行执行，其显示信息的顺序并不确定。

3.1.4 MPI 基本环境

1. 进程管理

在 MPI 环境中，MPI 进程的创建、启动，以及运行时的管理都是通过进程管理器（process manager, PM）来完成的。进程管理器就是 MPI 环境与操作系统的接口。不同的 MPI 程序库可能使用不同的进程管理器，例如，MPICH 的默认进程管理器是 hydra。

MPI 程序一般都是大规模并行程序，所以进程会被分布在多个节点上执行，进程管理器也需要管理节点信息，在程序运行过程中，每个节点上部署的 MPI 环境需要彼此交换信息，以协同完成计算工作。所以在 MPI 库安装之后，需要配置各节点间的 SSH（secure shell）无口令登录。MPI 环境指定节点配置文件（典型文件名为 machinefile），该文件里包含需要执行程序的节点列表。

为了便于对节点及计算任务进行管理，高性能计算机系统通常会使用作业管理系统，如 Slurm、PBS 等。本章后面将介绍如何使用作业管理系统。

2. MPI 程序编译

MPI 环境提供了针对 C、C++、FORTRAN77、FORTRAN90 程序的编译脚本，通过封装 gcc、g++、gfortran 等编译器可以实现 MPI 程序的编译和链接，如表 3-1 所示。

表 3-1 MPI 程序编译脚本

编 译 脚 本	对应编程语言
mpicc	C
mpic++	C++
mpif77	FORTRAN77
mpif90	FORTRAN90

下面给出用 mpicc 编译 C 语言程序 helloworld.c 的命令示例，该命令将生成可执行文件 helloworld。可以看出，编译命令和选项与 gcc 相同。

```
$ mpicc helloworld.c -o helloworld
```

较大规模的 MPI 程序往往包含多个源程序文件，为便于编译和维护程序，可以建立工程文件 makefile，在工程文件中使用 mpicc 编译 MPI 程序；或者还可以编写脚本并使用 CMake 工具生成跨平台的编译工程文件。

3. MPI 程序运行

MPI 环境提供 mpiexec 命令来启动 MPI 应用程序（早期 MPI 使用 mpirun 命令），启动命令格式如下。

```
mpiexec -f machinefile -n <num> <executable>
```

程序启动命令的参数说明如下。

（1）-f machinefile：该参数用于指定节点配置文件。machinefile 即为节点配置文件的文件名，该文件是一个格式简单的文本文件，其中包含执行程序使用的节点清单。图 3-2 给出了一个简单的节点配置文件样例，该文件的节点清单中包含 4 个节点，用节点名或 IP 地址标识。大规模集群系统通常使用作业管理系统统一管理和分配计算节点，每次执行程序时，分配到的节点可能不同，在这种情形下，该文件通常在作业脚本中动态生成。

图 3-2　节点配置文件 machinefile 样例

（2）-n num：该参数用于指定希望启动的进程个数，由整数 num 给出。

（3）executable：指定要执行的程序文件名，可以是 MPI 程序，也可以是一个普通的非 MPI 程序。无论何种，MPI 环境都将通过进程管理器为其创建指定个数的进程，每个进程都执行该程序，但如果是非 MPI 程序，则进程间没有 MPI 通信。

在使用 mpiexec/mpirun 命令在多个节点上启动应用程序时，MPI 可以根据需要指定程序运行的进程个数，那么，这些进程是如何在多个节点上分派的呢？在默认情况下，MPI 将按照顺序轮转分派的方式在各个节点启动进程。图 3-3 给出了在 4 个节点上启动 10 个 MPI 进程的示例，假设使用前面所述的节点配置文件（node1~node4），本次启动 10 个进程（-n 10），这些进程将按顺序被分派在这 4 个节点上，直到所有进程被分派完毕。

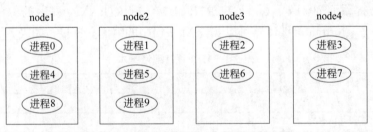

mpiexel -f machinefile -n 10 helloworld

图 3-3　10 个 MPI 进程在 4 个节点上的分派

还需说明的一点是，MPI 要求执行程序的每个节点都能够访问到该程序文件。由于大规模集群系统通常使用共享外存系统，用户的程序和数据都被存放在共享外存系统中，可以被所有节点访问到，所以上述条件是满足的。但如果是没有共享外存系统的小规模集群系统，则需要配置节点间的共享文件系统（如利用 NFS），把用户程序和数据都存放在该共享文件系统中。

4. MPI 程序调试

MPI 集成了与 Linux 系统主流调试工具 gdb 的接口，在使用 mpiexec 命令启动并行程序时，可以添加 -gdb 参数，就可以使用 gdb 调试程序。

有些 MPI 库的进程管理工具并不支持 -gdb 参数，这种情况下可以使用一种小技巧使 gdb 装载程序。例如，编程人员可修改源程序，在 MPI_Init( ) 函数之后添加一个有条件判断的死循环函数，如代码清单 3-2 所示。当进程运行至循环体时，会停留在循环体中，用户通过查询进程号以使用 gdb 挂载欲调试的进程，再通过 gdb 修改变量 i 的值，使其跳出循环体。

代码清单 3-2　添加循环使 gdb 挂载程序示例。

```
1     #include <stdio.h>
2     #include"mpi.h"
3
4     int main(int argc, char **argv)
5     {
6        MPI_Init(&argc,&argv);
7        int i=1;
8        While (i)
9            sleep(1);
10       ...
11    }
```

3.1.5　通信子、进程组、进程号

在 MPI 编程模型中，**通信子（communicator）**是一个非常重要的概念。通信子是 MPI 环境管理进程及通信的基础设施，它定义了**一个可以相互间通信的进程集合**，进程间的消息传递都是在通信子中进行的。一个可供类比的例子是：程序在访问文件的时候需要使用文件句柄（handle），在进行网络通信的时候需要使用套接字（socket），而在需要进行 MPI 消息传输的时候就需要使用通信子，所有的 MPI 消息通信接口函数都将通信子作为参数之一。

提出通信子概念的背景是，MPI 程序执行时会生成多个进程，通信既可以在所有这些进程之间进行，也可以在进程子集中进行，即把进程分组，仅在组内进程间通信。为了便于管理这些通信，就需要使用进程组（group）和通信子的概念。进程组（很多时候被简称为"组"）对应程序执行时的进程全集或子集，而通信子就是组内进程间通信的基础设施。

上述描述试图用简单直观的方式帮助读者理解通信子这一概念。实际上，这里描述的通信子被称为"组内通信子"，MPI 程序的绝大多数通信都使用这种通信子。除此之外，还有一种"组间通信子"，本章后文部分将专门介绍。

在 MPI 程序启动后，MPI 环境会创建两个默认的通信子，一个是全局通信子 MPI_COMM_WORLD，它对应本次程序启动的所有进程；另一个是 MPI_COMM_SELF，该通信子只包含进程自身。

进程组（group）是与通信子关系密切的重要组成部分，定义一个通信子时，也就指定了一组共享该空间的进程组。进程组的概念侧重的是对进程的分组，将进程划分成不同

的组以完成不同的任务。通信子的概念侧重的是对通信空间的划分，通信子除了包括一组可以相互通信的进程组，还包括通信上下文、虚拟处理器拓扑等，其更体现了与通信相关的所有元素的集合。

每个进程在其所属的通信子中都有唯一的进程号（rank），进程号标识了该进程在此通信子中的序号，也可以被理解为进程在进程组中的序号。前面 Hello World 示例程序中的进程号就是进程在全局通信子 MPI_COMM_WORLD 中的进程号。在一个通信子中，进程号从 0 开始编号，为一个连续整数序列。需要强调的是，进程号仅对某个通信子有效，一个进程在不同的通信子中可能拥有不同的进程号，通过二元组 <**通信子，进程号**> 可以唯一地标识一个 MPI 进程。

MPI 提供两个接口函数用于获取进程和通信子的相关信息，定义如下。

```
int MPI_Comm_size( MPI_Comm comm, int &size );
int MPI_Comm_rank( MPI_Comm comm, int &rank );
```

函数 MPI_Comm_size( ) 用于获取指定通信子中所包含的进程个数，而函数 MPI_Comm_rank( ) 则用于获取进程在指定通信子中的进程号。这两个函数的第一个参数都是通信子，其类型是 MPI 定义的通信子数据类型 MPI_Comm；第二个参数是输出型参数，即期待返回的值。

如果用通信子 MPI_COMM_WORLD 作为参数调用这两个函数，就可以获取本次程序启动的进程总数和本进程的全局进程号。按照 MPI 的 SPMD 并行模式，程序运行时启动的进程个数由启动参数指定，程序在编写时并不知道它会以多少个进程被执行，而且每个进程都将执行相同的程序。为了在进程间进行任务和数据的划分，程序必须知道本次程序执行的进程个数，以及每个进程的身份（即进程号），然后根据这些信息划分数据，由各进程并行处理，这一需求可以通过上述两个函数来实现。

几乎所有的 MPI 程序在调用 MPI_Init( ) 完成初始化后，都会调用 MPI_Comm_size( ) 和 MPI_Comm_rank( ) 获取本次程序的运行信息（进程个数和自身进程号），然后根据获取到的信息进行数据的初始化和分配（例如，根据进程总数计算应由每个进程负责的数据量和起止区间），并完成进程间的工作分配（例如，根据进程号让不同的进程执行不同的函数或语句）。

3.1.6 MPI 数据类型

1. 主要的预定义数据类型

MPI 预定义了很多数据类型，主要的预定义数据类型与 C 语言数据类型的对应关系如表 3-2 所示。在程序中，使用 MPI 数据类型或者 C 语言数据类型定义变量都是被允许的。

表 3-2　MPI 常用数据类型与 C 语言数据类型的对应关系

MPI 数据类型	对应的 C 语言数据类型
MPI_CHAR	char
MPI_SHORT	signed short int
MPI_INT	signed int

续表

MPI 数据类型	对应的 C 语言数据类型
MPI_LONG	signed long int
MPI_LONG_LONG_INT	signed long long int
MPI_LONG_LONG	signed long long int
MPI_SIGNED_CHAR	signed char
MPI_UNSIGNED_CHAR	unsigned char
MPI_UNSIGNED_SHORT	unsigned short int
MPI_UNSIGNED	unsigned int
MPI_UNSIGNED_LONG	unsigned long int
MPI_UNSIGNED_LONG_LONG	unsigned long long int
MPI_FLOAT	float
MPI_DOUBLE	double
MPI_LONG_DOUBLE	long double
MPI_WCHAR	wchar_t
MPI_INT8_T	Int8_t
MPI_INT16_T	Int16_t
MPI_INT32_T	Int32_t
MPI_INT64_T	Int64_t
MPI_UINT8_T	uInt8_t
MPI_UINT16_T	uInt16_t
MPI_UINT32_T	uInt32_t
MPI_UINT64_T	uInt64_t
MPI_C_BOOL	bool

2. MPI 类型匹配规则

在通信过程中，通信双方对数据类型的指定必须一致，发送方进程和接收方进程在调用通信函数时，必须指定相同的 MPI 数据类型。有一点需要特别注意的是，由于 MPI 数据类型与宿主语言数据类型有对应关系，会存在不同 MPI 数据类型对应相同宿主语言类型的情况，例如，MPI_LONG_LONG_INT 和 MPI_LONG_LONG 两种整数类型都对应的 C 语言的 usigned long long int 类型，在这种情况下，也必须使用相同的 MPI 数据类型匹配收发消息，不允许出现发送 / 接收双方分别使用 MPI_LONG_LONG_INT 和 MPI_LONG_LONG 类型的情况，即便这两者底层的实现都是 C 语言的 usigned long long int 类型。

3. 自定义数据类型

除了预定义数据类型之外，MPI 还支持自定义数据类型。一种比较典型的应用场景是：在程序中用 MPI 消息传输结构体（即 C 语言的 struct）。此时有两种可选的解决方案：一是将结构体数据当作无符号字符构成的数组以进行传输（即表 3-2 中的 MPI_UNSIGNED_CHAR 类型）；二是自定义数据类型，并在 MPI 消息中直接使用这种自定义的数据类型。

在 MPI 中，开发者需要调用接口函数来自定义数据类型。为此 MPI 提供了多种接口函数，其中最通用的是 MPI_Type_create_struct( )。该函数的定义如下。

```
int MPI_Type_create_struct(
        int count,                              // 该数据类型中的块数
        const int array_of_blocklengths[],      // 每一块的元素个数
        const MPI_Aint array_of_displacements[], // 每一块的字节偏移
        const MPI_Datatype array_of_types[],    // 每一块中元素的数据类型
        MPI_Datatype *newtype                   // 新数据类型指针
);
```

下面通过一个简单示例展示如何在 MPI 中自定义数据类型。假设程序中定义了一个结构体类型 S，如下所示。

```
struct S {
        char rank;
        double value;
        }
```

现在将其定义为 MPI 自定义数据类型，以便使用 MPI 消息传输该结构体数据，示例程序如代码清单 3-3 所示。由于结构体类型 S 中有 2 个元素，程序第 6 行调用 MPI_Type_create_struct( ) 时的第 1 个参数值设为 2，其后三个参数分别指定了这两个元素的变量个数（blockLen[]）、字节偏移量（displacements[]）和数据类型（types[]）。需要说明的是，字节偏移量数组 displacements[] 中没有使用数值 0 和 1，而是使用了 C 语言标准宏 offsetof( ) 以返回两个元素的偏移值，这主要是考虑字节对齐因素的影响。例如，C 语言的 char 类型变量只占用 1 字节，但很多平台和编译器默认为其分配 4 字节或 8 字节内存，以便提高访存性能。因此，使用 offsetof( ) 获取各元素偏移量可以使程序具有更好的适应性。调用 MPI_Type_create_struct( ) 将返回自定义的数据类型 myType，但在正式使用该数据类型之前，需要调用 MPI_Type_commit( ) 进行提交（第 7 行）。

代码清单 3-3　自定义数据类型的程序示例。

```
1    int blockLen[] = { 1, 1 };
2    MPI_Aint displacements[]={offsetof(S,rank), offsetof(S,value)};
3    MPI_Datatype types[] = { MPI_CHAR, MPI_DOUBLE };
4    MPI_Datatype myType;
5
6    MPI_Type_create_struct(2,blockLen,displacements,types,&myType);
7    MPI_Type_commit( &myType );
```

3.1.7　MPI 通信简介

MPI 通信是 MPI 编程模型的核心部分，本小节概述性地介绍 MPI 通信的一些基本概念。

1. 通信类型

MPI 提供了多种通信类型，按照参与通信的对象区分可以将之分为两大类，分别是点对点通信和集合通信。

点对点通信（point-to-point communication）是指两个进程间的通信，一个进程向另一个进程发送消息。点对点通信根据通信模式的不同也可以分成几类，这在 3.2 节中会详细

介绍。

集合通信（collective communication）是指在一组进程间发送/接收消息。例如，广播就是集合通信的一种操作，即组内某个进程向组内其他所有进程发送消息。关于集合通信的详细介绍见 3.3 节。

2. MPI 消息

MPI 的消息由**消息信封**和**消息数据**组成。消息信封可以唯一标识某一条消息，发送进程和接收进程在收发某一条消息时，MPI 环境通过匹配消息信封以确保消息的正确接收。消息信封可以表示成如下三元组。

```
<src/dest, tag, comm>
```

上述三元组中，comm 是指发生该通信行为的通信子；src/dest 是消息的源进程（src）或目的进程（dest）的进程号；tag 是该消息的标识，为一非负整数，用于区分同一对进程之间可能的多条消息。

消息数据由消息内容组成，可以由如下三元组表示。

```
<buf, count, datatype>
```

上述三元组中，buf 是存放消息的缓冲区，这个缓冲区可以是发送缓冲区，也可以是接收缓冲区；count 是消息中数据的个数；datatype 是数据的类型。

◈ 3.2 点对点通信

点对点通信是 MPI 通信中最常用的模式，两个进程之间可以通过点对点通信完成消息的传递。

消息的传递涉及数据的复制和同步，为满足不同的需求，MPI 定义了多种点对点通信模式。从进程调用消息传输接口函数后是否阻塞的角度可以将点对点通信分成两类：**阻塞通信**和**非阻塞通信**。阻塞通信是指进程调用通信函数时，函数需要等待某些操作完成之后才返回；非阻塞通信则是通信函数将请求告知 MPI 环境后就返回。

为了支持更加灵活的消息通信，MPI 还定义了四种通信模式供开发者根据需要选用，包括**标准模式**、**缓存模式**、**就绪模式**和**同步模式**。这些编程模式可以与阻塞通信、非阻塞通信配合使用，这样就形成了多种点对点通信接口函数。表 3-3 给出了 MPI 提供的点对点通信接口函数一览表。

表 3-3 MPI 提供的点对点通信接口函数一览表

分 类	通信模式	发 送 函 数	接 收 函 数
阻塞通信	标准模式	MPI_Send( )	MPI_Recv( ) MPI_Irecv( ) MPI_Recv_init( )
	缓存模式	MPI_Bsend( )	
	就绪模式	MPI_Rsend( )	
	同步模式	MPI_Ssend( )	

分　类	通信模式	发 送 函 数	接 收 函 数
非阻塞通信	标准模式（非持续）	MPI_Isend( )	MPI_Recv( ) MPI_Irecv( ) MPI_Recv_init( )
	缓存模式	MPI_Ibsend( )	
	就绪模式	MPI_Irsend( )	
	同步模式	MPI_Issend( )	
	标准模式（持续）	MPI_Send_init( )	MPI_Recv( ) MPI_Irecv( ) MPI_Recv_init( )
	缓存模式	MPI_Bsend_init( )	
	就绪模式	MPI_Rsend_init( )	
	同步模式	MPI_Ssend_init( )	

　　从表 3-3 中可以看出，发送函数的种类较多，有 12 种发送操作，其命名采用 MPI_xxsend( ) 的形式，其中的 xx 可以是字母 B、R、S，分别表示缓存（Buffered）模式、就绪模式（Ready）、同步模式（Synchronous），还可以进一步与表示非阻塞通信的字母 I 组合（I 表示 Immediate），形成 Ib、Ir、Is，即四种模式的非阻塞通信，或添加进一步后缀"_init"，形成持续的非阻塞通信（专门用于在循环中重复发送消息）。

　　与发送操作相比，接收函数的种类较少。MPI 共有 3 种消息接收操作，分别是阻塞接收 MPI_Recv( )、非阻塞接收 MPI_Irecv( )，以及持续接收 MPI_Recv_init( )。需要说明的是，发送函数和接收函数之间可以灵活组合，例如，发送方使用阻塞发送函数，而接收方使用非阻塞接收函数，或者双方使用不同的通信模式，这些都是允许的。后面的几小节将详细介绍这几种通信模式。

3.2.1　标准通信模式

1. 发送和接收函数

　　标准通信模式（standard mode）是 MPI 点对点通信最常用的方式。标准通信模式的发送和接收都是阻塞式的。关于此处"阻塞式"的具体含义，或者说发送和接收函数何时返回等将在后文详细讨论。标准通信模式的发送函数是 MPI_Send( )，接收函数是 MPI_Recv( )。MPI_Send( ) 函数与 MPI_Recv( ) 函数的定义如下。

　　1）MPI_Send（）：标准通信发送函数

```
int MPI_Send(
    void *buffer,        // 发送数据缓冲区指针
    int count,           // 发送数据元素数
    MPI_Datatype type,   // 发送数据类型
    int dest,            // 接收进程号
    int tag,             // 识别该消息的标识
    MPI_COMM comm        // MPI 通信子
);
```

　　2）MPI_Recv（）：阻塞式接收函数

```
int MPI_Recv(
```

```
        void *buffer,          // 接收数据缓冲区指针
        int count,             // 接收数据元素数
        MPI_Datatype type,     // 接收数据类型
        int source,            // 发送进程号
        int tag,               // 识别该消息的标识
        MPI_COMM comm,         // MPI 通信子
        MPI_Status *status     // 接收操作状态指针
    );
```

消息发送/接收函数的参数主要包含消息
信封和消息数据两部分，如图 3-4 所示。消息
数据包括消息缓冲区、数据个数、数据类型三
部分。消息信封涉及的信息包括源进程/目的
进程号、tag、通信子，其中，通信子用于指定
一组进程，源进程号和目的进程号仅对此通信
子有效；tag 是一个由用户定义的非负整数，用
于唯一地识别发送–接收进程间的一条消息（由
于 MPI 允许在同一对发送–接收进程间连续
传输多条消息，为了区分这些消息，开发者需

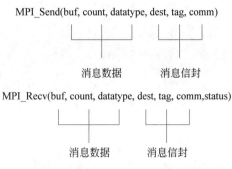

图 3-4 标准发送和接收函数的参数含义

要给不同的消息赋予不同的 tag 值）。MPI 环境通过匹配消息信封以确保消息的正确传输。
例如，发送函数启动了一次发送操作，MPI 环境会检测有没有匹配的接收操作，如果匹配
成功才会启动数据传输。

接收进程在调用接收函数时可以指明具体的源进程号和 tag，即指定接收某个进程
发送的某条特定的消息，也可以使用通配符作为消息信封的参数。例如，用 MPI_ANY_
SOURCE 表示任意源进程，MPI_ANY_TAG 表示任意 tag。使用这些通配符就表示该接收
操作可以接收来自任意进程发送的任意标识的消息。需要注意的是，发送操作必须指明接
收进程的进程号及消息标识，不能使用通配符。

MPI_Recv() 函数的参数除了消息数据和消息信封之外，还有一个参数 status，用于返
回接收消息的结果。该参数的类型是 MPI_Status，是一个结构体，定义如下。

```
typedef struct MPI_Status(
        int count,             // 实际发送/接收的字节数
        int cancelled,         // 该通信是否被取消
        int MPI_SOURCE,        // 通信对端的进程号
        int MPI_TAG,           // 消息标识
        int MPI_ERROR
        );
```

程序可以通过 status 的相关字段来获取最终的通信结果，尤其是对使用了通配符的接
收操作，可以通过 MPI_SOURCE 和 MPI_TAG 获取消息的来源和标识，并通过 count 获
取实际传输的数据大小。除了直接访问 status 变量，用户也可以通过 MPI_Get_count() 函
数从 status 中获取该次通信实际传输的数据大小。

2. 一个简单的标准模式通信程序示例

代码清单 3-4 给出了一个简单的 MPI 标准模式通信示例程序，其功能是 0 号进程接收其他进程发来的消息。程序中的 main( ) 函数在完成 MPI 初始化后，调用 MPI_Comm_rank( ) 和 MPI_Comm_size( ) 函数来获取调用进程的进程号和本次启动的进程个数，之后在第 32~35 行根据进程号分别调用不同的函数，即 0 号进程调用 ProcRecv( )，而其他进程调用 ProcSend( )。函数 ProcSend( ) 使用标准通信模式向 0 号进程发送一条消息，而函数 ProcRecv( ) 则使用标准通信模式从除 0 号进程之外的其他进程各接收一条消息。

代码清单 3-4　MPI 标准通信程序示例。

```
1    #include <stdio.h>
2    #include"mpi.h"
3    #define BUF_SIZE 10
4    int rank, numProcs, sbuf[BUF_SIZE], rbuf[BUF_SIZE];
5    MPI_Status status;
6
7    int ProcSend( )
8    {
9       /* 向 0 号进程发送消息 */
10      printf("process:%d of %d sending...\n", rank, numProcs );
11      MPI_Send( sbuf, BUF_SIZE, MPI_INT, 0, 1, MPI_COMM_WORLD );
12   }/*ProcSend( )*/
13
14   int ProcRecv( )
15   {
16      int source;
17      /* 从 0 号进程以外的每个进程接收消息 */
18      printf("process:%d of %d receiving..n", rank, numProcs );
19      for ( source = 1; source< numProcs; source++ )
20          MPI_Recv( rbuf, BUF_SIZE, MPI_INT, source, 1,
21                  MPI_COMM_WORLD, &status );
22   }/*ProcRecv( )*/
23
24   int main( int argc, char *argv[] )
25   {
26      int i;
27      MPI_Init( &argc, &argv );
28      MPI_Comm_rank( MPI_COMM_WORLD, &rank );
29      MPI_Comm_size( MPI_COMM_WORLD, &numProcs );
30      for ( i = 0; i< BUF_SIZE; i++ )
31          sbuf[i] = rank + i;
32      if (rank == 0) //0 号进程调用 ProcRecv( )，其他进程调用 ProcSend( )
33          ProcRecv( );
34      else
35          ProcSend( );
36      MPI_Finalize( );
37      return 0;
38   }
```

图 3-5 给出了以上示例程序在启动 4 个进程时的消息传输示意图。在图中，进程 0 从进程 1、2、3 各接收一条消息。

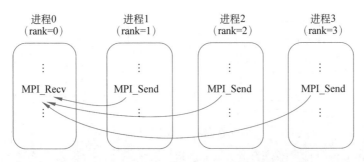

图 3-5 示例程序在 4 个进程时的通信示意图

3. 阻塞式通信的含义

前面已经提到，标准通信模式是阻塞式的，对于发送函数 MPI_Send( ) 来说，"阻塞式"的含义与通常理解的有一定差异，在这里将进行专门的讨论和介绍。

通常理解的"阻塞式"是指函数返回时操作已经完成，这对于接收函数 MPI_Recv( ) 是成立的，该函数返回意味着已经收到了消息（除非通信出错），接收缓冲区中存放着收到的消息数据；但对于发送函数 MPI_Send( ) 来说，函数返回仅意味着消息数据和信封已被妥善保存，程序可以修改发送缓冲区中的内容了。换句话说，函数返回并不意味着消息已被发送给接收进程，甚至都不能保证消息已被发出（就是说可能还存放在发送节点的本地缓冲区中）。之所以出现这种情形，与标准发送函数的以下两种处理方式有关。

处理方式一：将待发送消息复制到 MPI 环境的内部缓冲区中，然后函数返回，后续的消息发送操作由 MPI 环境自行完成。在这种方式下，发送函数可以很快返回，发送进程可以接着进行后续的计算，这有助于提升程序执行效率和性能；但这种方式也有不足之处，一是需要在内存中复制消息数据，引入了额外的开销，二是需要 MPI 环境提供足够的缓冲区，当发送的消息过长，或者消息数量很多时，可能会出现缓冲区不足的情况。

处理方式二：MPI 环境不缓存消息，直接将消息发送给接收方。这通常发生在两种情形下，一是 MPI 环境的内部缓冲区可用空间不足，无法缓存消息，因而只能等待直接把消息发送出去；二是接收方进程已经启动了接收操作，此时，跳过消息缓存步骤而直接发送消息显然是更高效的选择。

根据以上两种方式，在调用 MPI_Send( ) 函数时，可能出现以下三种情形。

（1）接收方已经启动了接收操作，则立即启动消息发送，完成消息发送后返回，如图 3-6（a）所示。

（2）接收方尚未启动接收操作，且 MPI 环境有足够的缓冲区，则将消息存入缓冲区后返回；随后接收方启动接收操作后，由 MPI 环境自行完成消息传输，如图 3-6（b）所示。

（3）接收方尚未启动接收操作，且 MPI 环境内部缓冲区不足，则一直等到接收方启动接收操作，发送消息完毕后返回，如图 3-6（c）所示。

图 3-6 描述了标准模式通信中发送进程和接收进程的三种状态。

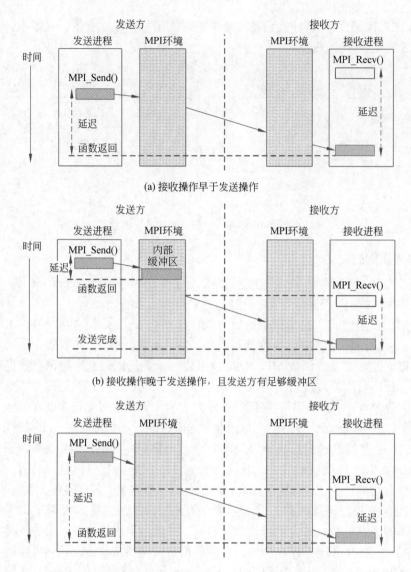

(a) 接收操作早于发送操作

(b) 接收操作晚于发送操作，且发送方有足够缓冲区

(c) 接收操作晚于发送操作，且发送方缓冲区不足

图 3-6　标准通信中发送进程和接收进程的三种情形

3.2.2　缓存通信模式

　　对于上一节介绍的标准通信模式，将由 MPI 环境决定是否将待发送消息缓存，如果不缓存消息，则发送进程可能需要长时间等待，也就是发送方程序调用发送函数后，须经历很长时间才能返回。为了进一步提高编程的灵活性，MPI 提供了专门的缓存通信模式（buffered mode），使用户可以对通信缓冲区进行控制。

　　在缓存通信模式下，发送方进程调用发送函数时，消息将被存入缓冲区，然后函数立即返回，而不会造成发送进程和接收进程之间的等待，这就解开了阻塞式通信时发送和接收之间的耦合关系。由于 MPI 环境的缓冲区容量有限，为确保有足够缓冲区存放消息，缓存模式采用"自备缓冲区"的实现方式，即由发送进程准备足够大的缓冲区，并将其注册到 MPI 环境，在通信过程中使用，待不再使用时再卸载缓冲区并释放。

缓存模式发送函数为 MPI_Bsend( )，与标准模式发送函数相比，函数名称不同，但参数一样，具体定义如下。

```
int MPI_Bsend(void *buf, int count, MPI_Datatype datatype,
              int dest, int tag, MPI_Comm comm);
```

如果用户正确申请了缓冲区，则在消息存入缓冲区后，发送函数将立即返回。如果用户缓冲区不足以缓存消息数据，则函数将返回错误。

为了支持消息缓存，用户必须自行分配消息缓冲区，并将其注册到 MPI 环境中，以供后续缓存通信使用。为此 MPI 提供了三个配套使用的函数，分别用于计算消息所需缓冲区大小、将自定义缓冲区装配到 MPI 环境、从 MPI 环境卸载自定义缓冲区。三个函数的定义如下。

```
int MPI_Pack_size(
    int count,            // 数据个数
    MPI_Datatype type,    // 数据类型
    MPI_COMM comm,        // MPI 通信子
    int *size             // 缓冲区大小 ( 字节数 )
);

int MPI_Buffer_attach(
    void *buffer,         // 缓冲区地址
    int count,            // 缓冲区大小
);

int MPI_Buffer_detach(
    void *buffer,         // 缓冲区地址
    int count,            // 缓冲区大小
);
```

用户在使用缓存发送模式时，首先使用 MPI_Pack_size( ) 计算待发送消息数据所需的缓冲区大小，该函数的前三个参数与后续调用的 MPI_Bsend( ) 函数一致，第四个参数 size 是一个输出型参数，存放所需缓冲区大小；获知需要的消息缓冲区大小后，程序就可以使用 malloc( ) 函数分配缓冲区。需要注意的是，指定分配的缓冲区大小时不能只使用 MPI_Pack_size( ) 返回的值，因为 MPI 环境在缓存消息时不仅需要缓存消息数据，也需要缓存一些附加信息，例如，消息信封信息、一些指针等。MPI 提供了一个名为 MPI_BSEND_OVERHEAD 的常量，该常量定义了一次缓存发送操作所需要的附加空间的上界值，所以在指定 malloc 分配的缓存大小时，应该使用 MPI_Pack_size( ) 返回的值加上常量 MPI_BSEND_OVERHEAD 的值，以确保为缓存通信提供足够大小的缓冲区。此外，如果用户需要连续进行多次缓存模式发送，例如连续发送 n 次，那么分配的总的缓存大小应该是对每次需要发送的数据进行 MPI_Pack_size( ) 得出数据所需要的空间大小后再累加，最后加上 n 倍的常量 MPI_BSEND_OVERHEAD。

MPI_Buffer_attach( ) 用于将用户分配的缓冲区注册到 MPI 环境，使 MPI 环境装配该缓冲区。该函数第一个参数 buffer 是用户通过 malloc( ) 函数分配的缓冲区指针，第二个参

数同样是 MPI_Pack_size( ) 计算得出的空间大小与常量 MPI_BSEND_OVERHEAD 之和。

在将缓冲区提交给 MPI 环境后,用户即可使用 MPI_Bsend( ) 以缓存模式发送消息。待程序不再使用缓存模式发送消息时,可调用 MPI_Buffer_detach( ) 函数将缓冲区从 MPI 环境中卸载。MPI_Buffer_detach( ) 函数是一个阻塞操作,会一直等到该缓冲区中的消息发送完成后才返回。MPI_Buffer_detach( ) 返回后,用户可以使用 MPI_Buffer_attach( ) 再次装载该缓冲区,也可以将该缓冲区释放。

代码清单 3-5 给出了一段注册和卸载缓冲区的示例代码。这段程序分配固定大小的缓冲区并注册到 MPI 环境,在开发者明确知道程序发送消息小于该长度时,可以采用这种简单的实现方式。

代码清单 3-5　缓存模式几个函数的使用示例。

```
1    #define BUF_SIZE 10000                  // 定义缓冲区大小
2    int size;
3    char *buf;
4    buf = (char *)malloc( BUF_SIZE );     // 申请缓冲区
5    MPI_Buffer_attach( buf, BUFFSIZE );  // 注册缓冲区
6
7    … // 此时程序可使用缓存模式发送消息,可用缓存容量 10 000 字节
8
9    MPI_Buffer_detach( &buf, &size);       // 卸载缓冲区
```

3.2.3　同步通信模式

同步通信模式(synchronous mode)是指发送方进程需要等待接收方开始接收数据之后才返回,即发送/接收双方达到一个确定的同步点后,发送方进程的发送函数才返回。在同步通信模式下,发送方首先向接收方发送一个消息发送请求,接收方的 MPI 环境将该请求保存下来,等待接收方进程的接收动作启动后,接收方将向发送方返回一个消息发送许可,表示已经准备好接收数据,发送方收到许可后开始发送消息,等到待发送的数据已经全部被系统缓冲区缓存并开始发送后,发送进程才从发送函数返回。也就是说,在同步模式下,发送函数返回意味着接收方已经开始接收消息,这实际上在发送进程和接收进程之间进行了一次同步。

同步通信模式的发送函数是 MPI_Ssend( ),其定义如下。

```
int MPI_Ssend(void *buf, int count, MPI_Datatype datatype,
              int dest, int tag, MPI_Comm comm);
```

可以看出,MPI_Ssend( ) 函数的参数与 MPI_Send( ) 函数完全一致。

3.2.4　就绪通信模式

就绪通信模式(ready mode)要求发送方启动发送操作时,接收进程已经启动了接收操作(处于就绪状态)。这是一种比较严格的时序要求,如果得不到满足,也就是发送方启动发送操作时,接收方尚未启动接收,那么发送函数就会返回错误。

就绪通信模式的发送函数是 MPI_Rsend( )，其定义如下。

```
int MPI_Rsend(void* buf, int count, MPI_Datatype datatype,
              int dest, int tag, MPI_Comm comm);
```

MPI_Rsend( ) 函数的参数仍然与 MPI_Send( ) 函数完全一致。

就绪模式与之前三种通信模式最大的区别是：开发者要确保接收操作的启动早于发送操作。这种严格时序要求换来的好处是，发送函数可以立即启动消息传输，从而省去了消息的缓冲以及发送 / 接收双方的握手操作，因此提高了消息传输效率。

3.2.5 四种通信模式小结

1. 四种通信模式的特点比较

表 3-4 对 MPI 的四种通信模式进行了比较。

表 3-4 四种点对点通信模式的比较

通信模式类别	消息发送的特点
标准模式	根据接收操作是否已启动，以及 MPI 缓冲区状态决定发送行为： 如接收操作已启动，则立即启动发送操作； 如接收操作未启动，且 MPI 缓冲区够用，则缓冲消息后返回； 如接收操作未启动，且 MPI 缓冲区不足，则等待接收操作启动
缓存模式	消息存入 MPI 缓冲区后即返回，消息传输由 MPI 环境自行完成
同步模式	仅当发送操作和接收操作匹配后，发送函数才返回； 如果接收操作启动较晚，则发送函数一直等待
就绪模式	接收操作启动需早于发送操作，发送方和接收方可立即匹配并开始消息传输，其通信效率在四种模式中最高，但对发送方和接收方有严格的时序要求

针对上述四种通信模式的特点，开发者可以根据需要选用不同的通信模式，需要说明的是，这些特点主要是针对发送方的，发送方调用不同的发送函数，其行为可能是不同的。下面讨论接收方的接收函数。

2. 统一的接收函数 MPI_Recv（ ）

四种通信模式所对应的发送函数各不相同，但无论哪种通信模式，其接收函数都是一样的，即 MPI_Recv( ) 函数。

MPI_Recv( ) 是一个阻塞操作，仅当接收进程的缓冲区中收到了期待的数据才返回。如果 MPI_Recv( ) 的调用早于发送方的发送操作，那么接收进程也将一直等待，直到收到数据后才返回。

3. 死锁的可能性

消息的发送和接收涉及多个进程，且消息需在发送方和接收方之间配对，加之接收操作和有些发送操作是阻塞式的，因此存在死锁的可能性。

图 3-7 中的程序片段给出了一个有可能出现死锁的例子。这段示例程序假设有两个进程，其中，进程 0 向进程 1 发送两条消息，消息的 tag 分别为 tag1、tag2。需要注意的是，进程 0 发送消息的顺序是 tag1、tag2，而进程 1 接收消息的顺序是 tag2、tag1。这样，进

程 0 发送的第一条消息将与进程 1 的第二条接收操作对应，第二条消息将与进程 1 的第一条接收操作对应。由于 MPI_Recv( ) 是阻塞操作，所以进程 1 只有在收到消息 tag2 后，才能从第一个接收操作 MPI_Recv( ) 返回。而进程 0 的第一条发送操作是发送 tag1 消息，并不是发送进程 1 所等待的消息 tag2。由于进程 0 的发送操作采用标准模式，如果 MPI 环境的可用缓冲区不足以缓存消息 tag1，那么进程 0 的 MPI_Send( ) 将一直等待进程 1 接收该消息，而此时进程 1 在等待接收消息 tag2，这就出现了进程 0 和进程 1 相互等待的情形，即发生了死锁。如果进程 0 发送消息时 MPI 环境的可用缓冲区足以缓存该消息，则进程 0 可以立即从第一条 MPI_Send( ) 返回，进而通过第二条 MPI_Send( ) 发送进程 1 期待的消息 tag2，进程 1 成功接收消息 tag2 后，通过第二条 MPI_Send( ) 接收消息 tag1，这种情况下死锁将不会发生。

```
MPI_Comm_rank( MPI_COMM_WORLD, &rank );
if ( rank == 0 )
{
    MPI_Send( buf1, count, MPI_REAL, 1, tag1, MPI_COMM_WORLD );
    MPI_Send( buf2, count, MPI_REAL, 1, tag2, MPI_COMM_WORLD );
}
else
{
    MPI_Recv( buf1, count, MPI_REAL, 0, tag2, MPI_COMM_WORLD, &status );
    MPI_Recv( buf2, count, MPI_REAL, 0, tag1, MPI_COMM_WORLD, &status );
}
```

图 3-7　可能死锁的 MPI 程序示例

该示例程序可能出现死锁的主要原因是：程序在调用发送 / 接收函数时没有严格地按照消息的顺序匹配发送函数和接收函数的调用，导致死锁的发生。另外还存在其他通信死锁的情形，例如，多个进程间彼此发送消息出现循环等待。由于死锁的发生存在不确定性，这将增大程序调试的难度，需要开发者在使用 MPI 通信时给予充分重视。

4. 缓冲区的使用

MPI 定义了三种缓冲区，分别如下。

（1）应用缓冲区：在应用程序中定义的消息缓冲区。

（2）系统缓冲区：MPI 环境为通信所准备的存储空间。

（3）用户向系统注册的缓冲区：用户使用缓存通信模式时，在程序中显式申请的存储空间，然后注册到 MPI 环境中供通信所用。

在缓存模式下，由用户程序申请缓冲区并将之提交给 MPI 环境，这种情形就是使用的上述第三种缓冲区；在标准模式下，由 MPI 环境提供系统缓冲区，如果系统缓冲区充足，则缓冲待发送消息后进程可以返回，如果缓冲区不足，发送进程将等待直到通信操作完成后才返回。所以，从缓冲区的使用角度来看，标准模式介于缓存模式与同步模式之间，其与缓存模式的主要区别是缓冲区的提供者不同。

3.2.6　组合发送接收

MPI 提供了一种组合了发送和接收的通信操作 MPI_Sendrecv( )，将发送一条消息并接收一条消息合并到了一个接口函数。组合发送与接收在语义上等同于分别调用了一个发送操作和接收操作，但相比于分别调用一条发送和接收操作来说，MPI 环境会优化发送操作和接收操作的执行顺序，有效地避免不合理的通信顺序，从而在一定程度上避免死锁的产生。

MPI_Sendrecv( ) 函数的定义如下。

```
int MPI_Sendrecv(void *sendbuf, int sendcount, MPI_Datatype sendtype,
                 int dest, int sendtag,
                 void *recvbuf, int recvcount, MPI_Datatype recvtype,
                 int source,int recvtag,
                 MPI_Comm comm, MPI_Status *status);
```

组合发送接收操作的发送缓冲区和接收缓冲区必须是分开的，发送操作和接收操作必须是同一个通信子内的操作。组合发送接收操作不是对称的，一个 MPI_Sendrecv( ) 调用不一定需要与另一个 MPI_Sendrecv( ) 匹配，MPI_Sendrecv( ) 发送的消息可以由一个普通的接收操作（如 MPI_Recv）接收，也可以从一个普通的发送操作（如 MPI_Send）接收消息。另外需要说明的是，dest 参数用于指定消息的接收方，source 参数用于指定消息的发送方，也就是说，当进程调用该函数时，与它通信的进程可以是两个不同的进程（一个接收，另一个发送），也可以是同一个进程（dest==source）。

3.2.7 非阻塞通信

在进程间传输消息会产生较高的时延。除了互连网络引入的延迟外，这种时延还常涉及发送节点和接收节点的 MPI 环境之间的握手。对于阻塞式消息传输来说，在调用接收函数和有些发送函数时，调用进程将被阻塞，此时处理器处于空闲状态，因而这会降低程序的整体并行效率，进而影响程序性能。

"**重叠通信和计算**"是解决上述问题的常用方法，即当进程执行阻塞式发送或接收操作时，让通信在后台进行，在此期间，程序继续执行并进行计算，从而提高程序的并行效率和性能。重叠通信和计算的实现方法一般有两种，一种采用多线程机制，当一个线程由于通信而被阻塞时，系统将调度其他线程执行，从而使处理器不至于处于空闲状态。然而，如本章开头所述，MPI 自身并不支持多线程，因此，本小节介绍的是 MPI 支持的另一种重叠通信和计算的机制——非阻塞式通信。

MPI 的非阻塞通信机制主要被用于实现通信和计算的重叠，其发送和接收过程如图 3-8 所示。发送进程调用非阻塞发送函数时，在启动该发送操作后就返回，不会等待发送操作完成。同样，接收进程调用非阻塞接收函数时，在启动接收操作后就返回，也不会等待接收操作完成。在调用非阻塞通信函数后，消息传输过程由 MPI 环境在后台完成，进程可以继续进行计算，从而实现通信和计算的重叠。由于在非阻塞通信机制中，发送/接收函数返回并不意味着消息传输已经完成，为了查询通信是否完成或等待通信完成，MPI 提供了一系列通信测试函数。程序在调用非阻塞通信函数后将先执行计算语句，然后调用这些函数，检测通信状态或等待通信完成。

非阻塞发送操作也有四种模式，它们与阻塞发送的四种模式一一对应。四种模式的接口函数分别是标准模式 MPI_Isend( )、缓存模式 MPI_Ibsend( )、同步模式 MPI_Issend( ) 和就绪模式 MPI_Irsend( )。接口函数名称中的前缀 I 表示 Immediate，意指立即返回。

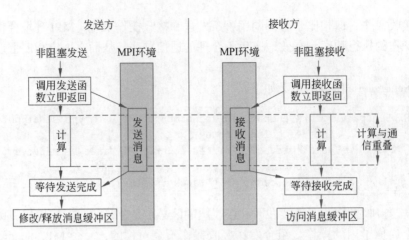

图 3-8   非阻塞发送和接收过程示意图

非阻塞接收操作与阻塞接收类似，只有一种标准接收函数 MPI_Irecv( )。进程调用
MPI_Irecv( ) 启动接收操作并立即返回。函数返回后，可能还未收到消息数据，所以不能
立即使用接收缓冲区，须使用测试函数确定数据完整接收后，才可以访问接收缓冲区中的
数据。

发送方和接收方可以独立选用阻塞或非阻塞机制。阻塞发送可以与非阻塞接收匹配，
非阻塞发送也可以与阻塞接收匹配，开发者可以根据应用程序的特点灵活地选用发送和接
收函数。

1. 通信请求对象 MPI_Request

四种非阻塞发送函数的定义如下。

```
int MPI_Isend(void *buf, int count, MPI_Datatype datatype, int dest,
              int tag, MPI_Comm comm, MPI_Request *request );

int MPI_Ibsend(void *buf, int count, MPI_Datatype datatype, int dest, int
               tag, MPI_Comm comm, MPI_Request *request );

int MPI_Issend(void *buf, int count, MPI_Datatype datatype, int dest, int
               tag, MPI_Comm comm, MPI_Request *request );

int MPI_Irsend(void *buf, int count, MPI_Datatype datatype, int dest, int
               tag, MPI_Comm comm, MPI_Request *request );
```

从接口函数的定义可以看出，非阻塞发送函数的参数与阻塞发送函数基本一致，区别
是增加了一个 request 参数，该参数是一个 MPI_Request 类型的指针。MPI_Request 是通信
请求对象，其标识了某次非阻塞通信操作。在调用非阻塞通信函数返回之后，后续在调用
通信测试函数时，须使用该通信对象作为参数，以查询通信状态或等待通信完成。因此，
MPI_Request 实际上起到了衔接非阻塞通信函数和后续通信测试函数的作用。

非阻塞接收函数定义如下。

```
int MPI_Irecv(void *buf, int count, MPI_Datatype datatype, int source, int
              tag, MPI_Comm comm, MPI_Request *request);
```

与阻塞接收函数 MPI_Recv( ) 相比，MPI_Irecv( ) 没有 status 参数，但增加了 request 参数。

2. 通信状态检测和完成等待

MPI 提供了多种通信完成状态测试函数，其中，最常用的是 MPI_Wait( ) 和 MPI_Test( )，分别用于等待通信完成和检测通信是否完成。两个函数的定义如下。

```
int MPI_Wait(
        MPI_Request *request, // 通信请求对象指针
        MPI_Status *status,   // 状态
);

int MPI_Test(
        MPI_Request *request, // 通信请求对象指针
        int *flag,            // 操作是否结束的标识
        MPI_Status *status,   // 状态
);
```

当进程调用 MPI_Wait( ) 时，会一直等待 request 参数指定的非阻塞通信操作完成后才返回。当该函数返回时，如果是接收操作，则表示消息接收已完成，进程可以访问接收缓冲区中的数据；如果是发送操作，则表示消息发送已经完成，进程可以修改发送缓冲区的数据或释放发送缓冲区。进程在返回后可通过 status 参数获取相关操作的状态信息。MPI_Wait( ) 函数会释放非阻塞通信操作句柄 request。

当进程调用 MPI_Test( ) 时，其不会等待通信操作完成，而只是检测 request 参数指定的非阻塞通信操作是否完成，并返回状态。该函数返回后，可以通过 flag 参数判断通信操作是否完成。如果 flag 参数为真，那么表示指定的通信操作已经完成，后续的处理与 MPI_Wait( ) 返回后类似；如果 flag 参数为假，则表示该通信操作尚未完成，用户需要继续调用测试函数获取该通信操作的完成情况。

MPI_Wait( ) 和 MPI_Test( ) 用于测试单次消息传输的状态，由于非阻塞通信函数会立即返回，因此程序可以连续启动多个消息发送 / 接收操作，之后再检测这些操作是否全部或者部分完成。为此 MPI 提供了多种通信测试函数以供选用。表 3-5 列出了常用的测试函数。

表 3-5 非阻塞通信的常用测试函数

函 数 名 称	功　　能
MPI_Waitall( )	等待一组非阻塞通信操作全部完成
MPI_Testall( )	测试一组非阻塞通信操作是否全部完成
MPI_Waitany( )	等待一组非阻塞通信操作中的任意一个操作完成
MPI_Testany( )	测试一组非阻塞通信操作中的任意一个操作是否完成
MPI_Waitsome( )	等待一组非阻塞通信操作中的部分操作完成
MPI_Testsome( )	测试一组非阻塞通信操作中的部分操作是否完成

1）测试所有通信操作完成：MPI_Waitall( ) 和 MPI_Testall( )

启动了多个非阻塞通信操作后，如果要等待所有通信操作完成，那么可以调用 MPI_Waitall( )；如果要测试所有通信操作是否完成，则可以调用 MPI_Testall( )。这两个函数的定义如下。

```
MPI_Waitall(
    int count,                      // 测试的通信对象的数量
    MPI_Request *array_of_requests,  // 通信对象数组指针
    MPI_Status *array_of_statuses    // 状态信息数组指针
);

MPI_Testall(
    int count,                      // 测试的通信对象的数量
    MPI_Request *array_of_requests,  // 通信对象数组指针
    int *flag,                      // 通信操作完成状态
    MPI_Status *array_of_statuses    // 状态信息数组指针
);
```

与前面介绍的 MPI_Wait( ) 类似，进程调用 MPI_Waitall( ) 时将一直等待，直到第 2 个参数 array_of_requests 中的所有通信操作均已完成；通信操作的数量由第 1 个参数 count 指定；通信操作的状态存于第 3 个参数 array_of_statuses 中。

与 MPI_Waitall( ) 相比，MPI_Testall( ) 函数只是测试指定的所有通信操作是否均已完成，该函数不会等待，将立即返回。如果所有通信操作均已完成，则第 3 个参数 flag 返回 true，否则返回 false。

2）测试任一通信操作完成：MPI_Waitany( ) 和 MPI_Testany( )

启动了多个非阻塞通信操作后，如果要等待其中任意一个通信操作完成，则可以调用 MPI_Waitany( )；如果要测试任意一个通信操作是否已完成，则可以调用 MPI_Testany( )。这两个函数的定义如下。

```
MPI_Waitany(
    int count,                      // 测试的通信对象的数量
    MPI_Request *array_of_requests,  // 通信对象数组指针
    int *index,                     // 完成通信操作的索引号
    MPI_Status *status               // 状态信息数组指针
);

MPI_Testany(
    int count,                      // 测试的通信对象的数量
    MPI_Request *array_of_requests,  // 通信对象数组指针
    int *index,                     // 完成通信操作的索引号
    int *flag,                      // 通信操作完成状态
    MPI_Status *status               // 状态信息数组指针
);
```

进程调用 MPI_Waitany( ) 时将一直等待，直到第 2 个参数 array_of_requests 中通信操作的任意一个已完成，该数组中的通信操作数量由第 1 个参数 count 指定；完成通信操作的索引号返回在第 3 个参数 index 中，如果有多个通信操作已完成，则返回其中任意一个索引号；通信操作的状态存于第 4 个参数 array_of_statuses 中。

与 MPI_Waitany( ) 相比，MPI_Testany( ) 函数只是测试指定的通信操作中是否有任意一个已完成，该函数不会等待，将立即返回。如果有任意一个通信操作已完成，则该通信操作的索引号返回在第 3 个参数 index 中，且第 4 个参数 flag 返回 true，否则 flag 返回

false，且 index 返回 MPI_UNDEFINED。

3）测试部分通信操作完成：MPI_Waitsome( ) 和 MPI_Testsome( )

启动了多个非阻塞通信操作后，如果要等待其中部分通信操作完成，可以调用 MPI_Waitsome( )；如果要测试部分通信操作是否完成，则可以调用 MPI_Testsome( )。这两个函数的定义如下。

```
MPI_Waitsome(
    int incount,                    // 测试的通信对象的数量
    MPI_Request *array_of_request,  // 通信对象数组指针
    int *outcount,                  // 完成通信操作的数量
    int *array_of_indices,          // 完成通信操作的索引号数组指针
    MPI_Status *array_of_statuses   // 状态信息数组指针
);

MPI_Testsome(
    int incount,                    // 测试的通信对象的数量
    MPI_Request *array_of_request,  // 通信对象数组指针
    int *outcount,                  // 完成通信操作的数量
    int *array_of_indices,          // 完成通信操作的索引号数组指针
    MPI_Status *array_of_statuses   // 状态信息数组指针
);
```

进程调用 MPI_Waitsome( ) 时将一直等待，直到第 2 个参数 array_of_requests 中**至少一个通信操作已完成**，该数组中的通信操作个数由第 1 个参数 incount 指定；完成通信操作的数量将被返回在第 3 个参数 outcount 中，索引号返回在第 4 个参数 array_of_indices 中；通信操作的状态存于第 5 个参数 array_of_statuses 中。

函数 MPI_Testsome( ) 的参数与 MPI_Waitsome( ) 完全相同，区别仅在于该函数将不会等待，而是立即返回。如果有至少一个通信操作已完成，则完成的通信操作数量将被返回在 outcount 中，如果没有通信操作完成，则 outcount 返回 0。

3. 一个非阻塞通信的示例程序

下面来看一个非阻塞通信的示例程序。该程序可以在一组进程内实现相邻进程间的数据交换，即对进程 0、1、2……$n-1$，其中的进程 i 仅与进程 $i-1$ 和进程 $i+1$ 交换数据；这里的交换数据是指进程向对方发送一条消息，并从对方接收一条消息；位于两侧边界的进程 0 和进程 $n-1$ 也构成邻居关系。这样，n 个进程之间的通信关系就形成了类似双向链表的环状拓扑，如图 3-9 所示。

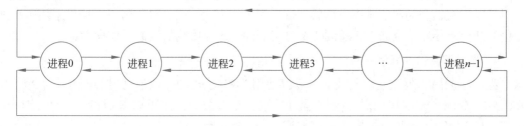

图 3-9 邻居进程间交换数据的通信关系

程序如代码清单 3-6 所示。在此程序中，进程使用前文介绍的非阻塞式通信函数 MPI_Isend( ) 和 MPI_Irecv( ) 与前、后邻居交换数据（第 19~26 行），首先向每个邻居各发送一条消息，然后从每个邻居各接收一条消息。由于这是非阻塞式通信，函数调用将立即返回，随后进程调用 MPI_Waitall( ) 等待这 4 个通信操作全部完成。

代码清单 3-6　非阻塞通信示例程序。

```
1    #include <stdio.h>
2    #include"mpi.h"
3
4    main( int argc, char *argv[] )
5    {
6        int numProcs, rank, next, prev, sendBuf[2], recvBuf[2];
7        MPI_Request reqs[4];              // 通信请求对象
8        MPI_Status stats[4];              // 等待通信完成的状态
9
10       MPI_Init( &argc, &argv );
11       MPI_Comm_rank( MPI_COMM_WORLD, &rank );
12       MPI_Comm_size( MPI_COMM_WORLD, &numProcs );
13
14       // 确定当前进程 (rank) 的左右邻居
15       prev = ( rank==0 ? numProcs-1 : rank-1 );
16       next = ( rank==numProcs-1 ? 0 : rank+1 );
17
18       /* 启动通信操作，从左、右邻居各接收一条消息，并各发送一条消息 */
19       MPI_Isend( &sendBuf[0], 1, MPI_INT, prev, 1,
20                  MPI_COMM_WORLD, &reqs[2]);
21       MPI_Isend( &sendBuf[1], 1, MPI_INT, next, 2,
22                  MPI_COMM_WORLD, &reqs[3]);
23       MPI_Irecv( &recvBuf[0], 1, MPI_INT, prev, 3,
24                  MPI_COMM_WORLD, &reqs[0] );
25       MPI_Irecv( &recvBuf[1], 1, MPI_INT, next, 4,
26                  MPI_COMM_WORLD, &reqs[1] );
27       /* 做一些处理，消息传输在后台进行 */
28       MPI_Waitall( 4, reqs, stats );   /* 等待4个通信操作完成 */
29
30       MPI_Finalize( );
31   }
```

从这个示例程序可以看出，非阻塞式通信非常适合进程同时与多个进程通信的场景，此时可以先启动全部通信操作，然后等待这些操作完成。在这种情形下，如果采用阻塞式通信，则可能导致某个进程在通信时长时间等待，进而影响后续的通信操作。

4. 非阻塞通信的取消

程序在调用非阻塞通信函数后，可以使用 MPI_Cancel( ) 取消已启动的非阻塞通信操作。MPI_Cancel( ) 在调用后会立即返回，但是并不保证一定可以取消指定的通信操作。若在调用 MPI_Cancel( ) 时指定的非阻塞通信已经开始，则该操作会正常完成，不会受取消操作的影响；若在调用 MPI_Cancel( ) 时指定的非阻塞通信没有开始，则该通信会被取消，通信占用的资源也将被释放。需要注意的是，即使调用了 MPI_Cancel( ) 操作，开发者也需要调用 MPI_Wait( ) 或 MPI_Test( ) 等通信测试函数以释放通信对象。

MPI_Cancel( ) 函数的定义如下。

```
int MPI_Cancel( MPI_Request *request );
```

如果一个非阻塞通信操作已经通过调用 MPI_Cancel( ) 被取消，则在该通信操作相应的 MPI_Wait( ) 或 MPI_Test( ) 函数中，status 参数的 cancelled 属性字段会标识该通信操作已被调用了取消操作。

用户可以通过 MPI_Test_cancelled( ) 操作来测试某个通信操作是否被取消，MPI_Test_cancelled( ) 函数的定义如下。

```
int MPI_Test_cancelled( MPI_Status status, int *flag );
```

如果 flag 参数返回 true，则表示该非阻塞通信已被取消；如果返回 false，则表示其未被取消。

5. 持续的非阻塞通信

在实际应用中，进程常需要重复地发送 / 接收消息。一种典型场景是，程序在一个循环内首先进行计算，然后把本次循环的计算结果发送给其他进程，并从其他进程接收它们的计算结果。在这种场景下，每次发送 / 接收的消息格式是相同的，即消息中的数据类型、数据个数、发送 / 接收进程都相同，而只是消息内容不同。为了优化这种通信，MPI 提供了持续（persistent）的非阻塞式通信机制，此处 "持续" 指用相同的消息格式重复多次通信。

在持续的非阻塞通信中，首先，通信参数将与 MPI 内部对象绑定，然后通过该内部对象进行重复通信。这样，每次准备好数据之后程序只需启动通信即可，从而避免了每次调用通信函数都因其多个参数而带来的复杂性和开销。持续的非阻塞通信同样也支持标准、缓存、就绪、同步四种通信模式，接口函数名是在对应的阻塞通信操作名后增加后缀 init，分别是 MPI_Send_init( )、MPI_Bsend_init( )、MPI_Rsend_init( ) 和 MPI_Ssend_init( )，持续接收操作的接口函数为 MPI_Recv_init( )。

需要说明的是，持续的非阻塞发送操作并不一定要与持续的非阻塞接收操作匹配，也就是说，发送方使用持续的非阻塞发送操作时，接收方可以使用持续的非阻塞接收操作，也可以使用其他接收模式，如使用 MPI_Recv( ) 或 MPI_Irecv( ) 匹配持续的非阻塞发送，也可以使用 MPI_Recv_init( )。

持续的非阻塞通信步骤如图 3-10 所示。

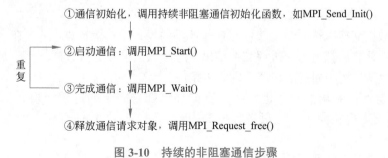

图 3-10　持续的非阻塞通信步骤

程序首先调用持续的非阻塞通信初始化函数，该函数并不实际启动消息传输，而只是初始化非阻塞通信对象，将消息传输所需的参数与 MPI 内部对象绑定；之后，在一个循环中，每当消息数据准备好后，就调用 MPI_Start( ) 函数来启动消息传输，并调用函数 MPI_Wait( ) 等待通信完成；若继续进行重复通信，则重复步骤②和③，实现持续的通信过程；如果不再需要持续通信，则调用 MPI_Request_free( ) 函数释放通信对象。从整个过程可以看出，持续通信只声明了一个非阻塞通信对象，并重复利用该对象实现了重复的通信，这可以有效减少通信开销。

标准模式的通信初始化函数 MPI_Send_init( ) 和 MPI_Recv_init( ) 的定义如下。

```
int MPI_Send_init( void *buf, int count, MPI_Datatype datatype,
                   int dest, int tag, MPI_Comm comm,
                   MPI_Request *request);

int MPI_Recv_init( void *buf, int count, MPI_Datatype datatype,
                   int source, int tag, MPI_Comm comm,
                   MPI_Request *request);
```

可以看出，以上两个通信初始化函数的参数与非阻塞发送和接收函数 MPI_Isend( )、MPI_Irecv( ) 完全相同，但功能上有较大区别，这两个通信初始化函数被调用后，并不会实际进行发送或接收操作，而只是完成消息的参数设置与绑定，之后每当进程调用 MPI_Start( ) 时都将启动实际的通信操作。

MPI_Start( ) 函数的定义如下。

```
int MPI_Start( MPI_Request *request );
```

该函数的参数 request 为先前进行通信初始化时使用的通信请求对象。

MPI_Start( ) 只被用于启动一个通信操作，如果进程连续进行了多个通信操作的初始化，则其可以调用 MPI_Startall( ) 来一次性启动多个通信操作。

MPI_Startall( ) 函数的定义如下。

```
int MPI_Startall( int count, MPI_Request *array_of_requests );
```

该函数的第 1 个参数 count 用于指定要启动的通信操作数量；第 2 个参数则为通信请求对象数组的指针。

6. 持续的非阻塞通信示例程序

下面继续讨论前面给出的左右邻居交换数据的示例程序（即代码清单 3-6）。在实际应用中，这种数据交换往往要重复多次。比较典型的场景是迭代计算：进程在一个循环中进行计算，每次计算后都与邻居进程交换结果，之后每个进程更新数据，然后开始下一轮计算，通过多次迭代逐步逼近最终解（即收敛条件）。

在上述迭代计算场景中，进程在每次循环时都与固定的进程交换数据，且交换的数据类型和长度也相同，区别只是数据的内容不同。这非常适合用持续的非阻塞通信实现。

代码清单 3-7 给出了用持续的非阻塞通信原理改写后的程序，为节省篇幅，这里只给出了主要的代码段落，程序其他部分与前面的示例程序相同。

代码清单 3-7　持续的非阻塞通信示例程序。

```
1    /* 进行通信操作初始化 ( 从左、右邻居各接收一条消息，并各发送一条消息 */
2    MPI_Send_init( &sendBuf[0], 1, MPI_INT, prev, 1,
3                    MPI_COMM_WORLD, &reqs[2]);
4    MPI_Send_init( &sendBuf[1], 1, MPI_INT, next, 2,
5                    MPI_COMM_WORLD, &reqs[3]);
6    MPI_Recv_init( &recvBuf[0], 1, MPI_INT, prev, 3,
7                    MPI_COMM_WORLD, &reqs[0] );
8    MPI_Recv_init( &recvBuf[1], 1, MPI_INT, next, 4,
9                    MPI_COMM_WORLD, &reqs[1] );
10   while ( 不满足收敛条件 )
11   {
12      ... // 进行计算
13      MPI_Startall( 4, reqs ); // 启动通信操作
14      /* … 做一些处理，消息传输在后台进行 */
15      MPI_Waitall( 4, reqs, stats );    /* 等待 4 个通信操作完成 */
16   }
```

在这个示例程序中，进程在一个 while 循环中进行计算，并与左、右邻居进程交换数据。在循环开始前，程序首先调用通信初始化函数设置 4 条消息的参数，之后在 while 循环中，程序每次只需调用 MPI_Startall( ) 启动这 4 个通信操作即可。由于循环会重复多次，该程序可以避免每次重复设置消息参数，从而提升了通信效率。

◈ 3.3　集　合　通　信

3.3.1　集合通信概述

1. 什么是集合通信？

在并行编程中，进程组内的多个进程参与消息传输是很常见的，例如，某个进程需要把同一个数据发送给多个进程，或者从多个进程收集数据。虽然这些通信仍然可以采用前面介绍的点对点通信操作实现，即进程发送多条消息，或者接收多条消息，但 MPI 提供了更为简洁高效的通信方式，就是本节将要介绍的集合通信（collective communication）。

MPI 提供一系列集合通信操作（又被称为组通信），支持在一组进程内的通信、同步、计算操作。集合通信不像点对点通信那样只是发生在两个进程之间，而是某个进程组内的所有进程都参与通信。这里所说的进程组通常由通信子指定，所有集合通信函数的参数中都包含通信子，而集合通信就发生在这个通信子所对应的进程组内。

2. 集合通信中的消息传输模式

集合通信中的消息传输可以分为三类：一对多、多对一、多对多。一对多通信是一个进程向组内其他所有进程发送消息；多对一通信是所有进程都向某一个进程发送消息；多对多通信是每个进程都和组内其他进程互相发送和接收消息。在一对多通信和多对一通信中，那个作为"一"的进程被称为"**根**"（**root**）进程。

3. 集合通信中的同步

并行程序经常需实现进程间的同步, 集合通信专门提供了实现进程间同步的接口函数, 以协调各个进程执行的进度。程序可以在需要同步的位置调用同步函数, 不同进程执行的进度是不同的, 有的进程先运行到同步函数, 这些进程会等待其他的进程, 当最后到达同步函数的进程也调用同步函数后, 所有进程从同步函数返回, 继续执行后续的操作。同步操作确保了所有进程在某个时刻都已执行完同步点之前的语句。

4. 集合通信中的计算

集合通信的部分函数可以在消息传输的同时完成指定计算。例如, 在矩阵相乘计算中, 各个进程需要将结果汇总到一个进程中, 该进程将对来自各进程的计算结果求和以得到计算结果。为了简化编程, MPI 提供了部分函数支持这种"消息传输 + 计算"的功能。

集合通信中的计算功能一般分为三个步骤: 第一步是组内通信, 各个进程将消息发送到目的进程; 第二步是对消息内容进行计算, 每一个调用都指定了计算操作; 第三步是将计算后的结果放入需要接收结果的进程的接收缓冲区。所以, 在计算调用执行完成后, 对接收计算结果的进程, 其接收缓冲区中存放了期待的计算结果。

5. 常用集合通信操作

表 3-6 列出了常用的集合通信函数。

表 3-6 MPI 常用的集合通信函数

集合通信函数	功 能
MPI_Bcast( )	数据广播(一对多通信)
MPI_Scatter( )	数据分发(一对多通信)
MPI_Gather( )	数据收集(多对一通信)
MPI_Allgather( )	组收集(多对多通信)
MPI_Alltoall( )	全交换(多对多通信)
MPI_Reduce( )	规约(只有 root 进程获取结果)
MPI_Allreduce( )	全规约(所有进程获取结果)
MPI_Scan( )	扫描(逐级规约)
MPI_Barrier( )	进程间同步(栅栏)

3.3.2 数据广播 MPI_Bcast

广播操作函数 MPI_Bcast( ) 被用于典型的一对多通信, 它的功能是帮助某个进程向组内其他进程广播一条消息, 前面曾提到过, 广播消息的进程被称为"**根**"进程。

MPI_Bcast( ) 函数的定义如下。

```
int MPI_Bcast(
    void *buffer,           // 数据缓冲区的首地址
    int count,              // 广播数据的个数
    MPI_Datatype datatype,  // 广播数据的类型
    int root,               // 根进程(广播源)
    MPI_Comm comm           // 通信子
);
```

无论是 root 进程还是其他进程，调用 MPI_Bcast( ) 函数的形式都是一样的。参数 root 指明 root 进程（即广播消息的根进程），comm 参数为进程组对应的通信子。对于根进程，buffer 中存有待广播的数据，对于非根进程，buffer 为接收缓冲区的首地址。后者在执行完 MPI_Bcast( ) 函数后，接收缓冲区将存有广播数据。

代码清单 3-8 给出了调用 MPI_Bcast( ) 的示例代码。其中，进程 0 作为根进程将向其他进程广播 4 个整数，各进程调用 MPI_Bcast( ) 之后，4 个整数将被广播到每个进程的数据缓冲区，如图 3-11 所示。

代码清单 3-8　MPI_Bcast( ) 示例代码。

```
1    MPI_Comm comm;
2    int buffer[4];
3    int root = 0;
4    ...
5    MPI_Bcast( buffer, 4, MPI_INT, root, comm );
```

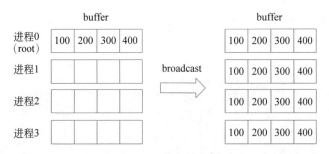

图 3-11　MPI_Bcast（ ）调用前后的数据缓冲区示例

3.3.3　数据分发 MPI_Scatter

数据分发函数 MPI_Scatter( ) 可以实现另一种一对多通信，它与 MPI_Bcast( ) 的不同之处在于，MPI_Scatter( ) 可以向不同的进程发送不同的数据，而 MPI_Bcast( ) 则是将相同的数据广播给其他进程。

MPI_Scatter( ) 函数的定义如下。

```
int MPI_Scatter(
    void *sendbuf,          // 发送数据缓冲区的地址
    int sendcount,          // 发送到各个进程的数据个数
    MPI_Datatype sendtype,  // 发送数据类型
    void *recvbuf,          // 接收数据缓冲区的地址
    int recvcount,          // 接收数据个数
    MPI_Datatype recvtype,  // 接收数据类型
    int root,               // 根进程（分发源）
    MPI_Comm comm           // 通信子
);
```

无论是 root 进程还是其他进程，调用 MPI_Scatter( ) 函数的形式都相同，但发送缓冲区 sendbuf 只对 root 进程有意义。数据在发送缓冲区中的排列顺序与进程号对应，即第 0

块数据对应 0 号进程，第 1 块数据对应 1 号进程，以此类推。接收缓冲区 recvbuf 对每个进程都有意义，因为 root 进程除了发送数据给其他进程，也会发送一份数据给自己。参数 sendcount 表示发送给每个进程的数据个数，而不是发送数据个数的总和。对于 root 进程，所有参数都是有意义的，其中参数 sendcount 与 recvcount，sendtype 与 recvtype 的值是相同的。对于非 root 进程来说，与发送相关的参数 sendbuf、sendcount、sendtype 都是无意义的，但是在调用时也必须提供这些参数。root 参数和 comm 参数在所有进程中必须一致。

代码清单 3-9 给出了调用 MPI_Scatter( ) 的示例代码。其中，作为根进程，进程 0 向其他进程分发 4 个整数（每进程 1 个整数），各进程调用 MPI_Scatter( ) 之后，4 个整数被分发到各进程的数据缓冲区，如图 3-12 所示。

代码清单 3-9　MPI_Scatter( ) 示例代码。

```
1     MPI_Comm comm;
2.    int sendbuf[4], recvbuf[1];
3     int root=0;
4     ...
5     MPI_Scatter(sendbuf, 1, MPI_INT, recvbuf, 1, MPI_INT, root, comm);
```

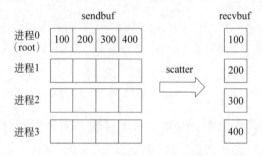

图 3-12　MPI_Scatter（）调用前后的数据缓冲区示例

在 MPI_Scatter( ) 操作中，root 进程发送给其他进程的数据长度是一样的，为了增加灵活性，MPI 在 MPI_Scatter( ) 操作的基础上进一步提供了 MPI_Scatterv( ) 函数，它允许根进程向各个进程发送不同长度的数据。

MPI_Scatterv( ) 函数的定义如下。

```
int MPI_Scatterv(
    void *sendbuf,              // 发送数据缓冲区的地址
    int *sendcounts,           // 指定发送到各个进程的数据长度的数组
    int *displs,               // 整数数组，每个元素表示相对于 sendbuf 的位置偏移
    MPI_Datatype sendtype,     // 发送数据类型
    void *recvbuf,             // 接收数据缓冲区的地址
    int recvcount,             // 接收数据个数
    MPI_Datatype recvtype,     // 接收数据类型
    int root,                  // 根进程（分发源）
    MPI_Comm comm              // 通信子
);
```

因为发送给每个进程的数据的长度有区别，所以参数 sendcounts 是一个整型数组，其中每个元素指定发送给对应进程的数据长度。参数 displs 也是一个整型数组，每个元素表

示一条发送消息在发送缓冲区中的位置偏移。与 MPI_Scatter( ) 函数相似，root 进程的所有参数都是有意义的，但对非 root 进程而言，与发送消息相关的参数是没有意义的，但程序必须提供这些参数。

图 3-13 进一步展示了 MPI_Scatterv( ) 操作后进程缓冲区的状态，其中进程 0 是 root 进程。

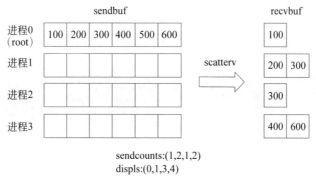

sendcounts:(1,2,1,2)
displs:(0,1,3,4)

图 3-13　MPI_Scatterv（ ）函数调用前后的数据缓冲区示例

MPI 为很多集合通信操作都提供了数据长度相等和不等的通信模式，二者的区别就是函数名后是否加字母 v（意指 varying），不添加字母 v 表示各进程传输的消息长度相等，添加字母 v 表示各进程传输的消息长度是可以不同的。除了 MPI_Scatter( ) 与 MPI_Scatterv( )，后续的小节还会列举其他集合通信函数的示例。

3.3.4　数据收集 MPI_Gather

数据收集 MPI_Gather( ) 是典型的多对一通信，即组内各进程向 root 进程发送消息。MPI_Gather( ) 和 MPI_Scatter( ) 的功能正好相反，两者可以被视为互逆操作。

MPI_Gather( ) 函数的定义如下。

```
int MPI_Gather(
    void *sendbuf,            // 发送数据缓冲区的地址
    int sendcount,           // 发送到各个进程的数据个数
    MPI_Datatype sendtype,   // 发送数据类型
    void *recvbuf,           // 接收数据的地址
    int recvcount,           // 接收数据个数
    MPI_Datatype recvtype,   // 接收数据类型
    int root,                // 根进程（收集进程）
    MPI_Comm comm            // 通信子
);
```

根进程完成收集后，数据在其接收缓冲区中排列的顺序与进程号对应，即第 0 块数据对应 0 号进程，第 1 块数据对应 1 号进程，以此类推。对于根进程，所有参数都是有意义的，根进程也会向自身发送数据，其中，参数 sendcount 与 recvcount，sendtype 与 recvtype 的值是相同的。对于非根进程来说，与接收相关的参数 recvbuf、recvcount、recvtype 都是无意义的，但是在调用时也必须提供这些参数。root 参数和 comm 参数在所有进程中必须一致。

代码清单 3-10 给出了调用 MPI_Gather( ) 函数的示例代码。其中，进程 0 作为根进程

从其他进程收集 4 个整数（每进程 1 个整数），各进程调用 MPI_Gather( ) 函数之后，4 个整数将被存入进程 0 的数据缓冲区，如图 3-14 所示。

代码清单 3-10　MPI_Gather( ) 示例代码。

```
1    MPI_Comm comm;
2    int sendbuf[1], recvbuf[4];
3    int root=0;
4    ...
5    MPI_Gather( sendbuf, 1, MPI_INT, recvbuf, 1, MPI_INT, root, comm);
```

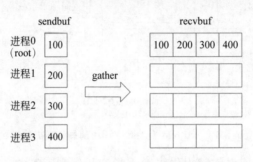

图 3-14　MPI_Gather（）调用前后的数据缓冲区示例

MPI_Gather( ) 函数也有对应的 MPI_Gatherv( ) 函数，以使 root 进程可以从各进程接收长度不同的数据。

MPI_Gatherv( ) 函数的定义如下。

```
int MPI_Gatherv(
    void *sendbuf,          // 发送数据缓冲区的地址
    int sendcount,          // 发送到各个进程的数据个数
    MPI_Datatype sendtype,  // 发送数据类型
    void *recvbuf,          // 接收数据缓冲区的地址
    int *recvcounts,        // 接收数据个数
    int *displs,            // 整数数组，每个元素表示相对于 recvbuf 的位置偏移
    MPI_Datatype recvtype,  // 欲接收的数据类型
    int root,               // 根进程（收集进程）
    MPI_Comm comm           // 通信子
);
```

因为从每个进程接收的数据长度有区别，所以参数 recvcounts 是一个整型数组，其中，每个元素指定从对应进程接收的数据长度。参数 displs 也是一个整型数组，每个元素表示一条接收到的消息在接收缓冲区中的位置偏移。与 MPI_Gather( ) 函数相似，对于 root 进程，所有参数都是有意义的，对于非 root 进程，与接收消息相关的参数是没有意义的，但程序必须提供这些参数。

图 3-15 进一步展示了 MPI_Gatherv( ) 被调用前后进程缓冲区的状态，其中，进程 0 是 root 进程。

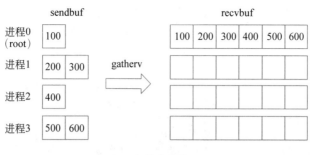

sendcounts:(1, 2, 1, 2)
displs:(0, 1, 3, 4)

图 3-15 MPI_Gatherv( )调用前后的数据缓冲区示例

3.3.5 组收集 MPI_Allgather

组收集操作函数 MPI_Allgather( )可以使组内每一个进程都收集所有进程发送的数据，其效果类似于 root 进程先调用 MPI_Gather( )，之后再调用 MPI_Bcast( )，即先收集数据，然后将收集到的数据广播给其他进程。执行完 MPI_Allgather( )后，每个进程的接收缓冲区都是有数据的，并且数据内容相同。MPI_Allgather( )是属于多对多通信，其函数的定义如下：

```
int MPI_Allgather(
    void *sendbuf,              // 发送数据缓冲区的地址
    int sendcount,             // 发送到各个进程的数据个数
    MPI_Datatype sendtype,     // 发送数据类型
    void *recvbuf,             // 接收数据缓冲区的地址
    int recvcount,             // 接收数据个数
    MPI_Datatype recvtype,     // 接收数据类型
    MPI_Comm comm              // 通信子
);
```

MPI_Allgather( )函数的参数与 MPI_Gather( )基本一致，只是少了参数 root，并且所有参数对于每个进程都是有意义的。

图 3-16 进一步展示了 MPI_Allgather( )操作后进程缓冲区的状态，注意本函数调用中没有 root 进程。

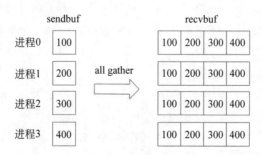

图 3-16 MPI_Allgather( )调用前后的数据缓冲区示例

MPI_Allgather( ) 函数从每个进程收集的数据长度是一致的，MPI_Allgatherv( ) 函数可以从每个进程收集不同长度的数据，MPI_Allgatherv( ) 函数执行的效果类似于每个进程作为 root 调用了 MPI_Gatherv( ) 函数。MPI_Allgatherv( ) 函数定义如下。

```
int MPI_Allgatherv(
    void *sendbuf,              // 发送数据缓冲区的地址
    int sendcount,             // 发送到各个进程的数据个数
    MPI_Datatype sendtype,     // 发送数据类型
    void *recvbuf,             // 接收数据缓冲区的地址
    int *recvcounts,           // 接收数据个数
    int *displs,               // 整数数组，每个元素表示相对于 recvbuf 的位置偏移
    MPI_Datatype recvtype,     // 接收数据类型
    MPI_Comm comm              // 通信子
);
```

MPI_Allgatherv( ) 函数的参数与 MPI_Gatherv( ) 函数基本一致，只是少了参数 root，并且所有参数对于每个进程都是有意义的。

图 3-17 进一步展示了 MPI_Allgatherv( ) 操作后进程缓冲区的状态。

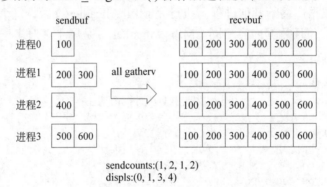

图 3-17　**MPI_Allgatherv（ ）调用前后的数据缓冲区示例**

3.3.6　全互换 MPI_Alltoall

全互换操作函数 MPI_Alltoall( ) 是另一种典型的多对多通信。前文介绍的组收集操作 MPI_Allgather( ) 可以被看作是每个进程向组内所有进程发送相同的数据，所以最后所有进程的接收缓冲区的数据是相同的。全互换操作 MPI_Alltoall( ) 是每个进程都向其他各个进程发送不同的数据，执行的效果相当于组内所有进程两两交换数据，通信完成后每个进程的接收缓冲区的内容是不一样的。

MPI_Alltoall( ) 函数的定义如下。

```
int MPI_Alltoall(
    void *sendbuf,              // 发送数据缓冲区的地址
    int sendcount,             // 发送到每个进程的数据个数
    MPI_Datatype sendtype,     // 发送数据类型
    void *recvbuf,             // 接收数据缓冲区的地址
    int recvcount,             // 从每个进程接收的数据个数
```

```
    MPI_Datatype recvtype,    // 接收数据类型
    MPI_Comm comm             // 通信子
);
```

进程通过 MPI_Alltoall( ) 函数发送不同的数据给不同的进程,任意两个进程间交换的数据的长度都是相等的,所以参数 sendcount 的值与 recvcount 的值是相等的,发送数据的类型 sendtype 和接收数据的类型 recvtype 也是相同的。所有进程的发送缓冲区和接收缓冲区的大小都是相同的,每个进程都将发送缓冲区的第 i 块数据发送给第 i 号进程,从第 j 号进程接收的数据被存放在接收缓冲区的第 j 块位置。

代码清单 3-11 给出了调用 MPI_Alltoall( ) 函数的示例代码。本组共 4 个进程,进程 i (i=0,1,2,3) 向组内每个进程各发送 1 个整数,同时从每个进程各接收 1 个整数,各进程调用 MPI_Alltoall( ) 函数之后,4 个整数被交叉互换后再被保存到每个进程的接收缓冲区,如图 3-18 所示。注意,本函数调用中没有 root 进程。

代码清单 3-11　MPI_Alltoall( ) 示例代码。

```
1    MPI_Comm comm;
2    int sendbuf[4], recvbuf[4];
3    ...
4    MPI_Alltoall( sendbuf, 1, MPI_INT, recvbuf, 1, MPI_INT, comm );
```

还有一点需要注意,示例代码中调用 MPI_Alltoall( ) 函数时,参数 sendcount 和 recvcount 的值均被置为 1,而从图 3-18 的执行示意图可以看出,每个进程发出了 4 个整数,也收到了 4 个整数。这是因为参数 sendcount 是指调用该函数的进程向每个进程发送的数据个数,而 recvcount 是指调用该函数的进程从每个进程接收的数据个数。当这两个参数被置为 1 时,发出和收到的数据个数将等于组内进程个数。

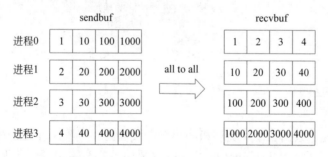

图 3-18　MPI_Alltoall( ) 函数调用前后的数据缓冲区示例

MPI_Alltoall( ) 函数操作中,组内每个进程都要向其他进程各发送一条消息。如果进程组包含 n 个进程,则 MPI_Alltoall( ) 函数操作需要传输的消息总数是 n^2 条。当程序执行的进程个数较多时,全互换操作将产生数量众多的消息。例如,1000 个进程的全互换操作将产生 100 万条消息,如果进程个数增加到 4096,则消息条数将超过 1600 万条。数量众多的消息传输将产生很大的开销和延迟,同时也对高性能计算机的互连网络形成冲击。因此,在大规模并行程序中应谨慎使用全互换操作,并减少全互换操作的次数。

正如 MPI_Gather( ) 函数和 MPI_Gatherv( ) 函数的关系一样,MPI 同样提供 MPI_Alltoallv( ) 函数操作,可以在组内任意两个进程间交换不同长度的数据。

MPI_Alltoallv( ) 函数的定义如下。

```
int MPI_Alltoallv(
    void *sendbuf,          // 发送数据缓冲区的地址
    int *sendcounts,        // 发送到各个进程的数据个数
    int *sdispls,           // 整数数组，每个元素表示相对于 sendbuf 的位置偏移
    MPI_Datatype sendtype,  // 发送数据类型
    void *recvbuf,          // 接收数据缓冲区的地址
    int *recvcounts,        // 从每个进程接收的数据个数
    int *rdispls,           // 整数数组，每个元素表示相对于 recvbuf 的位置偏移
    MPI_Datatype recvtype,  // 接收数据类型
    MPI_Comm comm           // 通信子
);
```

参数 sdispls 用于指定待发送数据在发送缓冲区 sendbuf 中的位置偏移，rdispls 用于指定待接收数据在接收缓冲区 recvbuf 中的位置偏移。

3.3.7 规约 MPI_Reduce

1. MPI_Reduce( ) 函数操作

规约操作函数 MPI_Reduce( ) 是集合通信中实现计算功能的常用操作之一，它在组内进程之间执行指定的规约操作，并将计算结果存入 root 进程的接收缓冲区。组内每个进程提供一个或多个数据，规约操作依次对每个数据进行规约。

MPI_Reduce( ) 函数的定义如下。

```
int MPI_Reduce(
    void *sendbuf,          // 发送数据缓冲区的地址
    void *recvbuf,          // 接收数据缓冲区的地址
    int count,              // 每个进程的数据个数
    MPI_Datatype datatype,  // 数据类型
    MPI_OP op,              // MPI 操作符（规约操作符）
    int root,               // root 进程（接收规约结果）
    MPI_Comm comm           // 通信子
);
```

所有进程都提供数据长度和类型相同的发送缓冲区和接收缓冲区，对于 root 进程，所有参数都是有意义的；对于非 root 进程，接收缓冲区是没有意义的，只有 root 进程会收到最终的计算结果。op 参数是指定的规约操作符，MPI 预定义了一些常用规约操作符，如表 3-7 所示。例如，MPI_SUM 可以对组内所有进程的发送缓冲区中的数据进行求和，MPI_MAX 的功能则是找出组内所有进程的发送缓冲区中最大的数。

表 3-7　MPI 预定义的规约操作符

操 作 符	功 能 说 明
MPI_MAX	最大
MPI_MIN	最小
MPI_SUM	求和

续表

操 作 符	功 能 说 明
MPI_PROD	求积
MPI_LAND	逻辑与（logical AND）
MPI_BAND	按位与（bit-wise AND）
MPI_LOR	逻辑或（logical OR）
MPI_BOR	按位或（bit-wise OR）
MPI_LXOR	逻辑异或（logical XOR）
MPI_BXOR	按位异或（bit-wise XOR）
MPI_MAXLOC	最大值及相应位置
MPI_MINLOC	最小值及相应位置

代码清单 3-12 给出了调用 MPI_Reduce( ) 函数的示例代码。每个进程的缓冲区中有 2 个整数，指定进程 0 为根进程，并进行"加–规约"操作；当规约操作完成后，进程 0 的接收缓冲区中存有规约计算结果，如图 3-19 所示。

代码清单 3-12　MPI_Reduce( ) 示例代码。

```
1    MPI_Comm comm;
2    int sendbuf[2], recvbuf[2];
3    int root=0;
4    ...
5    MPI_Reduce( sendbuf, recvbuf, 2, MPI_INT, MPI_SUM, root, comm);
```

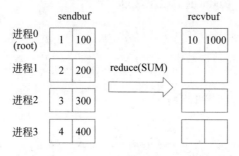

图 3-19　MPI_Reduce（ ）求和操作前后的缓冲区状态示例

2. MPI_MAXLOC 和 MPI_MINLOC

在 MPI 预定义的规约操作符中，MPI_MAXLOC 和 MPI_MINLOC 操作除了计算最大 / 最小值，还可以指出最大值或最小值所在的位置（通常为进程号）。以 MPI_MAXLOC 为例，对一个"数对（pairs）"序列：$(u_0, 0), (u_1, 1), \cdots, (u_{n-1}, n-1)$，规约操作将返回一个数对$(u, r)$，其中 $u=\max (u_i)$，r 为最大值所在二元组的索引，如果该序列中存在多个最大值，则选取其中位置最靠前的。

"数对（pairs）"实际上就是数值及其所在位置的二元组，一般情况下，用进程号标识所在位置。MPI 专门为其预定义了数据类型，如表 3-8 所示。

表 3-8　MPI 预定义的数据类型

类　　型	描　　述
MPI_FLOAT_INT	浮点型和整型
MPI_DOUBLE_INT	双精度和整型
MPI_LONG_INT	长整型和整型
MPI_2INT	整型和整型
MPI_SHORT_INT	短整型和整型
MPI_LONG_DOUBLE_INT	长双精度浮点型和整型

从表 3-8 中可以得出，数对实际上就是各种定点 / 浮点数与整数的组合。开发者可以通过结构体定义一个数对类型的数据。例如，下面的结构体就定义了两个整型和整型数对。

```
struct{
    int value;
    int rank;
} data[2];
```

代码清单 3-13 给出了调用 MPI_Reduce( ) 进行 MPI_MAXLOC 操作的示例代码。程序中发送缓冲区 sendbuf 和接收缓冲区 recvbuf 的每个元素均为数对类型，调用时的数据类型指定为 MPI_2INT。假定每个进程的缓冲区中有 4 个整数，指定进程 0 为根进程，规约操作完成后，进程 0 的接收缓冲区中存有规约计算结果，如图 3-20 所示。注意图中发送缓冲区的第 4 个元素中有两个最大值（即 3），规约操作选择靠前的那个索引，即进程 2。

代码清单 3-13　MPI_Reduce( ) MAXLOC 示例代码。

```
1    MPI_Comm comm;
2    struct{
3       int value;
4       int rank;
5    } sendbuf[4], recvbuf[4];
6    int root=0;
7    ...
8    MPI_Reduce(sendbuf, recvbuf, 4, MPI_2INT, MPI_MAXLOC, root, comm);
9    if ( myRank == root )
10   {
11      //recvbuf 中存有所有的最大值及其所在进程号
12   }
```

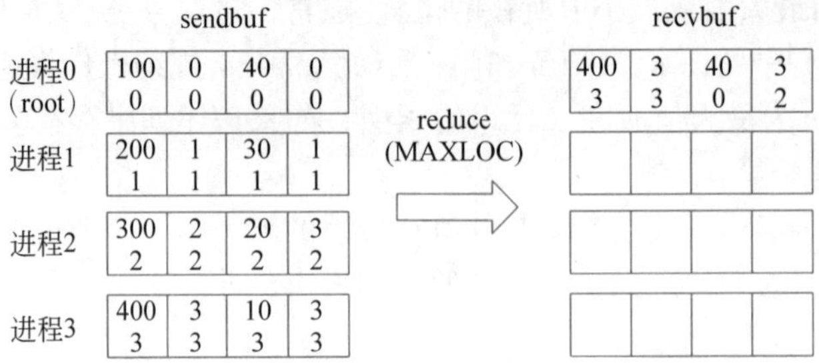

图 3-20　MPI_Reduce（ ）MAXLOC 操作进程数据缓冲区状态示例

3. 用户自定义规约操作

除了 MPI 预定义的规约操作，用户也可以自定义操作以实现更为灵活的规约计算。自定义规约操作需使用 MPI 提供的 MPI_Op_create( ) 函数，定义如下。

```
int MPI_Op_create(
    MPI_User_function *function,    // 自定义函数的指针
    int commute,                    // 操作是否是可交换的，1 为可以，0 为不可以
    MPI_Op *op                      // 新定义的操作的句柄
);
```

可以看出，自定义规约操作就是由用户自定义一个规约函数，并将其与一个规约操作符关联到一起，这个关联就通过调用 MPI_Op_create( ) 函数来完成，即将用户自定义的规约操作函数与新生成的操作 op 联系起来。

用户自定义规约函数 MPI_User_function( ) 的原型如下。

```
typedef void MPI_User_function( void *invec, void *inoutvec,
                                int *len, MPI_Datatype *datatype);
```

用户在编写自定义函数时，要按如下方式来编写。

函数被调用时，参数 invec 指向的通信缓冲区对应数组 u[0], ⋯, u[len–1]，参数 inoutvec 指向的通信缓冲区对应数组 v[0]，⋯，v[len–1]，数组 u、v 均为输入参数；函数返回时，输出数据被存放在 inoutvec 指向的通信缓冲区，对应数组 w[0]，⋯，w[len–1]。规约操作函数的规则就是：w[i] = u[i] ○ v[i]，其中 i = 0, 1, ⋯, len–1，而○就是该函数要实现的规约操作。这种编写方式可以被理解为规约函数的每次调用可以处理两个数据缓冲区，invec 和 inoutvec 是两个长度为 len、类型为 datatype 的数组，分别是两个参与规约的数据缓冲区，计算后的结果会覆盖被存储在 inoutvec 数组中，inoutvec 数组中的数据会继续被后续的规约函数调用。MPI 环境通过数次规约函数的调用完成整个规约过程。

代码清单 3-14 给出了一个自定义规约操作的程序示例，其中，自定义规约函数的功能是对整型数据求乘积。

代码清单 3-14 自定义规约操作示例。

```
1    /* 用户自定义函数 */
2    void mpi_product(int *inP,int *inoutP,int *len,MPI_Datatype *dptr)
3    {
4        int i = 0;
5        int c = 0;
6        int *in = intP;    int *inout = inoutP;
7        for ( i = 0; I < *len; ++I )
8        {
9            c = (*in) * (*inout);
10           *inout = c;
11           in++;
12           inout++;
13       }
14   }
15   /* 创建新的 MPI_Op 操作 */
```

```
16    MPI_Op my_mpi_product;
17    MPI_Op_create( mpi_product, 1, &my_mpi_product );
18    ...
19    /* 执行自定义的规约操作 */
20    MPI_Reduce( sbuf, rbuf, N, MPI_INT, my_mpi_product, root, comm);
```

3.3.8　组规约 MPI_Allreduce

正如 MPI_Gather( ) 和 MPI_Allgather( ) 的关系一样，MPI 也提供了组规约操作函数 MPI_Allreduce( )，在该操作中，每个进程都可以接收规约操作后的结果。从执行效果来看，相当于 root 进程执行 MPI_Reduce( ) 操作后，再调用 MPI_Bcast( ) 函数将结果广播给组内其他进程。

MPI_Allreduce( ) 函数的定义如下。

```
int MPI_Allreduce(
    void *sendbuf,          // 发送数据缓冲区的地址
    void *recvbuf,          // 接收数据缓冲区的地址
    int count,              // 每个进程的数据个数
    MPI_Datatype datatype,  // 数据类型
    MPI_OP op,              // MPI 操作符
    MPI_Comm comm           // 通信子
);
```

函数 MPI_Allreduce( ) 的参数与 MPI_Reduce( ) 的参数基本一致，含义也相同，只是没有 root 进程。

图 3-21 进一步展示了 MPI_Allreduce( ) 函数执行后进程缓冲区的状态，每个进程的数据缓冲区有两个数据，所做的操作为 MPI_SUM 求和操作。注意本操作中没有 root 进程。

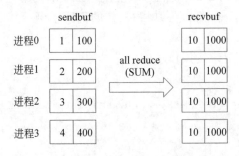

图 3-21　**MPI_Allreduce**（ ）求和操作的数据缓冲区状态示例

3.3.9　扫描 MPI_Scan

扫描操作函数 MPI_Scan( ) 可以被视为逐级规约，即每一个进程都对所有进程号排在其前面的进程进行规约操作。MPI_Scan( ) 执行的效果相当于：对进程 $i=0, 1, \cdots, n-1$，将进程 i 作为 root 进程，对进程 $0 \sim i$ 的发送缓冲区的数据执行规约操作 MPI_Reduce( )，将结果存入进程 i 的接收缓冲区。最终每个进程的接收缓冲区都有数据，但进程号越大的进程，

执行规约操作时参与规约的进程越多。

MPI_Scan( )函数的定义如下。

```
int MPI_Scan(
    void *sendbuf,          // 发送数据缓冲区的地址
    void *recvbuf,          // 接收数据缓冲区的地址
    int count,              // 每个进程的数据个数
    MPI_Datatype datatype,  // 数据类型
    MPI_OP op,              // MPI 操作符
    MPI_Comm comm           // 通信子
);
```

函数 MPI_Scan( ) 的参数和 MPI_Reduce( ) 基本一致，含义相同，但是 MPI_Scan( ) 是逐级规约，每个进程的规约结果是不一样的，类似按照进程号的顺序扫描一般。

代码清单 3-15 给出了调用 MPI_Scan( ) 的示例代码。每个进程的缓冲区中有 2 个整数，指定 MPI_SUM 求和运算，扫描操作完成后，各进程的接收缓冲区中存有扫描计算结果，如图 3-22 所示。注意，本操作中没有 root 进程。

代码清单 **3-15** MPI_Scan( ) 示例代码。

```
1    MPI_Comm comm;
2    int sendbuf[2], recvbuf[2];
3    ...
4    MPI_Scan( sendbuf, recvbuf, 2, MPI_INT, MPI_SUM, comm );
```

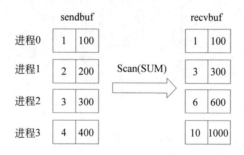

图 **3-22** MPI_Scan（ ）求和操作的数据缓冲区状态示例

3.3.10 栅栏 MPI_Barrier

栅栏是常用的进程 / 线程间同步机制，如 OpenMP 中的 barrier 指令、Pthreads 中的 pthread_barrier_wait( ) 函数等。MPI 也提供类似的同步操作 MPI_Barrier( )，区别在于它实现的是进程间同步。当组内进程执行到 MPI_Barrier( ) 时，将会被阻塞，直到组内所有的进程都到达该函数，此时各进程从该函数返回，从而实现了组内进程执行进度的同步。

MPI_Barrier( ) 函数的定义如下。

```
int MPI_Barrier(
    MPI_Comm comm // 通信子
);
```

MPI_Barrier( )函数只有通信子一个参数,也就是只能实现该通信子内所有进程的同步。

◆ 3.4 一个 MPI 示例程序

本节给出一个 MPI 例子程序——计算圆周率 π。第 2 章在介绍 OpenMP 和 Pthreads 编程时,已经分别给出了采用莱布尼茨级数计算圆周率 π 的 OpenMP 和 Pthreads 程序,本节介绍的例子程序将采用一种不同的计算方法——基于数值积分的圆周率计算方法。因此,本节首先介绍数值积分的计算方法,在此基础上介绍用数值积分方法计算圆周率 π 的算法及程序,本节还将介绍 MPI 程序中用来记录和统计时间的墙钟机制。

3.4.1 数值积分的计算

数值积分是一种典型的数值计算方法,这里首先介绍其基本原理。

给定函数 $y=f(x)$,假定其曲线如图 3-23 所示。要计算该曲线从 a 点到 b 点与坐标轴围成的区域面积,则可对应计算以下积分。

$$S=\int_a^b f(x)\mathrm{d}x \tag{3-1}$$

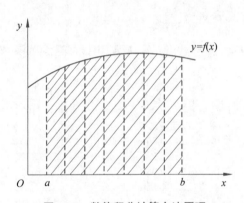

图 3-23 数值积分计算方法原理

这里可以用**梯形积分法**计算上述积分,即用多个梯形面积之和来近似求得该区域的面积。具体思路是:将 a、b 区间等分成 N 段(如图中所示),进而形成 N 个小梯形,然后计算每个小梯形的面积并将其相加,即可求得该区域面积的近似值。显然,N 的值越大,求解的近似度也将越高。

由于该段区间被等分成 N 段,因此,每个梯形的高度相等,即 $h=1/N$。假设 N 个梯形编号为 0,1,$\cdots$,$N-1$,对于梯形 i,其面积计算公式为

$$s_i=\frac{h\times[f(x_i)+f(x_{i+1})]}{2} \tag{3-2}$$

其中 $x_i=a+i\times h$, $x_{i+1}=a+(i+1)\times h$

将 N 个梯形面积相加,即得到该区域面积,如下所示。

$$S\approx\sum_{i=0}^{N-1}s_i=h\times\left[\frac{f(x_0)}{2}+f(x_1)+f(x_2)+\cdots+f(x_{N-1})+\frac{f(x_N)}{2}\right] \tag{3-3}$$

另一种更为简单的近似计算方法是：**使用多个矩形而不是梯形来近似计算上述区域。**虽然使用矩形的误差大于梯形，但只要 N 足够大，那么这种近似仍然可以获得足够高的计算精度。

使用矩形时，积分计算公式可以进一步简化为

$$S \approx \sum_{i=0}^{N-1} s_i = h \times \sum_{i=0}^{N-1} f(x_i) \tag{3-4}$$

计算梯形面积时使用了上底、下底边长（即小梯形的左右边界），而计算矩形面积时通常认为这两个边长相等。为了提高近似度，可以使用左右边界的中间值作为矩形边长，即：

$$x_i = a + (i + 0.5) \times h \tag{3-5}$$

无论是使用梯形还是矩形，从计算公式可以看出，累加求和的各项之间没有依赖关系，因此可以并行计算，也就是说，各个梯形或矩形面积的计算可以并行完成。

3.4.2 基于数值积分的圆周率计算程序

圆周率的积分计算公式如下。

$$\frac{\pi}{4} = \arctan(1) = \int_0^1 \frac{1}{1+x^2} dx \tag{3-6}$$

该公式基于 π 的反正切式，并将其转换为积分。根据该公式，可以得到 π 值的计算公式如下。

$$\pi = 4 \int_0^1 \frac{1}{1+x^2} dx = \int_0^1 f(x) dx \tag{3-7}$$

$$其中 f(x) = \frac{4}{1+x^2}$$

根据前面介绍的数值积分计算方法，使用 N 个矩形近似计算该区域，则可以得到上述积分的计算公式如下。

$$\pi \approx h \times \sum_{i=1}^{N} f(x_i) \tag{3-8}$$

$$其中 h = \frac{1}{N}, x_i = h \times (i - 0.5), f(x) = \frac{4}{1+x^2}$$

需要说明的一点是，上述公式中 i 取值为 1，2，$\cdots$，N，因此在计算矩形边长 x_i 时，中间值取 $(i-0.5)$ 而不是 $(i+0.5)$。

根据上述计算方法得到的程序如代码清单 3-16 所示。该程序使用多个 MPI 进程以实现圆周率 π 的并行计算，N 个矩形的计算将被平均分配给各进程。

程序在完成初始化之后，使用广播操作 MPI_Bcast( ) 将矩形个数 N 从进程 0 广播给其他进程（第 16 行）；之后各进程根据进程号分别完成部分积分计算（第 19~23 行），这部分程序遵从前文介绍的圆周率积分计算公式；循环结束后，使用规约求和操作 MPI_SUM 收集各进程的计算结果并累加（第 26 行），得到最终的 π 值；最后，显示 π 值及计算所花费的时间。可以看出，该程序使用了两个集合通信函数，分别是广播操作 MPI_Bcast( )

和规约操作 MPI_Reduce( )。

代码清单 3-16　基于数值积分的 MPI 圆周率计算程序。

```
1    int main(int argc,char *argv[])
2    {
3        int N, myID, numProcs, i;
4        double myPI, PI, h, sum, x;
5        double startWtime = 0.0, endWtime;
6
7        MPI_Init( &argc, &argv );
8        MPI_Comm_size( MPI_COMM_WORLD, &numProcs );
9        MPI_Comm_rank( MPI_COMM_WORLD, &myID );
10       if ( myid == 0 )
11       {
12           N = 10000;   /* 矩形个数，可改为人工输入 */
13           startWtime = MPI_Wtime( );  /* 记录开始时间 */
14        }
15       /* 进程 0 将矩形个数 N 分发给其他进程 */
16       MPI_Bcast( &N, 1, MPI_INT, 0, MPI_COMM_WORLD );
17       h = 1.0 / (double)N;     /* 矩形的高 */
18       sum = 0.0;
19       for ( i = myID + 1; i <= N; i += numProcs )
20       {
21           x = h * ((double)i - 0.5);
22           sum += 4.0/(1.0 + x*x);
23       }
24       myPI = h * sum;
25       /* 各进程计算结果加规约到进程 0 的变量 pi */
26       MPI_Reduce(&myPI,&PI,1,MPI_DOUBLE,MPI_SUM,0,MPI_COMM_WORLD);
27       if  (myid == 0)
28       {
29           endWtime = MPI_Wtime( );  /* 记录结束时间 */
30           printf("pi ≈ %.16f\n", PI);
31           printf("wall clock time = %f\n", endWtime-startWtime);
32       }
33       MPI_Finalize( );
34       return 0;
35    }
```

以上介绍的圆周率计算程序也是开源 MPI 程序库 MPICH 中的例子程序，程序名为
cpi.c，该程序与代码清单 3-16 相比仅有个别语句的差异。这个程序很简短，但集成了
MPI 编程的诸多重要元素，非常适合作为示例程序使用。在缺少算法说明的情况下，理解
这个程序的原理会有一定困难，读者可以结合本节前面介绍的数值积分计算方法，以及基
于数值积分的圆周率计算方法阅读该例子程序。

3.4.3　MPI 墙钟时间

上述圆周率计算程序还使用了一个之前没有介绍过的 MPI 函数：MPI_Wtime( )。该函

数用于获取系统的"墙钟时间（**wall clock time**）"。按照 MPI 规范,该函数返回的是从"过去某一时刻"开始所经历的时间，单位为秒。一个进程在其存活期内，墙钟时间的起点是确定的。因此，开发者可以使用墙钟时间来统计程序完成计算所花费的时间，这是并行程序调试和测试中常用的手段，见前述 π 计算示例程序的第 13、29、31 行。

需要说明的是，以上墙钟时间仅在节点内有效，不同节点中进程的墙钟时间是否同步依赖于系统和 MPI 程序库，可通过查询属性 MPI_WTIME_IS_GLOBAL 是否为 1 而获知。从程序的通用性角度考虑，较为简便的做法是在同一个进程内调用 MPI_Wtime( ) 来统计时间。

除了 MPI_Wtime( ) 之外，MPI 还提供了一个计时用的接口函数：MPI_Wtick( )，该函数用于获取系统的时钟分辨率（相对于秒），即一个计时周期所对应的秒数。如果一个系统的时钟分辨率是 1 毫秒（ms），那么，MPI_Wtick( ) 的返回值就是 0.001。注意，MPI_Wtime( ) 和 MPI_Wtick( ) 的返回值类型都是双精度浮点数。

两个计时函数的定义如下。

```
double MPI_Wtime( );
double MPI_Wtick( );
```

◇ 3.5 进程组和通信子

本章开始时已经介绍了进程组和通信子的基本概念，本节将更加详细地介绍 MPI 提供的关于进程组和通信子管理的常用操作。

进程组是一组进程的集合，对应协同完成某个任务的一组进程，可以将进程划分成不同的组以完成不同的任务。通信子定义了封装 MPI 通信的基本模型，是 MPI 环境管理进程及通信的基本设施。通信子包含一组可以相互通信的进程、通信上下文等，进程组必须依附于某个通信子以实现组内进程通信。从本章前文介绍的点对点通信及集合通信接口函数来看，几乎每个函数都使用通信子参数以标识其是在哪个进程组中通信。

通信子分为组内通信子（intra-communicator）和组间通信子（inter-communicator）。组内通信子用于描述同属一个组的进程间的通信，组间通信子描述分属不同组的进程之间的通信。

通信子通过进程号（rank）标识每个进程。每个进程在不同的通信子中都会有相应的进程号,进程号是从 0 开始的连续整数。例如,组内有 n 个进程,进程号取值范围则是 0, 1, 2, …, $n-1$。因此，可以通过二元组 <通信子，进程号> 或者 <进程组，进程号> 标识某个进程。

在 MPI 程序启动后，MPI 环境会创建两个默认的通信子：一个是全局通信子 MPI_COMM_WORLD，本次程序启动的所有进程都属于该通信子，相当于自动将所有的进程都划分到一个全局组；另一个默认的通信子是 MPI_COMM_SELF，这个通信子只包含进程自身，相当于每个进程都是一个单独的进程组。

除了 MPI 的默认通信子之外，有时用户需要自定义进程组和通信子。用户需要自定义进程组和通信子的情形主要有两种：第一种情形下，某些 MPI 程序为了完成较为复杂的计算，常常需要将进程分为多组，各组进程分别完成不同的计算，并在组内通信，此时可以为各组进程创建独立的进程组和通信子；第二种情形下，有时需要在 MPI 基础上开发算法库或软件包供上层的应用程序调用，为避免算法库内的进程与应用程序的进程相互影响，需要在算法库内使用自定义的组和通信子。

3.5.1 组管理

MPI 中有一些预定义的进程组：MPI_GROUP_EMPTY 表示一个空组，组内没有任何成员；MPI_GROUP_NULL 表示一个无效组的句柄，一般程序将一个组释放后，将返回 MPI_GROUP_NULL；MPI_GROUP_EMPTY 和 MPI_GROUP_NULL 的不同之处在于，前者是一个没有成员的空组的有效句柄（空组也是有意义的可操作的），后者表示一个无效句柄，表示进程组已被释放，不再有意义了，是不可操作的。

MPI 提供了一系列操作实现对进程组的管理，其常用组管理函数如表 3-9 所示。

表 3-9　MPI 常用组管理函数

操作	函 数 名 称	功　能
组的构建与取消	MPI_Comm_group( )	返回与通信子 comm 对应的进程组
	MPI_Group_union( )	两个进程组求并集，形成一个新组
	MPI_Group_intersection( )	两个进程组求交集，形成一个新组
	MPI_Group_difference( )	求存在于一个组而不存在于另一个组的进程，形成新组
	MPI_Group_incl( )	将进程组中前 n 个进程组成一个新组
	MPI_Group_excl( )	将进程组中前 n 个进程删除后组成一个新组
	MPI_Group_free( )	释放组对象
访问组的相关信息	MPI_Group_size( )	返回指定进程组中的进程个数
	MPI_Group_rank( )	返回调用进程在进程组中的编号
	MPI_Group_compare( )	比较两个进程组中的进程及编号并返回结果
	MPI_Group_translate_ranks( )	返回一个进程组中的 n 个进程在另一个组中的编号

MPI_Comm_group( ) 函数返回某个通信子所对应的进程组，进程组句柄是 MPI_Group 类型。预定义通信子 MPI_COMM_WORLD 和 MPI_COMM_SELF 对应的进程组并没有相应的预定义常数，如果用户需要访问这两个通信子对应的进程组，那么他就可以通过 MPI_Comm_group( ) 函数获取。

MPI_Group_union( ) 函数定义如下。

```
int MPI_Group_union(
    MPI_Group group1,
    MPI_Group group2,
    MPI_Group *newgroup
);
```

MPI_Group_union( ) 函数将参数 group1 和 group2 所指定的进程组求并集，形成一个新的进程组 newgroup。在新形成的进程组中，原属于第一组的进程按照在第一组的顺序排序，第二组中不属于第一组的进程则将按原始的顺序排在第一组的进程后面。

MPI_Group_intersection( ) 函数的参数与 MPI_Group_union( ) 函数一致，功能是对 group1 和 group2 所指定的进程组求交集，并形成一个新的进程组 newgroup。同属于两个组的进程在新的进程组中的排列顺序与其在第一组中排列的顺序一致。

MPI_Group_difference( ) 函数的参数与上述两个函数一致，功能是将属于第一个进程组 group1、且不属于第二个进程组 group2 的进程形成一个新的进程组，相当于求两个进程组的差集。进程在新进程组中的顺序与其在第一组中的顺序一致。如果第一组中的进程全部在第二组出现，则新组为空组，newgroup 被赋值 MPI_GROUP_EMPTY。

MPI_Group_incl( ) 函数的定义如下。

```
int MPI_Group_incl(
    MPI_Group group,        // 进程组
    int n,                  // 数组 ranks 的大小
    int *ranks,             // 进程号数组
    MPI_Group *newgroup     // 新的进程组
);
```

MPI_Group_incl( ) 函数的功能是将指定进程组 group 中的 n 个进程组合成一个新的进程组，ranks 数组用于指定进程组 group 中哪些进程被用来组合成新组，每个元素对应一个进程号，为该进程在 group 中编号。进程在新进程组的顺序由其在 ranks 数组中的顺序决定。如果 $n=0$，则 newgroup 为 MPI_GROUP_EMPTY。该函数可以用来将一个组的进程重新排序，即 n 取值为进程组中进程个数，并在 ranks 数组中指定进程的新顺序。

MPI_Group_excl( ) 函数的参数的形式与 MPI_Group_incl( ) 函数相同，功能是将 ranks 数组所指定的进程全部排除，并将剩下的进程组成一个新的进程组，进程在新进程组中的顺序与原进程组中顺序一致，如果 $n=0$，则相当于复制了原进程组。

MPI_Group_free( ) 函数用于释放指定的进程组，置句柄 group 为 MPI_GROUP_NULL。

MPI_Group_size( ) 函数与 MPI_Group_rank( ) 函数分别用于获取指定进程组中的进程个数和调用进程在进程组中的编号。这两个函数与 3.1.5 节提到的 MPI_Comm_size( ) 函数和 MPI_Comm_rank( ) 函数的功能类似。如果调用进程不在指定进程组，则将 rank 参数置为 MPI_UNDEFINED。

MPI_Group_compare( ) 函数用于比较两个进程组，其定义如下。

```
int MPI_Group_compare(
    MPI_Group group1,      // 进程组 1
    MPI_Group group2,      // 进程组 2
    int *result            // 比较结果（整型）
);
```

如果进程组 group1 与 group2 包含的进程及进程的编号都完全相同，则返回预定义常量 MPI_IDENT；如果进程相同但是进程在组中的编号不完全相同，则返回预定义常量 MPI_SIMILAR；如果包含的进程也不相同，则返回预定义常量 MPI_UNEQUAL。

MPI_Group_translate_ranks( ) 函数的定义如下。

```
int MPI_Group_translate_ranks(
    MPI_Group group1,       // 进程组 1
    int n,                  // 数组 ranks1 和 ranks2 的大小
    int *ranks1,            // 指定的进程在 group1 中的编号数组
    MPI_Group group2,       // 进程组 2
    int *ranks2             // 返回指定进程在 group2 中对应的编号数组
);
```

ranks1 数组指定进程组 group1 中的进程号，ranks2 返回这些进程在进程组 group2 中的进程号，如果进程并不在 group2 中，则在数组中相应的位置返回预定义常数 MPI_UNDEFINED。这个函数主要用来获取两个不同进程组中的相同进程的相对编号。例如，group2 是 group1 的子集，在已知某些进程在 group1 中编号的情况下，若想知道这些进程在 group2 中的编号，就可以使用该函数。

3.5.2　通信子管理

与进程组管理类似，MPI 也提供了一系列接口函数用于管理通信子，常用通信子管理函数如表 3-10 所示。

表 3-10　MPI 常用通信子管理函数

操　作	函 数 名 称	功　　能
通信子的创建与取消	MPI_Comm_create( )	利用进程组创建新的通信子
	MPI_Comm_dup( )	复制通信子
	MPI_Comm_split( )	拆分指定通信子的进程，形成一个或多个新进程组
	MPI_Comm_free( )	释放通信子
访问相关信息	MPI_Comm_size( )	返回指定通信子中的进程个数
	MPI_Comm_rank( )	返回调用进程在通信子中的编号
	MPI_Comm_compare( )	比较两个通信子中的进程及编号并返回结果

与通信子相关的最常用的函数是 MPI_Comm_size( ) 和 MPI_Comm_rank( )，分别用于获取指定通信子的大小，以及调用进程在指定通信子中的进程号。几乎所有的 MPI 程序都会在最开始调用 MPI_Comm_rank( ) 获取进程在全局通信子 MPI_COMM_WORLD 中的进程号，并调用 MPI_Comm_size( ) 函数获取本次程序执行的总进程数，然后根据进程编号和进程数划分计算任务和数据。

MPI_Comm_compare( ) 函数与 MPI_Group_compare( ) 函数功能类似，只是比较对象是两个通信子，并且比较的规则不太相同。

MPI_Comm_compare( ) 函数定义如下。

```
int MPI_Comm_compare(
    MPI_Comm comm1,   // 通信子 1
    MPI_Comm comm2,   // 通信子 2
    int *result       // 比较结果（整型）
);
```

当进程调用 MPI_Comm_compare( ) 时，如果 comm1 与 comm2 是同一个通信子对象的句柄，则 result 返回预定义常数 MPI_IDENT；如果两个通信子的进程组成员相同，且进程的编号顺序也相同，则 result 返回 MPI_CONGRUENT；如果两个通信子的进程组成员相同，但编号顺序不同，则 result 返回 MPI_SIMILAR；如果都不相同，则 result 返回 MPI_UNEQUAL。

MPI_Comm_create( ) 函数的功能是为一个进程组创建新的通信子。在使用上一节所介绍的函数创建新的进程组后，开发者需要为新建的进程组创建对应的通信子，以便在新的进程组内通信，函数定义如下。

```
int MPI_Comm_create(
    MPI_Comm comm,       // 通信子
    MPI_Group group,     // 进程组，应为 comm 进程组的子集
    MPI_Comm *newcomm    // 新创建的通信子
);
```

group 是新建的进程组，group 必须是 comm 所对应进程组的子集，如果调用该函数的进程不在 group 中，则返回 MPI_COMM_NULL。

MPI_Comm_dup( ) 函数用来复制一个通信子，其定义如下。

```
int MPI_Comm_dup( MPI_Comm comm, MPI_Comm *newcomm );
```

新的通信子将具有与原通信子相同的进程组、上下文和缓冲信息。

MPI_Comm_split( ) 函数提供了一种功能更强大、更灵活的进程组拆分手段。该函数的功能是基于已有通信子形成一个或多个新的通信子，其定义如下。

```
int MPI_Comm_split(
    MPI_Comm comm,       // 通信子
    int color,           // 本进程的 color 值，用于控制子进程组的划分
    int key,             // 控制进程在子进程组中的 rank
    MPI_Comm *newcomm    // 新生成子进程组的通信子
);
```

通信子 comm 中的每个进程都将调用该函数，并指定一个 color 值，不同进程可以使用相同或不同的 color 值，color 值相同的进程将被分到相同的子组。也就是说，调用该函数时使用了多少种 color 值，进程组就会被拆分成相同个数的子组，这也意味着，拆分后的各个子进程组是不相交的（没有交集）。每个子进程组所对应的新通信子是 newcomm。进程在子进程组中的编号由 key 决定，key 越小，编号也就越小，如果两个进程指定的 key 值相同，则这两个进程将按照在原通信子中的顺序排序。

图 3-24 给出了一个进程组拆分的示例。该进程组共有 9 个进程，rank 值分别为 0，1，2，…，8。每个进程调用 MPI_Comm_split( ) 时的 color 参数值为（rank % 3），这样就有 0、1、2 三种 color 值。因此，该组进程将被拆分成三个子组，每个子组各有 3 个进程。

MPI_Comm_free( ) 函数用来释放一个通信子，其定义如下。

```
int MPI_Comm_free( MPI_Comm *comm );
```

函数调用结束后 comm 被置为 MPI_COMM_NULL。如果该通信子中有操作未完成，

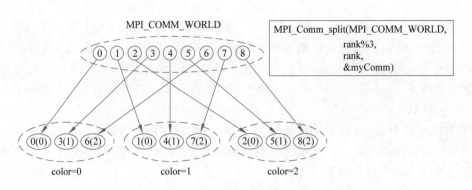

图 3-24   MPI_Comm_split（）拆分进程组示例

则程序会等到所有操作正常完成，此时，该通信子才会被实际撤销。

3.5.3 组间通信子

迄今为止，本章所介绍的进程间通信都是在一个组内进行的，这被称为组内通信（intra-communication），组内通信所使用的通信子被称为组内通信子（intra-communicator）。如果要在不同进程组之间传输消息，则可以使用**组间通信子（inter-communicator）**。

与组内通信子对应一个进程组不同，组间通信子对应两个进程组，MPI 使用本地组和远程组这两个术语来加以区分，基本描述如下。

（1）本地组（local group）：调用通信函数的进程所在的组。

（2）远程组（remote group）：调用通信函数时，与本进程通信的组。

本地组和远程组是从进程自身的视角区分的。例如，某进程调用 MPI_Send（）发送消息时，该进程所在的组是本地组，接收消息的进程所在组是远程组；而某进程调用 MPI_Recv（）接收消息时，该进程所在的组是本地组，发送消息的进程所在组是远程组。

创建组间通信子需要一些已知信息，包括：两个组的组内通信子，以及每个组的领导进程（leader），即本组内负责和另一个组进行通信的进程。

创建组间通信子还有一个前提条件：存在一个"端"通信子（peer communicator），该通信子要包含两个 leader 进程，而且两个 leader 进程彼此知道对方在端通信子中的编号。

使用函数 MPI_Intercomm_create（）可以创建组间通信子，此函数定义如下。

```
int MPI_Intercomm_create(
     MPI_Comm local_comm,         // 本地组的组内通信子
     int local_leader,            // 本地组 leader 进程在 local_comm 中的 rank
     MPI_Comm peer_comm,          // 端通信子 (peer communicator)
     int remote_leader,           // 远程组 leader 进程在 peer_comm 中的 rank
     int tag,                     // tag
     MPI_Comm *newintercomm       // 新创建的组间通信子指针
);
```

代码清单 3-17 给出了为两个进程组创建组间通信子的示例程序。该程序首先调用 MPI_Comm_split（）函数将所有进程拆分成两个子组，子组的 color 值分别为 0、1（以下将之简称为组 0 和组 1）。随后，组 0 和组 1 内的进程分别调用 MPI_Intercomm_create（）函数创建组间通信子。需要说明的是，两个函数调用使用的 local_leader 参数均为 0，即指

定组 0 和组 1 内的 0 号进程作为 leader；并且两个函数调用都使用 MPI_COMM_WORLD 作为 peer_comm，根据进程组拆分调用可知，组 0 和组 1 的 leader 进程在 MPI_COMM_WORLD 中的序号分别为 0、1，因此，组 0 函数调用的 remote_leader 值为 1，组 1 函数调用的 remote_leader 值为 0。两个函数调用的 tag 值均被固定为 1。

代码清单 **3-17** 组间通信子示例程序。

```
1    MPI_Comm myComm; /* 本地子组的组内通信子 */
2    MPI_Comm myInterComm; /* 组间通信子 */
3    int subgroupIdx;
4    int rank;
5
6    MPI_Init(&argc, &argv);
7    MPI_Comm_rank(MPI_COMM_WORLD, &rank);
8    subgroupIdx = rank % 2;  /* 子组号 0、1*/
9    /* 将进程拆分成 2 个子组 */
10   MPI_Comm_split(MPI_COMM_WORLD, subgroupIdx, rank, &myComm);
11   /* 创建两个子组的组间通信子 */
12   if ( subgroupIdx == 0 )
13     MPI_Intercomm_create( myComm, 0, MPI_COMM_WORLD, 1,
14                          1, &myInterComm);
15   else
16     MPI_Intercomm_create( myComm, 0, MPI_COMM_WORLD, 0,
17                          1, &myInterComm);
```

在创建组间通信子后，两个组的进程之间就可以使用组间通信子进行通信了。假设子组 0 中的某个进程调用 MPI_Send( ) 发送消息，且使用组间通信子 myInterComm，则目的进程号为远程组中的进程号；同理，假设子组 1 中的某个进程调用 MPI_Recv( ) 接收消息，且使用组间通信子 myInterComm，则源进程号为远程组中的进程号，此时也可以使用 MPI_ANY_SOURCE 和 MPI_ANY_TAG 接收来自另一个进程组中任意进程的消息。

还需说明的是，组间通信子要求两个进程组之间不能有重叠（交集），否则程序可能出错或死锁。上述示例程序使用 MPI_Comm_split( ) 拆分进程组，可满足这一要求。

◈ 3.6 MPI 与多线程

3.6.1 如何在 MPI 程序中使用多线程

MPI 的并行单位是进程，消息发送和接收也都是在进程之间进行的，但 MPI 并不排斥多线程，它允许在进程内使用多线程并行。然而，由于 MPI 不提供与线程相关的编程接口，开发者需要将 MPI 与 OpenMP、Pthreads 等多线程编程接口结合到一起使用。例如，通过 MPI+OpenMP 混合编程，可以在节点间实现 MPI 进程级并行，而在节点内实现 OpenMP 线程级并行。

MPI 规范提出了"线程兼容性（thread compliant）"概念。如果一种 MPI 程序库具有线程兼容性，那么它应当允许一个 MPI 进程的多个线程调用 MPI 接口函数。然而，如果一个进程的多个线程都参与 MPI 通信，由于 MPI 通信使用进程号（rank）作为消息的源和目的，所以它只能识别进程而无法识别线程，这样一来，发送给某个进程的消息可能会被该进程的任何一个线程接收，这显然会使程序的控制逻辑变得十分复杂。另外一个不容忽视的问题是，MPI 规范并不强制要求线程兼容性，也就是说，不能保证每种 MPI 程序库都具有线程兼容性。

如果开发者希望自己的程序能适用多种 MPI 环境，那么在使用多线程时就需要遵守一定的规则，最重要的就是线程安全性（thread safety）。

在 MPI 中使用多线程时，**同一个进程的多个线程有均等的机会参与该进程的 MPI 通信，但需由应用程序自身负责维护多线程安全**。同一进程内的多个线程同时进行 MPI 通信时，可能由于冲突导致 MPI 环境的错误，为了避免这种情形，在多线程调用 MPI 通信接口函数时需要进行必要的互斥，显然，这不但会降低程序性能，还会使程序变得更加复杂。

针对上述问题，存在两种更好的解决方案。

（1）这种方案很简洁，就是只让一个线程（如主线程）负责 MPI 通信，其他线程只负责计算而不参与 MPI 通信。

（2）如果确实需要多个线程参与 MPI 通信，那么可以让不同的线程使用不同的通信子，这样可以隔离多个线程的通信上下文，从而避免在 MPI 环境内导致错误。

另外，**MPI 不允许进程内的多个线程等待同一个 MPI 请求完成**。例如，不允许多个线程调用 MPI_Wait( ) 函数等待同一个请求完成。这是因为在 MPI 环境中，一个 MPI 请求只会完成一次，如果多个线程都等待这个完成事件，那么可能只有一个线程会被唤醒返回。

MPI 还要求 MPI_Init( ) 和 MPI_Finalize( ) **必须在主线程内配对执行**。而且，必须在所有线程的 MPI 调用结束后，主线程才可以执行 MPI_Finalize( )。

3.6.2 MPI+OpenMP 示例程序

本小节给出两个 MPI + OpenMP 混合编程的示例程序。

代码清单 3-18 给出了一个简单的 MPI+OpenMP 混合编程示例程序。该程序的主体是一个 MPI 程序，注意此程序第 2~3 行分别引用了 MPI 和 OpenMP 的头文件，随后在第 10 行使用 OpenMP 的 parallel 指令生成多线程，并使用 num_threads 子句指定线程个数为 2，在随后的结构块中，每个线程都执行 printf( ) 语句显示一条包含自身线程号和进程号的信息。

代码清单 3-18　MPI+OpenMP 混合编程的简单示例。

```
1    #include <stdio.h>
2    #include <mpi.h>
3    #include <omp.h>
4    int main(&argc,&argv)
5    {
6        int rank, numProcs;
7        MPI_Init(&argc,&argv);
8        MPI_Comm_rank( MPI_COMM_WORLD, &rank );
9        MPI_Comm_size( MPI_COMM_WORLD, &numProcs );
10       #pragma omp parallel num_threads(2)
11       {
```

```
12          printf(" thread %d in process %d\n",omp_get_thread_num( ),rank);
13      }
14      MPI_Finalize( )
15      return 0;
16  }
```

上述程序在编译时须增加 "-mp" 选项，即使用如下命令编译。

```
mpicc example.c -o example -mp
```

假设启动 4 个 MPI 进程，那么程序的运行结果如下。

```
$ thread 0 in process 1
$ thread 1 in process 1
$ thread 0 in process 3
$ thread 1 in process 3
$ thread 0 in process 0
$ thread 0 in process 2
$ thread 1 in process 0
$ thread 1 in process 2
```

在给出 MPI+OpenMP 的简单示例程序后，下面给出一个略微复杂一些的示例程序——MPI+OpenMP 版的圆周率计算程序。该程序在 3.4 节给出的基于数值积分的圆周率计算程序基础上使用 OpenMP 增加了多线程机制，见代码清单 3-19。

从该程序可以看出，其多线程改造非常简单。如果忽略引用 OpenMP 头文件的语句，那么整个程序仅添加了一条 OpenMP 编译指令（第 19~20 行），该指令通过 parallel for 指令实现多线程并行执行 for 循环。关于这条指令还有两点需要说明：首先，该指令使用 reduction 子句定义了对变量 sum 的 "加 – 规约"，注意这里的规约不是指 MPI 进程间集合通信的 "加 – 规约"（第 28 行的 MPI_Reduce( )），而是对多线程并行执行 for 循环过程中各自累加的 sum 值进行 "加 – 规约"；其次，该指令使用 private 子句将变量 x 定义为线程私有变量，因为每次循环都修改变量 x，如果不将其定义为线程私有，就会导致多线程同时写共享变量 x，这会导致错误结果。

代码清单 3-19　MPI+OpenMP 版的圆周率计算程序。

```
1   int main(int argc,char *argv[])
2   {
3       int N, myID, numProcs, i;
4       double myPI, PI, h, sum, x;
5       double startWtime = 0.0, endWtime;
6
7       MPI_Init(&argc,&argv);
8       MPI_Comm_size(MPI_COMM_WORLD,&numProcs);
9       MPI_Comm_rank(MPI_COMM_WORLD,&myID);
10      if (myid == 0)
11      {
12          N = 10000;  /* 矩形个数，可改为人工输入 */
13          startWtime = MPI_Wtime( );  /* 记录开始时间 */
14      }
```

```
15          /* 进程 0 将矩形个数 N 分发给其他进程 */
16          MPI_Bcast(&N, 1, MPI_INT, 0, MPI_COMM_WORLD);
17          h = 1.0 / (double) N;      /*矩形的高 */
18           sum = 0.0;
19      #pragma omp parallel for private(x,i) shared(myID,N,numProcs,h) \
20                             reduction(+ : sum)
21          for (i = myID + 1; i <= N; i += numProcs)
22          {
23                  x = h * ((double)i - 0.5); /*计算 xᵢ*/
24                  sum += 4.0/(1.0 + x*x);    /* 计算 f(xᵢ) 并累加 */
25          }
26          myPI = h * sum;
27          /* 各进程计算结果加规约到进程 0 的变量 pi */
28          MPI_Reduce(&myPI,&PI,1,MPI_DOUBLE,MPI_SUM,0,PI_COMM_WORLD);
29          if  (myid == 0)
30          {
31                  endWtime = MPI_Wtime( );  /* 记录结束时间 */
32                  printf("pi ≈ %.16f\n", PI);
33                  printf("wall clock time = %f\n", endWtime-startWtime);
34          }
35          MPI_Finalize( );
36          return 0;
37      }
```

3.6.3 分析和讨论

近年来，并行计算系统结构不断向混合化和异构化的方向发展。无论是小规模集群系统还是超级计算机，主流的系统架构都是以消息传递型为基础，即多个计算节点通过高速互连网络互连，而计算节点的架构则呈现两大特点，一是普遍采用多核/众核处理器，使计算节点成为包含多个处理器（核）的共享内存系统；二是以 GPU 为代表的异构加速器被广泛采用。如果暂且不考虑异构加速器的影响，那么"消息传递+共享内存"混合编程就是非常适合这类系统架构的编程模式，最为典型的就是前文介绍的 MPI+OpenMP 混合编程。然而在实践中，MPI 与多线程的混合编程一直是一个充满争议的话题。

以典型的集群系统为例，假设系统由多个计算节点互连而成，每个节点拥有 32 个处理器核，显然这是一个典型的"消息传递+共享内存"混合并行系统。假设一个程序要使用该系统中的 10 个计算节点进行并行计算，那么它可以采用的典型运行模式就有两种。

（1）**纯 MPI 模式**：按照可以使用的处理器个数启动 MPI 进程，在本例中，可使用 10 个节点，每节点 32 个处理器核，因此，共启动 320 个 MPI 进程，保证为每个处理器（核）分配一个进程。

（2）**MPI+OpenMP 模式**：按照可以使用的节点个数启动 MPI 进程，即启动 10 个 MPI 进程，在节点内部，由 MPI 进程生成 OpenMP 多线程，利用多核处理器完成计算。

从技术角度看，MPI+OpenMP 模式能够更好地适配硬件架构，从原理上讲可以获得更高的性能，因为线程间直接共享变量的效率显然要高于进程间的消息传递。但在实际应用中，**纯 MPI 模式仍然被大量使用**，其主要原因是：MPI+OpenMP 的编程复杂性更高，性能优化难度更大。虽然 OpenMP 编程较为简洁,在程序中添加编译指令即可实现多线程,但这种并行化通常只针对程序局部的密集计算部分(如 for 循环),要充分利用多核处理器硬件资源,需要进行系统全面的并行设计,而且在这个过程中还需考虑 MPI 进程并行。因此,在 MPI 程序中实现多线程的难度不大,但要充分利用硬件资源且使性能优于多进程并行的难度就增大了很多。如果多线程不能高效利用多个处理器,假如在程序运行过程中,有些处理器长时间空闲,那么此时使用纯 MPI 模式运行程序、给每个处理器都分配一个 MPI 进程反倒可能获得更高的性能。除了上述原因之外,软件的历史积累也是导致实际应用大量使用纯 MPI 模式的原因之一,由于 MPI 发展历史较长,业内已经积累了大量的应用软件和算法库,这些软件覆盖众多的应用领域,对其进行多线程改造需要投入大量的人力和时间,在此背景下,人们更愿意直接使用纯 MPI 模式。此外,虽然在节点内的 MPI 进程间也要进行消息传输,这在原理上效率不高,但目前 MPI 程序库也进行了有针对性的改进,例如,很多 MPI 程序库可以识别相互通信的进程是否在同一节点内,如果在同一节点内,则直接通过内存实现消息传递,这种优化也大大提升了节点内进程间的 MPI 消息传输效率。

体系结构的异构化发展趋势也对编程模式产生了很大影响。一方面,在程序内部,人们需要通过异构编程实现程序中密集计算部分在加速器硬件上的执行(本书第 4 章将介绍这方面的内容);另一方面,**在使用加速器的集群系统中,多线程的使用有了新的动力**,简单分析如下。

通常情况下,异构计算节点将配置有一个或多个加速器(如 GPU)。受多种因素限制,每个计算节点内的加速器数量通常仅有数个。例如,在目前使用加速器的高性能计算机中,每个节点的加速器个数通常在 4~6 个。限制加速器数量的因素包括:处理器 – 加速器互连带宽、节点供电 / 冷却、机械尺寸等。以每节点配置 4 块 GPU 卡为例,此时 MPI 异构计算程序常用的计算模式是在每个节点启动 1 个或 4 个 MPI 进程,让每个进程使用一块或四块 GPU 卡。虽然 GPU 的编程和运行环境支持多进程的共享使用(如 CUDA 中的流),但这一方面会增加编程的复杂度,另一方面,在 GPU 上同时执行多个进程的密集计算部分会产生资源竞争,进而影响程序性能。因此,多数开发者倾向于让每个进程独占一块甚至多块 GPU 卡,在这种情形下,节点内的进程数将明显少于处理器核心数,如果不希望这些处理器核心空闲,在 CPU 端的程序中使用多线程设计就成为一种较好的选择。

◈ 3.7 进程拓扑

3.7.1 进程拓扑简介

1. 何时需要使用进程拓扑?

进程拓扑是组内通信子的一种可选属性,其用途主要有两方面:一是让进程组内进程的命名编号更符合通信模式和应用算法;二是更好地与底层硬件相匹配。

在默认情况下,进程组内的进程按顺序编号如 0, 1, 2, …, $n-1$,这种线性编号方式对很多应用算法而言不够“自然”。一个典型例子是:在大规模矩阵计算中,常需要把矩阵分成很多个块(子矩阵),并将这些块分配给不同的进程并行处理,也就是说,所有进程构成了二维网格形式，每个进程负责矩阵中的一块。在这种情形下，默认的进程编号方式（0, 1, 2, …, n–1）仍然适用，但很显然，按照二维方式对进程编号能够更好地使之与应用算法相对应，程序也更清晰易懂。以此类推，进程还可以构成三维网格形式，更通用一些，甚至应当可以构成图结构。MPI 把这种逻辑进程的编排称为"**虚拟拓扑（virtual topology）**"。

在构成上述虚拟拓扑后，开发者就可以利用这种拓扑将进程映射到底层硬件，以进一步提升通信性能。例如，如果将虚拟拓扑中连接紧密的进程分配到物理上紧邻的计算节点（如一个机柜内），这些进程间的消息传输延迟就可能更小。需要说明的是，MPI 的进程拓扑只是提供了这种可能性，具体在分派进程时是否利用这些信息，以及如何利用这些信息、效果如何等都依赖具体的高性能计算机系统和 MPI 程序库，本书对此不做深入讨论。

2. 关于虚拟拓扑

对于一个虚拟拓扑，进程间的通信关系将被表示为图。图中的节点表示进程，连接节点的边表示进程间的通信关系。需要说明的是，MPI 允许进程组内的任意两个进程之间通信，因此，虚拟拓扑实际上只表示了部分进程的通信关系，也就是说，即使图中两个节点间没有边相连，也并不意味着这两个进程不能通信。

用图表示虚拟拓扑的做法对所有应用程序都适用，但对大多数应用而言却并不方便。这是因为定义这种通用图需要给出很多细节，比较烦琐，而多数应用算法对应的拓扑是规则形状的，比较常见的有环形（ring）、二维或更高维的网格（grid）、环面（tori）等。这些规则形状拓扑的定义要简单得多，通常只需要指定维数及每一个坐标方向的进程个数即可。而且在分派进程时，映射这些规则形状要比映射通用图容易得多。

3.7.2 创建进程拓扑

MPI 支持三种拓扑类型：**笛卡儿（Cartesian）、图（graph）、分布式图（distributed graph）**。笛卡儿拓扑是指那些只需指定维数及每一维进程数的规则型拓扑，前述的环形、二维 / 三维网格都属于这种类型；图是指通用的任意拓扑图；分布式图的拓扑结构与图相同，区别是每个进程只给出图的局部信息，各个进程的信息合在一起构成完整的图。

三种拓扑的创建函数分别是 MPI_Cart_create( )、MPI_Graph_create( )、MPI_Dist_graph_create( )。无论哪种拓扑创建函数都需要进行集合式调用，也就是组内所有进程都调用该函数。组内多个进程调用 MPI_Cart_create( ) 或 MPI_Graph_create( ) 时，各进程的输入参数是相同的；而组内多个进程调用 MPI_Dist_graph_create( ) 时，各进程给出的是各自的局部图信息，因而输入参数不同。

笛卡儿拓扑创建函数 MPI_Cart_create( ) 用于创建规则的几何拓扑，且使用较为简单，实际应用中较多。该函数的定义如下。

```
int MPI_Cart_create(
        MPI_Comm comm_old,        // 输入通信子
        int ndims,                // 笛卡儿网格的维数
        const int dims[],         // 每一维的进程个数
        const int periods[],      // 布尔量数组，每一维是否是周期性的
        int reorder,              // 进程号是否重新排序
```

```
        MPI_Comm *comm_cart          // 笛卡儿拓扑的新通信子
    );
```

函数 MPI_Cart_create( ) 可以在指定通信子上创建一个笛卡儿拓扑的通信子。该拓扑的维数由参数 ndims 指定；每一维的进程个数通过数组形式的参数 dims[] 指定；参数 periods[] 则用来定义每一维是否是周期性的，即这一维的首尾进程是否形成环路；如果参数 reorder 为 false，则进程在原通信子中的编号与新通信子中的编号相同，否则进程将在新通信子中重新编号。

由于程序每次执行时启动的进程个数并不确定，即使规则的拓扑，要确定上述函数调用的参数也并不容易（如每一维的进程个数）。为此，MPI 提供了一个便利性函数 MPI_Dims_create( ) 用来辅助计算相关参数，定义如下。

```
int MPI_Dims_create(
    int nnodes,      // 总节点数（进程数）
    int ndims,       // 维数
    int dims[]       // 每一维的进程个数
);
```

调用函数 MPI_Dims_create( ) 时，可以仅给出总的进程数 nnodes 和需要的维数 ndims，而把 dims[] 中的元素初始化为 0，该函数将根据预设的算法自动计算每一维的进程数，并填在 ndims[] 中返回；如果用户希望指定某一维 i 的进程数，则可只给对应 ndims[i] 赋值，函数将首先确定该维进程数，然后计算其他维的进程数。

下面通过一个二维网格的例子展示笛卡儿拓扑的创建和使用。所谓二维网格，就是一组进程构成的平面网格拓扑，在这个拓扑中，每个进程有上、下、左、右四个邻居进程。二维网格被广泛应用在偏微分方程求解等领域，在这些应用中，计算过程通常包含多次迭代，每次迭代过程包括计算和数据交换两步，进程首先完成自身的计算，然后和它的四个邻居进程交换数据，之后开始下一轮迭代，直至满足收敛条件。

代码清单 3-20 给出了创建二维网格拓扑的程序示例。

代码清单 **3-20**　创建二维网格进程拓扑示例。

```
1    #define N_DIMS  2                                    // 二维
2    int dims[N_DIMS] = {0, 0};                           // 每一维的进程数
3    int periods[N_DIMS] = {1, 1};                        // 每一维是周期性的
4    MPI_Comm gridComm;                                   // 二维网格拓扑的通信子
5    int myCoord[N_DIMS];                                 // 本进程在二维网格中的坐标
6
7    MPI_Comm_size( MPI_COMM_WORLD, &numProcs );          // 获取总的进程数
8    MPI_Dims_create( numProcs, N_DIMS, dims );           // 计算每一维进程数
9    // 创建二维拓扑
10    MPI_Cart_create(MPI_COMM_WORLD,N_DIMS,dims,periods,1,&gridComm);
```

图 3-25 给出了上述示例程序在 6 个进程时建立的二维网格拓扑。图中每个方框表示一个进程，进程在通信子 MPI_COMM_WORLD 中的编号被标记在圆圈中，而括号中的数值则为该进程在二维网格中的坐标。初始的 6 个进程编号为①~⑥，对应图中间部分用阴影标记的 6 个方框，这 6 个进程组成了 3×2 的二维网格拓扑，由于创建拓扑时指定的两

个维度均为周期性的，这样就在每一维的边缘节点间形成环路，以进程 4 为例，它的下方邻居是 0 号进程，对应坐标为（3,0），又如 2 号进程，它的左侧邻居为 3 号进程，对应坐标为（1,-1）。

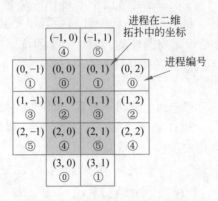

图 3-25　二维网格进程拓扑示意图

在建立二维网格拓扑后，每个进程需要知道自己在拓扑中的坐标，这可以通过调用函数 MPI_Cart_coords( ) 实现，定义如下。

```
int MPI_Cart_coords(
    MPI_Comm comm,    // 笛卡儿拓扑的通信子
    int rank,         // 进程编号
    int maxdims,      // 最大维数，即下一个参数的数组长度
    int coords[]      // [ 输出 ] 进程 (rank) 在笛卡儿拓扑中的坐标
);
```

假设在计算过程中，每个进程仅与其上、下、左、右邻居进程通信，那么，每个进程在明确自身坐标的基础上还需要知道自己这四个邻居进程的编号，这需要通过调用 MPI_Cart_shift( ) 实现，该函数定义如下。

```
int MPI_Cart_shift(
    MPI_Comm comm,      // 笛卡儿拓扑的通信子
    int direction,      // 位移坐标维度
    int disp,           // 位移量 (>0 表示向上 ,<0 表示向下 )
    int *rank_source,   // [ 输出 ] 源进程号
    int *rank_dest      // [ 输出 ] 目的进程号
);
```

下面给出获取邻居进程编号的示例代码。

```
1    MPI_Cart_shift( gridComm, 0, 1, &neigh_up, &neigh_down);
2    MPI_Cart_shift( gridComm, 1, 1, &neigh_left, &neigh_right);
```

以上示例代码通过两次函数调用获取进程在二维网格中四个邻居进程的编号，每次函数调用获取一个维度上的两个邻居。在第 1 次函数调用中，参数 direction 被设置为 0，即指定获取第一维度的邻居，而参数 disp 被设置为 1，表示位移量为向下，即上方邻居进程编号返回在 rank_source 中，而下方邻居进程编号返回在 rank_dest 中；在第 2 次函数调用中，

参数 direction 被设置为 1，即指定获取第二维度的邻居，这将获取调用进程的左、右邻居进程编号。以图 3-25 的二维网格拓扑为例，如果调用进程编号为 4，则通过上述函数调用获取的邻居进程 neigh_up、neigh_down、neigh_left、neigh_right 分别为 2、0、5、5。

本节在最开始介绍进程拓扑时就已经提出，进程拓扑是 MPI 的一种可选属性。以上面的二维网格为例，如果不使用进程拓扑而直接用进程号也可以实现相同的功能。使用进程拓扑带来的好处有两方面：首先，可以在进程拓扑上实现更为简洁直观的进程间通信，特别是可以使用进程拓扑相关的集合通信函数实现邻居进程间的集合通信；其次，MPI 程序库可以根据进程拓扑优化进程分配，例如，根据互连网络拓扑将进程拓扑中的邻居进程尽量分配在同一个节点或者临近节点，以降低这些进程之间的通信延迟，当然，这要求 MPI 程序库的底层实现具备这项功能。

3.7.3　进程拓扑相关的通信函数

在创建进程拓扑之后，程序就可以在新通信子上通信了。MPI 的点对点通信、集合通信等接口函数仍然可以正常使用，除此之外，其还提供了一系列可利用进程拓扑特性的接口函数，主要是邻居集合通信函数。此处的"邻居"是指进程拓扑图中有连接边的各节点。

表 3-11 给出了基于进程拓扑的邻居集合通信函数。这些函数都是多对多通信，包括 allgather 和 alltoall 两种操作，这两种操作在 3.3 节都介绍过对应的集合通信函数，这里所介绍函数与之的区别在于，此处的接口函数实现的不是整个进程组的集合通信，而是邻居进程间的集合通信。换句话说，3.3 节的多对多通信发生在进程组内的所有进程之间，而此处的多对多通信发生在每个进程和它的邻居进程之间。

表 3-11　基于进程拓扑的邻居集合通信函数

方　　式	函 数 名 称	功　　能
阻塞式	MPI_Neighbor_allgather( )	进程与邻居进程间的 allgather
	MPI_Neighbor_allgatherv( )	进程与邻居进程间的 allgatherv
	MPI_Neighbor_alltoall( )	进程与邻居进程间的 alltoall
	MPI_Neighbor_alltoallv( )	进程与邻居进程间的 alltoallv
	MPI_Neighbor_alltoallw( )	进程与邻居进程间的 alltoallw
非阻塞式	MPI_Ineighbor_allgather( )	非阻塞式的 neighbor_allgather（）
	MPI_Ineighbor_allgatherv( )	非阻塞式的 neighbor_allgatherv（）
	MPI_Ineighbor_alltoall( )	非阻塞式的 neighbor_alltoall（）
	MPI_Ineighbor_alltoallv( )	非阻塞式的 neighbor_alltoallv（）
	MPI_Ineighbor_alltoallw( )	非阻塞式的 neighbor_alltoallw（）

以阻塞式的 allgather 操作为例，接口函数定义如下。

```
int MPI_Neighbor_allgather(
    const void *sendbuf,      // 发送数据缓冲区的地址
    int sendcount,            // 向每个邻居发送的数据个数
    MPI_Datatype sendtype,    // 发送数据类型
```

```
        Void *recvbuf,              // 接收数据缓冲区的地址
        int recvcount,              // 从每个邻居接收的数据个数
        MPI_Datatype recvtype,      // 接收数据类型
        MPI_Comm comm               // 进程拓扑的通信子
);
```

可以看出，函数 MPI_Neighbor_allgather( ) 的参数与 3.3 节的集合通信函数 MPI_Allgather( ) 完全相同，但两者的功能有较大差异。如前所述，函数 MPI_Neighbor_allgather( ) 需要集合式调用，即组内每个进程都调用该函数，这与 MPI_Allgather( ) 相同，但实现的功能是，调用进程向它的每个邻居发送 sendcount 个数据，并从每个邻居接收 recvcount 个数据。

◆ 3.8　PGAS 编程及语言

1. 什么是 PGAS？

MPI 编程接口虽然可以编写性能很高的并行程序，但开发者需要通过调用消息发送和接收函数实现数据的共享和进程间同步，这将导致可编程性较差，降低了软件生产率。PGAS（Partitioned Global Address Space）是一类编程语言，其试图让编程语言兼有共享内存类和消息传递类编程语言的优点，**主要特征是为开发者提供全局地址空间抽象以简化编程，同时向开发者暴露数据 / 线程局部性以便优化性能**。PGAS 在底层使用软件或部分硬件支持来实现透明的节点间的内存共享，由于节点间消息传递延迟远大于内存访问延迟，故节点间的内存共享势必会严重影响程序性能，为了缓解这一问题，PGAS 语言向开发者暴露这一特征，即 "统一地址空间" 是分区的（partitioned），每个分区对应节点内部的内存，而访问其他节点的内存就是访问其他分区地址空间，这常通过专门的编程原语实现。

基于 PGAS 语言的上述特性，开发者可以像在共享内存系统中那样在进程 / 线程间共享变量，同时，在编程时又明确知道哪些变量在本地内存（可以高速访问），哪些变量在远程节点内存（访问延迟大），从而缓解了完全透明化共享内存可能带来的程序性能下降。目前的 PGAS 语言主要有 UPC（Unified Parallel C）、Co-Array FORTRAN、Titanium、X-10 和 Chapel。此外，MPI 规范自 MPI-2 起也开始提供类似 PGAS 的单边通信（one-sided communication）机制。

本节首先介绍 MPI 提供的类似 PGAS 的编程机制，随后介绍几种 PGAS 编程语言。

2. MPI 的单边通信

经典的 MPI 消息传输需要发送进程和接收进程双方的介入，即发送方和接收方分别调用消息发送和接收函数，这种通信模式被称为**双边通信**（**two-sided communication**）。在双边通信模式下，程序不能像多线程程序那样直接读写变量，而只能通过多条消息传输实现。为了改善这一问题，MPI-2 开始增加了被称为 RMA（remote memory access）的**单边通信**（**one-sided communication**）机制，这种机制提供的典型接口函数是 MPI_Get( ) 和 MPI_Put( )，通过使用单边通信接口，进程可以读取和写入另一个进程的变量。由于这一过程只需要单个进程介入，两个进程之间的数据传输由 MPI 环境自动完成，所以其被称为单边通信。

MPI 的单边通信机制建立在通信子和进程组基础上，其使用方法是，首先，为进程组创建"窗口（window）"，该窗口对应一片指定的内存区域；随后进程可以通过该窗口远程访问组内其他进程的内存区域，这种访问被称为 RMA 操作。

RMA 操作提供的典型接口函数是 MPI_Get( ) 和 MPI_Put( )，分别实现远程数据读取和写入。函数 MPI_Put( ) 的定义如下。

```
int MPI_Put(
    void *origin_addr,            // 源缓冲区的起始地址
    int origin_count,             // 源缓冲区中的数据个数
    MPI_Datatype origin_datatype, // 数据类型
    int target_rank,              // 目的进程号
    MPI_Aint target_disp,         // 窗口偏移量，即目标缓冲区
    int target_count,             // 目标缓冲区中的数据个数
    MPI_Datatype target_datatype, // 目标缓冲区的数据类型
    MPI_Win win                   // 窗口对象
);
```

函数 MPI_Put( ) 将把调用进程源缓冲区中的数据写入目的进程的窗口偏移位置。与 MPI 的消息传输相比，MPI_Put( ) 主要有以下两个不同之处。

（1）进程调用该函数即可完成数据远程写入，不需要对方进程执行配对操作。

（2）使用窗口对象，而不是通信子。

函数 MPI_Get( ) 可以实现远程数据读取，其参数与 MPI_Put( ) 完全相同，区别是数据流动方向相反，即目标缓冲区→源缓冲区。

以上远程数据读写函数需要使用窗口对象，MPI 提供了一系列接口函数以管理窗口。其中，MPI_Win_create( ) 用于创建窗口对象，该函数需要组内进程集合调用，即通信子所属的进程都要调用该函数，并指定本进程用于远程访问的缓冲区。该进程将返回窗口对象指针，用于本进程访问其他组内进程的窗口内存区域。

MPI_Win_create( ) 函数的定义如下。

```
int MPI_Win_create(
    void *base,        // 窗口的起始地址
    MPI_Aint size,     // 窗口大小（字节数）
    int disp_unit,     // 偏移量单位（字节数）
    MPI_Info info,     // 用于指定该窗口的选项参数
    MPI_Comm comm,     // 通信子
    MPI_Win *win       // 窗口指针，指向新创建的窗口对象
);
```

除了以上典型的单边通信接口函数，MPI 还提供了多种接口函数以供编程时灵活选用，见表 3-12。

表 3-12　MPI 的单边通信接口函数

操　作	函 数 名 称	功　能
数据读写	MPI_Put( )	远程写入数据
	MPI_Get( )	远程读取数据

续表

操　作	函 数 名 称	功　能
数据读写	MPI_Accumulate( )	远程更新数据，用参数指定更新操作，更新操作类型与 MPI_Reduce( ) 相同（含自定义）
	MPI_Get_accumulate( )	远程读取并更新数据
	MPI_Fetch_and_op( )	简化快速版的 MPI_Get_accumulate( )
	MPI_Compare_and_swap( )	远程比较 – 交换数据
	MPI_Rput( )	基于请求的远程数据写入，相当于非阻塞式 MPI_Put( )
	MPI_Rget( )	基于请求的远程数据读取，相当于非阻塞式 MPI_Get( )
	MPI_Raccumulate( )	基于请求的远程数据更新，相当于非阻塞式 MPI_Accumulate( )
	MPI_Rget_accumulate( )	基于请求的远程数据读取并更新，相当于非阻塞式 MPI_Get_accumulate( )
窗口管理	MPI_Win_create( )	为指定内存创建窗口，供组内其他进程访问
	MPI_Win_allocate( )	分配内存并创建窗口，供组内其他进程访问
	MPI_Win_allocate_shared( )	分配由组内进程共享的内存，并创建窗口。该窗口的内存区域包含多块，每个进程一块
	MPI_Win_shared_query( )	查询先前分配的共享内存信息
	MPI_Win_create_dynamic( )	创建一个空窗口，随后可将内存装配到窗口
	MPI_Win_attach( )	将指定内存区域装配到窗口以供远程访问
	MPI_Win_detach( )	卸载由 MPI_Win_attach( ) 装配的内存区域
	MPI_Win_free( )	释放一个窗口对象

为了协调组内多个进程的 RMA 操作以确保正确性并提高性能，MPI 还提供了若干用于单边通信的进程间同步操作，如 MPI_Win_fence( )、MPI_Win_lock( )、MPI_Win_unlock( ) 等。

总体而言，MPI 的单边通信机制可以在一定程度上改善可编程性。然而，由于它建立在 MPI 的通信子和进程组的基础上，因此更像是一种"增强版"的消息传输接口，与真正的共享内存式变量访问还存在差距。

单边通信机制可以有效提升消息传递型系统的可编程性，因此被多种其他语言 / 接口采用。虽然从严格意义上讲，单边通信机制不提供全局共享地址空间，因此还不能算是真正的 PGAS，但它提供的远程内存访问机制是实现 PGAS 语言的基础技术。

3. UPC

UPC（Unified Parallel C）可以被看作是 C 语言的超集，它在 C 语言基础上扩展了内存模型和执行模型。UPC 增加了一些新的类型限定符来描述对象（如变量、结构体和数组等）的共享和一致性模型。此外，它还增加了一些新的关键字来控制 UPC 运行时环境中并行线程的同步。

UPC 采用与 MPI 相似的并行模型——SPMD，区别在于它的并行单位是线程。其支持通过关键字 MYTHREAD 获取每个线程唯一的线程索引（线程号），通过关键字 THREADS 获取本次程序启动的线程个数。

UPC 将内存空间划分为私有内存空间和共享内存空间。C 语言的常规变量位于每个线程的私有内存空间，这就意味着，在 SPMD 并行模式下，每个线程拥有这些变量的私有副本；通过关键字 shared 定义的变量位于共享内存空间，这类变量必须是全局变量或者静态变量，不能是函数内的临时变量。共享变量在程序执行过程中只有一个副本，由所有线程共享访问。如果共享变量是标量型，则其将被直接分配在线程 0 的内存空间；如果共享变量是数组型变量，则程序可以根据数组定义将数组分布到各个线程的内存空间，这种方式可使每个线程方便高效地处理分配到自己内存空间的数据，与此同时，线程也可以访问位于其他线程内存空间的共享变量，但访问延迟较大。

下面给出一个简单的 UPC 变量定义示例。该示例定义了三个变量 x、y、z，其中 x 是常规的 C 语言变量，y 被定义成共享变量，z 则是共享的二维数组，注意该数组的列下标为 THREADS，表明列元素个数等于线程个数。

```
int x;
shared int y;
shared int z[3][THREADS];
```

假设程序以 4 个线程运行，则上述三个变量在内存空间中的分布如图 3-26 所示。从图中可以看出，变量 x 位于每个线程的私有空间，且每线程拥有一个副本；变量 y 位于共享地址空间，由于是标量型，故其被默认分配在线程 0 的共享地址空间；变量 z 的 12 个元素分布在 4 个线程的共享地址空间，每个线程的地址空间中存放 3 个元素。

图 3-26　UPC 的分区地址空间示例

需要说明的是，无论是上例 x、y、z 中任意一个变量都可以由程序的各个线程自由地访问。区别在于线程访问共享变量时，如果变量位于本线程的地址空间，则访问延迟小，程序性能好，而如果变量位于其他线程的地址空间，则访问延迟可能较大，特别是当线程位于消息传递型系统的不同节点上时，这种变量访问可能需要节点间的消息传输。

UPC 使用**亲和性（affinity）**概念来表示线程与其对应的共享内存空间的关系，与线程有亲和性关系的共享内存空间被称为线程的本地共享内存空间。亲和性关系是 UPC 中一个非常重要的概念，在编程过程中，应尽可能地让线程访问与其有亲和性关系的共享内存空间。UPC 通过一些语义辅助开发者控制线程和共享内存间的亲和性。例如，在数组定义时引入布局类型限定词可以控制数组在各线程共享内存空间中的分布。

以下变量定义示例给出了一种使用布局类型的变量定义。该示例定义了一个共享一维数组 x[N]，注意变量名称前面增加了布局类型 [3]，它的作用是指定以 3 个元素为一块将数组分布到各线程共享地址空间。如果没有这个布局类型限定词，则该数组将以单个元素为单位循环分配到各线程共享地址空间。可以看出，在定义变量时使用布局类型可以灵活控制共享变量在各线程地址空间中的分布，即亲和性。

```
#define N  3*THREADS
shared int [3] x[N];
```

代码清单 3-21 给出了用 UPC 语言编写的矩阵相乘程序。该程序使用了一种 UPC 扩展的特殊循环语句 upc_forall。该语句扩展了 C 语言的 for 循环语句，共有四个表达式，其中，前三个表达式的语义和 for 循环语句相同，扩展的第四个表达式用于指定亲和性，具体作用是指定每个线程执行哪些循环。在本例中，亲和性表达式 &C[i][0] 的含义是与元素 C[i][0] 有亲和性的线程负责执行循环 i。也就是说，upc_forall 语句的循环将由程序的各线程并行执行，这一点与 OpenMP 中的 omp parallel for 相似，区别是 UPC 的线程可以运行在不同节点上，为了提升性能，让线程处理与其有亲和性的矩阵行 / 列，即通过亲和性表达式指定线程处理哪些循环。与 OpenMP 类似，由于该循环语句将被并行执行，这要求各次循环之间没有数据依赖关系。

代码清单 3-21　UPC 矩阵相乘程序示例。

```
1     #define N  4
2     #define P  4
3     #define M  4
4     shared [N*P/THREADS] int A[N][P], C[N][M]; // 共享变量
5     Shared [M/THREADS] int B[P][M];            // 共享变量
6
7     void main (void)
8     {
9         int i, j , l;                          // 私有变量
10
11        upc_forall ( i = 0 ; i < N ; i++; &C[i][0] )
12        {
13            for ( j = 0 ; j < M; j++ )
14            {
15                C[i][j] = 0;
16                for ( l = 0 ; l < P ; l++ )
17                    C[i][j] += A[i][l] * B[l][j];
18            }
19        }
20    }
```

需要说明的是，该示例程序可以在消息传递型系统上运行，无论是代码长度还是程序复杂度都大大优于 MPI 程序。

4. Co-Array FORTRAN

Co-Array FORTRAN 简称 CAF，是 FORTRAN 语言的一个扩展，它为并行应用程序代码的开发提供了显式的语法和执行模型。FORTRAN 2008 已将 Co-Array FORTRAN 并行编程模型视为该语言的标准功能，这是 ISO Fortran Working Group 首次将并行编程模型添加在 FORTRAN 语言中。Co-Array FORTRAN 编程模型主要在 FORTRAN 语言中添加了两个新功能，分别是表示数据分解的常规数组语法扩展，以及控制并行工作分配的执行模型扩展。Co-Array FORTRAN 执行模型也是基于单程序多数据（SPMD）模型的，程序在

执行时被复制为多份副本，每个副本被称为一个映像（image），每个映像在其单独的内存空间运行。也就是说，Co-Array FORTRAN 的并行单位是 image。

Co-Array FORTRAN 提供内建函数 num_images( ) 以获取程序运行时的映像总数，该函数类似于 MPI 的 MPI_Comm_size( ) 函数；另外，Co-Array FORTRAN 还提供内建函数 this_image( ) 以返回当前映像的索引（index），此函数类似于 MPI 的 MPI_Comm_rank( ) 函数。

5. Titanium

Titanium 是一种 Java 的显式并行方言，它以 Java 作为基础语言，但它既不是严格的 Java 超集也不是 Java 子集，只被用于支持高性能计算系统上的并行编程。Titanium 提供了全局内存空间抽象，类似 UPC，所有的数据都具有用户可控制的处理器亲和性，但是并行进程可以直接访问彼此的内存（包括读写）。

Titanium 增加了通用的多维数组，支持在语言中扩展值类型，以及无序循环构造。Titanium 以带有分区地址空间的静态线程模型替代了 Java 用于程序结构和并发的线程，以优化局部性。为了支持复杂的数据结构，Titanium 使用 Java 面向对象的类机制，以及全局地址空间以支持大型共享结构。

Titanium 也使用单程序多数据（SPMD）并行模型，其内置方法 Ti.numProcs( ) 可以获取运行的线程个数，Ti.thisProc( ) 可以获取当前线程的索引。

6. X10

X10 语言是一种新型的面向对象的并行编程语言，其基于 Java 1.4 进行扩展，使用自己的并发控制库替换了 Java 的并发控制功能，并用 X10 数组替换了 Java 中的数组。

X10 将内存空间分成三类，分别是不可变数据、共享堆、活动堆栈。X10 语言提出了两个核心概念：**activity** 和 **Place**。其中，activity 可以被认为是一种比线程更加轻量的执行单元，而 Place 可以被理解为若干个 activity 和可变数据对象的集合。一个并行程序就是 Place 的一个集合，一个程序的 Place 个数在程序开始执行之前已被确定。Place 之间全局共享一定的数据，每个 Place 中也有自己的私有数据、局部数据以及 activity 的局部数据。私有数据只能被该 Place 访问，Place 的局部数据及 activity 的局部数据对其他进程而言是不可见的，但是可以被其他 Place 中的 activity 访问。处于同一个 Place 的多个 activity 可以并行执行，在程序执行的生命周期内，activity 被固定在一个 Place 中。程序运行过程中，activity 与线程类似，处于不同的执行状态，即执行、就绪、阻塞等。Place 和 activity 从其工作的特征来看，可以被理解为类似进程和线程的关系。

7. Chapel

Chapel 是 Cray 公司参与美国国防部高级研究计划局（DARPA）"高生产率计算系统（HPCS）"项目时设计的一种并行编程语言，其名称源自短语 "cascade high productivity language"。Chapel 不是某种现有语言的扩展，而是一种被全新设计的语言，它也是利用分区地址空间提高可编程性和可扩展性的。

Chapel 的最高层概念与数据并行性相关，其数据并行编程的核心概念是域（domain），域可以用来表示迭代空间及创建数组。域的索引可以是整数的笛卡儿元组，表示常规网格上的密集或稀疏索引集。域的索引也可以是任意值，从而提供存储任意集或键－值映射的功能。Chapel 还支持非结构化域的概念，其中索引值是匿名类型（anonymous）的，这为不规则的、基于指针的数据结构提供了支持。

◆ 3.9　作业管理系统及使用

3.9.1　作业管理系统简介

　　集群系统和高性能计算机系统规模大、造价高，常由多个用户共享使用。为了有序管理多个用户提交的并行程序运行请求，这类系统通常要安装运行专门的管理软件，这类软件名称各异，有集群管理系统、作业管理系统、作业调度系统、工作负载管理系统等，但这些软件功能相近，本章及后文统一将这类软件称为作业管理系统。目前主流的作业管理系统有 Slurm、PBS、LSF 等，这些软件可以对集群系统的软硬件资源进行管理，并对用户提交的程序运行请求（作业）进行排队和调度运行。在这种系统中，普通用户不能直接使用诸如 mpiexec 命令启动自己的程序，必须通过作业管理系统以提交作业（job）的方式申请计算服务，从作业提交到结果返回的过程中，用户无法介入作业的执行，而只能查询作业状态或是取消任务。

　　用户使用作业管理系统执行程序的典型步骤如下。

　　（1）使用 SSH 客户端程序连接集群系统登录节点。

　　（2）上传源程序并编译。

　　（3）编辑作业脚本（job script），在脚本中指定执行程序的方式、处理器数（进程数）等。

　　（4）提交作业，等待作业管理系统调度运行该作业，期间可查询作业状态。

　　（5）查看程序运行结果。

　　事实上，作业管理系统对所执行程序的类型没有限制，它既可以是 MPI 并行程序，也可以是只在单节点上执行的程序（如使用多核处理器、GPU 等）；既可以是自研程序或自行编译的开源软件，也可以是商用软件；既可以是直接执行的二进制代码，也可以是需解释执行的脚本程序，如 Python 脚本或者 shell 脚本。

　　作业管理系统软件有多种，其可以分为商用软件和开源软件两类。典型的商用作业管理软件是 PBS 和 LSF，这类软件功能较强，运行稳定，但价格较高；开源软件中，近年来应用最为广泛的是 Slurm，此外还有与 PBS 兼容的 OpenPBS、Torque 等。不同作业管理软件的功能较为相近，大多涵盖集群资源管理、用户作业管理与调度等，差异主要体现在作业脚本和命令格式上。

　　本节以 Slurm 为例介绍作业管理软件的主要功能和使用方法。

3.9.2　Slurm 简介

　　Slurm 是一种开源的 Linux 作业管理和调度系统，其可以为用户提供对集群资源的共享访问。由于具有轻量且高效的特点，Slurm 在高性能计算机系统中得到了广泛的应用。据统计，在 TOP500 高性能计算机系统中，超过 60% 的系统使用 Slurm。

　　图 3-27 给出了一个集群系统及其上运行的 Slurm 主要部件示意图。

　　一个实际运行并对外提供计算服务的集群系统通常由以下几部分构成。

　　（1）计算节点。用于执行应用程序的节点，此类节点一般数量较多，硬件配置可能相同，也可能不同。计算节点的硬盘上通常只存放节点的操作系统文件，不向用户开放访问权限，用户的文件被存放在独立的存储系统中。

（2）管理/登录节点。用于系统管理和连接远程用户，此类节点有 1 个或者多个，主要功能包括：Slurm 系统管理及远程用户登录、编译程序、执行命令等。需要注意的是，有些用户在远程登录到管理/登录节点后，直接在该节点上执行应用程序，从而大量消耗登录节点的处理器和内存资源，导致其他用户登录和使用集群系统时响应变慢，此类行为在初学者中较为常见，应注意避免。

（3）存储系统。用于运行并行文件系统，包括多个节点和大容量外存，为所有节点提供共享存储。并行文件系统将以卷（volume）的形式被挂载到各节点的目录下，供用户和应用程序访问。用户上传的文件通常被存于该系统中。

（4）互连网络。用于实现节点间的互连。为了追求更高的性能，很多集群系统将互连网络的计算和管理功能分离，分别配置两套互连网络，即计算网络和管理网络。

①计算网络：用于在节点间提供高带宽、低延迟的网络互连，典型网络技术是 Infiniband。用户的 MPI 程序在各计算节点上运行时，MPI 进程间的消息传递通过该网络完成。为减小通信延迟，在该网络上的 MPI 通信通常使用 RDMA（Remote DMA）实现，而不使用 TCP/IP。

②管理网络：通常配置 TCP/IP，用于管理系统中的各个节点，每个节点在该网络中配置 IP 地址，以便识别和管理。管理网络一般采用较为廉价的网络技术，如千兆以太网。

除了运行 TCP/IP 的管理网络外，有的集群系统还配置有专门用于底层管理和诊断的管理网络，以支持对各节点底层硬件状态的监控和诊断。

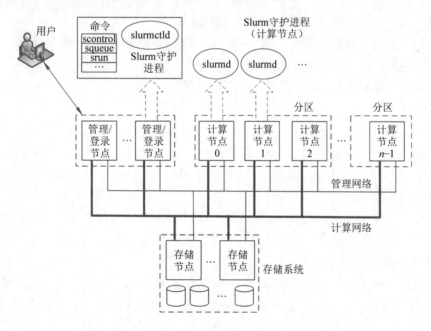

图 3-27 集群系统及 Slurm 构成示意图

Slurm 系统有多个组件，图中示出了最重要的三部分。

（1）一组命令：包含多条供用户执行的命令，如通过 Slurm 启动、执行程序，提交作业，查询作业队列状态等，本节后面将详细介绍这些命令。

（2）slurmctld：它是 Slurm 的管理器，以守护进程的形式运行在管理节点上，负责管理和监控系统资源，以及控制用户执行作业。由于该守护进程在系统中所起的关键作用，Slurm 还会运行一个备份管理器以应对主管理器异常退出的情形。

（3）slurmd：它是运行在每个计算节点上的守护进程，通过与管理器 slurmctld 通信以完成对计算节点上应用进程的管理和监控。

为了便于对数量众多的计算节点进行管理，Slurm 支持**分区**（**partition**）机制，即将计算节点划分为多个不同的分区，在各个分区独立地进行用户作业的排队和调度执行。例如，将配置 GPU 的计算节点组织成 GPU 分区，将其他节点组织成 CPU 分区；又如，将少量计算节点配置成小规模分区，将数量较多的节点配置成大规模分区。通过分区管理，每个分区可以使用不同的作业队列，用户可以在编辑作业脚本时指定在哪个分区上执行自己的程序。

3.9.3　在 Slurm 中以作业方式执行程序

在作业管理系统中，执行程序最为常用的方式是提交作业（job）。它使共享集群的多个用户可以同时提交作业，由作业管理系统根据系统的资源情况进行统一调度和执行，有利于提高系统的资源利用率。对于用户来说，这有两方面的好处，首先，是"提交后不管"，即提交作业后不必在登录客户端持续等待，可关闭客户端并断开连接，经过一段时间后重新登录以查看程序运行结果。由于高性能应用程序的运行时间通常比较长，这种方式对用户来说较为便利。其次，一个用户可以连续提交多个作业，在实际应用中，这特别适合需要使用不同参数或不同数据多次执行程序的场景。例如，用户可以用脚本连续提交上百个作业，经历足够长的时间后，再登录系统收集执行结果。

用户以作业方式执行程序的步骤包括：①远程登录；②上传源程序并编译；③编辑作业脚本；④提交作业；⑤查看程序运行结果。

下面分步骤介绍在 Slurm 中执行程序的各个步骤。

1. 远程登录

集群系统的管理 / 登录节点通常支持 SSH（secure shell）远程登录。SSH 是一种用于远程登录会话的安全传输协议，用户可以在自己的计算机上借助 SSH 客户端程序登录集群系统的登录节点。SSH 客户端程序种类很多，从原理上讲，它们都属于基于 SSH 安全协议的终端仿真程序。

用户使用 SSH 登录完毕后，在会话窗口面对的界面与登录节点的控制台（console）相同。也就是说，用户在该会话窗口输入的命令都将在登录节点上执行。

2. 上传源程序并编译

用户登录集群系统后，还需要将自己的源程序上传到登录节点，这通常需要使用 FTP 或 SFTP 完成。此外，一些 Windows 集成开发环境（如 VSCode）可以使用插件实现程序的透明上传。

源程序上传完毕后，用户在登录节点编译源程序，生成可执行的机器代码程序，该程序可在后续的步骤中以作业的方式提交给 Slurm 调度执行。

需要说明的是，即使用户此前已有在其他系统中编译好的可执行文件，此时仍建议重新编译，以避免由于编译器和程序库兼容性问题导致程序在后续运行时出错。

如前一节所述，有些初学用户在编译完成后，习惯直接在登录节点执行应用程序，这会大量消耗登录节点的处理器和内存资源，导致其他用户登录和使用集群系统时响应速度变慢，此类行为通常是被禁止的，应注意避免。

3. 编辑作业脚本

作业脚本（job script）又被称为批处理脚本（batch script），是一种文本文件，符合shell 脚本的基本格式，并可按照 Slurm 定义的参数和语句指定程序的执行方式。用户可以使用文本编辑器（如 vi 或 vim）修改作业脚本文件，或在本地客户端编辑修改后上传。

下面给出了一种 Slurm 作业脚本样例。该脚本指定执行一个 MPI 程序，程序文件名为 hello，程序执行的 MPI 进程数为 32，使用 2 个节点，每节点上有 16 个进程。

```
#!/bin/bash
#SBATCH -J hello
#SBATCH -p cpu-normal
#SBATCH -N 2
#SBATCH -n 16
#SBATCH --ntasks-per-node=16
#SBATCH -t 5:00
#SBATCH -o hello.out
#SBATCH -e hello.err
srun hostname | sort > machinefile.${SLURM_JOB_ID}
NP=`cat machinefile.${SLURM_JOB_ID} | wc -l`
module load intel/18.0.3.222
mpirun -np ${NP} -f ./machinefile.${SLURM_JOB_ID} /home/test/hello
```

作业脚本的具体格式将在下一节介绍。

4. 提交作业

作业脚本编辑完毕后，用户可以使用 sbatch 命令将脚本提交到 Slurm 系统，由其调度执行。

下面是一个使用 sbatch 命令提交作业脚本的样例，其中 hello.slurm 是作业脚本的文件名。

```
sbatch hello.slurm
```

作业脚本提交后，Slurm 会将该作业放入脚本指定的作业队列中排队，并返回一个作业号（job-id）。在多个用户共享使用集群系统时，多个用户提交的作业都由 Slurm 统一排队并调度执行。对于排在队列头部的作业，当系统的空闲硬件资源可满足该作业执行需求时，Slurm 就会为该作业分配资源，并执行作业所指定的程序。

用户在提交作业脚本后，即可断开与登录节点的连接，作业的排队和程序的执行均由 Slurm 系统在后台完成，用户可不干预。

当系统中排队的作业较多时，作业可能需要等待较长时间才会被调度执行。程序被调度执行后，还可能面临较长的执行时间。在此过程中，用户可以使用 squeue 命令查询其所提交作业的状态；使用 scancel 命令撤销该作业的执行（需指定作业号）；使用 sacct 命令可以获取作业调度执行的信息。

5. 查看程序运行结果

与用户在命令行状态下执行程序不同，作业在 Slurm 中的调度执行是在后台进行的。在此期间，用户无法与程序进行交互，而只能在程序执行完毕后查看运行结果。

用户在作业脚本中可指定程序的输出文件名。在前面的作业脚本示例中，结果输出文件名为 hello.out，该文件是一个文本文件，它充当了程序运行过程中的标准输出设备。当程序执行 printf( ) 语句输出信息时，信息并不会被显示到用户的会话窗口中，而是会写入该输出文件中。

除了输出文件外，用户还可以在作业脚本中指定一个错误信息文件名。在前面的作业脚本示例中，错误信息文件名为 hello.err，该文件也是一个文本文件，其中存放了程序执行时的出错信息。如果程序在启动时或者执行过程中出现错误或者异常，系统就会将错误信息写入该文件中；如果程序正常执行完毕，那么该文件内容将为空。

3.9.4　Slurm 的作业脚本

Slurm 的作业脚本又被称为批处理脚本，其格式和语法与 Linux shell 脚本相同。在此基础上，Slurm 定义了一系列语句和参数，这些语句均以 #SBATCH 开头。

表 3-13 对 3.9.3 小节的作业脚本样例中的语句逐条进行了说明。

表 3-13　Slurm 作业脚本语句说明

序号	作业脚本语句	说　　明
1	#!/bin/bash	指定 bash 作为 shell
2	#SBATCH -J hello	指定作业名称：hello
3	#SBATCH -p cpu-normal	指定分区（作业队列）：cpu-normal
4	#SBATCH -N 2	使用节点个数：2
5	#SBATCH -n 16	处理器数 / 节点：16
6	#SBATCH --ntasks-per-node=16	进程数 / 节点：16
7	#SBATCH -t 5:00	时间限值：5 分钟 程序执行时间超出限值将被强行结束
8	#SBATCH -o hello.out	指定输出文件名：hello.out
9	#SBATCH -e hello.err	指定错误信息文件名：hello.err
10	srun hostname 　　|sort > machinefile.${SLURM_JOB_ID}	将分配到的节点存入 machinefile 文件，用于后续 mpirun 启动程序
11	NP=\`cat machinefile.${SLURM_JOB_ID} 　　| wc -l\`	生成进程个数，存入变量 NP
12	module load intel/18.0.3.222	加载指定的程序库
13	mpirun -np ${NP} 　　-f ./machinefile.${SLURM_JOB_ID} 　　/home/test/hello	使用 mpirun 启动 MPI 程序 hello，参数 -np 指定进程个数，参数 -f 指定节点

需要说明的是，由于不同集群系统所使用的编译器、程序库、MPI 环境都会有一定差异，很多集群系统还提供多种版本的编译器和程序库，这使得作业脚本中的语句常常存在一定差异。实践中较为常用的方式是，在集群系统提供的作业脚本模板基础上进行修改，生成

满足自己需要的作业脚本。

表 3-14 给出了 Slurm 中使用的主要参数的定义，这些参数将被用于 #SBATCH 开头的 Slurm 语句中。

表 3.14　Slurm 批处理脚本常用参数

选　　项	含　　义	示　　例
-J	作业名称	-J test
-n	申请的总 CPU（核）数	-n 100
--nodes	申请节点数目	--nodes=10
-p	作业提交的队列（分区）	-p test
--ntasks-per-node	指定每个节点运行进程数	--ntasks-pernode=10
-t	指定作业的执行时间，如超过该时间，作业将会被取消	-t 01:01:01
-o	指定作业的输出文件名	-o test.out
-e	指定作业的错误输出文件名	-e test.err

在前面的作业脚本例子中，最后使用了 mpirun 命令启动一个 MPI 程序。实际上，Slurm 作业脚本可以启动任何可执行程序，甚至可以启动一个 shell 脚本。

下面给出一个启动 Python 程序的作业脚本例子。

```
#!/bin/bash
#SBATCH -J examplePy
#SBATCH --nodes=1
#SBATCH --ntasks-per-node=1
#SBATCH -p test
#SBATCH -t 2:00:00
#SBATCH -o example.out
#SBATCH -e example.err
python example.py
```

由于 Python 是解释型语言，在脚本最后需要启动 Python 解释器，并将 Python 脚本文件 example.py 作为参数，由其解释执行。

3.9.5　在 Slurm 中以其他方式执行程序

在 Slurm 中执行程序最为常用的是作业脚本方式，除此之外，还可以采用以下两种方式执行程序。

1. 使用 srun 命令交互式执行

srun 命令用于在 Slurm 中交互式执行程序。该命令可以使用参数指定所需资源，如处理器数、队列（分区）等，命令执行时先分配所需的资源，并在所分配节点上启动程序。

用户使用交互式启动程序后，需等待 srun 命令返回后才能继续其他操作，在程序完成前，关闭登录客户端或者断开连接都将导致程序任务终止。因此，这种方式通常适用于执行时间较短的程序。

3.9.6 节将介绍 srun 命令的格式和用法。

2. 使用 salloc 命令分配式执行

用户可使用 salloc 命令分配所需资源，然后在所分配节点上执行指定的命令，命令执行完毕后，释放所分配的资源。

salloc 命令支持在参数中指定需要执行的命令，该命令可以是可执行文件或 shell 脚本。如果没有指定命令，则系统将默认执行 /bin/sh，当资源被分配完毕后，系统将通过 SSH 连接到所分配节点，即用户获得一个 shell 环境，随后可以在 shell 中使用 srun 命令交互式执行程序。

下面给出了一个 salloc 命令的例子。该命令将在 Slurm 中分配 5 个节点（由 -N 参数指定），然后在所分配节点上用 srun 命令执行程序 myprogram，进程个数为 10。

```
salloc -N5 srun -n10 myprogram
```

下面的 salloc 命令例子就是只分配 5 个节点，然后 SSH 连接到所分配节点上，之后用户可在命令行窗口中执行命令或启动程序。

```
salloc -N5
```

3.9.6　Slurm 常用命令

表 3-15 给出了 Slurm 的主要命令。

表 3-15　Slurm 的主要命令

类　别	命　令	功　能
作业运行控制	sbatch	提交批处理脚本（作业脚本）
	salloc	为作业分配资源，然后执行指定命令，并在命令完成后释放资源
	srun	运行作业
	scancel	给一个或一组作业发信号（signal），默认为取消作业
	sattach	连接到指定的作业
	sbcast	将文件传输到分配给指定作业的所有节点
作业信息查询	squeue	查看调度队列中作业的信息
	sstat	显示正在运行作业的状态信息
	sprio	查看指定作业的调度优先级相关信息
	sacct	显示 Slurm 作业的记账信息
系统及账户管理	sinfo	查看节点和分区的信息
	scontrol	查看或修改 Slurm 配置和状态
	sdiag	调度诊断工具
	sacctmgr	用于查看和修改 Slurm 账户信息
	sreport	根据 Slurm 记账数据生成报告
	sshare	查看 Slurm 的共享相关信息
系统及账户管理	strigger	查看 / 设置 / 清除 Slurm 的触发器信息
	smap	以图形方式查看作业、分区和配置参数信息
	sview	用于查看和修改 Slurm 状态的图形界面

虽然 Slurm 有近 20 条命令, 但普通用户常用的命令仅有数条, 例如, 使用 sbatch 和 srun 命令执行程序; 使用 sinfo 和 squeue 命令查看作业和分区状态; 使用 scancel 命令取消作业。

下面简单介绍这些常用命令。

1. sbatch 命令

sbatch 是批处理提交作业命令。用户编写作业脚本, 然后用 sbatch 命令提交, 随后将立即返回命令行窗口, 作业进入后台调度状态。

sbatch 命令的格式如下。

```
sbatch [options] mybatch
```

其中, mybatch 是作业脚本文件名, 选项参数 options 可以是以下两种。

- -N: 表示作业需要的最大节点个数。
- -p: 在指定分区中分配资源, 如果未指定, 则系统将在默认分区中分配资源。

下面给出了一个用 sbatch 命令提交作业脚本的例子, 作业脚本文件名为 test.slurm。命令执行后, Slurm 系统将该作业放入指定的队列排队, 等待调度执行, 并返回该作业的 ID: 65541。以后对该作业的状态查询和控制操作均须使用该作业 ID。

```
$ sbatch test.slum
Submitted batch job 65541
```

2. srun 命令

srun 是交互式提交作业命令。用户在 shell 窗口执行 srun 命令, 作业等待调度执行, 该命令也会等待作业分配到计算资源执行完成后才返回, 所以其被称为交互式提交命令。

主要命令格式如下。

```
srun [options] program
```

其中 program 是可执行文件名, 选项参数 options 可以是以下四种。

- -n: 表示程序执行的进程个数。
- -N: 表示作业需要的计算节点数。
- -p: 在指定分区中分配资源, 如果未指定, 则系统将在默认分区中分配资源。
- -w: 指定节点列表, 作业分配时将至少包含这些节点。

下面给出一个 srun 命令的例子。

```
srun  -n 256  -N 8  -p p1  -w node[0-3, 12-15]  helloworld
```

该命令将执行程序 helloworld, 进程个数为 256 个, 使用 8 个节点 (每个节点 32 核), 资源所在的分区是 p1, 节点号指定 0~3 和 12~15。命令中的 -w 参数用于指定所需节点列表, 仅当所有节点都处于空闲状态时, 程序才会被执行; 如果不使用 -w 参数, 则应由 Slurm 自行分配节点。

3. salloc 命令

salloc 命令用于分配作业所需的资源 (一组节点), 然后执行指定的命令, 并在命令结束后释放所分配的资源。

命令格式如下。

```
salloc [options] [<command> [command args]]
```

该命令的可选参数 options 可以是以下四种。

- -n：表示命令执行的进程个数。
- -N：表示需要的计算节点数。
- -p：在指定分区中分配资源，如果未指定，则系统将在默认分区中分配资源。
- -w：指定节点列表，作业分配时将至少包含这些节点。

command 可以是用户希望执行的任何程序，典型的可以是 srun 命令、包含 srun 命令的 shell 脚本、或 xterm（一种图形终端程序）。如果后面没有跟命令，那么系统将执行用户的默认 shell。

下面给出一个 salloc 命令例子。

```
$ salloc -N16 xterm
```

该命令将分配 16 个节点，之后启动 xterm 连接到所分配的节点上。此时用户将获得所分配节点上的终端命令行窗口，并可自行在该命令行窗口中执行命令，包括使用 srun 命令启动程序；当退出该命令行窗口后，salloc 命令结束，释放所分配的节点。

4. sinfo 命令

sinfo 命令用于查看分区和节点信息。

下面给出一个执行 sinfo 命令的例子。命令执行后，显示出该 Slurm 系统中的分区，以及各分区的信息。

```
$ sinfo
PARTITION AVAIL    TIMELIMIT    NODES    STATE    NODELIST
batch     up       infinite         2    alloc    adev[8-9]
batch     up       infinite         6    idle     adev[10-15]
debug*    up          30:00         8    idle     adev [0-7]
```

本例中显示了两种分区状态：alloc 和 idle。实际的状态类型有十多种，表 3-16 给出了几种最为常见的节点状态。

表 3-16　常见的节点状态

状　　态	缩　　写	含　　义
allocated	alloc	节点已被分配给一个或多个作业
down	down	节点不可用。Slurm 系统会自动把故障节点置为该状态，管理员也可以手动把节点置为该状态
drained	drain	节点不可用。由管理员手工设置
draining	drng	节点正在执行作业，待执行完毕后，将转为不可用。由管理员手工设置
fail	fail	节点即将失效，由管理员手工设置为不可用
idle	idle	节点空闲可用

有些节点状态需要由管理员使用 scontrol 命令手工设置。例如，有时出于管理或者测试需要，将某些节点状态置为 drain，此后这些节点将被排除在可分配节点之外，也就是 Slurm 调度执行作业时不再使用这些节点，直到管理员将节点状态改为 idle。

5. squeue 命令

squeue 用于查看作业信息，是用户经常使用的命令。用户可以通过此命令查看自己提交的所有作业的信息，返回的信息包括作业 ID、作业名、作业所在的资源分区、作业状态、作业已运行的时间、作业占用节点数及节点列表。

最常见的 squeue 命令执行方式如下。

```
$ squeue
```

不带任何参数执行 squeue 命令时，将显示本用户提交的所有未结束的作业信息。

如果用户提交的作业很多，并且作业信息显得有些混乱，则此时可以使用参数指定查询某些作业的信息。下面给出了使用"--jobs"参数查询指定作业状态的例子。

```
$squeue --jobs 12345,12346,12348
JOBID      PARTITION    NAME    USER    ST    TIME    NODES  NODELIST(REASON)
12345      debug        job1    dave    R     0:21        4  dev[9-12]
12346      debug        job2    dave    PD    0:00        8  (Resources)
12348      debug        job3    ed      PD    0:00        4  (Priority)
```

本例中显示了两种作业状态：R 和 PD。作业的状态也有很多种，主要的作业状态及含义见表 3-17。

表 3-17 主要的作业状态及含义

状　　态	缩　　写	含　　义
Pending	PD	作业正在等待分配资源
Running	R	作业已分配资源，运行中
Suspended	S	作业已分配资源，但当前被挂起，处理器资源被释放给其他作业使用
Completing	CG	作业在结束过程中，部分进程可能还处于活跃状态
Completed	CD	作业的所有进程已终止，进程返回代码 0

6. scancel 命令

scancel 命令用于取消作业。当用户使用 sbatch 命令提交作业后，出于某种原因希望取消该作业的运行，此时就可以使用该命令。

scancel 命令的参数为希望取消作业的 ID，即 sbatch 命令提交作业时返回的 job-id。用户可以先使用 squeue 命令查看作业 ID，再用该 ID 取消作业。

下面的例子用于取消 ID 为 1234 的作业。

```
scancel 1234
```

7. sacct 命令

sacct 命令用于查看作业的运行结果等信息，也可以通过该命令指定格式输出作业信息。该命令格式如下。

```
sacct [options]
```

该命令的可选参数如下。

- -b：显示简要信息，主要包括作业号、状态和退出码。
- -j：指定作业 ID 的信息。
- -N：运行在特定节点上的作业记账信息。
- --name：显示特定作业名的记账信息。
- -o,--format：以特定格式显示作业的记账信息。
- -r,--partition：显示特定队列的记账信息。
- -s：显示特定状态的作业记账信息。

一些高性能计算系统在 Slurm 基础上做了进一步改进以更好地适配自身系统，如国产天河系列高性能计算机的管理系统就基于 Slurm 研发，并重新定义了新的命令集，其常用命令与 Slurm 命令的对应关系如表 3-18 所示。

表 3-18　天河作业管理系统常用命令

天河作业管理系统命令	对应的 Slurm 命令
yhrun	srun
yhbatch	sbatch
yhinfo	sinfo
yhqueue	squeue
yhcancel	scancel

◈ 3.10　小　　结

本章主要介绍 MPI 编程接口，这是一种专门针对消息传递型并行系统的编程接口。典型的消息传递型并行系统是集群系统和高性能计算机。也就是说，如果使用高性能计算机 / 超级计算机，MPI 是必须掌握的编程技能。MPI 编程接口历史悠久，虽然已经表现出诸多缺点，但迄今为止其仍然是最为主流的消息传递编程接口。

MPI 的核心是实现进程间的消息传递。为了更好地支持编程，MPI 提供了多种消息通信模式，这些模式可以分为点 - 点通信和集合通信两大类，其中点 - 点通信实现的是两个进程之间的通信，而集合通信则实现的是一组进程之间的通信。点 - 点通信最为常用的是标准模式，对应 MPI_Send( ) 和 MPI_Recv( ) 两个 API 接口函数。此外，为了满足应用程序的不同需求，MPI 还提供了缓存模式、同步模式和就绪模式，不同的通信模式在发送 – 接收进程间施加了不同的限制条件，得到的好处是程序性能的提升。在四种通信模式基础上，MPI 还提供非阻塞通信方式，使进程可以在启动消息传输后进行计算，通过重叠通信和计算来隐藏消息传输延迟。为了简化编程和提升性能，非阻塞通信还可以使用一种持续通信方式，使程序可以在一个循环内重复发送格式和长度相同的消息。集合通信在一组进程内进行，MPI 支持在多个进程间进行一对一、一对多、多对一、多对多等通信，包括广播（broadcast）、分发（scatter）、收集（gather）、组收集（allgather）、全互换（alltoall）、规约（reduce）、扫描（scan）、栅栏（barrier）等。MPI 的消息传输是在通信子之上完成的，一个通信子对应一组可以相互通信的进程。除了预定义的通信子 MPI_COMM_WORLD、MPI_COMM_SELF 外，MPI 还提供一系列用于管理通信子和组的接口函数，支持应用程序自定义组和通信子。更进一步地，程序还可以使用进程拓扑以实现更直观的编程，并与底层硬件适配。

除了 MPI 编程接口之外，近年来还出现了一类 PGAS 语言。这类语言试图在消息传递系统上提供类似共享内存系统的编程模型，以改善消息传递系统的可编程性，提升高性能应用软件的生产率。此类语言主要有 UPC、CAF、Titanium、X-10 和 Chapel 几种，本章对其逐个进行了介绍。

集群系统上大多安装了作业管理系统，用户需要通过作业管理系统运行应用程序。为此，本章介绍了近年来，应用广泛的作业管理系统——Slurm，围绕用户登录系统、编辑和提交作业脚本、监控和管理作业状态等常用操作介绍了 Slurm 系统的使用方法。

◇ 习 题

1. 尝试寻找可供使用的集群系统，如没有可用系统则自己在多台计算机或虚拟机上建立 MPI 环境，在系统中编译和运行 MPI 版 Hello World 程序。

2. 写出以下英文缩写的全称。

MPI；SPMD；PGAS；SSH

3. 说明 MPI 点对点发送和接收函数 MPI_Send( )、MPI_Recv( ) 的参数定义。

4. 请说明以下 C 语言数据类型所对应的 MPI 数据类型。

char；unsigned char；int；unsigned int；float；double

5. 假设进程 0 向进程 1 发送一条消息，对于以下的代码段落，请分析进程 0 和进程 1 的行为。

```
1    if (rank == 0 )
2       MPI_Send( sbuf, BUF_SIZE, MPI_INT, 1, 1, MPI_COMM_WORLD );
3    else
4      if ( rank == 1 )
5         MPI_Recv( rbuf, BUF_SIZE, MPI_INT, 0, 0,
6                   MPI_COMM_WORLD, &status );
```

6. 比较点对点通信的四种模式（即标准模式、缓存模式、同步模式、就绪模式）的异同之处。

7. 假设有两个 MPI 进程，序号为 0 和 1。进程 0 和进程 1 各自以迭代方式进行计算，在每次迭代结束时，两个进程相互交换数据，即进程 0 和进程 1 各向对方发送一段数据并从对方接收一段数据，每次交换数据的长度和格式相同。试针对以下场景写出主要的 MPI 接口调用和代码段落。

（1）进程通过一个 while 循环实现迭代，按照"计算 – 交换数据"的方式执行。

（2）为隐藏消息通信的时间延迟，在（1）的基础上改用非阻塞通信方式。

（3）由于每次迭代交换的数据长度和格式相同，在（2）的基础上改用持续的非阻塞通信方式。

8. 假设在 6 个进程间进行集合通信，请说明以下集合通信接口函数的执行效果。

MPI_Bcast；　　　 MPI_Scatter；　　　 MPI_Gather；　　　 MPI_Allgather；

MPI_Alltoall；　　MPI_Reduce；　　MPI_Allreduce；　　MPI_Scan。

9. 编写 MPI 程序计算以下二次函数在给定区间 $[x_1, x_2]$ 内的积分。

$$f(x) = 3x^2 + 5x + 7 \tag{3-9}$$

10. 消息通信延迟实验测试。编写 MPI 程序，测试各种 MPI 消息通信接口的延迟。可测试不同长度消息的效果，每种长度的消息重复传输多次并计算时间延迟的平均值。

（1）点对点发送和接收 MPI_Send( )、MPI_Recv( )。

（2）不同进程个数下的集合通信：MPI_Bcast( )、MPI_Scatter( )、MPI_Gather( )、MPI_Alltoall( )、MPI_Reduce( )、MPI_Allreduce( )。

（3）对以上集合通信接口中的 MPI_Scatter( ) 和 MPI_Reduce( )，用点对点通信接口实现相同的功能，对比测试两种实现方式的延迟。

11. 如何使用 MPI 的组间通信子？

12 假设某 MPI 程序启动后将进程均分为两组，两组进程在组内通信，并通过一个组间通信子交换数据，请写出该方案对应的 MPI 接口调用和代码段落。

13. 如果希望在 MPI 程序中使用 OpenMP 多线程机制，那么在编程时需要注意哪些事项？

14. 在 MPI 编程接口中，进程拓扑的含义是什么？什么场景下适合使用进程拓扑？

15. 与传统 MPI 编程接口相比，PGAS 类语言提供的编程接口有何异同之处？主要有哪几种 PGAS 编程语言？

16. 在 Slurm 或其他集群管理系统中尝试以作业的方式执行一个 MPI 程序，并给出以下作业管理功能所对应的命令。

（1）向集群管理系统提交一个作业。

（2）查询一个先前提交作业的状态。

（3）取消一个先前提交的作业。

（4）在作业脚本中指定程序执行的进程个数。

17. 完成两种矩阵规模 8000×8000、12000×12000 下的矩阵相乘 MPI 编程实验。

（1）按照行 / 列划分矩阵，并将之分配给不同进程，测试不同进程个数下完成矩阵相乘的计算时间。

（2）[选做] 对矩阵分块，并将之分配给不同进程，测试不同进程个数下完成矩阵相乘的计算时间。（注：分块矩阵相乘的算法可参考本书第 6 章内容）。

（3）采用 MPI+OpenMP 混合并行编程，即在进程内部使用 OpenMP 多线程完成分配给本进程的部分矩阵计算。

18. 用 MPI 编程实现 $n \times n$ 矩阵与 n 维向量相乘。假设由进程 0 负责读取或生成矩阵和向量，将矩阵分为多个子矩阵块，并将子矩阵块和向量发给其他进程，在计算完成后，令各进程通过集合通信汇总生成结果向量，要求最后每个进程都存有结果向量。

异构系统并行编程

本书第1章介绍了几种常见的并行计算系统,其中第3种即为异构(heterogeneous)系统。这类系统具有比通用 CPU 更高的计算性能和能效,常与 CPU 配合使用,用作计算加速部件。其中,最为典型的就是 CPU-GPU 异构系统。

本章将首先介绍近年来应用广泛的 NVIDIA GPU 编程接口 CUDA,随后将介绍通用编程接口 OpenCL 和 OpenACC,最后介绍申威处理器编程接口 Athread。

◈ 4.1 异构系统编程概述

异构系统的典型特征是包含多种不同架构的处理器或计算单元。例如,有些异构系统是 CPU-GPU 这种部件级异构系统,也有些异构系统是像申威处理器这种片内异构系统。无论是部件级异构还是片内异构,不同架构的处理器 / 计算单元上通常运行的是不同的程序代码,相应地,应用程序中就需要包含多种程序代码。

目前主流的异构应用程序实现方式是:以通用处理器(CPU)程序为基础,在其中嵌入运行在异构加速部件上的程序段落。采用这种实现方式的主要原因是:异构系统中的通用 CPU 一般用于运行操作系统,而应用程序则由操作系统加载运行,并且程序在启动后还常常需要读取输入数据,这些都需要在通用 CPU 上进行。因此,应用程序首先应当是一个可以运行在通用 CPU 上的程序,以此为基础,在程序中嵌入支持在异构加速部件上运行的代码,在执行到这部分代码时,将其加载到异构加速部件上执行。按照这种模式,开发者既要考虑 CPU 上的编程,又要考虑异构加速部件上的编程,在很多时候,还需要考虑 CPU 程序和异构程序的协同,这将使异构系统的编程与通用并行编程有较大的差异。另外,由于异构加速部件通常拥有独立的内存空间,程序在执行过程中还常涉及数据在主存和异构部件内存之间的传输,在很多异构系统中,开发者还需要显式地进行这种数据传输。

异构系统的编程仍然以扩展现有编程语言和 / 或编程接口库的形式为主,可以分为厂商专用编程接口和通用编程接口两类。厂商专用编程接口通常只适用于厂商自己的硬件,典型的有 NVIDIA GPU 编程接口 CUDA、AMD GPU 编程接口 HIP、申威处理器编程接口 Athread 等；而通用编程接口适用于多种硬件平台，主要有 OpenCL、OpenACC 等。

表 4-1 对典型异构编程接口进行了比较。其中，CUDA 由于是出现得较早的 GPU 编程接口，对同类硬件平台的编程接口产生了较大影响；AMD 的 HIP 就与 CUDA 很相似，HIP 甚至提供有软件工具以将 CUDA 程序转换为 HIP 程序；OpenCL 的目标硬件平台也是 GPU，因此也与 CUDA 有一定相似性。与 CUDA 差异较大的有 Athread 和 OpenACC，其中 OpenACC 支持使用 #pragma 编译指令引入并行性，这与本书第 2 章介绍的 OpenMP 相似。

表 4-1　典型的异构编程接口

编程接口	硬 件 平 台	编 程 语 言	实 现 方 式
CUDA	NVDIA GPU 专用	C/C++、FORTRAN、Python	语言扩展 + API
ROCm/HIP	AMD GPU 专用	C/C++	语言扩展 + API
Athread	申威处理器专用	C/C++、FORTRAN	API + 扩展修饰符
OpenCL	异构加速平台通用	C/C++	语言扩展 + API
OpenACC	异构加速平台通用	C/C++、FORTRAN	#pragma 编译指令扩展

需要说明的是，一种异构硬件平台往往会支持多种异构编程接口。例如，NVDIA GPU 既支持其专有的 CUDA 编程接口，又支持通用的 OpenCL 编程接口；申威处理器既支持专有的 Athread 编程接口，又支持通用的 OpenACC 编程接口。硬件厂商的这种做法一方面可以提高应用程序的兼容性，使自己硬件平台上的软件和应用生态更加丰富；另一方面，可以通过专有编程接口实现更高效的应用程序。在这种情形下，编程人员在选择编程接口时常会面临一个问题：既然有通用编程接口，那么为什么不直接使用通用编程接口，而要选用厂商专用编程接口呢？事实上，不同编程接口实现的程序性能总是有差异的。比较常见的情况是使用厂商专用编程接口编写的程序能够获得更高的性能。这主要是因为厂商专用编程接口专门针对自己的硬件架构而设计，还常常提供一些编程特性以充分发挥自身硬件架构特点，自然地，使用这种编程接口写出的程序性能通常也更高一些。但这并不意味着通用编程接口没有存在的价值，当一个应用程序可能运行在多种异构硬件平台上时，相比于编写多种版本的异构程序，使用通用编程接口可能就是一种较优的选择，因为这可以降低程序开发复杂度和后续维护难度。还需要说明的一点是，即使是通用编程接口，厂商也常针对自己的硬件特性做一定扩展，这使得通用编程接口写出的异构程序往往也无法做到在不同异构硬件间完全可移植。当然，与使用不同编程接口改写程序相比，这种移植所涉及的工作量要小得多。

◆ 4.2　面向 NVDIA GPU 的 CUDA 编程

4.2.1　CUDA 概述

CUDA（compute unified device architecture，统一计算设备架构）是由 NVIDIA 公司开发、专门用于支持其 GPU 编程的接口。CUDA 最早发布于 2006 年，其将 GPU 从传统的图形图像处理扩展至通用计算领域。

1. GPU 硬件结构

与 CPU 面向通用计算和数据处理不同，GPU 最初用于高端显卡，以专用硬件支持计算机图形 / 图像处理所需的各种运算，包含顶点设置、光影、像素操作等。由于图像数据通常没有数据依赖，故 GPU 可以被设计成处理高度统一的、相互无依赖的大规模数据。随着 GPU 处理硬件的不断发展，相关厂商推出了"通用 GPU"（general-purpose GPU, GP-GPU），利用 GPU 硬件支持以向量 / 矩阵运算为主的通用数值计算。随着 GP-GPU 应用日益广泛，人们也常常将其简称为 GPU。

图 4-1 展示了 CPU 与 GPU 架构的区别。CPU 主要面向通用计算和数据处理，其处理器核数量相对较少，但核的处理能力非常全面，相应地，其指令系统和控制逻辑也较为复杂；GPU 的大部分空间被设计为计算单元，这些计算单元也被称为核，但与 CPU 的处理器核相比，这些核的处理能力、指令系统、控制逻辑都简单得多。

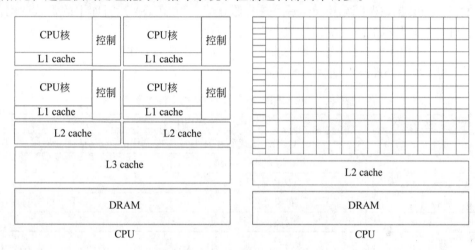

图 4-1　CPU 与 GPU 架构的区别

GPU 的基本计算单元是流处理器（streaming processor, SP），也被称为 CUDA 核，即图中的小方格。流处理器负责执行指令，但所有的流处理器并不是各自独立的，如第 1 章中所述，GPU 的多个核以锁步（lockstep）的方式工作，即多个流处理器形成一组，在同一控制单元的控制下执行程序，也就是说，一组流处理器执行相同的指令流，这相当于第 1 章所介绍 Flynn 分类中的 SIMD 结构。在 CUDA 中，这样一组流处理器被称为流式多处理器（streaming multiprocessor, SM）。一个 GPU 通常包含多个流式多处理器。

2. CUDA 语言与平台支持

CUDA 支持的编程语言有 C/C++、FORTRAN 以及 Python。目前 CUDA 程序主流的开发语言是 C/C++，本节将介绍 CUDA C 编程。使用其他编程语言编写 CUDA 程序的方法可以阅读 NVDIA 提供的官方文档。

CUDA 程序可以在主流的操作系统上运行，包括 Windows、Linux、MacOS 等。本节所有的 CUDA 程序均编写于 Linux 系统。

3. CUDA 编译器

首先介绍两个 CUDA 编程中使用的术语：**主机**（**host**）和**设备**（**device**）。在 CPU–

GPU 异构系统中，CPU 端被称为主机，负责运行操作系统、编译程序、加载并启动程序执行，并在程序执行过程中控制 GPU 执行程序中内嵌的 GPU 代码；而 GPU 端则被称为设备，它被用作协处理器（coprocessor），在 CPU 和 CUDA 运行环境的控制下工作，在计算过程中，通过互连接口（如 PCIe 或 NvLink）与 CPU 通信。

由于 CPU 和 GPU 的体系结构和指令系统都不相同（这也是其被称为异构的原因），一个 GPU 程序中就包含两部分：运行在 CPU 上的代码和运行在 GPU 上的代码。为了让编译器识别这两部分程序以生成正确的机器指令，CUDA 定义了关键字、接口函数及特殊的语法用于编写设备端程序，同时配合专门的编译器完成程序的编译。CUDA 使用的编译器是 nvcc，它进行编译的操作流程如下。

（1）从 CUDA 程序中分离出主机端代码（host code）和设备端代码（device code），将设备端代码编译成虚拟 GPU 汇编文件（PTX 代码），并将其编译成二进制代码（cubin 对象）。

（2）将主机端代码中调用 device 代码的部分替换为 CUDA 运行库中的函数调用，之后使用其他编译器（如 gcc）完成主机端程序的编译。

（3）主机端程序和设备端程序被编译好后，nvcc 将两部分代码合并。

nvcc 编译器可处理的常见文件类型如表 4-2 所示。

表 4-2 nvcc 编译器可处理的常见文件类型

文 件 后 缀	文 件 类 型
.cu	CUDA 源代码，其中包含 host 代码与 device 代码
.c	C 源代码
.cc，.cpp，.cxx	C++ 源代码
.o，.obj	对象文件
.a，.lib，.so	库文件

与 gcc/g++ 编译器类似，nvcc 也提供了不同的编译选项供开发者使用，常用的选项如表 4-3 所示。

表 4-3 nvcc 编译器常用编译选项

编 译 选 项	功 能 描 述
-c	将所有输入的 .c/.cc/.cpp/.cxx/.cu 文件编译成对象文件
-o	生成可执行文件
-l	指定要使用的库文件
-I	指定要使用的头文件目录
-L	指定要使用的库文件目录

例如，要编译 CUDA 源程序 hello.cu，则可以使用如下命令。

```
nvcc hello.cu -o hello
```

编译完成后，系统将在当前目录下生成可执行文件 hello。

4.2.2 Hello World 程序：CUDA 程序的基本形态

下文将通过一个 Hello World 程序介绍 CUDA 程序的基本形态，见代码清单 4-1。

代码清单 4-1 CUDA 版本的 Hello World 程序。

```
1    #include <stdio.h>
2    #include <cuda.h>
3
4    __global__ void Hello()                // 定义核函数 (kernel)
5    {
6        printf("Hello from device.\n");
7    }
8
9    int main()
10   {
11       Hello<<<1, 1>>>();                // 在设备端执行核函数
12       cudaDeviceSynchronize();          // 同步函数，等待核函数结束
13       printf("Hello from host.\n");
14       return 0;
15   }
```

该程序第 2 行引用了 CUDA 头文件 cuda.h，其定义了 CUDA 的接口函数、常量、结构体等；在程序第 4 行定义了一个函数 Hello()。该函数与普通 C 语言函数的显著不同之处是最前面的 "__global__"，这是一个 CUDA 关键字，用于声明这个函数是在设备端执行的。

CUDA 把这种在设备端（即 GPU）执行的函数称为**"核函数"**（**kernel**），一个 CUDA 程序可以有一个或多个核函数。需要说明的是，有些资料把 CUDA 的 kernel 直译为"内核"，由于这种译法很容易和操作系统的内核混淆，故本书统一使用"核函数"称谓之，这也是当前较为主流的译法。

这个程序还有一处与普通 C 语言程序显著不同的地方，那就是在 main() 函数中的语句 "Hello<<<1, 1>>>( )"，这是 CUDA 定义的调用核函数的特有语法。三个尖括号中的两个数字用于指定执行核函数的线程个数，本节后文将介绍其具体用法，现在暂时将其忽略。

Hello World 是一个非常简单的 CUDA 程序，它包含在主机端执行的 main() 函数和在设备端执行的 Hello() 函数。为了和普通 C 语言程序区分，其使用 .cu 作为源程序文件名的后缀。假设该程序被命名为 hello.cu，可以用 nvcc 进行编译，然后执行。程序执行时，设备端的 Hello() 函数将显示信息 "Hello from device."，主机端的 main() 函数将显示信息 "Hello from host."。由于 GPU 自身没有标准输出设备，其信息仍然会被显示在主机的屏幕上。

程序的编译和执行结果如下。

```
$ nvcc -o hello hello.cu
$ ./hello
Hello from device.
Hello from host.
```

4.2.3 两个整数相加程序：CPU-GPU 数据交换

在了解 CUDA 程序的基本形态之后，本节通过一个整数相加的简单例子介绍主机端和设备端之间的数据交换。

该程序的功能是在设备端进行两个整数的相加，见代码清单 4-2。该程序定义了一个核函数 Add( )，与前面 Hello World 程序不同的是，这个核函数带有三个参数：a、b 和 c，三个参数均为整数变量，其中 c 是指针，这个核函数将完成两个整数相加，并将结果写入指针 c 所指向的整数。

代码清单 4-2　整数相加程序。

```
1    #include <stdio.h>
2    #include <cuda.h>
3
4    __global__ void Add( int a, int b, int *c)
5    {
6        *c = a + b;
7    }
8
9    int main()
10   {
11       int  c;
12       int  *dev_c;
13
14       cudaMalloc((void**)&dev_c, sizeof(int));       // 在设备端分配内存
15       add<<<1,1>>>(2, 7, dev_c);                     // 在设备端执行核函数 add()
16       cudaDeviceSynchronize();                       // 同步函数，等待核函数结束
17       /* 将变量 c 复制到主机端内存 */
18       cudaMemcpy(&c, dev_c, sizeof(int), cudaMemcpyDeviceToHost);
19       cudaFree(dev_c);                               // 释放设备端分配的变量
20       printf("2 + 7 = %d\n\n", c );
21       return 0;
22   }
```

程序第 14 行调用了一个新的函数 cudaMalloc( )，这个函数可以被看作 GPU 版的 malloc( ) 函数，与 malloc( ) 在主存中分配内存不同，cudaMalloc( ) 完成的是 GPU 上的内存分配，该函数的定义如下。可以看出，它的参数和返回值与 malloc( ) 是兼容的。

```
cudaMalloc( void **devPtr, size_t size );
cudaMallocHost( void **ptr, size_t size );
```

之所以提供上述函数，是因为 GPU 拥有独立的物理内存，这些内存并不位于主机端的地址空间。换句话说，主机端的程序不能直接访问 GPU 上的内存，而需要使用 CUDA 提供的函数完成主机端内存和设备端内存之间的数据传输，变量被从设备端复制到主机端后，才可以直接访问；反之，设备端的程序也不能直接访问主机端的内存，也就是说，核函数中访问的变量只能是设备端内存的变量。对应上述程序，就是核函数 Add( ) 所访问的变量 c，它所指向的内存单元位于设备端内存。这样，核函数 Add( ) 完成整数相加后，需要将结果复制到主机端内存（第 18 行），才可以将数据用 printf( ) 语句显示出来。

除了 cudaMalloc( ) 函数之外，CUDA 还提供了函数 cudaMallocHost( )，该函数实现主机端的内存分配。从功能角度看，它与 C 语言的标准调用函数 malloc( ) 是相同的，所以很多程序都直接使用 cudaMallocHost( )。但该函数与 malloc( ) 仍然有一点区别，就是

它分配的内存是物理锁定的。要知道，malloc()将通过操作系统的虚拟存储机制分配内存，所分配的内存区域被称为分页内存（paged memory），存在被换出到外存的可能，而cudaMallocHost()分配内存时将绕过操作系统的虚拟存储，所分配的物理内存是固定的（pinned memory），又被称为非分页内存（non-pagable memory），不会被换出到外存。也有测试数据表明，在进行主机 - 设备间内存复制时，在主机端使用cudaMallocHost()分配内存与malloc()分配相比，内存复制性能更高。

程序第 18 行调用的函数 cudaMemcpy() 可以被看作 GPU 版的 memcpy() 函数，但它比 memcpy() 要复杂一些，这是因为它完成主机端内存和设备端内存之间的数据复制，而这种数据复制是有方向的，即主机端→设备端，或设备端→主机端，因此，该函数增加了一个参数用以指示方向，其定义如下。

```
cudaMemcpy( void *dst,              // 目的缓冲区指针
            const void *src,        // 源缓冲区指针
            size_t count,           // 要复制的字节数
            cudaMemcpyKind kind     // 传输方向
);
```

与 memcpy() 有三个参数不同，cudaMemcpy() 有四个参数，前三个参数的定义与 memcpy() 相同，新增的第四个参数用于指示数据复制方向，该参数的取值使用 CUDA 预定义常量，如表 4-4 所示。由于本程序是将数据从设备端复制到主机端，所以需使用参数cudaMemcpyDeviceToHost。

表 4-4　cudaMemcpy() 的传输方向取值

值	含　义
cudaMemcpyHostToHost	数据传输：主机→主机
cudaMemcpyHostToDevice	数据传输：主机→设备
cudaMemcpyDeviceToHost	数据传输：设备→主机
cudaMemcpyDeviceToDevice	数据传输：设备→设备

注意，对 cudaMalloc() 分配的设备端内存指针，主机端代码不得直接读写该指针所指向的内容，须用 CudaMemcpy() 复制回主机端内存后才可读写，但主机端代码可将指针作为参数传递，也可对指针进行运算。

设备端的内存被使用完毕后，可使用函数 cudaFree() 释放，此函数定义如下。

```
cudaFree(void *devPtr);
cudaFreeHost(void *ptr);
```

关于前面的示例程序还有一点需要说明。在调用完核函数后，程序第 16 行调用了一个函数 cudaDeviceSynchronize()，这是 CUDA 提供的设备端同步函数。在 CPU-GPU 异构系统中，主机端程序调用核函数后将立即返回，而不是等待核函数执行完毕才返回。核函数在设备端执行过程中，主机端仍然继续执行程序，也就是 CPU-GPU 协同并行。但如果主机端需要等待核函数的结果才能进行后续处理（即存在依赖关系），就可以调用该函数等待核函数返回。

函数 cudaDeviceSynchronize( ) 的定义如下。

```
void cudaDeviceSynchronize();
```

4.2.4 向量求和程序：CUDA 多线程

在整数相加程序的基础上，本节将通过向量求和程序介绍 CUDA 程序实现并行的过程。

代码清单 4-3 给出了向量求和程序的 main( ) 函数。该程序通过调用核函数 VecAdd( ) 完成向量 A[] 和 B[] 的相加，将结果存入 C[]。关于核函数 VecAdd( ) 的定义稍后介绍，先来看程序中第 16 行的核函数调用。

代码清单 4-3　向量求和程序。

```
1     #define N 100
2
3     int main()
4     {
5         float A[N], B[N], C[N];
6         float *dev_A, *dev_B, *dev_C;
7
8         ...           /*初始化数组 a[] 和 b[]*/
9         cudaMalloc( (void**)&dev_A, N * sizeof(float) );
10        cudaMalloc( (void**)&dev_B, N * sizeof(float) );
11        cudaMalloc( (void**)&dev_C, N * sizeof(float) );
12        /* 将数组 A[] 和 B[] 复制到设备端 */
13        cudaMemcpy(dev_A, A, N*sizeof(float), cudaMemcpyHostToDevice);
14        cudaMemcpy(dev_A, A, N*sizeof(float), cudaMemcpyHostToDevice);
15        /* 调用核函数在 GPU 上完成并行向量加 */
16        VecAdd<<<1,N>>>( dev_A, dev_B, dev_c );
17        cudaDeviceSynchronize();
18        /* 将结果数组 C[] 复制到主机端 */
19        cudaMemcpy(C, dev_C, N*sizeof(float), cudaMemcpyDeviceToHost);
20        cudaFree(dev_A);
21        cudaFree(dev_B);
22        cudaFree(dev_C);
23        return 0;
24    }
```

与前文所给出程序中的核函数调用明显不同的是，第 16 行调用核函数时尖括号内的参数不再是 <<<1,1>>>，而变成了 <<<1,N>>>，其中的 N 是本程序定义的常量，对应数组中的元素个数（或者说向量长度）。而用 <<<1,N>>> 调用核函数就是指定了执行该核函数的线程数，即 $1 \times N$，其中 1 表示线程块（thread block）的数量，N 表示线程块内的线程数。这就意味着程序可以使用 1 个或多个线程块，每个线程块包含数量相等的线程，以执行这个核函数。那么，为什么不直接指定总的线程数，而要用"线程块 – 线程"这种会增加编程复杂性的层次结构呢？主要是为了更好地与 GPU 硬件架构适配，以优化程序性能。受 GPU 硬件限制，能够共享高速缓存的线程数量有限（上限值与具体硬件平台相关，目前的典型值是1024），让开发者利用这一特性组织自己程序中的线程，以获得更好的性能。在本程序中，执行核函数的线程组织是1个线程块、线程块内N个线程（N＝100）。

下面来看核函数VecAdd( )的定义，其代码如下。

```
1    __global__ void VecAdd( float *A, float *B, float *C )
2    {
3        int i = threadIdx.x;             // 获取线程号，作为向量下标
4        C[i] = A[i] + B[i];
5    }
```

上述程序第3行访问了一个结构体threadIdx，它是CUDA内置的数据结构，其存有线程索引号信息。核函数VecAdd( )使用该索引号作为访问数组的下标，完成一个向量元素的相加。

基于以上讨论，这个向量求和程序将启动100个CUDA线程，使每个线程完成向量中一个元素的相加。

通过该示例程序可以看出CUDA程序的并行模式，即开发者只需为单个线程编写串行代码（也就是核函数），然后指定多个线程执行这个核函数，以实现并行计算。这种模式被称为SPMT（single-program multiple-thread），即单程序、多线程。

4.2.5　CUDA 线程组织

上一节的向量求和程序已经初步涉及了线程块的组织，本节将更全面地介绍CUDA线程的组织。

事实上，CUDA程序在线程块（thread block）之上还有一个层次：网格（grid）。一次核函数调用对应一个grid，一个grid包含一个或多个线程块，一个线程块包含一个或多个线程。为了使线程与数据的对应关系更加直观，线程块内的线程、grid内的线程块还可以按照一维、二维或三维来组织。图4-2给出了按照二维组织的grid和线程块，即grid内的线程块按二维组织，每个线程块中的线程也按二维组织，本节后面将通过举例展示这种结构非常适合矩阵运算。

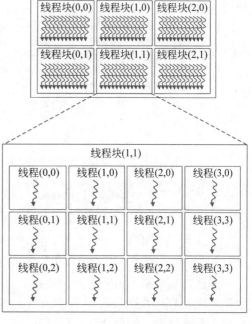

图4-2　按二维组织的 grid 和线程块

1. 线程块内线程的组织

线程块内的线程可以按照一维、二维或三维来组织，这可以为处理向量、矩阵以及三维数据提供直观的对应关系。程序中可以使用CUDA内置的结构体threadIdx和blockDim来访问线程索引号，这两个结构体中都包含x、y、z三个无符号整数类型的元素，具体含义见表4-5。

表 4-5　CUDA 内置的线程块信息

结　构　体	变　量　名	含　　义
threadIdx	threadIdx.x	线程块中 x 方向上的线程号
	threadIdx.y	线程块中 y 方向上的线程号
	threadIdx.z	线程块中 z 方向上的线程号
blockDim	blockDim.x	线程块中 x 方向上的总线程数
	blockDim.y	线程块中 y 方向上的总线程数
	blockDim.z	线程块中 z 方向上的总线程数

在前面介绍的向量求和程序中，由于向量是一维数据结构，因此需要将线程块内的线程按一维组织，直接用线程索引号 threadIdx.x 作为向量下标完成计算。

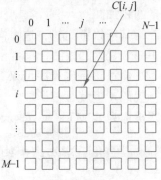

图 4-3　矩阵与线程的对应关系

下面考虑一种二维结构的场景：矩阵求和，即 $C=A+B$，其中 A、B、C 均为大小为 $M×N$ 的矩阵。假设仍然让每个 CUDA 线程完成一个元素的计算，即 C[i][j]＝A[i][j]＋B[i][j]，其中 i、j 为行、列下标，如图 4-3 所示。

如果忽略矩阵大小，仍然使用一个线程块，并将线程块内的线程组织成二维结构，那么，i、j 与线程索引号的对应关系将是：i＝threadIdx.x；j＝threadIdx.y。显然，这种线程组织方式将使数据访问非常直观。对应的核函数见代码清单 4-4。

代码清单 4-4　矩阵相加的核函数（1 个线程块）。

```
1    __global__ void MatAdd(float A[M][N],float B[M][N],float C[M][N])
2    {
3        int i = threadIdx.x;
4        int j = threadIdx.y;
5        C[i][j] = A[i][j] + B[i][j];
6    }
```

在主机端调用上述核函数的代码如下。

```
1    dim3 threadsPerBlock( M, N );
2    MatAdd<<<1, threadsPerBlock>>>( dev_A, dev_B, dev_C );
```

上述代码使用了一种 CUDA 预定义的数据类型 dim3，它将线程块内的线程定义为 $M×N$ 二维组织形式，后文还将更详细地介绍该数据类型。

上述方案忽略了矩阵大小，实际上只适用于矩阵比较小的情形。如果矩阵中的元素个数超过了线程块中的线程个数上限值（如 1024），那么就需要对上述方案做进一步扩展。如果仍然坚持每个线程计算一个矩阵元素，就需要使用多个线程块，接下来介绍 grid 内多个线程块的组织。

2. grid 内的线程块组织

如前所述，一次核函数调用对应一个 grid，其中包含一个或多个相同的线程块。前文介绍了线程块内线程的组织，下文介绍 grid 内的多个线程块的组织。类似地，这些线程块仍然可以按一维、二维或三维的形式组织，并使用 CUDA 内置的结构体 blockIdx 和 gridDim 访问线程块索引号，如表 4-6 所示。

表 4-6　CUDA 内置的 grid 信息

结　构　体	变　量　名	含　　义
blockIdx	blockIdx.x	grid 中 x 方向上的线程块号
	blockIdx.y	grid 中 y 方向上的线程块号
	blockIdx.z	grid 中 z 方向上的线程块号
gridDim	gridDim.x	grid 中 x 方向上的总线程块数
	gridDim.y	grid 中 y 方向上的总线程块数
	gridDim.z	grid 中 z 方向上的总线程块数

下面仍然回到矩阵求和的例子。由于每个线程只计算一个元素，当矩阵较大时，所需的线程数量将超过一个线程块的上限，这时需要在一个 grid 中使用多个线程块。为了使数据对应更加直观，本例将线程块也按二维方式组织。也就是将矩阵划分为多个子矩阵，每个子矩阵对应一个线程块，线程块中每个元素对应一个线程，如图 4-4 所示。此时，threadIdx.x 和 threadIdx.y 仅对应子矩阵内的行列下标，该子矩阵在整个矩阵中的行、列偏移分别是 blockDim.x×blockIdx.x 和 blockDim.y×blockIdx.y，将这个偏移量与子矩阵内行列下标相加即可得到元素下标，即 i＝threadIdx.x＋blockDim.x×blockIdx.x；j＝threadIdx.y＋blockDim.y×blockIdx.y。

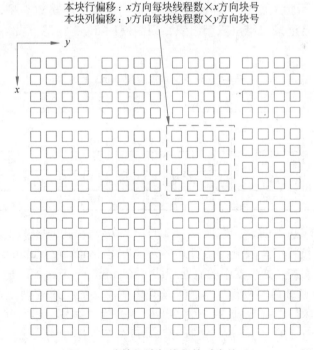

图 4-4　分块矩阵与线程的对应关系

上述方案仍然存在一个问题，那就是矩阵可能是任意大小，划分子矩阵时可能无法等分，这将导致有些子矩阵没有足够多的行列数，使其对应的矩阵块中有些线程没有可供计算的元素，但这些线程仍然会被启动并执行核函数。为了防止访问数组时出现越界，需要在核函数中对索引值进行检查。

假设矩阵大小仍为 $M \times N$，则矩阵相加的核函数见代码清单 4-5。

代码清单 4-5　矩阵相加的核函数（任意矩阵大小）。

```
1    __global__ void MatAdd(float A[M][N],float B[M][N],float C[M][N])
2    {
3        int i = threadIdx.x + blockDim.x*blockIdx.x;
4        int j = threadIdx.y + blockDim.y*blockIdx.y;
5        if ( i < M && j < N )
6            C[i][j] = A[i][j] + B[i][j];
7    }
```

假设每个子矩阵大小为 32×32，即每个线程块中线程个数为 $32 \times 32 = 1024$，则 x 方向线程块的个数为（M/32+1），y 方向线程块的个数为（N/32+1），总的线程块个数为（M/32+1）×（N/32+1）。

这样，调用上述核函数的代码如下。

```
1    dim3 blockNumber( M/32+1, N/32+1 );      // 线程块的个数
2    dim3 threadsPerBlock( 32, 32);           // 每个线程块中的线程个数
3    MatAdd<<<blockNumber,threadsPerBlock>>>( dev_A, dev_B, dev_C );
```

对于核函数调用参数 <<<x,y>>>，其中 x 为线程块的个数，y 为线程块内的线程个数，数据类型可以是整数或 CUDA 预定义类型 dim3。如果使用整数类型，则线程块和线程按一维组织；如果希望按二维、三维组织，则需使用 dim3 类型。表 4-7 给出了几种使用 dim3 的例子。

表 4-7　预定义数据类型 dim3 示例

dim3 示例	含　义
dim3 threadNum（10,1）	一维组织：x 方向 10 个
dim3 blockNum（10,1,1）	一维组织：x 方向 10 个
dim3 blockNum（10,20）	二维组织：x 方向 10 个，y 方向 20 个
dim3 threadNum（10,20,1）	二维组织：x 方向 10 个，y 方向 20 个
dim3 blockNum（10,20,30）	三维组织：x 方向 10 个，y 方向 20 个，z 方向 30 个

核函数在设备端执行时，首先被以 grid 的形式分配给 GPU 设备。之后，CUDA 运行环境以线程块为单位将线程块分配给流式多处理器（streaming multiprocessor, SM），线程块中的线程将由该流式多处理器中的流处理器（streaming processor, SP）执行。

图 4-5 从 GPU 的软件 – 硬件对应关系的角度阐释了 CUDA 的线程模型。图中的软件和硬件均为层次结构，且有相互对应关系。软件分为"线程 – 线程块 –grid"三层结构，硬件也分为"核（流处理器）– 流式多处理器 – 设备"三层结构。线程是最小的 CUDA 并行单位，在 GPU 的 CUDA 核（即流处理器）上运行；一组执行相同代码流的线程组成线程块，在 GPU 的流式多处理器上运行；一组线程块构成 grid，在 GPU 设备上运行。

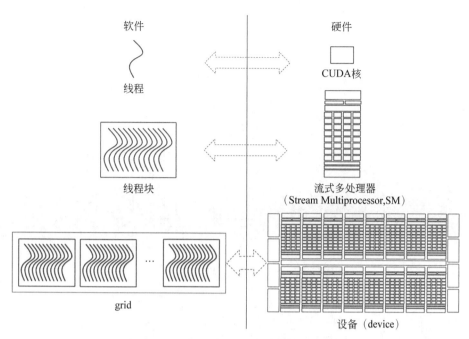

图 4-5　CUDA 程序软硬件对应关系

在实际编程时,开发者有时需要同步线程块中的线程,这可以通过调用 __syncthreads( ) 函数实现,该函数的作用相当于线程块内所有线程的栅栏,即阻塞线程,直到线程块中的所有线程都已到达此处。函数定义如下。

```
void __syncthreads();
```

需要说明的是,函数 __syncthreads( ) 用于在核函数内调用,也就是在设备端程序中使用。

图 4-6 给出了主机端 - 设备端程序执行示意图。一个 GPU 程序可以包含多个核函数,随着程序执行,每次调用核函数将生成一个 grid,每个 grid 可以包含多个线程块,每个线程块又包含多个线程,因此主机端程序的并行层次有三层:grid- 线程块 - 线程,且线程块和线程都可以按照一维、二维、三维的方式组织。

4.2.6　CUDA 内存层次与变量修饰符

CUDA 线程在执行过程中可以访问几种层次的内存,如图 4-7 所示。在设备端,也就是在 GPU 中,每个线程拥有自己的私有局部内存(local memory),同一线程块内的线程可以访问线程块共享内存(shared memory),所有线程均可以访问 GPU 全局内存(global memory)。

除了可读写的全局内存之外,GPU 还有两种可供所有线程访问的只读内存空间:常量内存(constant memory)和纹理内存(texture memory)。程序可以根据需要使用这三种全局内存。

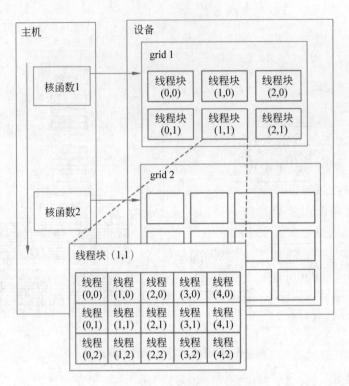

图 4-6 主机端 – 设备端程序执行示意

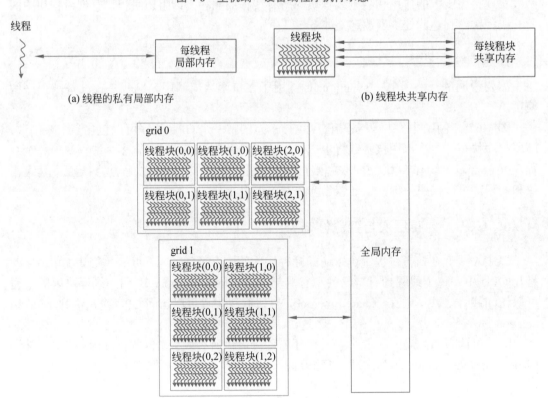

(a) 线程的私有局部内存   (b) 线程块共享内存

(c) grid共享的全局内存

图 4-7 CUDA 内存层次

在局部内存、共享内存、全局内存这三种内存层次中，共享内存位于芯片内，访存带宽高、延迟低；全局内存和局部内存都位于设备端内存（通常是 GPU 卡上的独立内存芯片），访存延迟比共享内存高。

常量内存位于设备端内存中，但可以被存入常量缓存（constant cache），因此可以被高速访问；纹理内存也位于设备端内存中，类似地，也可被存入纹理缓存（texture cache）以提升访存性能，另外，纹理缓存针对二维空间局部性得到了优化。这样，如果线程按照二维结构读取纹理缓存，那么性能会更好。

由上述内容可以看出，GPU 拥有复杂的内存结构，不同层次、不同类型的内存具有不同的特点和性能。编程时针对这种结构定义和访问变量，对提升程序性能而言非常重要。

由于标准 C 语言无法在定义变量时指定内存层次，故 CUDA 提供了一系列变量修饰符，以便开发者灵活地控制程序中变量的存放位置。常用的存储空间修饰符有 __device__、__constant__ 和 __shared__，逐一介绍如下。

1. __device__

经过 __device__ 修饰的变量将被存储在 GPU 全局内存中。这类变量的生命周期将贯穿整个 CUDA 程序的执行过程，并且开发者可以使用 cudaMemcpyToSymbol( ) 和 cudaMemcpyFromSymbol( ) 读写这些变量。

2. __constant__

__constant__ 修饰符可以与 __device__ 共同使用，经过修饰的变量将被存储于 GPU 的常量内存中。此类变量的生命周期同样将贯穿整个 CUDA 程序的执行过程，并且开发者可以使用 cudaMemcpyToSymbol( ) 和 cudaMemcpyFromSymbol( ) 读写这些变量。

3. __shared__

__shared__ 修饰符也可以与 __device__ 共同使用。经过修饰的变量将被存储在 GPU 的片上共享内存中，可供一个线程块中的线程共享使用。这类变量的生命周期与线程块的生命周期相同，并且不同的线程块拥有独立的共享内存。

4. 无修饰符

在设备端程序中定义的变量前如果不使用修饰符，则变量将被存储于寄存器或局部内存中。

在设备端程序中定义变量时是否使用修饰符，以及使用哪种修饰符，可以决定变量存储的位置，对比见表 4-8。

表 4-8 设备端程序中变量修饰符的对比

变 量 定 义	内 存 位 置	作 用 域	生 命 周 期
float var	寄存器	线程	线程
float var[100]	局部内存	线程	线程
__share__ float var*	共享内存	线程块	线程块
__device__ float var*	全局内存	全局	应用程序
__constant__ float var*	常量内存	全局	应用程序

需要注意，存储在不同位置的变量访问延迟差异较大。

寄存器访问延迟最小，但数量有限。如果定义的该种类变量较多而无法容纳，编译器会将其存放到局部内存（local memory）中，由于局部内存位于 GPU 片外内存，访存延迟相对较高。因此，**应控制无修饰符变量的数量。**

同时还要注意，无修饰符变量是线程私有的，如果希望变量在线程间共享，就应该使用 __shared__ 修饰符使变量存入共享内存；共享内存也位于片内，因此访存延迟也较小，但其容量也有限，而且共享内存由同一线程块内的线程共享，如果希望变量被不同线程块的线程共享，需要使用全局内存。

全局内存、常量内存、纹理内存都位于 GPU 片外内存，访存延迟都比较大，但常量内存和纹理内存有专门的片内 cache，并且只读，因此设备端程序不修改的变量可考虑放入常量内存，纹理内存需通过专门结构使用，需要深入了解的读者可参考 NVIDIA 编程指南。

使用 __device__ 修饰符定义的变量及 cudaMalloc( ) 分配的内存均位于全局内存，其使用类似主机端的主存，它的容量最大，并且可以被片内的 L1/L2 cache 缓存。因此，CUDA 编程初学者常常把大容量的数据放入全局内存，这种方式最简单，在后期对程序进行性能优化时，可以按照 CUDA 内存构成做进一步优化。

4.2.7 函数修饰符

CUDA 还定义了几种函数修饰符，用于在定义函数时指定其特性，它们分别是 __global__、__device__ 及 __host__，逐一介绍如下。

1. __global__

经过 __global__ 修饰的函数将由主机端调用，并且在设备端上执行。也就是说，经过 __global__ 修饰的函数不能调用经过 __global__ 修饰的函数。__global__ 修饰的函数返回值类型只能是 void，在执行时，需要通过 <<< >>> 指定线程 grid 及线程块的大小。另外，对 __global__ 函数的调用是异步的。也就是说，主机端调用该函数后将立即返回，该函数的实际执行由 CUDA 运行环境统一调度完成，计算完成之前，主机端程序将继续执行。

2. __device__

经过 __device__ 修饰的函数将只能被设备端调用，并且在设备端执行。也就是说，经过 __device__ 修饰的函数可以被经过 __global__ 修饰的函数调用。另外，__global__ 和 __device__ 不能同时用于一个函数。

3. __host__

经过 __host__ 修饰的函数将只能被主机端调用，并且在主机端执行。__global__ 和 __host__ 不能同时使用；__device__ 和 __host__ 可以同时使用，这种修饰方法常见于根据不同的 GPU 架构执行不同的代码，如代码清单 4-6 所示。

代码清单 4-6　为不同 GPU 架构定义不同的代码。

```
1    __host__ __device__ func()
2    {
3    #if __CUDA_ARCH__ >= 600
4     // Device code path for compute capability 6.x
5    #elif __CUDA_ARCH__ >= 500
```

```
6     // Device code path for compute capability 5.x
7  #elif __CUDA_ARCH__ >= 300
8     // Device code path for compute capability 3.x
9  #elif __CUDA_ARCH__ >= 200
10    // Device code path for compute capability 2.x
11 #elif !defined(__CUDA_ARCH__)
12    // Host code path
13 #endif
14 }
```

4.2.8 CUDA 流

1. 流（stream）的概念

在了解 CUDA 流之前，先看一下程序连续调用 2 个核函数时的执行时间序列。以代码清单 4-7 为例，该程序连续调用了 2 个核函数 Kernel_A( )、Kernel_B( )，在每个核函数调用的前、后分别用 cudaMemcpy( ) 在主机端 – 设备端之间复制数据。

代码清单 4-7 连续调用 2 个核函数（不使用流）。

```
1  cudaMemcpy( …, cudaMemcpyHostToDevice);    //host->device 复制数据
2  Kernel_A<<<M,N>>>();
3  cudaMemcpy( …, cudaMemcpyDeviceToHost);    //device->host 复制数据
4  cudaMemcpy( …, cudaMemcpyHostToDevice);    //host->device 复制数据
5  Kernel_B<<<M,N>>>();
6  cudaMemcpy( …, cudaMemcpyDeviceToHost);    //device->host 复制数据
```

这段程序的执行序列如图 4-8 所示，图中阴影条表示 GPU 硬件执行核函数。可以看出，连续多个 CUDA 函数是顺序执行的。虽然核函数调用是异步的，主机端调用 Kernel_A( ) 和 Kernel_B( ) 时会立即返回，但执行后续的 CUDA 函数时，将会等待前一个 CUDA 函数执行完毕。

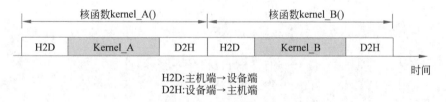

H2D:主机端→设备端
D2H:设备端→主机端

图 4-8 不使用流的核函数执行序列

从整个执行序列可以看出，GPU 的硬件利用效率相对偏低。这体现在两个方面：首先，主机端 – 设备端数据传输过程中，GPU 没有执行其他核函数，处于空闲状态；其次，如果两个核函数在 GPU 上启动的线程数有限，只使用了一部分 GPU 硬件资源，那么即使在核函数执行过程中，硬件资源也存在部分闲置。

那么，为了提高 GPU 硬件的利用效率，是否可以让多个核函数调用并发执行呢？答案是可以使用 CUDA 流。

在 CUDA 中，**流（stream）被定义为按序执行的操作序列**，其中的操作就是指 CUDA

函数调用，同一个 CUDA 环境中允许多条流并发执行。注意这里用的是"并发（concurrent）"而不是"并行（parallel）"，这是因为多条流的执行由 CUDA 运行环境统一调度，能否物理上并行执行将受到当前可用硬件资源的限制。

同一条流中的操作将会按顺序执行，一旦流被创建且添加了操作，这条流就会被执行。与此同时，程序可以动态向这条流中添加操作。默认情况下，新的操作会被添加在流的尾部。因此，流很像是一条动态任务队列。

上面所说的"向流中添加操作"，实际上就是程序调用 CUDA 函数，这些函数都是异步式的，也就是被调用时并不被立即执行，而是将函数调用操作加入指定的流中，等待按顺序执行。加入流中的函数调用操作既包括核函数调用，也包括主机端 – 设备端的数据复制。此外，还可以是主机端函数调用、事件等。

综上所述，可以将流的要点归纳为以下几点。

（1）流是按序执行的操作序列。

（2）不同的流可以并发执行，而同一条流中的操作按顺序执行。

（3）程序通过调用异步式的 CUDA 函数将函数调用操作添加到流中，等待其被按顺序执行。

（4）在流的执行过程中，可以动态向其中添加操作。因此，流可以伴随程序的执行长时间持续存在。

2. 流的使用

仍然通过前面的示例程序介绍如何在程序中使用流。将该程序改写后，得到的示例程序见代码清单 4-8。与前面的程序相比，该程序的不同之处主要有两点。

（1）主机端 – 设备端的数据复制函数从 cudaMemcpy( ) 变为 cudaMemcpyAsync( )，这是数据复制函数的异步版本，其功能不变，但函数调用后将立即返回。并且该函数的参数中多了一个流标识符，用于指定流，程序中该参数分别为 s1 或 s2，表示使用流 s1 或 s2。

（2）核函数调用的尖括号中增加了 2 个参数，除了原有的线程块数、每线程块的线程数之外，增加的 2 个参数被分别用于指定流的同步行为和流标识符。

代码清单 4-8　连续调用 2 个核函数（使用流）。

```
1    cudaMemcpyAsync( …, cudaMemcpyHostToDevice, s1);
2    Kernel_A<<<M,N,0,s1>>>();
3    cudaMemcpyAsync( …, cudaMemcpyDeviceToHost, s1);
4    cudaMemcpyAsync( …, cudaMemcpyHostToDevice, s2);
5    Kernel_B<<<M,N,0,s2>>>();
6    cudaMemcpyAsync( …, cudaMemcpyDeviceToHost, s2);
```

使用流后，程序的执行时间序列如图 4-9 所示。可以看出，s1 和 s2 两条流并发执行，提升了整体执行效率。需要说明的是，图中核函数 Kernel_A( ) 和 Kernel_B( ) 的执行能够在时间上重叠，前提条件是 GPU 硬件上有足够的可用资源。如果核函数执行时启动的线程数很多，占用了几乎所有的 GPU 硬件资源，则执行后续的核函数就需要等待前一个核函数执行完毕。但无论怎样，通过使用多条流，为多个核函数的并行执行提供了可能。

该示例程序中的流 s1 和 s2 需要在使用前先创建，并在使用完毕后销毁。CUDA 提供的流创建和销毁接口函数定义如下。

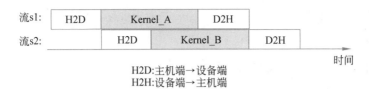

图 4-9 使用流的核函数执行序列

```
cudaStreamCreate( cudaStream_t *pStream );
cudaStreamCreateWithFlags( cudaStream_t *pStream,
                                unsigned int flags);
cudaStreamCreateWithPriority( cudaStream_t *pStream,
                                  unsigned int flags,
                                  int priority);
cudaStreamDestroy( cudaStream_t stream );
```

CUDA 提供了三种创建流的接口函数，分别如下。

cudaStreamCreate( ) 函数使用默认参数创建流。该函数仅有一个参数：流标识符指针 pStream，当函数返回时，流标识符的值为新创建的流。

cudaStreamCreateWithFlags( ) 函数与 cudaStreamCreate( ) 相比，多了一个 flags 参数，用于指定新创建流的行为，其可使用的参数如表 4-9 所示。其中的 0 号流（空流）将在后面内容中介绍。

cudaStreamCreateWithPriority( ) 函数比前一个函数又增加了一个 priority 参数，用于指定新创建流的优先级。每个流都有一个优先级，值越小表示优先级越高，其作用是使高优先级的流在调度时可以抢先于低优先级流。程序可以通过调用 cudaDeviceGetStreamPriorityRange( ) 获取当前 CUDA 环境的优先级取值范围，并据此设置期望的优先级。在默认情况下，新创建流的优先级是 0。

表 4-9 创建流使用的 flags 参数

flags 参数	含 义
cudaStreamDefault	使用默认属性。 此时函数调用等价于 cudaStreamCreate( )
cudaStreamNonBlocking	新创建流中的工作可与 0 号流（即空流）中的工作并发执行，并且新创建流不与 0 号流进行隐式同步

前文示例程序中所使用的流 s1 和 s2 创建和销毁的语句见代码清单 4-9。程序第 1 行定义了流标识符变量 s1 和 s2，并在第 2~3 行创建了两条流，当流被使用完毕后，在第 5~6 行将被销毁。需要注意的是，创建流时需使用流标识符指针作为参数，而销毁流时只需直接使用流标识符作为参数即可。

代码清单 4-9 流的创建 / 销毁示例代码。

```
1    cudaStream_t s1, s2;              // 定义流标识符 s1 和 s2
2    cudaStreamCreate( &s1 );          // 创建 s1
3    cudaStreamCreate( &s2 );          // 创建 s2
4    ...                               // 完成计算
```

```
5      cudaStreamDestroy( s1 );                    // 销毁 s1
6      cudaStreamDestroy( s2 );                    // 销毁 s2
```

前面的示例程序还使用了 cudaMemcpyAsync( )，该函数是异步版本的主机端 - 设备端数据复制函数，定义如下。

```
cudaMemcpyAsync( void *dst,                     // 目的缓冲区指针
                 const void *src,               // 源缓冲区指针
                 size_t count,                  // 复制的字节数
                 cudaMemcpyKind kind,           // 传输方向
                 cudaStream_t stream            // 流
               );
```

要知道，cudaMemcpy( ) 函数的执行是同步式的，也就是说，当数据传输完毕后，函数才返回。这显然不满足将操作命令添加到流中，并等待后续执行的需求，cudaMemcpyAsync( ) 函数就是为满足这一需求而设计的，它增加了一个 stream 参数，用于指定流，也就是指定该操作命令被添加到哪条流中。该函数返回时只是将数据复制操作添加到了流中，至于该操作何时完成，取决于这条流的调度执行情况。

还需说明的一点是，cudaMemcpyAsync( ) 函数返回后，实际的内存复制操作将在其后某个时间完成。在此期间，必须保证内存区域不变，而如果主机端的内存是调用 malloc( ) 分配的，其物理内存受操作系统的虚拟存储系统管理，可能被换出到外存，随后再次装入主存时，物理内存地址很可能发生变化。回顾 4.2.3 节介绍的 cudaMallocHost( ) 函数，该函数所分配的主机端内存是固定的，正好满足了这一需求。因此，在使用流时，主机端的内存分配应使用 cudaMallocHost( ) 函数。

3. 关于默认流

在了解流的概念和基本操作之后，相信很多人会问：前面几节所介绍的调用核函数和 CUDA 接口函数都没有使用流，那么，是否允许一个程序中有的地方使用流，有的地方不使用流？如果允许，这两者有何区别？下面将对这一问题进行讨论。

实际上，CUDA 底层运行环境都是按照流来调度执行的。当程序没有使用流时，其所有操作在底层也将被视为一条流，即**默认流**（**default stream**），又被称为隐式流（implicit stream），由于这条流的标识符被取值为 0，在有些时候又被称为 0 流或空流（null stream）。所有不指定流的核函数调用及 CUDA 接口函数调用都被视为默认流上的操作。由于同一条流上的操作被顺序执行，程序在不指定流时的多个核函数调用也将自然地被顺序执行。

与默认流被称为隐式流相区分，程序调用流创建函数（如 cudaStreamCreate( )）所创建的流将被称为显式流（explicit stream）。

当系统中同时存在默认流与显式流时，**默认流将阻塞显式流的执行**，但须等待此前的显式流中操作完成。也就是说，当程序向默认流中添加一个操作时，例如，调用了一个核函数且未指定流，那么程序将按照以下规则调度执行。

（1）默认流中的操作启动前，须等待显式流中现有操作全部完成。

（2）在默认流添加操作之后的显式流操作需要等待，直到默认流中的操作全部完成。

下面通过一个简单例子说明默认流与显式流的执行，示例代码如下。

```
1    cudaStream_t s;              // 定义流标识符 s
2    cudaStreamCreate( &s );      // 创建流 s
3    K1<<<M,N,0,s>>>();
4    K2<<<M,N>>>();
5    K3<<<M,N,0,s>>>();
6    K4<<<M,N>>>();
```

该程序首先创建了一个流 s，之后按顺序调用四个核函数：K1( )、K2( )、K3( )、K4( )。其中，K1( ) 和 K3( ) 的调用使用了流 s，而 K2( ) 和 K4( ) 的调用则未指定流，也就是使用默认流。这四个核函数的执行时间序列如图 4-10 所示。之所以产生这样的执行序列，原因是：程序首先调用核函数 K1( )，这将向流 s 中添加一个调用核函数的操作，这条流将被调度执行，即 K1( ) 得到执行；此时主机端调用第 2 个核函数 K2( )，该调用未指定流，因此该操作将被添加到默认流中，默认流也被调度执行，但此时显式流 s 中的操作尚未完成，所以默认流只能等待；主机端随后调用第 3 个核函数 K3( )，该操作同样被添加到流 s 中；最后，主机端调用核函数 K4( )，该操作将被添加到默认流中。当核函数 K1( ) 执行完毕后，默认流将被执行，核函数 K2( ) 完成后，将继续执行 K4( )，只有当默认流中的操作全部完成后，显式流 s 中剩下的操作 K3( ) 才会被执行。在图中默认流被标记为"流 0"是因为在 CUDA 中，默认流的流标识符取值为 0 或者 NULL，所以有时人们又将默认流称为"空流"或"0 流"。

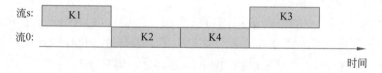

图 4-10　默认流与显式流的执行序列

根据以上分析可以看出，**在默认情况下，显式流不能与默认流并行执行**。这有些类似于互斥，即默认流要执行时，如果当前显式流中有操作，就要等待其执行完毕，而在默认流执行过程中，所有显式流都必须等待。这种调度行为可以在创建流时改变，前面介绍流创建函数时，给出了一个 flags 的取值 cudaStreamNonBlocking，如果创建流时设置该属性，则创建的流可以和默认流并发执行，而不会被默认流阻塞，该选项值中的 NonBlocking 就是指不被默认流阻塞。

4. 多条流的程序示例

下面给出一个使用多条流实现核函数并发执行的示例程序，见代码清单 4-10。该程序使用一个流标识符数组 stream[]，流的条数定义为常量 S_NUM（程序中定义为 4）；在初始化阶段，第 5~6 行创建多条流，并使用 cudaMallocHost( ) 在主机端分配内存；之后用一个 for 循环对 N 个数据项进行处理，每个数据项的处理遵循较为标准的流程，即先将数据传输到设备端，随后调用核函数 MyKernel( ) 进行处理，再将处理结果传输回主机端（第 11~16 行）；需要注意的是，数据传输及核函数调用均指定了流，并通过取模运算轮转使用这 4 条流，这样就可以使连续多个核函数并发执行；在完成处理后再销毁这几条流。

代码清单 4-10　使用多条流实现核函数并发执行。

```
1    #define S_NUM   4        // 流的数量
2    cudaStream_t stream[S_NUM]; // 流标识符数组
3
4    /* 创建流 */
5    for ( int i = 0; i < S_NUM; i++ )
6        cudaStreamCreate( &stream[i] );
7    cudaMallocHost( &hostData, N * SIZE );     // 主机端分配内存
8    for ( int i = 0; i < N; i++ )
9    {
10       offset = i * SIZE; // 数据偏移
11       cudaMemcpyAsync( &devInput[offset], &hostData[offset],
12                        SIZE, cudaMemcpyHostToDevice,stream[i%S_NUM]);
13       MyKernel <<<M, N, 0, stream[i%S_NUM]>>>
14           ( &devOutput[offset], &devInput[offset], SIZE);
15       cudaMemcpyAsync( &hostData[offset], &devOutput[offset],
16                        SIZE, cudaMemcpyDeviceToHost,stream[i%S_NUM]);
17    }
18    ... // 处理计算结果
19    /* 销毁流 */
20    for ( int i = 0; i < S_NUM; i++ )
21        cudaStreamDestroy( stream[i] );
```

5. 流的同步、事件及回调函数

在使用流时，程序中的核函数调用将被添加到流中，由 CUDA 运行环境调度执行。在很多情形下，程序向流中添加多个操作之后，需要等待这些操作执行完毕才能继续后续工作（即存在依赖关系）。此时可以调用流的同步函数，其定义如下。

```
cudaStreamSynchronize( cudaStream_t stream );
```

程序调用该函数时，将等待直到参数 stream 所指定的流中所有操作执行完毕。

还有一种情形就是程序希望等待流执行到某一位置，而不是等待流中所有操作完成。这可以通过在流中添加事件（event）来实现。

下面通过一个简单例子说明如何使用事件等待流中指定的核函数执行完毕，示例代码如下。

```
1    cudaStream_t s;                       // 定义流标识符 s
2    cudaEvent_t finish_K1;                // 定义一个 event 类型的变量
3    cudaStreamCreate( &s );               // 创建流 s
4    cudaEventCreate( & finish_K1 );       // 创建 event
5    K1<<<M, N, 0, s>>>();
6    cudaEventRecord( finish_K1, s );      // 在流中记录事件
7    ...  // 其他向流中添加操作的语句
8    cudaEventSynchronize( finish_K1 );    // 等待流执行到 finish_K1 事件
```

以上示例代码定义了一个 event 类型的变量 finish_K1，并使用 cudaEventCreate( ) 创建该事件，然后在核函数调用 K1( ) 之后记录该事件；随后程序又向流中添加了其他操作；

最后，程序调用 cudaEventSynchronize( ) 等待 finish_K1 事件发生，也就是流执行到该事件被记录的位置，这个位置也意味着核函数 K1( ) 被执行完毕。

以上示例程序中用到的事件相关接口函数定义如下。

```
cudaEventCreate( cudaEvent_t *event );
cudaEventRecord( cudaEvent_t event, cudaStream_t stream );
cudaEventSynchronize( cudaEvent_t event );
cudaEventDestroy( cudaEvent_t event );
```

除了以上两种情形之外，还有一种更复杂一些的情形，就是程序希望流执行到某一位置时，在主机端执行某种操作。例如，程序向一条流中添加了 Kernel1( ) 和 Kernel2( ) 两个核函数调用操作，并且希望在每个核函数执行完毕后分别在主机端执行指定的函数，此功能可以使用流的回调函数（callback function）来实现。

所谓**回调函数**，就是由用户程序定义一个函数，然后将函数注册到系统中，当满足条件时，系统将自动调用该函数。旧版的 CUDA 提供了一个用于注册回调函数的接口函数：cudaStreamAddCallback( )。随着 CUDA 编程环境的不断升级，回调函数被一种通用性更好的方案所取代：**用户程序可以向流中添加主机端函数调用操作。** 由于流中的操作是按顺序执行的，在到达该位置时，指定的主机端函数将被调用。该方案提供的功能比回调函数更为强大，它不但可以实现回调函数的功能，还可以在流中加入各种主机端函数调用操作。由于历史原因，人们仍然习惯性地称其为回调函数。新方案使用一个新的接口函数取代原有函数，定义如下。

```
cudaLaunchHostFunc( cudaStream_t stream,          // 流
                    cudaHostFn_t fn,              // 要添加的主机端函数
                    void *userData               // 要传递给主机端函数的参数
                  );
```

该函数在参数 stream 指定的流中添加一个主机端函数调用操作，函数由参数 fn 指定，而参数 userData 则指向将来调用 fn 时传递的参数。当流执行到本操作时，将调用指定的主机端函数，在此期间，流中的后续操作将等待，直到该主机端函数返回。主机端的回调函数的格式定义如下。

```
void(CUDART_CB* cudaStreamCallback_t )( cudaStream_t stream,
                                        cudaError_t status,
                                        void*  userData )
```

回调函数由用户自行定义，但函数中不能调用 CUDA 接口函数，也不能进行依赖于外部 CUDA 处理的同步，因为只有回调函数返回后，这条流才会继续执行，如果回调函数持续等待则可能导致死锁。

代码清单 4-11 给出了一段使用回调函数的示例程序。该程序中定义了一个回调函数 MyCallback( )，该函数使用 printf( ) 显示一条信息；程序第 13 行调用 cudaLaunchHostFunc( ) 将该回调函数添加到了流 s1 中，此前，程序已经向 s1 中添加了 3 个操作；这样，当流 s1 执行完回调函数之前的 3 个操作后，将在主机端调用 MyCallback( )。需要注意的是，在回调函数执行过程中，主机端程序仍然在同时执行，因此，回调函数中如果访问共享变量，

需要使用必要的同步 / 互斥。

代码清单 4-11　回调函数的示例代码。

```
1    void CUDART_CB MyCallback( cudaStream_t stream,
2                               cudaError_t status,
3                               void *data)
4    {
5        printf( "Callback %d\n", (size_t)data );
6    }
7    ...
8    cudaMemcpyAsync( devPtrIn, hostPtr[i], size, \
9                     cudaMemcpyHostToDevice, s1 );
10   MyKernel<<<M, N, 0, s1>>>(devPtrOut, devPtrIn, size);
11   cudaMemcpyAsync(hostPtr[i], devPtrOut[i], size, \
12                   cudaMemcpyDeviceToHost, stream[i]);
13   cudaLaunchHostFunc( s1, MyCallback, (void*)0 );
14   //...
```

下面对 CUDA 流进行简单地总结和分析。

通过本节内容可以看出，CUDA 流提供了一种并发机制，其可使多个核函数及一些 CUDA 操作并发执行，在一些场景下可以有效提升程序的整体性能。但另一方面，在程序中使用流无疑会增大编程的复杂度，虽然流编程接口并不复杂，但要想在程序中使用多条流，开发者需要进行仔细的分析和设计，包括：确定流的条数，按照流划分数据和处理逻辑，添加必要的同步等。

通过分析流的特性可以知道，适合使用流的场景是需要频繁调用核函数，并且每次核函数执行占用 GPU 资源不多。如果核函数调用次数较少，则使用流带来的并发效果会很有限；如果核函数占用 GPU 资源多，则多个核函数难以同时在 GPU 上执行。除此之外，即使不满足前述条件，如果主机端程序使用了多线程，且每个线程都要调用核函数，那么此时可以让不同线程使用不同的流，以避免线程间的相互干扰。因此，在这种情形下，使用流也是一种很好的选择。

此外，在使用流时还需要注意核函数之间的依赖关系。例如，程序中存在两个相互依赖的核函数调用，后面的核函数需要使用前面核函数的执行结果，则这两个核函数必须加入同一条流，否则可能导致错误的结果。

4.2.9　性能优化

在 CUDA 编程时，开发者只需要为 CUDA 线程编写串行程序，然后在核函数调用时指定线程个数和线程的组织方式。因此，**编写 CUDA 程序的难度不高，但编写出性能优越的 CUDA 程序的难度高**。这主要是因为 GPU 特有的硬件架构，要想编写出性能好的 CUDA 程序，需要综合考虑应用算法的特点和 GPU 硬件架构，进行并行设计和反复调优。

本节初步讨论 CUDA 程序性能优化的原则和方法，一般来说，需要重点掌握以下四条基本原则。

（1）尽可能提高程序的并行度，以使 GPU 硬件资源利用率最大化。

（2）尽可能优化内存利用，以使内存吞吐最大化。

（3）尽可能优化指令使用，以使指令吞吐最大化。

（4）尽可能减少内存颠簸。

下文对这几条原则进行分析和讨论。

1. 资源利用率最大化

为提高系统资源的利用率，程序应尽可能暴露并行性，并将这种并行性映射到硬件部件上，以使系统中的各个部件在多数时间都处于忙碌状态。这涉及三个层次，从高到低分别是应用程序层、设备层、流式多处理器层，下面分别进行讨论。

1）应用程序层

在高层，应用程序应尽可能在主机端、设备端、连接主机–设备的总线间并行执行，这可以通过**使用异步调用**（asynchronous function call）和**流**（stream）来实现。另外，应给不同处理器分派最适合它们的工作负载。例如，将串行工作交给 CPU，而将并行负载交给 GPU。

对于 GPU 上的并行负载，由于某些线程需要同步以彼此共享数据，并行性会在算法过程中的某些点被打破。这分为两种情形：第一种情形是这些线程属于同一线程块，此时它们应使用 __syncthreads( )，并在同一核函数调用中通过共享内存以共享数据；第二种情形是，这些线程属于不同的线程块，此时它们需要通过全局内存来共享数据，这要使用两个分开的核函数调用：一个核函数调用向全局内存写数据，另一个核函数调用从全局内存读数据。显然，第二种情形需要额外的核函数调用和全局内存访问，这会导致性能显著下降。因此，编程时应尽量避免出现这种情形，具体做法是：**尽可能把需要线程间通信的计算放到一个线程块中**。

2）设备层（device）

在低层，程序应尽可能在一个设备的多处理器间并行执行。由于一个设备可以并发执行多个核函数，故通过使用流（stream）可以提高核函数的并发度。

3）流式多处理器层（stream multiprocessor）

在更低层，程序应尽可能在一个流式多处理器的不同功能单元间并行执行。为了充分利用 GPU 多处理器各功能单元，线程级并行度是需要考虑的首要因素，这直接体现为 GPU 同时执行的 warp 数上。

图 4-11 给出了以 warp 为单位在 GPU 的流式多处理器上进行线程调度的示意图。warp 在有些资料中又被称为**"线程束"**，它实际上是 CUDA 程序执行多线程的并行单位，包含一组线程（典型值：32 线程）。也就是说，CUDA 线程并不是一个一个地单独调度和并行执行的，而是以 warp 为单位，每次调度执行一组线程，这些线程在多个核上以锁步的方式执行，即多个核只能执行相同的指令，或者等待（如遇到分支），一个流式多处理

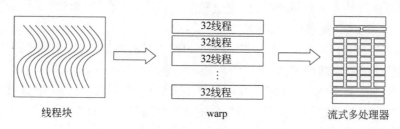

图 4-11　以 warp 为单位在流式多处理器上的线程调度

器上可以同时执行多个 warp。每当指令被发射执行时，warp 调度器将选择可执行的指令，该指令可能是本 warp 的另一条指令，这可以发挥指令级并行性；但另一种更常见的情形是，该指令是另一个 warp 中的指令，这可以发挥线程级并行性。

对于一个 warp，它花费在等待下一条指令可执行的时钟周期数被称为**延迟**（latency）。最理想的情形是：warp 调度器始终有可供执行的指令，这意味着延迟被完全隐藏了，也意味着计算部件可以满负荷工作。但很多时候，warp 需要等待下一条指令变为可执行，导致出现这种情形的常见原因有两种，分别是：①指令的输入操作数还未就绪；② warp 需要等待同步。下面分别进行讨论。

指令的输入操作数还未就绪常见于两种情形。第一种情形是，如果指令的所有操作数都是寄存器，则寄存器的依赖关系将导致操作数未就绪，即某些输入操作数被前序指令写，而前序指令执行还未完成。在这种情形下，warp 调度器将试图执行其他 warp 的指令，这要求有足够多的活跃 warp。第二种情形是，如果指令的输入操作数在片外内存中，则访存延迟可能长达数百个时钟周期。在这种情形下，避免 warp 调度器等待就显得尤为重要，这与核函数代码及其指令级并行度密切相关。例如，核函数中需访问片外内存的指令数应尽可能少。

Warp 需要等待同步的情形通常出现在内存栅栏（memory fence）函数或同步时。一次同步可能导致一个线程块内的 warp 之间互相等待，进而使流式多处理器空闲，这是人们不希望看到的。如果无法在程序中消除这种同步，那么为了减少多处理器的空闲等待时间，可以给流式多处理器提供更多的线程块，这是因为不同线程块的 warp 在同步点处无须互相等待。

一个流式多处理器上可以同时驻留执行的线程块个数和 warp 数取决于其拥有的内存资源及核函数的资源需求。一个线程块需要的共享内存大小等于其静态分配加上动态分配的共享内存，而一个核函数使用的寄存器数量将在很大程度上影响可驻留 warp 数。假设对一个计算兼容性版本 6.x 的 GPU 设备，如果一个核函数使用 64 个寄存器，且每个线程块有 512 个线程（仅使用少量共享内存），那么，一个流式多处理器上可驻留 2 个线程块（32 个 warp），因为这 2 个线程块需要 $2 \times 512 \times 64$ 个寄存器，该值刚好等于流式多处理器拥有的资源数；而如果核函数多使用一个寄存器，那么一个流式多处理器上就只能驻留 1 个线程块（16 个 warp），因为 2 个线程块需要的寄存器数超出了流式多处理器拥有的资源数。

2. 内存吞吐最大化

要提升应用程序的内存吞吐率，可以从以下两个方面着手优化。

1）减少主机 – 设备端的数据传输

要增大一个应用程序的内存吞吐率，首先应尽量减少低带宽数据传输。由于主机端 – 设备端数据传输的带宽要远低于 GPU 上全局内存 – 计算部件之间的带宽，故必须考虑的问题就是减少主机端 – 设备端的数据传输。

在进行应用程序的并行设计时，应考虑尽可能把计算放到 GPU 上完成，更确切地说，应尽可能**把整块的计算放到 GPU 上完成**。如果一整块计算的某些步骤在 CPU 上进行（也许由于并行性不够高），那么这种 "CPU 计算 –GPU 计算 –CPU 计算 –GPU 计算" 的模式需要在主机端和设备端之间往复多次数据传输，导致程序的内存吞吐率显著降低。在这种情况下，尽管某个中间步骤的并行性不高，但将其放在 GPU 上进行计算的效率可能低于

CPU，如果能够省去多次主机 – 设备端数据传输，那么这种优化可能就是值得的。

优化主机 – 设备端数据传输的另一种常用方法是：**将零散、小块的多次数据传输打包组织成单次的大块数据传输**。这种优化通常可以降低程序花费在主机端 – 设备端数据传输上的时间，进而提升程序的内存吞吐率。

2）优化设备端的内存访问

提升应用程序内存吞吐率的另一条途径是尽量减少 GPU 上全局内存 – 计算部件之间的数据传输。

首先，应当**充分利用 GPU 的片上内存，包括共享内存和 cache**。在 GPU 的各种存储器中，全局内存的访问延迟最大，带宽最低。因此，程序应尽量减少全局内存访问，这可以通过充分利用共享内存来实现。由于应用程序可以显式地分配和访问共享内存，因此**共享内存实际上相当于用户管理的 cache**。按照把共享内存视作应用程序 cache 的思路，一种有参考价值的编程模式是将线程块中的每个线程按以下步骤处理来自全局内存的数据并写回结果。

（1）将数据从全局内存加载到共享内存中。

（2）与本线程块的其他线程同步，以确保每个线程访问共享内存的安全性。

（3）在共享内存中处理数据。

（4）如果有必要，再次同步以确保共享内存中的结果完成更新。

（5）将结果写回到全局内存。

按照以上处理步骤，应用程序把数据加载到共享内存中进行处理，处理结束后再将结果写回全局内存，这可以显著减少访问全局内存的次数。

其次，应当**组织好程序的访存**。在不同的访存模式下，一个核函数的访存吞吐量可能有数量级的差异。因此，对全局内存访问进行优化尤其重要，这是因为全局内存带宽低于片上内存的带宽，也低于指令吞吐率。所以，全局内存访问优化与否将会使程序的性能表现有很大差异。这也是将要在第 5 章讨论的 Amdahl 定律的一个典型体现。

全局内存访问在硬件上是以内存事务（memory transaction）方式进行的，这些内存事务的大小可以是：32B、64B、128B，而且必须自然对齐（naturally aligned），也就是说，每个内存事务的首地址必须是该内存事务尺寸的整数倍。

当一个 warp 执行一条访问全局内存的指令时，它将尝试把 warp 内多个线程的访存操作**合并**（coalescing）为一个或多个内存事务，而能否合并则取决于线程所访问数据的大小及数据在内存中的分布。假设 2 个线程各读取一个 4 字节整数，如果这两个整数在内存中连续存放，那么就可以将之合并为一个内存事务，这也意味着一次访存操作完成了两个线程的数据读取，这显然可以提高访存效率。但同时还应看到，内存事务的最小尺寸是 32 字节，也就是说，该内存事务读取到的 32 字节中仅有 8 字节可用（每线程 4 字节），其余 24 字节是无用的，这显然是对内存带宽的浪费。继续用这个例子讨论，如果读取数据的不是 2 个线程而是 8 个线程，要读取的 4 字节整数在内存中连续存放，且首地址是 32 的整数倍，那么这些访存操作就可以被合并为一个内存事务，该内存事务读取到的 32 字节全部可用，这就可以显著提升内存吞吐量。

基于以上讨论，为了提高内存吞吐量，需要尽可能地将访存操作合并，且在编程时，需要注意数据对齐。

全局内存指令支持读写的数据大小有 1B、2B、4B、8B、16B 几种，对于一次全局内存访问（无论是变量还是指针），只有当读写数据大小为以上尺寸，且要访问数据是自然对齐时，该访问操作才会被编译成一条全局内存指令。而如果访问数据大小或者数据对齐不符合上述条件，那么访存将被编译为多条指令，这些指令的访存操作将无法被合并。也就是说，会产生多个单独的访存操作，每次只访问很少量的数据，这会显著降低访存吞吐量。因此，在程序中定义变量时，应确保变量大小符合上述规则，且将数据自然对齐。

对于二维数组，较为常见的是每个线程每次访问数组的一个元素，如果希望访存合并最大化，则应当使线程块的宽度和数组的宽度都是 warp 大小的整数倍（warp 典型大小：32 线程）。按照这一思路，在某些情况下适当扩展数组的大小（也就是填充数据）将会有助于提升程序性能。

3. 指令吞吐最大化

为了提高指令吞吐量，应遵循以下原则。

1）尽量少使用高开销的算术运算指令

CUDA 编程手册中给出了各种算术运算指令的吞吐量（开销），作为开发者，想要记住每种指令的开销既不容易也没有必要。在程序设计和优化时可以掌握一般原则：**高位宽（如 64 位）的算术运算指令开销大于低位宽指令（如 32 位或 16 位），浮点运算指令开销大于定点运算指令**。按照这一原则，编程时应考虑对计算精度和性能进行折中，即在满足精度要求的前提下尽可能使用低精度的数据和计算。有些应用可以采用混合精度计算方法，即在计算过程的某些阶段降低数据精度，例如，将双精度浮点数改为单精度或半精度浮点数，在其他阶段仍然使用高精度数据和计算，从而达到提升计算性能且保证计算精度的目的。

2）在 CUDA 线程中谨慎使用控制语句

C 语言程序中可使用的控制语句包括 if、switch、do、for、while，这些语句可能导致程序执行不同的路径（指令流）。GPU 常采用 SIMT（Single-Instruction Multiple-Threads）结构，对于 NVIDIA GPU 来说，每个流式多处理器内核就是按照 SIMT 方式工作的，即流式多处理器内的多个核以锁步方式执行同一个线程。在每个周期，各个核要么执行相同的指令，要么等待。以 if…else…语句为例，如果一个 warp 中的一部分线程执行 if…部分，另一部分线程执行 else…部分，那么这两部分只能顺序执行；在一部分核执行 if…部分的指令时，执行 else…部分的核只能等待；待 if…部分执行完后，else…部分才能执行，而此时执行 if…部分的核需要等待，这显然会降低程序性能。为了避免出现这种情形，首先，应尽量避免在 CUDA 线程中使用控制语句，如果必须使用，则应尽量让同一个 warp 内的线程执行同一路径（执行路径以 warp 大小为单位变化），也就是说，这些线程被分为多个 warp 执行时，每个 warp 中的线程执行路径相同。由于 CUDA 以 warp 为单位调度执行线程，如果同属一个 warp 的线程执行相同的指令流，则运行该 warp 的核就可以保持较高的效率；反之，如果该 warp 中一部分线程执行 if…部分而另一部分线程执行 else…部分，那么这个 warp 的执行效率就会降低。

3）减少同步

线程同步函数 __syncthreads() 可能导致流式多处理器进入等待，因而在程序中应尽量减少调用。

4. 内存颠簸最小化

CUDA 程序同时使用主机端和设备端内存，这些内存由操作系统和 CUDA 运行环境管理。受内存动态管理机制的影响，如果程序频繁地进行内存的动态分配和释放，那么其会导致分配内存的调用越来越慢，进而对程序性能造成不利影响。为了使这种内存颠簸最小化，建议程序使用内存时遵守以下原则。

（1）在程序中尽早分配所需内存，对于分配到的内存，仅当不再使用时才释放。也就是说，尽量减少调用 cudaMalloc( ) / cudaFree( ) 的次数，尤其是在程序中对性能影响较大的区域，例如，多重循环内部。

（2）如果设备端内存容量无法满足应用程序的需要，那么可考虑使用其他类型内存，如 cudaMallocHost( ) 或 cudaMallocManaged( )，虽然这对性能不利，但至少可以让程序继续下去。

（3）在支持统一内存的平台上，cudaMallocManaged( ) 调用可能会超额分配内存，仅当需要使用某块内存时，才应将其驻留到设备端。这一过程是对应用程序透明的，但由于会使程序性能下降，故开发者应有事先认知。

（4）不要在程序中使用 cudaMalloc( )/cudaMallocHost( )/cuMemCreate( ) 分配设备端的所有可用内存，因为一旦设备端内存全部被一个程序占用，那么其他程序将无法使用 GPU。

4.2.10　CUDA 统一内存空间

在编写 CUDA 程序时，开发者面对主机端和设备端两个独立的内存空间，需要分别进行管理和数据交换，这不但增加了编程复杂度，而且很容易影响程序的性能表现。为了缓解这一问题，CUDA 6.0 版本开始支持统一内存空间（unified memory），CUDA 将其称为托管内存空间（managed memory space）。位于托管内存空间中的变量无须考虑主机端和设备端内存的区别，而是由 CUDA 环境进行管理和数据传输，并对开发者透明。

仍然以 4.2.3 节中给出的两个整数相加程序作为例子。使用统一内存对程序进行改写，得到的程序如代码清单 4-12 所示。与原始代码（代码清单 4-2）相比，主机端代码的 main( ) 函数明显得到了简化，省去了分别定义主机端和设备端的变量，以及 cudaMemcpy( ) 函数调用。通过调用 cudaMallocManaged( ) 函数、托管内存空间中为变量 c 分配内存，之后主机端和设备端都可以直接访问该变量，这显著降低了主机端程序的复杂度。

代码清单 4-12　使用统一内存的整数相加程序。

```
1    #include <stdio.h>
2    #include <cuda.h>
3
4    __global__ void Add( int a, int b, int *c)
5    {
6        *c = a + b;
7    }
8
9    int main()
10   {
```

```
11        int  *c;
12
13        cudaMallocManaged((void**)&c, sizeof(int));    // 分配统一内存
14        Add<<<1,1>>>(2, 7, c);                         // 在设备端执行核函数 Add()
15        cudaDeviceSynchronize();
16        printf( "2 + 7 = %d\n\n", c );
17        cudaFree(c);
18        return 0;
19    }
```

除了调用 cudaMallocManaged( ) 函数在托管内存中分配空间以外,开发者还可以在定义设备端全局变量时使用修饰符 __managed__ 指定变量位于托管内存空间,示例代码如下。

```
__device__ __managed__ int c;
```

需要明确的一点是,统一内存空间可以简化主机端代码的编写,使程序无须显式调用 cudaMemcpy( ) 进行主机端 – 设备端的数据传输。然而,数据传输仍然是必要的,只不过其是由 CUDA 运行环境自动进行的。

在大多数情形下,统一内存空间不会提升程序性能,反而可能在某些情形下降低性能。因此,开发者应当根据应用特点决定是否使用该机制。但也要意识到,在有些情形下,使用统一内存空间可以在简化程序的同时提升性能。一种典型场景是:主机端和设备端需要共享的不是整块大尺寸数据,而是分散的多个小块数据。在这种场景下,如果不使用统一内存空间,主机端程序就需要多次调用 cudaMemcpy( ) 传输数据,而且每次传输的数据量较小,这不但增加了程序的复杂度(数据复制语句很多),而且多次数据传输也会带来较大的开销。开发者优化此类程序的传统方法是将零散数据合并打包一起传输,以减少主机端 – 设备端传输数据的次数,但这种优化较为复杂,有时需要大幅度修改程序。如果将这些零散数据置于托管内存空间,由 CUDA 环境进行透明管理和传输,则不但可以简化程序,还可能使程序性能得到一定的提升。

4.2.11 使用多 GPU

很多系统的计算节点会配置多块 GPU 卡,CUDA 将其称为多设备。此时,程序可以同时使用多块 GPU 进行并行计算,也可以只使用其中一块 GPU。本节简单介绍程序如何使用多个 GPU 设备。

首先,获取当前系统中的 GPU 设备数及每个设备的属性,示例程序见代码清单 4-13。该程序首先调用 cudaGetDeviceCount( ) 查询当前系统中的 GPU 设备数,该值存于变量 deviceCount,程序随后在一个 for 循环中调用 cudaGetDeviceProperties( ) 查询每个设备的属性。

代码清单 4-13 查询 GPU 设备数并查询每个设备的属性。

```
1    int deviceCount, device;
2    /* 查询 GPU 设备数 */
```

```
3    cudaGetDeviceCount( &deviceCount );
4    /* 查询每个 GPU 设备的属性 */
5    for ( device = 0; device < deviceCount; device++ )
6    {
7        cudaDeviceProp deviceProp;
8        cudaGetDeviceProperties( &deviceProp, device );
9        printf("Device %d has compute capability %d.%d.\n",
10               device, deviceProp.major, deviceProp.minor);
11   }
```

上述示例程序使用的两个 CUDA 函数定义如下。

```
cudaGetDeviceCount( int *count );
cudaGetDeviceProperties( cudaDeviceProp *prop, int device );
```

下面来看如何在指定的 GPU 设备上调用核函数，示例程序见代码清单 4-14。该程序调用 cudaSetDevice（0）将设备 0 设置为当前设备，并在该设备上分配内存，然后执行核函数 MyKernel( )；之后将设备 1 设置为当前设备，并重复类似操作。

代码清单 4-14 在指定 GPU 设备上执行核函数。

```
1    size_t size = 1024 * sizeof(float);
2    cudaSetDevice( 0 );                    // 将设备 0 设置为当前设备
3    float *p0;
4    cudaMalloc( &p0, size );               // 在设备 0 上分配内存
5    MyKernel<<<1000, 128>>>( p0 );         // 在设备 0 上执行核函数
6    cudaSetDevice( 1 );                    // 将设备 1 设置为当前设备
7    float *p1;
8    cudaMalloc( &p1, size );               // 在设备 1 上分配内存
9    MyKernel<<<1000, 128>>>( p1 );         // 在设备 1 上执行核函数
```

从上述示例程序可以看出，函数 cudaSetDevice( ) 用于将设备号（0, 1, 2, …）设置为当前设备，随后的 CUDA 函数调用都将针对该设备。因此，程序通过调用该函数可以实现多个 GPU 设备之间的切换，该函数定义如下。

```
cudaSetDevice( int device );
```

下面介绍如何在多 GPU 上使用流。

代码清单 4-15 给出了一段示例代码，该程序为每个 GPU 设备定义了一条流，并循环地在各条流上执行核函数。需要注意的是，**流与 GPU 设备间有关联关系**，一条流不能用于多个 GPU 设备，换句话说，一条流不能跨多 GPU 卡。一条流在被创建时程序就建立了这条流与当前 GPU 设备的关联关系（第 6~7 行），这意味着这条流上的操作都会在关联的 GPU 设备上执行；另一个限制条件是，在对某条流进行操作时，当前 GPU 设备必须是这条流所关联的设备，见程序第 11~12 行，将核函数调用操作添加到指定流时，需要先将这条流关联的 GPU 设备设置为当前设备。基于这一规则,该示例程序最后一行(第 15 行)的核函数调用语句将出错，因为在 for 循环结束后，当前 GPU 设备为 3，而第 15 行的核函数调用指定的流是 stream[0]，这条流是与设备 0 关联的。

代码清单 4-15   在多 GPU 设备上使用流。

```
1    #define DEVICE_NUM    4
2    cudaStream_t stream[DEVICE_NUM];
3
4    for ( i = 0; i < DEVICE_NUM; i++ )
5    {
6       cudaSetDevice( i );                    // 选定设备 i
7       cudaStreamCreate( &stream[i]);         // 在设备 i 上创建流
8    }
9    for ( i = 0; i < DEVICE_NUM; i++ )
10   {
11      cudaSetDevice( i );                    // 选定设备 i
12      MyKernel<<<100, 64, 0, stream[i]>>>();
13   }
14   /* !!! 注意以下核函数调用将出错 */
15   MyKernel<<<100, 64, 0, stream[0]>>>();
```

CUDA 还提供了多个 GPU 设备之间的内存访问和复制，其被称为端 – 端内存访问和复制。这项功能可使一个核函数在多 GPU 上进行协同并行计算，其主要适用场景是：一个核函数计算所需的数据量超过了单个 GPU 卡的内存容量，此时可以利用多个 GPU 上的内存进行并行计算。此项功能相关的接口函数定义如下。

```
cudaDeviceEnablePeerAccess(int peerDevice,
                           unsigned int flags);   // 允许设备间内存访问
cudaMemcpyPeer(void *dst,
               int dstDevice,
               const void *src,
               int srcDevice,
               size_t count);                      // 设备间内存复制
cudaMemcpyPeerAsync(void *dst,
                    int dstDevice,
                    const void *src,
                    int srcDevice,
                    size_t count,
                    cudaStream_t stream)            // 异步版设备间内存复制
```

◈ 4.3　OpenCL 编程

本节将介绍另一种面向异构系统的编程语言接口——OpenCL。与 CUDA 专门用于 NVIDIA GPU 不同，OpenCL 是一种独立于特定厂商硬件的通用编程接口，其已得到多种加速器的支持。本节将介绍 OpenCL 的基本概念、编程模型和编程方法，随后还将给出 OpenCL 版本的矩阵相乘示例程序。

4.3.1　OpenCL 概述

OpenCL（open computing language）是一种面向异构平台的并行编程框架，异构平台仍然是"处理器 - 加速器"架构，只是加速器的种类更加广泛，可以是 CPU、GPU、FPGA、DSP、人工智能处理器等。OpenCL 规范最初由苹果公司于 2008 年提出，旨在为GPU 提供开放且标准化的编程接口。随后，多家企业联合成立了 OpenCL 工作组，推动制定 OpenCL 规范。目前 OpenCL 已经支持多种厂商的处理器和加速器平台，编程语言为C/C++ 语言，在有些平台上通过重新封装，也可以在 Python 等脚本型语言中使用。

OpenCL 的编程模型如图 4-12 所示。图中左侧为传统同构系统（CPU）上的编程，右侧是使用 OpenCL 在处理器 - 加速器平台上的编程。可以看出，OpenCL 的编程与 4.2 节介绍的 CUDA 十分相似，都是通过将串行程序中的计算热点改写为核函数（kernel），并将核函数代码放到加速器上执行，以实现并行计算及程序性能的提升。

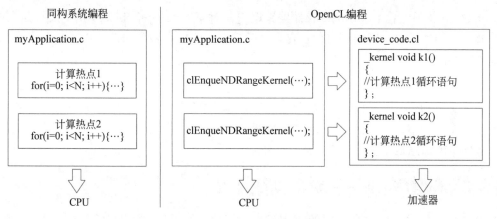

图 4-12 OpenCL 的编程模型

总体来看，OpenCL 编程虽然与 CUDA 较为相似，但由于要适应多种加速器硬件编程，OpenCL 的编程方法要更复杂一些。

下面介绍一些 OpenCL 的相关术语，其中一部分术语的含义与 CUDA 类似，读者可借助 4.2 节的知识理解。

1. 主机

OpenCL 中的主机（host）与 CUDA 中主机的概念相同，指的是通用 CPU。

2. 设备

OpenCL 中的设备（device）与 CUDA 中设备的概念基本相同，但 OpenCL 中设备的含义更广，涵盖 GPU、FPGA、DSP、人工智能处理器等多种加速器。另外，Intel 和AMD 公司的多核 CPU 也可以提供 OpenCL 编程接口，所以也可以作为系统中的设备。

3. 核函数

OpenCL 中的核函数（kernel）与 CUDA 中核函数的概念相同，指的是在设备上执行的函数。

4. 平台

平台（platform）是指连接了一个或多个设备的主机。通过平台，应用程序可以与设备共享资源并在设备上执行核函数。在实际应用中，不同的厂商对应不同的平台，例如NVIDIA、AMD、Intel 等。

5. 命令队列

在 OpenCL 中，主机端代码与设备端代码是运行在不同硬件上的，因此系统无法依靠硬件完成进程间的通信，需要使用软件的方式管理，即命令队列（command queue）。命令队列负责指令的管理，各个队列中命令的执行顺序可以由程序控制。

从概念和用法角度看，OpenCL 的命令队列与 CUDA 中的流（stream）很相似。不同之处是，编写 CUDA 程序时可以不使用流，也就是由系统在编译和运行时使用默认流，以简化编程，而 OpenCL 中的异构程序执行流程是围绕流进行的，因此，OpenCL 程序中执行核函数的步骤要更复杂一些。

6. 内存对象

在 OpenCL 中，设备可访问的存储器是以内存对象（memory object）的形式被定义的，每个命令队列均可以访问内存对象。在大多数情形下，内存对象对应在设备端全局内存中分配的缓冲区。

7. 上下文

上下文（context）是设备、内存对象和命令队列的容器。平台中同类型硬件设备可以被关联到上下文中，从而被 OpenCL 的运行时（runtime）系统使用，未被该上下文关联的命令队列不能访问这个上下文中的内存对象。

4.3.2　OpenCL 程序的执行流程及相关 API

在 OpenCL 中执行一个程序的流程如图 4-13 所示。可以看出，OpenCL 的程序执行流程较为复杂，其主要原因是 OpenCL 要适应多种加速器硬件架构，这与 CUDA 只针对 NVIDIA GPU 有明显不同。OpenCL 提供的接口函数均以 cl 开头。

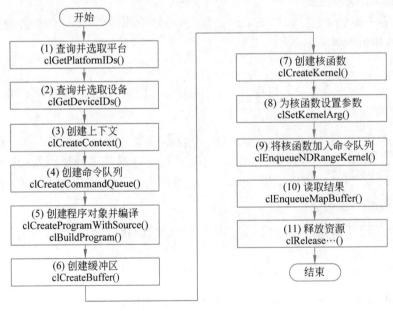

图 4-13　OpenCL 程序执行流程

图 4-13 的程序执行流程包含多个步骤，大致可以分为四个阶段，包括：系统及设备初

始化（第 1~2 步）、设备端程序初始化（第 3~5 步）、执行核函数（第 6~10 步）、释放资源（第 11 步）。其中，执行核函数阶段是可重复的，也就是说设备端程序在完成初始化后，可以重复执行多个核函数；这样，执行核函数阶段还可进一步分为初始化核函数（第 6~8 步）、执行核函数（第 9~10 步）两个子阶段，如果要重复执行同一个核函数（每次输入数据不同），则只需初始化一次核函数，之后重复调用核函数即可，这类似 CUDA 中调用核函数的流程，即"cudaMemcpy 输入数据 – 执行核函数 –cudaMemcpy 输出结果"。

下面结合程序执行流程的各个步骤介绍相关的 OpenCL 接口函数。

1. 查询并选取平台

程序调用接口函数 clGetPlatformIDs( ) 获取系统中的平台信息，该函数定义如下。

```
clGetPlatformIDs( cl_uint num_entries,
                  cl_platform_id *platforms,
                  cl_uint *num_platforms);
```

其中，num_entries 表示要查询的平台数，也就是第二个参数 platforms 中将被存入的项数；platforms 将被存入可供使用的平台列表，列表中每一项为一个 platform ID，被用作标识一个平台，也可用于后续查询该平台的设备；num_platforms 将被存入本系统可使用的平台数。

在查询平台（platform）时，如果将 num_entries 设为 0，并将 platforms 设为 NULL，则该函数调用将通过 num_platforms 参数返回可使用的平台数；之后，可以将刚获得的 num_platforms 作为 num_entries，同时将 num_platforms 设为 NULL，再次调用该函数，即可获得存于 platforms 中的平台列表。该函数返回值类型是 cl_int，返回值用于表示函数执行结果。

代码清单 4-16 给出了调用 clGetPlatformIDs( ) 函数查询平台信息的两段示例代码：第一段示例代码假定系统仅有 1 个平台，通过函数调用可以直接获取该平台的信息；第二段示例代码的通用性更强一些，通过两次函数调用获取平台信息，第 1 次调用将 num_entries 设置为 0，将 platforms 设为 NULL，以获取系统中的平台数，然后通过第 2 次调用获取平台信息。

代码清单 4-16 OpenCL 查询并选取平台的示例代码。

```
1    // 调用示例一：假定只有一个 platform
2    cl_platform_id platform;
3    clGetPlatformIDs( 1, &platform, NULL );
4
5    // 调用示例二：假定可能有多个 platform
6    cl_int status;
7    cl_uint numPlatform;
8    cl_platform_id platform[MAX_PLATFORM];
9    status = clGetPlatformIDs( 0, NULL, &numPlatform );    // 获取平台数
10   if ( status != CL_SUCCESS )
11   {
12       printf("Error: Getting Platforms\n");
13       return -1;
14   }
15   if ( numPlatform > 0 )                              // 如果系统中平台数 ≥1
```

```
16    {  // 按照平台数获取平台列表
17      status = clGetPlatformIDs( numPlatform, &platform[0], NULL );
18      if (status != CL_SUCCESS)
19      {
20        printf("Error: Getting Platform Ids.(clGetPlatformIDs)\n");
21        return -1;
22      }
23    }
```

2. 查询并选取设备

程序调用接口函数 clGetDeviceIDs( ) 获取指定平台的设备信息，该函数定义如下。

```
clGetDeviceIDs( cl_platform_id platform,
                cl_device_type device_type,
                cl_uint num_entries,
                cl_device_id *devices,
                cl_uint *num_devices);
```

其中，platform 是通过 clGetPlatformIDs( ) 所获取的平台 ID，用于指定平台；device_type 用于指定要查询的设备（device）类型，设备类型可以是 CPU、GPU 或者其他加速器等，目前可用的设备类型如表 4-10 所示；num_entries 表示要查询的设备数量，也就是下一个参数 devices 中将被存入的设备项数；devices 将被存入可使用的设备列表，列表中每一项为一个 device ID，用作标识一个设备，可用于后续创建上下文（context）；num_devices 将被存入指定平台上可用的设备数。

表 4.10　OpenCL 设备类型

device_type 参数	含　义
CL_DEVICE_TYPE_CPU	通用 CPU
CL_DEVICE_TYPE_GPU	GPU 设备
CL_DEVICE_TYPE_ACCELERATOR	除 CPU、GPU 之外可加速 OpenCL 程序的专用设备，如 FPGA、DSP、人工智能处理器等
CL_DEVICE_TYPE_CUSTOM	只实现了一部分 OpenCL 功能的设备
CL_DEVICE_TYPE_DEFAULT	平台的默认设备，不能是 CL_DEVICE_TYPE_CUSTOM
CL_DEVICE_TYPE_ALL	平台所有可用设备，CL_DEVICE_TYPE_CUSTOM 除外

与 clGetPlatformIDs( ) 类似，在查询设备时，如果将 num_entries 设为 0，同时将 devices 设为 NULL，则该函数调用将通过 num_devices 参数返回可用的设备数；之后，可以将刚获得的 num_devices 作为 num_entries，并将 num_devices 设为 NULL，再次调用该函数，即可获得存于 devices 中的设备列表。该函数返回值类型是 cl_int，返回值用于表示执行结果。

下面给出一段调用 clGetDeviceIDs( ) 函数查询设备信息的示例代码。该示例代码查询本系统第一个平台中的 GPU 设备，分 2 次调用接口函数，第 1 次调用获取设备数，第 2 次调用获取设备的列表。示例代码如下。

```
1    cl_uint numDevices; // 设备总数
2    cl_device_id devices[MAX_DEVICE];
3
4    clGetDeviceIDs( platform[0], CL_DEVICE_TYPE_GPU,
5                            0, NULL, &numDevices );
6    if ( numDevices > 0 )
7        clGetDeviceIDs( platform[0], CL_DEVICE_TYPE_GPU,
8                            numDevices, devices, NULL );
```

3. 创建 OpenCL 上下文

在 OpenCL 中，上下文（context）是与设备相关联的容器，程序的核函数执行和设备端内存分配都是在上下文中进行的，一个上下文可以关联一个或多个设备。

程序调用接口函数 clCreateContext( ) 创建上下文，该函数定义如下。

```
clCreateContext( const cl_context_properties *properties,
                 cl_uint num_devices,
                 const cl_device_id *devices,
                 CL_CALLBACK *pfn_notify,
                 void *user_data,
                 cl_int *errcode_ret);
```

这里只介绍两个参数。在实际使用中，其他参数通常被设置为 NULL。num_devices 表示设备的数量，devices 是通过 clGetDeviceIDs( ) 获取的设备列表。该函数返回值是 cl_context，即 OpenCL 上下文。

以下示例代码调用该函数为第 1 个设备创建上下文。

```
1    cl_context context = clCreateContext( NULL,
2                                          1,
3                                          &devices[0],
4                                          NULL, NULL, NULL);
```

4. 在设备上创建命令队列

OpenCL 的命令队列（command queue）类似于 CUDA 中的流（stream），程序通过在命令队列中加入各种操作实现核函数执行、主机端 – 设备端数据传输、同步等各种操作。换句话说，命令队列是程序控制设备端工作的接口和手段。一个设备上下文中可以有多条命令队列，不同命令队列中的命令可以并发执行，同一命令队列中的命令可以按序（in-order）执行或乱序（out-of-order）执行。如果是按序执行，则命令将按照其加入队列的顺序执行；如果是乱序执行，则其中的命令在没有显式同步限制的情况下可以按任意顺序执行。

程序调用接口函数 clCreateCommandQueue( ) 创建命令队列，该函数定义如下。

```
clCreateCommandQueue( cl_context context,
                      cl_device_id device,
                      cl_command_queue_properties properties,
                      cl_int *errcode_ret);
```

其中，context 是使用 clCreateContext( ) 创建的上下文；device 是上下文关联的设备 ID；

properties 参数指定命令队列的属性，包括队列中的命令是否按序执行等，该参数置为 0
表示使用默认的属性；errcode_ret 为错误代码，如果设为 NULL，则不会返回错误代码。

以下示例代码调用该函数为第 1 个设备创建任务队列（使用默认属性）。

```
1    cl_command_queue queue = clCreateCommandQueue( context,
2                                                    devices[0],
3                                                    0,
4                                                    NULL );
```

5. 创建程序对象并编译

OpenCL 支持设备端程序的在线编译，因此，主机端程序需要为设备端程序源代码创
建程序对象，之后对其进行编译。

程序调用接口函数 clCreateProgramWithSource( ) 创建程序对象，该函数定义如下。

```
clCreateProgramWithSource( cl_context context,
                           cl_uint count,
                           const char **strings,
                           const size_t *lengths,
                           cl_int *errcode_ret);
```

其中，context 是通过 clCreateContext( ) 创建的上下文；参数 strings 用于存放核函数(kernel)
的源代码，这是 OpenCL 程序与 CUDA 的一个显著区别，即 OpenCL 的核函数采用在线
编译方式。因此，在调用该函数时需要将核函数源代码存放于参数 strings 中，具体地，
strings 参数为 count 个字符串数组，每个字符串以空字符 '\0' 结尾，且字符串长度存
于第 4 个参数 length 中，参数 length 为一个整数数组指针，其中存有 count 个整数，分
别对应每个字符串的长度。errcode_ret 为错误代码，如果设为 NULL，则不会返回错误
代码。

该接口函数的输入参数是存放核函数源代码的字符串，比较简单的实现方式是：在源
程序文件中，用双引号将核函数部分定义成字符串，然后将该字符串作为函数调用的输入
参数。按照该模式，核函数每行源代码后面需添加 "\"，如果核函数代码行数较多，就会
导致代码的可读性和易维护性变差。因此，当核函数程序较为复杂时，习惯上将设备端
源代码单独存于扩展名为 cl 的文件中，在创建程序对象时，先将该文件读取到字符串中，
然后将字符串作为 clCreateProgramWithSource( ) 的输入参数。

在创建程序对象之后，调用接口函数 clBuildProgram( ) 对程序对象进行编译，该函数
定义如下。

```
clBuildProgram( cl_program program,
                cl_uint num_devices,
                const cl_device_id *device_list,
                const char *options,
                CL_CALLBACK *pfn_notify,
                void *user_data);
```

这里只介绍前三个参数。在实际使用时，通常将其他参数设置为 NULL。参数
program 是 clCreateProgramWithSource( ) 创建的程序对象；num_devices 是要使用的设备

数；device_list 是 clGetDeviceIDs 获取的设备列表。

为了展示设备端程序对象的创建和编译，下面首先给出一段简单的核函数源代码，这段代码仅用作示例。它有一个缓冲区指针作为参数，但函数内部不做任何处理，只是获取本线程号后就返回，代码如下。

```
1   // 简单的 OpenCL 核函数示例
2   __kernel void MyKernel( __global double *buf )
3   {
4       // 获取线程号
5       int id = get_global_id( 0 );
6   }
```

假设该核函数代码存于文件 myKernel.cl 中，下面的示例代码给出了如何为这个核函数创建程序对象，并对其进行编译。

```
1   const char *filename = "myKernel.cl";
2   string sourceStr;
3   status = convertToString(filename, sourceStr);   // 读取源文件到字符串
4   const char *source = sourceStr.c_str();
5   size_t sourceSize[] = {strlen(source)};
6   cl_program program = clCreateProgramWithSource(context, 1,
7                                   &source, sourceSize, NULL);
8   status = clBuildProgram( program, 1,devices,NULL,NULL,NULL );
```

上述程序中调用了一个自定义的函数 convertToString( )，该函数的源代码将在后面的示例程序中给出，其功能是将指定文件内容读取到字符串中，以便后续调用 clCreateProgramWithSource( ) 创建程序对象（第 6 行），以及调用 clBuildProgram( ) 编译程序（第 8 行）。

6. 创建缓冲区

该操作在加速器 / 主机端分配内存，其功能类似于 CUDA 中的 cudaMalloc( )、cudaMallocHost( ) 等内存分配操作，但由于 OpenCL 要适用多种硬件架构，可用的选项参数较多。

程序调用接口函数 clCreateBuffer( ) 创建缓冲区，该函数定义如下。

```
cl_mem clCreateBuffer( cl_context context,
                       cl_mem_flags flags,
                       size_t size,
                       void *host_ptr,
                       cl_int *errcode_ret);
```

其中，context 是先前创建的上下文对象；flags 指定缓冲区的属性，如读 / 写权限、内存位置等，OpenCL 的预定义属性值见表 4-11，可以用二进制的或操作"|"联合使用多种属性（互斥属性除外）；size 指定缓冲区大小（单位：字节）；host_ptr 是主机端已分配缓冲区的指针，仅当 flags 参数指明在主机端分配缓冲区时才有意义，其他情况下可设为 NULL；errcode_ret 为错误代码，如果设为 NULL，则不会返回错误代码。

表 4-11　OpenCL 创建缓冲区时使用的 flags 参数

flags 参数	含　义
CL_MEM_READ_WRITE	默认属性。指明核函数可读 / 写内存对象
CL_MEM_WRITE_ONLY	核函数只写入内存对象
CL_MEM_READ_ONLY	核函数只读取内存对象
CL_MEM_USE_HOST_PTR	用参数 host_ptr 指向的主机端内存作为内存对象
CL_MEM_ALLOC_HOST_PTR	希望 OpenCL 分配主机端可以访问的内存
CL_MEM_COPY_HOST_PTR	分配内存对象，并且从参数 host_ptr 所指向的主机端内存复制数据
CL_MEM_HOST_WRITE_ONLY	指明主机端只写入内存对象
CL_MEM_HOST_READ_ONLY	指明主机端只读取内存对象
CL_MEM_HOST_NO_ACCESS	指明主机端不访问该内存对象
CL_MEM_KERNEL_READ_AND_WRITE	仅供 clGetSupportedImageFormats( ) 查询用

下面的示例代码为指定的上下文创建缓冲区，其中，flags 参数指定核函数将读写该缓冲区，分配的缓冲区大小为 NUM 个双精度浮点数。

```
1    cl_mem buffer = clCreateBuffer( context,
2                                    CL_MEM_READ_WRITE,
3                                    NUM * sizeof(double),
4                                    NULL,
5                                    NULL );
```

7. 创建核函数

程序调用接口函数 clCreateKernel( ) 创建核函数（kernel），该函数定义如下。

```
clCreateKernel( cl_program program,
                const char *kernel_name,
                cl_int *errcode_ret);
```

其中，参数 program 是经过编译的程序对象；kernel_name 是核函数名，errcode_ret 为错误代码，如果设为 NULL，则不会返回错误代码。

下面的示例代码为前面的程序对象创建核函数，核函数名为 MyKernel。

```
1    cl_kernel kernel = clCreateKernel( program,
2                                       "MyKernel",
3                                       NULL );
```

8. 为核函数设置参数

程序调用接口函数 clSetKernelArg( ) 为核函数设置参数（即调用核函数时用到的参数），该函数定义如下。

```
cl_int clSetKernelArg( cl_kernel kernel,
                       cl_uint arg_index,
                       size_t arg_size,
                       const void *arg_value);
```

其中，kernel 是先前创建的核函数对象；arg_index 指定核函数参数的索引，取值为 0, 1, 2, …；arg_size 为参数变量的大小，如果要设置的参数是内存对象，则该参数应为 sizeof（cl_mem）；arg_value 指向要设置的参数值。

对该函数的每次调用可以为核函数设置一个参数。也就是说，如果核函数有三个参数，就要调用三次 clSetKernelArg（），每次设置一个参数，并将 arg_index 依次设置为 0、1、2。参数设置属于核函数的初始化操作，只需进行一次即可，之后可以重复调用核函数，不需要每次调用前都设置参数。

下面的示例代码为前面的核函数设置参数，由于该核函数仅有一个参数，只需调用一次设置函数即可。

```
1   clSetKernelArg( kernel,
2                   0,
3                   sizeof(cl_mem),
4                   (void *)&buffer );
```

9. 将核函数调用加入命令队列（启动执行核函数）

程序调用接口函数 clEnqueueNDRangeKernel（）将核函数调用加入命令队列，加入命令队列意味着核函数将被设备端执行，该函数定义如下。

```
clEnqueueNDRangeKernel( cl_command_queue command_queue,
                        cl_kernel kernel,
                        cl_uint work_dim,
                        const size_t *global_work_offset,
                        const size_t *global_work_size,
                        const size_t *local_work_size,
                        cl_uint num_events_in_wait_list,
                        const cl_event *event_wait_list,
                        cl_event *event);
```

其中，command_queue 是通过 clCreateCommandQueue（）创建的命令队列；kernel 是通过 clCreateKernel（）创建的核函数；work_dim 是线程维度，取值范围是 1、2、3，4.3.4 节将介绍 OpenCL 线程的组织。global_work_offset、global_work_size、local_work_size 这三个参数用来定义线程数和线程分组，如果线程按一维组织（work_dim＝1），则 global_work_size 指向线程个数（无符号整数类型），其他两个参数设为 NULL 即可，线程按二维、三维组织时的参数设置将在 4.3.4 节介绍；num_events_in_wait_list 可设为 0、event_wait_list 可设为 NULL。event 是可返回的事件对象。

需要说明的是，该函数调用只是将核函数调用加入命令队列，之后立即返回，并不会等待核函数执行结束。至于核函数何时在设备端上执行则取决于任务队列中各命令操作的执行进度。

下面的示例代码将前面定义的核函数加入创建的命令队列，之后，核函数将在设备端执行。

```
1   size_t global_work_size[1] = {NUM};
2   clEnqueueNDRangeKernel( queue,
```

```
3                           kernel,
4                           1,
5                           NULL,
6                           global_work_size,
7                           NULL, 0, NULL, NULL);
```

10. 等待核函数结束，读取执行结果

由于核函数启动后是异步执行的，程序在读取执行结果前需要确保核函数执行完毕，这类似于 CUDA 中的同步和事件。在 OpenCL 中，程序可以调用 clFinish( ) 等待命令队列中的所有命令执行完毕，这类似 CUDA 中的 cudaStreamSynchronize( )；程序也可以在向命令队列添加核函数时设置一个事件，然后调用 clWaitForEvents( ) 等待命令队列执行到该事件，这类似 CUDA 中的 cudaEventSynchronize( )。

相关的两个函数定义如下。

```
cl_int clFinish( cl_command_queue command_queue );
cl_int clWaitForEvents( cl_uint num_events,
                        const cl_event *event_list);
```

程序在等待指定核函数执行完毕后，就可以调用 clEnqueueReadBuffer( ) 读取执行结果，该函数实际上是向命令队列加入一条缓冲区读取命令，函数定义如下。

```
cl_int clEnqueueReadBuffer( cl_command_queue command_queue,
                            cl_mem buffer,
                            cl_bool blocking_read,
                            size_t offset,
                            size_t size,
                            void* ptr,
                            cl_uint num_events_in_wait_list,
                            const cl_event* event_wait_list,
                            cl_event* event);
```

其中，command_queue 指定命令队列；buffer 是要读取的缓冲区对象；blocking_read 用于指定读取操作是阻塞式或非阻塞式，CL_TRUE 表示阻塞式，意味着函数返回时缓冲区读取已完成，CL_FALSE 表示非阻塞式，此时需使用 event 参数指定事件，然后在函数返回后等待该事件；offset 指定要读取的缓冲区起始偏移量（单位：字节）；size 是要读取的字节数；ptr 指向主机端的缓冲区，读取的数据将存入该缓冲区；num_events_in_wait_list 和 event_wait_list 用于定义本函数之前需要完成的事件，可以为 NULL；event 用来指定缓冲区读取操作的事件，与非阻塞式读取配合使用。

下面的示例代码调用 clFinish( ) 等待命令队列中的所有命令执行完毕，然后读取缓冲区数据。

```
1    double host_buf[NUM];
2    clFinish( queue );  // 等待命令队列中所有命令执行完毕
3    status = clEnqueueReadBuffer( queue,
4                                  buffer,
```

```
5                                    CL_TRUE,
6                                    0,
7                                    NUM * sizeof(double),
8                                    host_buf,
9                                    0, NULL, NULL);
```

可以看出，函数 clEnqueueReadBuffer( ) 类似于 CUDA 的 cudaMemcpy( ) 操作，即实现主机端 – 设备端内存之间的数据传输，以上介绍的读缓冲区相当于 cudaMemcpy( ) 指定传输方向 cudaMemcpyDeviceToHost。对应地，如果希望从主机端向设备端传输数据，对应的接口函数为 clEnqueueWriteBuffer( )，该函数定义如下。

```
cl_int clEnqueueWriteBuffer( cl_command_queue command_queue,
                             cl_mem buffer,
                             cl_bool blocking_write,
                             size_t offset,
                             size_t size,
                             const void* ptr,
                             cl_uint num_events_in_wait_list,
                             const cl_event* event_wait_list,
                             cl_event* event);
```

以上函数的参数含义与 clEnqueueReadBuffer( ) 相同，区别是数据传输方向相反，即从 ptr 指向的主机缓冲区传输到设备端的内存对象 buffer。

当核函数需要输入数据时，在设备端创建缓冲区后，可以调用上述函数将输入数据从主机端复制到设备端的缓冲区对象。

11. 释放资源

当创建的 OpenCL 资源不再使用后，需在程序退出前释放。这可以通过调用各种 clRelease***( ) 接口函数实现，详见后面的示例程序。

在介绍了 OpenCL 程序执行流程及相关接口函数后，4.3.3 节将给出一个较为完整的 OpenCL 示例程序。通过该程序可以更全面地了解 OpenCL 程序及相关接口函数的使用。

4.3.3 OpenCL 示例程序一：向量求和

本节介绍一个完整的 OpenCL 示例程序——向量求和。

在 OpenCL 中，设备端程序是使用 OpenCL C 语言编写的，通常被存放在一个扩展名为 cl 的文件中。主机端程序编译并调用 cl 文件中的核函数使其在设备端上执行。

下面首先介绍核函数程序，如代码清单 4-17 所示。

代码清单 4-17 OpenCL 向量求和程序的核函数。

```
1    __kernel void VecAdd( __global double *A,
2                          __global double *B,
3                          __global double *C)
4    {
5        // 获取线程号
6        int id = get_global_id(0);
```

```
7        // 完成向量求和
8        C[id] = A[id] + B[id];
9    }
```

4.2 节介绍 CUDA 编程时也曾给出一个向量求和的示例程序，对比两个程序的核函数
代码可以发现，OpenCL 中的核函数程序与 CUDA 非常相似，也是由线程执行的串行程序，
每个线程负责向量中一个元素的相加，不同线程通过线程号识别自身并处理不同的向量元
素。在 OpenCL 中，开发者可以使用 get_global_id（0）获取自身线程号。

接下来介绍主机端程序，见代码清单 4-18。

代码清单 4-18　OpenCL 向量求和程序（主机端）。

```
1    #include <CL/cl.h>
2    #include <string.h>
3    #include <stdio.h>
4    #include <stdlib.h>
5    #include <iostream>
6    #include <string>
7    #include <fstream>
8    using namespace std;
9
10   // 辅助函数：用于读取 .cl 文件中的核函数代码并存为字符串
11   int convertToString(const char *filename, std::string& s)
12   {
13       size_t size;
14       char*  str;
15       std::fstream f(filename, (std::fstream::in |
16                                 std::fstream::binary));
17       if(f.is_open())
18       {
19           size_t fileSize;
20           f.seekg(0, std::fstream::end);
21           size = fileSize = (size_t)f.tellg();
22           f.seekg(0, std::fstream::beg);
23           str = new char[size+1];
24           if (!str)
25           {
26               f.close();
27               return 0;
28           }
29           f.read(str, fileSize);
30           f.close();
31           str[size] = '\0';
32           s = str;
33           delete[] str;
34           return 0;
35       }
36       cout<<"Error: failed to open file\n:"<<filename<<endl;
37       return -1;
38   }
```

```
39
40    // 查询并获取平台
41    int getPlatform(cl_platform_id &platform)
42    {
43        platform = NULL;                // 要选取的平台
44        cl_uint numPlatforms;           // 平台总数
45        // 查询平台
46        cl_int status = clGetPlatformIDs(0, NULL, &numPlatforms);
47        if (status != CL_SUCCESS)
48        {
49            cout<<"Error: Getting platforms!"<<endl;
50            return -1;
51        }
52        // 选取第一个可使用的平台
53        if(numPlatforms > 0)
54        {
55            cl_platform_id* platforms =
56        (cl_platform_id* )malloc(numPlatforms*sizeof(cl_platform_id));
57            // 获取平台
58            status = clGetPlatformIDs(numPlatforms, platforms, NULL);
59            platform = platforms[0];
60            free(platforms);
61        }
62        else
63            return -1;                   // 获取平台失败
64    }
65
66    // 查询并获取设备
67    cl_device_id *getCl_device_id(cl_platform_id &platform)
68    {
69        cl_uint numDevices = 0;   // 设备总数
70        cl_device_id *devices=NULL;
71        // 查询设备
72        cl_int status = clGetDeviceIDs(platform, CL_DEVICE_TYPE_GPU,
73                                        0, NULL, &numDevices);
74        if (numDevices > 0)
75        {
76            devices = (cl_device_id*)malloc(numDevices *
77                        sizeof(cl_device_id));
78            // 获取设备
79            status = clGetDeviceIDs(platform, CL_DEVICE_TYPE_GPU,
80                                      numDevices, devices, NULL);
81        }
82        return devices;
83    }
84
85    int main(int argc, char* argv[])
86    {
87        cl_int status;
88        // 步骤 (1): 查询并选取平台
```

```
89      cl_platform_id platform;
90      getPlatform(platform);
91      // 步骤 (2): 查询并选取设备
92      cl_device_id *devices=getCl_device_id(platform);
93      // 步骤 (3): 创建上下文
94      cl_context context = clCreateContext(NULL,1, devices,NULL,
95                                      NULL,NULL);
96      // 步骤 (4): 创建命令队列
97      cl_command_queue commandQueue = clCreateCommandQueue(context,
98                                      devices[0], 0, NULL);
99      // 步骤 (5): 创建程序对象并编译
100     const char *filename = "VecAdd_Kernel.cl";
101     string sourceStr;
102     status = convertToString(filename, sourceStr);
103     const char *source = sourceStr.c_str();
104     size_t sourceSize[] = {strlen(source)};
105     cl_program program = clCreateProgramWithSource(context, 1,
106                                      &source, sourceSize, NULL);
107     status=clBuildProgram(program, 1,devices,NULL,NULL,NULL);
108
109     // 步骤 (6): 在主机端初始化数据，并在设备端创建缓冲区
110     const int NUM=51200;// 设置向量大小
111     double* Vec_A = new double[NUM];
112     double* Vec_B = new double[NUM];
113     double* Vec_C = new double[NUM];
114     for(int i=0;i<NUM;i++){
115         Vec_A[i] = i + 0.1;
116         Vec_B[i] = i * 2 + 0.2;
117     }
118     cl_mem MemObj_A = clCreateBuffer(context, CL_MEM_READ_ONLY ,
119                             NUM * sizeof(double), NULL, NULL);
120     cl_mem MemObj_B = clCreateBuffer(context, CL_MEM_READ_ONLY ,
121                             NUM * sizeof(double), NULL, NULL);
122     cl_mem MemObj_C = clCreateBuffer(context, CL_MEM_WRITE_ONLY ,
123                             NUM * sizeof(double), NULL, NULL);
124     clEnqueueWriteBuffer(commandQueue, MemObj_A, CL_TRUE, 0,
125                     NUM * sizeof(double), Vec_A, 0, NULL, NULL);
126     clEnqueueWriteBuffer(commandQueue, MemObj_B, CL_TRUE, 0,
127                     NUM * sizeof(double), Vec_B, 0, NULL, NULL);
128     // 步骤 (7): 创建核函数
129     cl_kernel kernel = clCreateKernel(program,"helloworld",
130                                      &status);
131     // 步骤 (8): 为核函数设置参数
132     clSetKernelArg(kernel, 0, sizeof(cl_mem), (void *)&MemObj_A);
133     clSetKernelArg(kernel, 1, sizeof(cl_mem), (void *)&MemObj_B);
134     clSetKernelArg(kernel, 2, sizeof(cl_mem), (void *)&MemObj_C);
135     // 步骤 (9): 将核函数加入命令队列
136     size_t global_work_size[1] = {NUM};
137     cl_event eventPoint;
138     clEnqueueNDRangeKernel(commandQueue, kernel, 1, NULL,
```

```
139                              global_work_size, NULL, 0, NULL,
140                              &eventPoint);
141    // 等待事件（核函数执行完毕）
142    clWaitForEvents(1,&eventPoint);
143    clReleaseEvent(eventPoint);
144    // 步骤 (10)：读取结果
145    status = clEnqueueReadBuffer(commandQueue, MemObj_C, CL_TRUE,
146                                  0, NUM * sizeof(double), Vec_C,
147                                  0, NULL, NULL);
148    // 步骤 (11)：释放资源
149    status = clReleaseKernel(kernel);
150    status = clReleaseProgram(program);
151    status = clReleaseMemObject(MemObj_A);
152    status = clReleaseMemObject(MemObj_B);
153    status = clReleaseMemObject(MemObj_C);
154    status = clReleaseCommandQueue(commandQueue);
155    status = clReleaseContext(context);
156
157    return 1;
158    }
```

相比 CUDA 编程，OpenCL 的主机端程序要长得多，但它基本遵照前面介绍的 OpenCL 程序执行流程，较为容易理解。此外，不同 OpenCL 程序的初始化等部分可以重用，如上述程序中用于读取 .cl 文件的函数 convertToString( )、用于查询平台的函数 getPlatform( )、用于查询设备的函数 getCl_device_id( ) 及主函数中初始化部分的语句。

上述程序执行核函数时启动了 NUM 个线程，这些线程按照一维方式组织。在 OpenCL 中，线程还可以采用更复杂的组织方式，4.3.4 节将介绍这部分内容。

4.3.4　OpenCL 的执行模型与线程组织

OpenCL 的执行模型包括两种执行单元：①在一个或多个设备上执行的核函数；②在主机上执行的主机端程序。执行模型的核心是核函数如何执行。

核函数的一次执行被称为一个"核函数实例（kernel-instance）"，核函数实例对应一个索引空间（index space），这个空间中的每个点都将执行这个核函数。这里所说的"点（point）"就是通常所说的线程，OpenCL 将其称为"工作项（work-item）"，多个工作项组织成一组，被称为"工作组（work-group）"。工作项与工作组分别对应 CUDA 中的线程和线程块。

OpenCL 使用"工作项（work-item）"而不是"线程"指代并行执行单元，这与 OpenCL 要适应多种硬件架构的加速器有关，由于有些硬件架构（如 FPGA）支持线程有困难，因此 OpenCL 使用了更加通用化的"工作项"。本书对线程和工作项不加区分。

OpenCL 将上述索引空间称为 NDRange（N-dimensional range），它是一个 N 维空间，N 可以取值 1、2、3，也就是说，NDRange 可以是一维、二维、三维空间。NDRange 中的工作组大小被称为局部尺寸（local size），一个 NDRanage 可以包含多个工作组，每个工作组的大小可以不同。

每个工作项都有一个全局 ID（global ID），全局 ID 表示为一个 N 元组，对应工作项在索引空间中的坐标。例如，在一个二维空间中，(g_x, g_y) 可以唯一地标识一个工作项。另外要注意的是，索引空间的坐标系原点可以不是 0，也就是可以有起始偏移坐标，这时，工作项的全局 ID 也将不再从 0 开始起算，而是要加上起始偏移。除了全局 ID 外，工作项在工作组内还有一个局部 ID（local ID），也表示为 N 元组，对应此工作项在组内的偏移位置（坐标）。由于有多个工作组，每个工作组也对应一个 N 元组 ID。这样，一个工作项除了可以用全局 ID 唯一标识外，还可以用工作组 ID 和组内局部 ID（local ID）唯一标识。

下面以一个按二维组织的 NDRange 为例说明线程的组织。假设索引空间大小为（G_x, G_y），每个工作组的大小为（S_x, S_y），工作项全局 ID 的起始偏移为（F_x, F_y）。因此，总的工作项数为 $G_x \times G_y$，每个工作组内的工作项数为 $S_x \times S_y$。线程组织如图 4-14 所示，图中给出了工作组（W_x, W_y）内每个工作项的局部 ID。假设该工作组内某个工作项的局部 ID 为（x, y），则其全局 ID 可按下式计算。

$$(g_x, g_y) = (W_x \times S_x + x + F_x, \ W_y \times S_y + y + F_y) \tag{4-1}$$

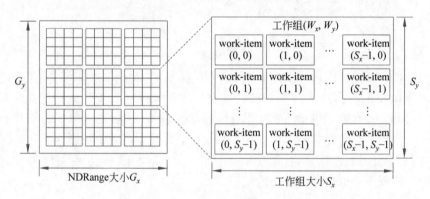

图 4-14　OpenCL 线程组织示例（二维）

表 4-12 给出了 OpenCL 和 CUDA 在线程组织上的术语对照关系。了解之有助于学习过 CUDA 编程的读者快速理解 OpenCL 的线程组织方式。

表 4-12　OpenCL 与 CUDA 在线程组织上的术语对照

并行概念	OpenCL 术语	CUDA 术语
并行执行单位	工作项（work-item）	线程（thread）
并行单位分组	工作组（work-group）：包含多个工作项，每个工作组内的工作项可以按一维、二维、三维组织	线程块（thread block）：包含多个线程，每个线程块内的线程可以按一维、二维、三维组织
核函数执行	NDRange：一维、二维、三维索引空间。空间内每个点对应一个工作项，多个工作项构成一个工作组	grid：可包含多个线程块，线程块可以按一维、二维、三维组织

在了解 OpenCL 线程组织方式后，下面看执行核函数时如何定义线程的组织方式。

启动核函数最常用的接口函数是 clEnqueueNDRangeKernel( )。如图 4-15 所示，该函数的参数中，与线程组织相关的参数有四个（图中虚线框内的参数），分别是：用于指定线程维度的 work_dim、用于指定线程 ID 起始偏移的 global_work_offset、用于指定线程总数的 gobal_work_size、用于定义每个组内线程个数的 local_work_size。

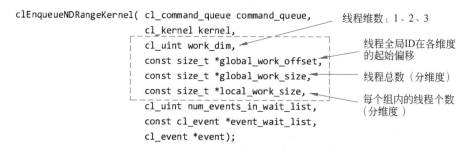

图 4-15 线程组织的参数示意

注意，以上参数中的线程总数和每个组内线程个数都指向一个数组，数组内包含 1~3 个无符号整数，对应各个维度的线程个数。

下面通过两种线程组织示例展示核函数执行时如何设定参数。

1. 线程组织示例一：一维组织

假设核函数要处理一维向量，向量长度为 1024，每个线程负责一个向量元素的计算，则执行核函数的示例代码如下。

```
1    const size_t work_dim = 1;                          // 线程按一维组织
2    const size_t global_work_size[1] = {1024};          // 共 1024 个线程
3    clEnqueueNDRangeKernel( queue, kernel,
4                          work_dim, NULL, &global_work_size, NULL,
5                          0, NULL, NULL );
```

上述核函数调用中，参数 global_work_offset（线程 ID 起始偏移）和 local_work_size（每个组内线程个数）均为 NULL，表示线程 ID 编号从 0 开始，并且线程不分组。

2. 线程组织示例二：二维组织

假设核函数要处理一个二维矩阵，矩阵大小为 1024×1024，每个线程负责一个矩阵元素的计算，将线程分组，每个线程组负责一个 32×32 子矩阵的计算，则执行核函数的示例代码如下。

```
1    const size_t work_dim = 2;   // 线程按二维组织
2    const size_t global_work_size[2] = {2014,1024};
3    const size_t local_work_size[2] = {32,32};
4    clEnqueueNDRangeKernel( queue, kernel,
5                  work_dim, NULL, &global_work_size, &local_work_size,
6                  0, NULL, NULL );
```

执行上述核函数时，参数 global_work_offset 为 NULL，表示线程全局 ID 编号从（0,0）开始。

可以计算得出，执行上述核函数时，线程组的个数为 32×32＝1024。

在启动核函数时指定线程组织后，每个线程都将执行核函数，并根据线程 ID 处理不同的数据。为了让线程能够获取自身 ID 及相关信息，OpenCL 提供了一系列内置函数，见表 4-13。

表 4-13　OpenCL 中查询工作项信息的常用内置函数

内 置 函 数	功 能 说 明
size_t get_global_size（uint dimindx）	获取各维度的工作项总数 get_global_size（0）：第 1 维工作项数 get_global_size（1）：第 2 维工作项数 get_global_size（2）：第 3 维工作项数
size_t get_global_id（uint dimindx）	获取工作项各维度的全局 ID get_global_id（0）：第 1 维全局 ID get_global_id（1）：第 2 维全局 ID get_global_id（2）：第 3 维全局 ID
size_t get_local_size（uint dimindx）	获取工作组在各维度的工作项数 get_local_size（0）：工作组第 1 维项数 get_local_size（1）：工作组第 2 维项数 get_local_size（2）：工作组第 3 维项数
size_t get_local_id（uint dimindx）	获取工作项各维度的组内 ID get_local_id（0）：第 1 维的组内 ID get_local_id（1）：第 2 维的组内 ID get_local_id（2）：第 3 维的组内 ID

在前文介绍的二维线程组织示例对应的核函数中，程序将首先获取线程自身 ID，然后计算分配给该线程的矩阵元素，示例代码如下。

```
1    __kernel void MyMatrix( const int N,
2                           const __global float *A )
3  {  const int i = get_global_id[0];
4     const int j = get_global_id[1];
5
6     ... // 计算矩阵元素 A[i*N+j]
7  }
```

4.3.5　OpenCL 的内存层次结构

正如在 CUDA 编程中看到的那样，加速器硬件通常具有较为复杂的内存组成和层次结构，开发者应充分利用不同内存的特点优化程序设计以提升访存性能，这对程序的整体性能表现而言至关重要。本节将介绍 OpenCL 的内存层次结构，如图 4-16 所示，图中的阴影块为不同种类的内存。

OpenCL 主要有以下几种内存。

1. 私有内存

OpenCL 中的私有内存（private memory）指的是工作项的私有内存区域。在某个工作项的私有内存中定义的变量对其他工作项而言是不可见的。

2. 局部内存

局部内存（local memory）是指工作组使用的内存区域，这部分内存可用于分配工作组内工作项共享的变量。

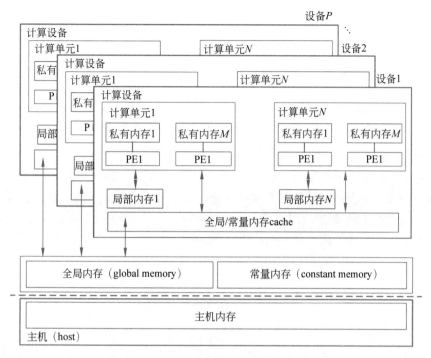

图 4-16 OpenCL 的内存层次结构

3. 常量内存

常量内存（constant memory）是指在核函数执行过程中保持内容不变的全局内存区域。主机端程序负责分配和初始化存于常量内存的内存对象。

4. 全局内存

全局内存（global memory）允许所有工作组中的工作项读写。如果设备硬件支持，工作项对全局内存的访问可以被 cache 缓存。

可以看出，OpenCL 的内存层次与 CUDA 非常相似。在核函数设计中，开发者应当利用各层次内存的特点进行变量和缓冲区的设计。

与 CUDA 类似，OpenCL 程序通过在变量定义前使用修饰符来指定其存放在哪片内存区域。OpenCL 的变量修饰符如表 4-14 所示。

表 4-14 OpenCL 的变量修饰符

变量修饰符	功能说明
__global 或 global	变量或内存对象分配在全局内存 例如，global double myVar;
__local 或 local	变量或内存对象分配在共享内存，可由工作组内的线程共享 例如，local float A[10];
__constant 或 constant	用于定义全局共享的只读变量 例如，constant int a = 3;
__private 或 private	线程私有变量，在核函数内的临时变量 例如，private int i; 　　　　int j; // 核函数内定义

由表 4-14 可知，在核函数内部定义的临时变量如果不加修饰符，则其将被默认当作线程私有变量，这一点与 CUDA 也是相同的。

4.3.6 OpenCL 示例程序二：矩阵相乘

本节给出 OpenCL 版的矩阵相乘程序。首先，给出不考虑性能和可扩展性的直接实现，接着根据 OpenCL 内存层次结构给出按内存优化的分块矩阵相乘程序。

1. 不考虑性能和可扩展性的直接实现

矩阵是典型的二维数据结构，对于大小为 $N×N$ 的矩阵相乘，如 $C=A×B$，可以按照结果矩阵 C 的元素划分线程，即每个线程负责结果矩阵中一个元素的计算，它需要访问矩阵 A 的一行元素和矩阵 B 的一列元素。

首先给出矩阵相乘的核函数，见代码清单 4-19。

代码清单 4-19 矩阵相乘的 OpenCL 核函数。

```
1    __kernel void MatMul(const int N,
2                         const __global float *A,
3                         const __global float *B,
4                         const __global float *C)
5    {
6        const int i = get_global_id[0];
7        const int j = get_global_id[1];
8        C[i*N+j] = 0;
9        // 计算结果矩阵的一个元素
10       for (int k = 0; k < N; k++)
11         C[i*N+j] += A[i*N+k] * B[k*N+j];
12   }
```

代码清单 4-20 给出了调用该核函数的主机端程序。

代码清单 4-20 调用 OpenCL 核函数的主机端代码段。

```
1    clCreateKernel(program, "MatMul", NULL);                    // 创建核函数
2    clSetKernelArg(kernel, 0, sizeof(int), (void*)&N);          // 设置参数
3    clSetKernelArg(kernel, 1, sizeof(cl_mem), (void*)&A);       // 设置参数
4    clSetKernelArg(kernel, 2, sizeof(cl_mem), (void*)&B);       // 设置参数
5    clSetKernelArg(kernel, 3, sizeof(cl_mem), (void*)&C);       // 设置参数
6    const int wg_dim = 32;
7    const size_t local[2] = {wg_dim, wg_dim};                   // 工作组：32x32
8    const size_t global[2] = {N, N};                            // 总线程数：NxN
9    clEnqueueNDRangeKernel(queue, kernel, 2, NULL,
10                          global, local, 0, NULL, NULL);
```

上述程序首先调用 clCreateKernel( ) 创建核函数；随后调用 clSetKernelArg( ) 为核函数设置参数，由于核函数 MatMul( ) 有 4 个参数，因此需要调用四次 clSetKernelArg( )；最后，调用 clEnqueueNDRangeKernel( ) 将核函数调用加入命令队列中。

以上矩阵相乘程序存在两方面问题：首先，按照矩阵大小设置线程个数，每个线程负责计算一个元素，如果矩阵尺寸较大，则线程数将过多，例如，对大小为 4096×4096 的

矩阵，线程个数将达 1600 万，过多的线程将产生巨大的并行和调度开销，导致计算性能低下；其次，核函数程序需要访问矩阵 *A* 的一行元素和矩阵 *B* 的一列元素，如果矩阵为按行存储（即一行元素在内存中连续存储），则程序对矩阵 *B* 的访问就是跳跃式的（即内存地址不连续），在矩阵较大的情况下，这必然导致 cache 频繁地无法命中，也会降低性能。

有鉴于此，有必要对以上矩阵相乘程序进行重新设计和优化，通过优化核函数中的数据划分、变量设置和内存访问以提升程序的性能和可扩展性。

2. 基于分块的矩阵相乘程序

对前面的矩阵相乘程序而言，可以从两方面优化设计：首先，对矩阵分块，通过将矩阵分成多个子矩阵（块），然后让每个线程负责矩阵中一块的计算，这样可以通过调整分块大小，灵活控制线程的个数；其次，在核函数中根据内存层次结构的特点定义变量，优化访存性能。

重新设计的分块矩阵相乘的核函数程序如代码清单 4-21 所示。

代码清单 4-21 按块划分实现矩阵相乘的 OpenCL 核函数。

```
1    #define BLOCK_SIZE 32     // 分块大小
2    __kernel void MatMul(const int M, coonst int N, const int K,
3                         const __global float *A,
4                         const __global float *B,
5                         const __global float *C)
6    {
7        // 计算局部矩阵下标
8        const int local_row = get_global_id(0);
9        const int local_col = get_global_id(1);
10       // 计算全局矩阵下标
11       const int global_row = get_group_id(0) * get_local_size(0)
12                            + local_row;
13       const int global_col = get_group_id(1) * get_local_size(1)
14                            + local_col;
15       float Cvalue = 0.0f;
16       // 使用局部存储器
17       __local float As[BLOCK_SIZE][BLOCK_SIZE];
18       __local float As[BLOCK_SIZE][BLOCK_SIZE];
19       // 块循环，将 A 和 B 的所有子矩阵相乘后累加进 C
20       for (int i = 0; i < K / BLOCK_SIZE; i++)
21       {
22           // 将矩阵复制进局部存储器
23           const int row_tile = BLOCK_SIZE * i + local_row;
24           const int col_tile = BLOCK_SIZE * i + local_row;
25           As[col][row] = A[col_tile * M + global_row];
26           Bs[col][row] = A[global_col * K + row_tile];
27           barrier(CLK_LOCAL_MEM_FENCE);// 同步
28           for (int k = 0; k < WG_DIM; k++)
29               Cvalue += As[k][local_row] * Bs[local_col][k];
30           barrier(CLK_LOCAL_MEM_FENCE);// 同步
31       }
32       C[global_col * M + global_row] = Cvalue;
33   }
```

◆ 4.4 面向申威处理器的 Athread 编程

4.4.1 申威处理器及其编程简介

申威（Sunway）处理器是我国自主设计的高性能处理器，被用于国产神威系列高性能计算机中。经过多年不断演进，申威处理器已形成系列型号。申威系列处理器采用片内异构架构，由多个核组（core group）构成，每个核组为主 – 从核结构，其中主核为通用处理器核，而从核有多个，可作为异构加速部件使用。

下面以高性能计算机"神威·太湖之光"所采用的 SW26010 处理器为例介绍其组成结构。

SW26010 处理器结构如图 4-17 所示。它包含四个核组，每个核组由 1 个运算管理核心（主核）和 64 个计算核心（从核）及 1 个内存控制器构成；其中，从核被组织成 8×8 的计算核心阵列，在主核控制下发挥异构加速作用；四个核组之间通过片上网络互连；每个核组都有自己独立的内存空间，核组内的运算管理核心和计算核心通过内存控制器与内存相连。

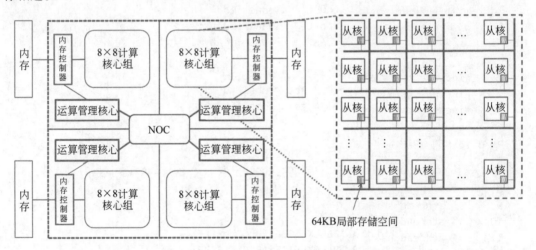

图 4-17　SW26010 处理器结构

SW26010 的运算管理核心（主核）是完整的 64 位 RISC 核心，可以在算态和管态模式下运行。运算管理核心支持中断功能、内存管理、超标量及乱序执行。因此，运算管理核心运行操作系统，负责处理、管理和通信功能。

计算核心（从核）也是 64 位 RISC 核心，但在功能上有所限制。计算核心仅能运行在算态模式下，且不支持中断功能。计算核心的设计目标是实现最大化的计算能力，同时降低微体系结构的复杂度。从核被组织成 8×8 的网格阵列，并通过阵列网络的寄存器通信功能实现从核间的低延迟通信，阵列网络中也包含网络控制器（用于实现中断和同步的控制）。运算管理核心和计算核心都支持 256 位的向量化指令。

从内存层次角度看，运算管理核心包含 32KB 的 L1 指令 cache 和 32KB 的数据 cache，同时也包含 256KB 的 L2 指令数据共享 cache；每个计算核心拥有 16KB 的 L1 指令 cache

和 64KB 的局部存储空间,该存储空间既可以配置为用户手动控制的快速缓冲,也可以由软件模拟为数据自动加载的软件 cache。然而,软件模拟的 cache 性能通常较差,所以在大多数情况下人们都是通过手动控制局部存储空间的方式来确保性能。

SW26010 处理器使用 SoC 技术实现,集成了四个 DDR3 内存控制器、PCIe3.0、千兆以太网及 JTAG 接口,内存带宽为 136.51GB,理论网络接口带宽为 16GB/s,工作主频为 1.45GHz。

从软件角度来看,申威处理器支持 C/C++、FORTRAN 语言,同时提供了相应的自动向量化工具及基础数学库。在同一处理器的四个核组上,开发者可以使用 MPI 或 OpenMP 实现并行;而在核组的内部,则开发者可以使用 openACC 或 Athread 实现并行。

申威处理器的主核程序与通用 CPU 程序相同,区别主要体现在实现计算加速的从核程序上。开发者在编写从核程序时可以使用申威专有的 Athread 编程接口或通用编程接口 OpenACC。4.4 节将介绍 Athread 编程,而基于申威处理器的 OpenACC 编程将在 4.5 节介绍。

4.4.2 Hello World 程序:Athread 程序的基本形态

Athread 版的 Hello World 程序如代码清单 4-22 所示。

代码清单 4-22 Athread 版本的 Hello World 程序。

```
// 源文件 hello_master.c
1    #include <stdio.h>
2    #include <stdlib.h>
3    #include <athread.h>
4
5    extern void slave_spe_hello();
6    int main(int argc, char *argv)
7    {
8        athread_init();      /*Athread 初始化 */
9        athread_spawn(spe_hello, NULL); /* 生成从核线程 */
10       athread_join(); /* 等待从核线程结束 */
11       athread_halt(); /* 关闭从核核组 */
12       exit(EXIT_SUCCESS);
13   }
// 源文件 hello_slave.c
1    #include <slave.h>
2    void spe_hello()
3    {
4        printf("Hello world!\n");
5    }
```

该程序包含 2 个源程序文件:hello_master.c 和 hello_slave.c,分别针对申威处理器的主核与从核,这两个程序分别使用了头文件 athread.h 和 slave.h。

主核程序 hello_master.c 的主函数 main() 首先调用 athread_init() 初始化 Athread,之后使用 athread_spawn() 启动多个 Athread 线程,每个线程执行函数 spe_hello(),该函数被定义在另一个源程序文件 hello_slave.c 中。

关于从核线程函数 spe_hello( ) 这里还有一点需要说明。主核程序在定义该函数原型时（第 5 行），函数名称前面额外添加了前缀 slave_，即该函数实际名称为 spe_hello( )。在从核程序中定义该函数及在主核程序中调用该函数均使用 spe_hello( ) 这一名称，但主核程序中定义该函数的原型时需添加前缀，即 slave_spe_hello( )，用于标识该外部函数是一个从核函数，这与 CUDA 程序在设备端函数前添加修饰符 __global__ 的做法有相似之处。

athread_spawn( ) 启动的 Athread 线程将在申威处理器的从核上运行，每个线程将显示一条信息（见从核程序 hello_slave.c 的第 4 行），然后退出。从程序中还可以看到，启动从核线程的 athread_spawn( ) 有两个参数：第一个参数为从核线程函数名；第二个参数被置为 NULL，该参数是传递给从核线程函数的参数指针。此外，使用 athread_spawn( ) 启动 Athread 线程时没有显式地指定线程个数，具体的线程个数在启动程序时由参数指定。

主核程序在调用 athread_spawn( ) 启动多个从核线程后，主核程序将继续执行。该程序调用 athread_join( ) 等待从核线程结束，之后调用 athread_halt( ) 关闭从核核组，最后结束程序。

Athread 程序的编译方法与普通的 C 语言程序类似，区别在于其需要开发者使用不同的编译选项分别对主核程序和从核程序进行编译，之后再进行连接操作生成可执行文件。

对上述两个源程序进行编译和连接的命令如下。

```
$ sw5cc -host -O2 -c hello_master.c -o hello_master.o
$ sw5cc -slave -O2 -c hello_slave.c -o hello_slave.o
$ sw5cc -hybrid -O2 hello_master.o hello_slave.o -o hello
```

上述编译命令使用了相同的编译程序 sw5cc。在编译主核程序 hello_master.c 时使用了参数 "-host"；在编译从核程序 hello_slave.c 时使用了参数 "-slave"；在两个源程序被编译完成后，还需使用参数 "-hybrid" 连接两个 .o 目标程序文件，进而生成可执行程序 hello。

程序编译连接完成后，如要运行，需通过神威高性能计算机的集群管理系统提交作业。提交作业的命令如下。

```
$ bsub -I -b -q q_sw_expr -n 1 -cgsp 64 -share_size 4096 ./hello
```

上述命令指定 hello 程序使用 1 个核组（参数 "-n 1"），同时指定核组中启用的从核数为 64（参数 "-cgsp 64"），也就意味着将启动 64 个从核线程。

程序的执行结果如下。

```
Job <52198814> has been submitted to queue <q_sw_expr>
some node is sleeping, waiting for dispatch ...
dispatching ...
Hello world!
Hello world!
Hello world!
... 此处省略部分输出 ...
Hello world!
Job 52198814 has been finished.
```

需要说明的是，由于 64 个从核线程都将显示信息，故输出的文字可能会出现混合的情况。

4.4.3 Athread 变量的局部存储空间属性

申威处理器的从核组有一个片上集成的局部存储器，其可以由从核线程直接访问。为了支持程序访问该存储空间，除了引入动态内存管理机制（类似于 C 语言程序的 malloc( ) 和 free( )）外，还提供了静态内存管理机制，并引入了相应的关键字。

表 4-15 给出了 Athread 支持的三种局部存储空间属性关键字。

表 4-15　Athread 局部存储空间属性关键字

存储空间属性关键字	含　义
__thread_local	该关键字修饰的数据对象将被存放在片上局部存储空间
__thread_fix	该关键字修饰的数据对象将常驻片上局部存储空间，与程序的生命周期相同
__thread_local_kernel（kernel_name）	该关键字修饰的数据对象将被放在片上局部存储空间的重用空间内，该重用空间名为 kernel_name，重用空间名相同的变量将共享同一块片上存储空间

在定义变量时使用上述修饰符可以将变量存放在从核的局部存储空间，以供从核线程访问。在实际应用中，比较常用的是 __thread_local 关键字。需要说明的是，由于从核的局部存储器容量有限，开发者需要仔细规划对该存储空间的使用需求。

4.4.4 Athread 主 – 从核编程接口

Athread 的主 – 从核编程接口是以加速线程库的形式实现的，它使开发者能够方便地控制申威处理器核组内的线程和相关资源。Athread 加速线程库分为两部分，分别供主核程序和从核程序使用。受篇幅所限，这里只介绍实际应用中常用的编程接口，这些接口可以满足绝大多数的程序开发需求。更进一步的信息请读者参阅神威高性能计算机编程手册。

1. 主核接口函数

首先介绍加速线程库的主核部分。这部分接口函数供主核程序调用，主要用于 Athread 加速线程库的初始化和清理，以及从核线程的创建与回收等。

加速线程库常用的主核接口函数如表 4-16 所示。

表 4-16　加速线程库常用的主核接口函数

序号	函　数　名　称	功　　能
1	athread_init( )	Athread 初始化
2	athread_spawn( )	启动从核线程组
3	athread_join( )	等待从核线程执行完毕
4	athread_halt( )	关闭从核组

主核接口函数供主核程序调用，下面对这些函数的功能进行说明。

1）int athread_init( )

该函数负责完成加速线程库的初始化，在使用加速库中的任何函数之前，必须完成该函数的调用。

当该函数返回值为 0 时，表示加速线程库初始化成功，否则表示初始化失败。

2）int athread_spawn( )

该函数定义如下。

```
int athread_spawn( start_routine fpc,
                   void *arg );
```

函数将在从核组上启动 fpc 指定的从核函数，从核函数需要的参数可以使用结构体进行打包，然后将相应的结构体指针传递给 arg 参数。该函数将启动核组中的所有可用计算核心资源。主核调用该函数后将立即返回，之后主核程序将与从核程序并行执行。

当该函数返回值为 0 时，表示函数调用成功，否则代表线程组创建失败。

3）int athread_join( )

该函数将显式地阻塞主核程序，等待从核线程组执行完毕，之后主核程序将继续执行。

当该函数的返回值为 0 时，表示函数调用成功，否则表示核组内无从核线程执行。

4）int athread_halt( )

在确定程序不再使用从核组后，可以调用该函数。该函数将停止从核组的流水线，并关闭从核组。一旦从核组关闭，本程序在后续执行中将无法再次使用该核组。

正常情况下，该函数返回 0，如果返回非 0 值则表示无法正常关闭从核资源。

2. 从核接口函数

接下来介绍 Athread 加速线程库的从核部分。这部分接口函数供从核程序调用，用于在从核程序中查询从核线程信息，以及完成从核局部存储器与主存之间的数据传输等功能。

加速线程库常用的从核接口函数如表 4-17 所示。

表 4-17　加速线程库常用的从核接口函数

序号	函 数 名 称	功　能
1	athread_get_id( )	获取从核逻辑标识号
2	athread_get( )	主存→局部存储器，即使用 DMA 将数据从主存传输到片上局部存储空间
3	athread_put( )	局部存储器→主存，即使用 DMA 将数据从片上局部存储空间传输到主存
4	athread_syn( )	核组内从核线程同步
5	get_allocatable_size( )	获取当前局部存储上可分配的空间大小
6	ldm_malloc( )	局部存储空间申请
7	ldm_free( )	局部存储空间释放

从核函数供从核程序调用，下面对这些函数的功能进行说明。

1）int athread_get_id( )

该函数定义如下。

```
int athread_get_id( int core );
```

该函数用于获取本地线程的逻辑标识号，传入的参数 core 指定为 −1。

如果该函数执行成功，则会返回相应的线程逻辑 ID，取值范围为 0~63；如果返回其他值，则表示函数执行失败。

core 除了被指定为 −1 外，还可以指定为其他参数，其他参数在实践中用处不大，故不再介绍。

2）int athread_get( )

该函数完成数据从主存→从核局部存储器的传输，共有 8 个参数，定义如下。

```
int athread_get( dma_mode mode,
                 void *src,
                 void *dest,
                 int len,
                 void *reply,
                 char mask,
                 int stride,
                 int bsize
                 );
```

函数 athread_get( ) 将指定字节数（len）的数据从主存（src）传输到从核的局部存储器（dest）中；传输的模式由 mode 指定；如果模式是广播模式或广播行模式，那么还要进行屏蔽寄存器配置（mask）；该函数在调用后会立即返回，数据的传输过程由 DMA 引擎管理；该函数在执行成功时返回 0。

该函数的各参数说明如下。

（1）mode：用于指定数据的传输模式，可取的值包括 PE_MODE、BCAST_MODE、ROW_MODE、BROW_MODE、RANK_MODE。在实践中，最常用的是 PE_MODE 模式，该模式为单点模式，数据将只传输到调用 athread_get( ) 函数的从核局部存储器上。关于其他模式的使用则请读者参考编译器手册。

（2）src：主存上待传输数据的首地址。

（3）dest：数据将要写入从核局部存储器的首地址。

（4）len：待传输数据的字节数。

（5）reply：DMA 传输回答字，指定数据传输完毕后，会将 reply 的值增加 1。

（6）mask：一般被设置为 0，仅用于广播模式 BCAST_MODE 和广播行模式 BROW_MODE，作用是指定核组中某一行是否要接收数据，采用 bit 码的方式设定，共可设定 8 行。

（7）stride：跨步传输时，该参数指定主存的跨步大小（单位：字节）；非跨步传输时，该参数设为 0。

（8）bsize：跨步传输时，该参数指定每次 DMA 传输的数据块大小；非跨步传输时，该参数设为 0。

代码清单 4-23 给出了该函数的示例代码。

代码清单 4-23　函数 athread_get( ) 的示例代码。

```
1    __thread_local int ldm_a[64];  // 局部存储区
2    extern int mem_a[64];
3    void spe_func()
4    {
5        volatile int reply = 0;
6        athread_get( PE_MODE, mem_a, ldm_a,
7                     64*sizeof(int), &reply, 0, 0, 0 );
8        while (reply != 1);
9    }
```

3）int athread_put( )

该函数实现与 athread_get( ) 反方向的数据传输，即完成从核局部存储器→主存的数据传输。

该函数有 7 个参数，与函数 athread_get( ) 的 8 个参数相比，少了一个参数 mask。函数定义如下。

```
int athread_put( dma_mode mode,        // 传输模式
                 void *src,            // 从核上局部存储器中待传输数据缓冲区指针
                 void *dest,           // 存入主存的缓冲区指针
                 int len,              // 要传输的字节数
                 void *reply,          // DMA 传输回答字，传输完毕后，reply 值加 1
                 int stride,           // 主存的跨步大小，单位：字节
                 int bsize             // 对跨步传输：表示 DMA 传输每个数据块大小
                                       // 对行集合模式：表示每个从核的数据粒度大小
                 );
```

函数 athread_put( ) 将指定字节数（len）的数据从核局部存储器（src）传输到主存（dest）中；传输的模式由 mode 指定；函数的其他参数与 athread_get( ) 函数类似，此处不再赘述。值得指出的是，该函数不支持广播模式和广播行模式，因此不再需要参数 mask。

代码清单 4-24 给出了该函数的示例代码。

代码清单 4-24　函数 athread_put( ) 的示例代码。

```
1    __thread_local int ldm_a[64];  // 局部存储区
2    extern int mem_a[64];
3    void spe_func()
4    {
5       volatile int reply = 0;
6       athread_put(PE_MODE, ldm_a, mem_a, 64*sizeof(int),&reply, 0,0);
7       while (reply != 1);
8    }
```

4）int athread_syn（scope scp, int mask）

该函数进行核组内的从核同步控制，定义如下。

```
int athread_syn( scope scp,        // 同步范围
                 int mask          // 同步屏蔽码
                 );
```

该函数共有 2 个参数，其中参数 scp 用于指定同步的范围，scope 的取值范围及其含义如表 4-18 所示；参数 mask 是同步屏蔽码；该函数在执行成功时返回 0。

表 4-18　scope 的取值范围及其含义

scope	功 能 定 义
ROW_SCOPE	行同步，mask 的低 8 位有效
COL_SCOPE	列同步，mask 的低 8 位有效
ARRAY_SCOPE	全核组同步，低 16 位有效，其中 16 位中的低 8 位为列屏蔽码，高 8 位为行屏蔽码

5）int get_allocatable_size（void）

该函数用于获取当前可动态分配的局部存储空间大小。程序可通过该函数判断从核局部存储器的剩余空间能否满足下一次动态分配请求。

6）void *ldm_malloc（size_t size）

该函数相当于从核版的 malloc( )，用于动态申请从核局部存储空间。参数 size 指定待申请空间的大小。该函数在执行成功时返回对应局部存储空间的首地址，否则将返回 NULL。

7）void ldm_free（void *addr, size_t size）

该函数用于释放之前申请的局部存储空间。参数 addr 表示待释放的局部存储空间首地址，size 则表示释放空间的大小，一般与 ldm_malloc( ) 函数指定的大小相同。

4.4.5 Athread 寄存器通信

如前文所述,申威处理器同一核组内的从核之间还支持寄存器通信。以 SW26010 为例,每个从核有 4 个行发送缓冲、4 个列发送缓冲和 6 个行列共享的接收缓冲,缓冲中每一项的数据大小为 256b。但是从核间的寄存器通信有着如下限制。

（1）寄存器通信只能发生在位置处于相同行或者相同列的从核之间。

（2）当接收缓冲为空时,调用寄存器接收指令的从核将会停止,等待数据到来。

（3）当发送缓冲为满时,调用寄存器发送指令的从核将会停止,等待发送缓冲中的数据发送出去。

寄存器通信函数指令格式及其功能见表 4-19。

表 4-19　寄存器通信函数指令格式及其功能

指 令	寄存器格式操作码	立即数格式操作码	描 述
getr Va	0x2d.00	---	读行通信缓冲
getc Va	0x2d.01	---	读列通信缓冲
putr Va, Rb/#dest	0x2d.02	0x2d.12	向同行目标从核送数
putc Va, Rb/#dest	0x2d.03	0x2d.13	向同列目标从核送数

其中,通信缓冲是一个 FIFO（first-in first-out）的缓冲,并且具有读后清属性。putr/putc 操作中 Rb 的低四位有效,其中 Rb[3] 位为通信类型,为 1 表示广播操作,并忽略 Rb[2:0] 位;为 0 表示点对点操作,Rb[2:0] 位用来指定目标运算核心号。

为了便于在 C/C++ 程序中使用寄存器通信指令,开发者可以将这些指令封装成宏（macro）的形式。代码清单 4-25 给出了封装出的宏,共有四个,包括 LONG_PUTR、LONG_GETR、LONG_PUTC、LONG_GETC。

代码清单 4-25　寄存器指令的宏封装。

```
1    // 向同行目标从核送数
2    #define LONG_PUTR(var, dest) \
3    asm volatile ("putr %0, %1\n"::"r"(var), "r"(dest):"memory")
4    // 读行通信缓冲
5    #define LONG_GETR(var) \
```

```
6    asm volatile ("getr %0\n":"=r"(var)::"memory")
7    // 向同列目标从核送数
8    #define LONG_PUTC(var, dest) \
9    asm volatile ("putc %0, %1\n"::"r"(var), "r"(dest):"memory")
10   // 读列通信缓冲
11   #define LONG_GETC(var) \
12   asm volatile ("getc %0\n":"=r"(var)::"memory")
```

4.4.6 Athread 版的 Cannon 并行矩阵相乘

下面给出一个 Athread 并行程序示例，如代码清单 4-26 所示。该程序可以在申威处理器上完成 Cannon 并行矩阵相乘，为提高性能，程序使用寄存器通信完成子矩阵的移动。Cannon 算法是一种矩阵相乘算法，主要用于在内存空间受限的场景下完成大规模矩阵相乘，第 6 章中将介绍该算法。

代码清单 4-26　Athread 版的 Canon 并行矩阵相乘程序。

```
1    /*************** 主核程序 matrix_mul_mpe.c ****************/
2    #include <stdio.h>
3    #include <stdlib.h>
4    #include <athread.h>
5
6    #define N 256                    // 矩阵维数
7    double matrix_a[N][N];           // 输入矩阵 A( 对应矩阵乘法数学公式中的 A, 后同 )
8    double matrix_b[N][N];           // 输入矩阵 B
9
10   // 从核矩阵相乘程序
11   extern void slave_matrix_mul_spe();
12
13   int main(int argc, char *argv[])
14   {   double result_parallel[N][N];
15       int i, j, k;
16
17       /* 初始化输入矩阵 matrix_a 和 matrix_b */
18       ...
19       athread_init();
20       // 从核计算
21       athread_spawn( matrix_mul_spe, result_parallel );
22       athread_join();
23       athread_halt();
24
25       exit(EXIT_SUCCESS);
26   }
27
28   /*************** 从核程序 matrix_mul_spe.c ****************/
29   #include <slave.h>
30   #include <string.h>
31   #include <simd.h>
32
```

```
33    #define COL(x) ((x) & 0x07)
34    #define ROW(x) (((x) & 0x3F) >> 3)
35
36    /*************** 寄存器通信宏函数 ***********************/
37    // 向同行目标从核送数
38    #define LONG_PUTR(var, dest) \
39    asm volatile ("putr %0, %1\n"::"r"(var),"r"(dest):"memory")
40    // 读行通信缓冲
41    #define LONG_GETR(var) \
42    asm volatile ("getr %0\n":"=r"(var)::"memory")
43    // 向同列目标从核送数
44    #define LONG_PUTC(var, dest) \
45    asm volatile ("putc %0, %1\n"::"r"(var), "r"(dest):"memory")
46    // 读列通信缓冲
47    #define LONG_GETC(var) \
48    asm volatile ("getc %0\n":"=r"(var)::"memory")
49    /********** 寄存器通信宏函数结束 *******************/
50    #define N 256        // 矩阵维数
51    #define CORE_ROW_SIZE 8    // 从核矩阵一行从核数量
52    #define CORE_COL_SIZE 8    // 从核矩阵一列从核数量
53
54    double matrix_a[N][N];    // 输入矩阵 A
55    double matrix_b[N][N];    // 输入矩阵 B
56
57    __thread_local double
      local_matrix_a[N/CORE_COL_SIZE][N/CORE_ROW_SIZE];
58    __thread_local double
      local_matrix_b[N/CORE_COL_SIZE][N/CORE_ROW_SIZE];
59    __thread_local double
      local_result[N/CORE_COL_SIZE][N/CORE_ROW_SIZE];
60
61    // 加载数据到从核局部存储器 ldm
62    void load_data_to_ldm(int row, int col)
63    {    int i;
64        volatile int reply = 0;
65        // 待加载数据起始位置
66        int row_index_start = row * N/CORE_COL_SIZE;
67        int col_index_start = col * N/CORE_ROW_SIZE;
68
69        for (i = 0; i < N/CORE_COL_SIZE; i++)
70        {
71            athread_get(PE_MODE,
72                        &matrix_a[row_index_start+i][col_index_start],
73                        &local_matrix_a[i][0],
74                        sizeof(double)*N/CORE_ROW_SIZE,
75                        &reply,
76                        0, 0, 0);
77            athread_get(PE_MODE,
78                        &matrix_b[row_index_start+i][col_index_start],
79                        &local_matrix_b[i][0],
```

```
80                       sizeof(double)*N/CORE_ROW_SIZE,
81                       &reply,
82                       0, 0, 0);
83        }
84        // 等待数据传输完成
85        while (reply != 2*N/CORE_COL_SIZE);
86    }
87
88    // 同行从核数据传送
89    void core_row_send(int dest, double *src, double *dst, int len)
90    {   int i;
91        for (i = 0; i < len; i+=4)
92        {
93            LONG_PUTR(*(int256 *)&src[i], dest);
94            LONG_GETR(*(int256 *)&dst[i]);
95        }
96    }
97
98    // 同列从核数据传送
99    void core_col_send(int dest, double *src, double *dst, int len)
100   {   int i;
101       for (i = 0; i < len; i+=4)
102       {
103           LONG_PUTC(*(int256 *)&src[i], dest);
104           LONG_GETC(*(int256 *)&dst[i]);
105       }
106   }
107
108   // 初始对齐
109   void init_alignment(int row, int col)
110   {
111       // matrix_a 行对准
112       if (row != 0)
113           core_row_send((col+CORE_ROW_SIZE-row)%CORE_ROW_SIZE,
114                         local_matrix_a,
115                         local_matrix_a,
116                         N*N/(CORE_ROW_SIZE*CORE_ROW_SIZE));
117       athread_syn(ARRAY_SCOPE, 0xFFFF);
118       // matrix_b 列对准
119       if (col != 0)
120           core_col_send((row+CORE_COL_SIZE-col)%CORE_COL_SIZE,
121                         local_matrix_b,
122                         local_matrix_b,
123                         N*N/(CORE_ROW_SIZE*CORE_ROW_SIZE));
124   }
125
126   // Cannon 算法
127   void canon_matrix_mul(int row, int col)
128   {   int step;
129       int i, j, k;
```

```
130
131        for (step = 0; step < CORE_ROW_SIZE; step++)
132        {    // 子矩阵运算
133            for (i = 0; i < N/CORE_COL_SIZE; i++)
134                for (j = 0; j < N/CORE_ROW_SIZE; j++)
135                    for (k = 0; k < N/CORE_COL_SIZE; k++)
136                        local_result[i][j] += local_matrix_a[i][k] *
137                                              local_matrix_b[k][j];
138            // 子矩阵 matrix_a 左移一位
139            core_row_send((col+CORE_ROW_SIZE-1)%CORE_ROW_SIZE,
140                          local_matrix_a,
141                          local_matrix_a,
142                          N*N/(CORE_ROW_SIZE*CORE_ROW_SIZE));
143            // 子矩阵 matrix_b 上移一位
144            core_col_send((row+CORE_COL_SIZE-1)%CORE_COL_SIZE,
145                          local_matrix_b,
146                          local_matrix_b,
147                          N*N/(CORE_ROW_SIZE*CORE_ROW_SIZE));
148        }
149    }
150
151    // 结果写回主存
152    void store_result_to_mem(int row, int col, double result[N][N])
153    {    int i;
154        volatile int reply = 0;
155        // 待写回数据起始位置
156        int row_index_start = row * N/CORE_COL_SIZE;
157        int col_index_start = col * N/CORE_ROW_SIZE;
158
159        for (i = 0; i < N/CORE_COL_SIZE; i++)
160            athread_put(PE_MODE,
161                        &local_result[i][0],
162                        &result[row_index_start+i][col_index_start],
163                        sizeof(double)*N/CORE_ROW_SIZE,
164                        &reply,
165                        0, 0);
166        // 等待传输完成
167        while (reply != N/CORE_COL_SIZE);
168    }
169
170    void matrix_mul_spe(double *result)
171    {    int core_id = athread_get_id(-1);
172        int core_row = ROW(core_id);
173        int core_col = COL(core_id);
174
175        memset(local_result, 0,
176               sizeof(double)*N*N/(CORE_ROW_SIZE*CORE_ROW_SIZE));
177        // 加载从核划分得到的数据
178        load_data_to_ldm(core_row, core_col);
179        // 初始对齐
```

```
180        init_alignment(core_row, core_col);
181        // 计算过程
182        canon_matrix_mul(core_row, core_col);
183        // 结果写回
184        store_result_to_mem(core_row, core_col, result);
185
186        return;
187    }
```

◆ 4.5　OpenACC 编程

本节介绍另一种通用的异构系统编程接口——OpenACC。在介绍 OpenACC 编程方法的基础上，还将介绍申威处理器上的 OpenACC 编程实现。

4.5.1　OpenACC 概述

OpenACC 是另一种面向异构系统的通用编程接口，它的实现方式与第 2 章介绍的 OpenMP 有相似之处，也是通过编译指令（directive）的方式引入并行性。事实上，OpenACC 使用的编译指令是"#pragma acc"。因此，熟悉 OpenMP 编程的读者在学习 OpenACC 时会感觉很亲切。

与 OpenCL 一样，OpenACC 也是独立于厂商硬件的编程标准，其支持 x86、GPU、申威处理器、ARM、FPGA 等多种平台，目前已经有多个厂商在自己的硬件平台上支持 OpenACC，支持的编程语言包括 C/C++ 和 FORTRAN。

4.5.2　OpenACC 语法

OpenACC 本身并不是一种编程语言，它是编译命令、运行库及环境变量的集合。OpenACC 编译命令按照以下方式来设置。

```
#pragma acc <directive> [clause]
```

其中，directive 是编译命令，用于告诉编译器该做什么，之后是一个或多个子句提供进一步的信息。OpenACC 编译指令及其后面紧跟的语句、循环或者结构代码块共同形成了一个 OpenACC 构造（construct）。

OpenACC 的编译指令主要包括**计算命令**和**数据管理命令**。计算命令可以标记一个代码块，当 OpenACC 编译器遇到该代码块时，将对这块代码进行加速处理。数据管理命令可以避免一些不必要的数据迁移操作，而这些操作往往会发生于仅使用计算命令的情况下。当需要显式地等待一个或所有的并发任务时，可以使用同步命令。

首先，介绍 OpenACC 编译命令中的计算命令。

1. kernels 命令

kernels 命令用于定义 kernels 构造，它将程序中的一段代码区域定义为可在设备上运行的一个核函数序列。

kernels 命令的语法定义如下。

```
#pragma acc kernels
    structured block
```

编译器会将结构块中的代码拆分成一个加速器上运行的核函数序列。例如，将一个循环体中的每次循环拆分成一个核函数。当程序执行遇到 kernels 构造时，将会在设备上按序启动核函数序列。每个核函数的工作线程数及向量长度可能不同。

代码清单 4-27 给出了一个使用 kernels 命令的程序示例。

代码清单 **4-27** OpenACC 的 kernels 命令使用示例。

```
1   int a[m][n], b[m]m[n], c[m][n];
2
3   #pragma acc kernels
4   for ( int i = 0; j < m; i++ )
5   {
6       for ( int j = 0; j < n; j++)
7       {
8           c[i][j] = a[i][j] + b[i][j];
9           a[i][j] = c[i][j] + 5;
10      }
11  }
```

2. parallel 命令

parallel 命令用于定义 parallel 构造，其功能是在设备上启动并行执行。

parallel 命令的语法定义如下。

```
#pragma acc parallel
    structured block
```

当程序执行遇到 parallel 构造时，其将在设备端创建一组或多组工作线程（gangs of workers）以执行加速器并行区域。工作线程的组数、每组中的工作线程数、每个工作线程内的向量宽度在并行区域内保持不变。每个线程都将执行结构块中的代码，除了其中的 loop 构造会按工作共享方式执行外，其他的代码都会被每个线程重复执行。

代码清单 4-28 给出了一段使用 parallel 构造的程序示例。

代码清单 **4-28** OpenACC 的 parallel 命令使用示例。

```
1   int a[m][n], b[m]m[n], c[m][n];
2
3   #pragma acc parallel
4   for ( int i=0; j < m; i++)
5       for(int j = 0; j < n; j++)
6       {
7           c[i][j] = a[i][j] + b[i][j];
8           a[i][j] = c[i][j] + 5;
9       }
```

需要说明的是，上述示例程序在执行时将生成多个线程，每个线程都将执行后面的两重循环。如果开发者希望将循环拆分成多段，然后分配给多个线程并行执行，则需要使用 loop 命令。

3. loop 命令

loop 命令用于定义 loop 构造。在 parallel 构造内部，loop 构造将告诉编译器该循环是独立的，不会修改其他循环所使用的数据，从而使所有的循环可以并行执行。当使用 kernels 构造时，如果编译器在编译时无法确定循环中是否存在数据依赖，则可以使用 loop 构造告诉编译器该循环是独立的。另外，可以使用 seq 子句告诉编译器依顺序的方式执行此循环。

loop 命令的具体使用方法如代码清单 4-29 所示。

代码清单 4-29　OpenACC 的 loop 命令使用示例。

```
1    int a[m][n], b[m]m[n], c[m][n];
2
3    #pragma acc parallel
4    #pragma acc loop
5    for ( int i = 0; j < m; i++ )
6    {
7        for(int j = 0; j < n; j++)
8            c[i][j] = a[i][j] + b[i][j];
9    }
```

4. routine 命令

routine 命令可以用于函数定义与函数声明，对可以并行执行的函数进行标记。实际的编程过程中程序往往需要调用多个函数，而不是仅调用一个简单函数或者循环，这时开发者可以使用 routine 命令自定义可并行的函数。

routine 命令的使用方法如代码清单 4-30 所示。

代码清单 4-30　OpenACC 的 routine 命令使用示例。

```
1    #pragma acc routine
2    extern void VecMul( int *a, int *b, int *c, int n );
3
4    #pragma acc routine(VecMul)
5    #pragma acc routine
6    void VecMul( int *a, int *b, int *c, int n )
7    {
8        for ( int i = 0; i < n; j++ )
9            c[i] = a[i] + b[i];
10   }
```

以上是常用的计算命令。在介绍数据命令之前，需要先说明两个与数据对象有关的重要概念：**数据区域**和**数据生命周期**。数据区域是一个结构化的动态范围，这个结构块与隐式或显式数据构造相关联。数据生命周期从对象首次在设备上可用时开始，一直到对象在设备上不可用时结束。

接下来介绍数据命令。数据命令分为两类：结构化数据命令及非结构化数据命令。在数据生命周期开始和结束时，可以使用单个 data 命令以完成结构化数据区域的定义，如代码清单 4-31 所示。

代码清单 **4-31** OpenACC 的结构化数据定义示例。

```
1    #pragma acc data copy(A)
2    {
3
4        // 使用数据 A
5
6    }
```

在以上代码中，数据 A 的生命周期从左花括号 "{" 开始，到右花括号 "}" 结束。

非结构化数据区域通过 enter-exit 命令对来定义数据的边界。程序使用 enter data 命令定义数据生命周期的开始，即在设备端为变量分配内存，同时还可以用子句定义是否从主机端内存复制数据到设备端；当数据不再使用时，用 exit data 命令定义数据生命周期的结束，即在设备端释放变量内存，同时还可以用子句定义是否从设备端内存复制数据到主机端。

代码清单 4-32 给出了一段使用 enter-exit 命令对的示例代码。

代码清单 **4-32** OpenACC 的非结构化数据定义示例。

```
1    void hello( int n )
2    {
3        #pragma acc enter data copyin( array[0:n] )
4    }
5
6    void world(int n)
7    {
8        #pragma acc exit data copyin( array[0:n] )
9    }
```

合理地使用数据命令可以极大地提升程序性能。在实际的编程过程中应当进行充分的考虑及合理的设计以优化程序性能。

另外，OpenACC 还支持使用 wait 命令显式地等待一个或者多个任务。

4.5.3 OpenACC 循环并行性

在 OpenACC 中，循环的并行化既可以用 kernels 命令实现，也可以用 parallel 命令实现。本节将通过一个简单的程序示例对两者进行比较。

假设要将某个矩阵中的所有元素值变为原来的 3 倍，则串行程序段如代码清单 4-33 所示。

代码清单 **4-33** 矩阵变换示例程序段。

```
1    int matrix[M][N];
2
3    for ( int i = 0; i < M; i++ )
```

```
4    {
5        for ( int j = 0; j < N; j++ )
6            matrix[i][j] = matrix[i][j] * 3;
7    }
```

首先使用 kernels 命令对其进行并行化，如代码清单 4-34 所示。

代码清单 4-34　OpenACC 的矩阵变换示例程序（kernels 命令）。

```
1    #pragma acc kernels
2    {
3        for ( int i = 0; i < M; i++ )
4        {
5            for ( int j = 0; j < N; j++ )
6                matrix[i][j] = matrix[i][j] * 3;
7        }
8    }
```

kernels 命令可以实现 for 循环的并行化。接下来使用 parallel 命令，如前所述，parallel 命令需要与 loop 命令配合使用才能实现 for 循环的并行化。示例程序见代码清单 4-35。

代码清单 4-35　OpenACC 的矩阵变换示例程序（parallel 和 loop 命令）。

```
1    #pragma acc parallel loop
2    {
3        for ( int i = 0; i < M; i++ )
4        {
5            for ( int j = 0; j < N; j++ )
6                matrix[i][j] = matrix[i][j] * 3;
7        }
8    }
```

kernels 命令和 parallel 命令均支持循环嵌套。使用 kernels 命令时，kernel 区域内的每一个循环将使用一个单独的核函数依次执行。在使用 parallel 命令时，这些循环是可以同时执行的，因此无法保证代码的正确性（各次循环可能存在依赖关系）。kernels 命令将识别并行性的责任交给编译器，parallel 命令则可以控制编译器在一个区域内并行地执行代码，具体的执行结果取决于编译器如何将并行性映射到硬件。

4.5.4　基于申威处理器的 OpenACC 编程

申威处理器使用的 OpenACC 专门针对该款处理器定制，支持 OpenACC 2.0 语法规则，目的是便捷地使用该处理器的计算核心。申威定制版 OpenACC 支持并行任务管理、异构代码提取及数据传输描述。此外，根据体系结构特点，申威处理器还对原 OpenACC 语法进行了扩展，如对多维数据缓冲进行更好地控制，以及将零散变量打包以便于数据传输等。本节将在前文 OpenACC 编程的基础上介绍申威处理器上的 OpenACC 编程。

1. 申威 OpenACC 的执行模型

图 4-18 给出了申威处理器上的 OpenACC 程序执行模型。根据该执行模型，程序在运算管理核心（主核）的控制下，实现运算管理核心（主核）与计算核心（从核）的协同并

行计算，这与申威处理器专有的 Athread 编程一致。如图 4-18 所示，程序首先在主核上启动并运行，当执行到用户指定的、需要并行计算的区域时，并行计算部分的代码将会被加载到计算核心上执行，具体的过程包括：①在局部存储上申请需要的空间；②将并行部分代码加载到计算核心；③计算核心将需要使用的数据从主存传输到局部存储上预先申请的空间；④计算核心开始执行计算，并将计算结构写入局部存储中；⑤计算核心将结果传输回主存；⑥释放局部存储的数据空间。

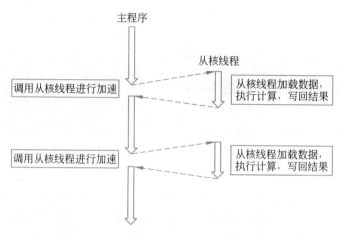

图 4-18 申威处理器上的 OpenACC 程序执行模型

OpenACC 支持三级并行机制：gang、worker、vector，形成线程组、线程、向量三个层次的并行，分别介绍如下。

（1）gang：粗粒度并行，运算管理核心可以启动一定数量的 gang。

（2）worker：细粒度并行，每个 gang 中可以包含多个 worker。

（3）vector：在 worker 内的指令级并行，包括 SIMD 或向量运算操作。

因此，gang、work、vector 三级并行是包含关系，在只有一层循环的情况下可以不用指定，但在多层嵌套循环的情况下，必须要遵守这三者的包含关系。

以 SW26010 处理器为例，在默认情况下，其计算核心阵列中的 64 个核心被组织成 64 个 gang，每个 gang 中包含一个 worker，每个 worker 内实现 vector 并行。gang 和 worker 的积即为实际运行的并行线程数量，但不可以超过 64。通常情况下 gang 和 worker 的数量并不需要指定，此时须按计算核心的个数生成线程，以充分利用硬件资源。

2. 申威 OpenACC 的存储模型

申威处理器采用片上融合异构众核体系架构，运算管理核心和计算核心阵列均可通过片上集成的内存控制器直接访问内存空间，并且每个核心都具有私有的片上高速局部存储，计算过程中需要加载到局部存储的数据由计算核心控制传输。OpenACC 支持的存储模型如图 4-19 所示。

图中虚线框内为计算核心能够访问的存储空间，包含三个部分。

（1）**运算控制核心数据空间**：这部分空间位于主存，且对运算控制核心和计算核心可见，计算核心可以直接访问这部分空间，对所有计算核心线程来说该数据空间是共享的。通常程序在串行计算区域中定义的变量会放在此空间中。

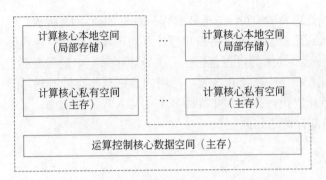

图 4-19　申威处理器上的 OpenACC 存储模型

（2）**计算核心私有数据空间**：这部分空间位于主存，是每个计算核心的私有空间，程序中使用 private、firstprivate 子句修饰的变量将放在此空间内。

（3）**计算核心本地空间**：这部分空间位于计算核心局部存储空间，在三种空间中，该空间的访问性能是最高的。程序中使用 local、copy 等子句修饰的变量将被放置到该空间中。

3. 编译和运行 OpenACC 程序

OpenACC 程序需要使用 SWACC 编译系统进行编译。目前 SWACC 编译系统支持 C/C++ 和 FORTRAN 语言。需要注意的是，目前计算核心（从核）程序不支持 C++，因此加速部分的代码不能使用 C++。

下面以一个简单的示例程序介绍如何使用 SWACC 编译系统编译 OpenACC 程序。

代码清单 4-36　申威处理器的 OpenACC 版 Hello world 程序。

```
1    #include <stdio.h>
2    int main()
3    {
4        #pragma acc parallel
5        {
6            printf("Hello World!\n");
7        }
8        return 0;
9    }
```

将上述示例程序保存为源文件 hello.c, 运行下面的命令进行编译。

```
$ swacc hello.c
```

SWACC 编译系统将会把程序中指定加速的部分封装为加速器任务，并以最佳的方式映射到加速器设备上运行，默认生成可执行文件 a.out。

同时，SWACC 编译系统在编译时还会执行一系列的分析，包括变量私有化分析、数组分布性分析、设备内存空间优化分析，并在编译时给出相应的优化建议，用户可根据这些优化建议对程序进一步优化。

在"神威·太湖之光"高性能计算机上，提交运行命令如下。

```
$ bsub -I -b -q q_sw_expr -n 1 -cgsp 64 ./a.out
```

其中，bsub 用于在系统中提交作业，"-q"指定提交作业使用的队列名，"-n 1"指定该程序由一个运算控制核心（主核）运行，"-cgsp"指定该程序使用的计算核心数（从核）。

示例程序的输出如下。

```
Job <52223364> has been submitted to queue <q_sw_expr>
waiting for dispatch ...
dispatching ...
hello
hello
... 此处省略部分输出
hello
hello
Job 52223364 has been finished.
```

4. 申威 OpenACC 编译命令和子句

下面介绍 OpenACC 编译命令的语法，在 C/C++ 程序中，使用 #pragma 表示 OpenACC 编译命令。对于不支持或关闭了 OpenACC 支持的编译器，这些编译命令将会被编译器忽略，并编译生成仅在运算管理核心上运行的可执行文件。

申威 OpenACC 编译命令语法与标准 OpenACC 相同，格式如下。

```
#pragma acc <directive> [clause]
```

申威 OpenACC 的特有之处在于其扩展的编译命令和子句，可分为七类，如表 4-20 所示。

表 4-20 申威 OpenACC 的主要命令和子句

序 号	功 能 类 别	命令和子句
1	加速计算区	parallel 命令
2	加速数据区	data 命令
3	循环映射	loop 命令
4	数据属性	cache 子句
		local 子句
		private 子句
		firstprivate 子句
		reduction 子句
5	数据复制与打包	copy 子句
		copyin 子句
		copyout 子句
		pack 子句
		packin 子句
		packout 子句
		swap 子句
		swapin 子句
		swapout 子句

续表

序　号	功 能 类 别	命令和子句
6	原子操作	atomic 子句
7	其他	routine 命令
		wait 子句
		annotate 子句

下面介绍这些命令和子句。

1）数据打包子句 pack/packin/packout

在进行主存和从核局部存储之间的数据传输时，对分散变量逐个传输的效率要低于批量传输效率。因此，将分散的变量打包后传输可以减少数据传输的开销。

数据打包子句如下。

```
pack( 变量列表 [, at data index])
packin( 变量列表 [, at data index])
packout( 变量列表 [, at data index])
```

（1）pack 先打包数据，然后将数据传输到从核的片上局部存储空间中，等待从核上的计算过程结束后，还要将数据传输回主存并解包，将数据写回到原来的位置。

（2）packin 先打包数据，然后将数据传输到从核的片上存储空间中。该子句不会在从核上的计算过程结束后将数据传输回主存，因此通常适用于只读变量。

（3）packout 则是在从核上的计算结束后，将数据传输回主存，之后再解包并将数据写回到原来的位置。一般用于只写变量。

这些子句中的变量列表需要以逗号分隔，支持标量、数组等。

at data index 用于指定打包操作在程序中的位置，其被称为打包点（其中的 index 为常数，与 data 指示的 index（num）中的 num 对应）。如果不指定打包点，则编译器会默认在 data/parallel 的前后分别插入打包和解包的相关子句。同时需要注意的是，数据会在打包点所在的位置打包，此时开发者必须保证打包点和打包语句之间数据没有发生改变，否则会传输旧的数据，导致结果错误。

另外，对于数组类型的变量，这些打包的子句会根据循环划分的方式对数据进行分割，并将分割后的数据分别传输到相应的从核片上局部存储中。但是如果用户使用暗示子句暗示将数据全部复制并输入，则打包语句会将对应的数据完整地复制到每一个从核的片上局部存储空间中。

代码清单 4-37 给出了一个使用数据打包子句的示例程序。

代码清单 4-37　数据打包子句使用示例。

```
1    int A[256];
2    int x, y, z;
3
4    #pragma acc data index(1)
5    {
6      #pragma acc parallel loop packin(x, y, z, at data 1) \
                  copyin(A) reduction(+:t)
```

```
7        for ( i = 0; i < 256; i++ )
8            t += A[x+y*z];
9    }
```

2）数组转置子句 swap/swapin/swapout

对于访问方式不连续的数组，编译器在生成代码时会生成带跨步的数据复制操作，导致性能下降。为此，用户可以用转置编译指示标识这些数组，编译器将数据转置后，就可以通过连续的数组复制操作将数据在主存和从核片上局部存储之间传输，从而提高数据传输性能。

数据转置子句的语法如下。

```
swap( 数组名 (dimension order:,...,...,),...)[at data index])
swapin( 数组名 (dimension order:, ..., ...),...) [at data index])
swapout( 数组名 (dimension order:,...,...),...) [at data index])
```

其从右到左依次是从低维度到高维度。

（1）swap 子句会先将数组转置，之后复制到从核的片上存储空间，待从核计算过程结束后，再传输回主存并转置为原数组。

（2）swapin 子句会先对数组进行转置，然后传输到从核的片上存储空间。该子句不会将数组传输回主存，因此通常用于只读的数组。

（3）swapout 子句则可以将数组访问转换为转置后的数组访问，待从核上计算过程结束后，将数组传输回主存并转置为原数组。该子句一般适用于只写数组。

需要说明的是，转置子句在默认的情况下会按照循环划分的方式对数据进行分割。但是如果用户通过暗示子句指出数据需要全部复制输入，则子句会将对应的数据全部复制到每一个从核的片上存储中。另外，转置操作支持指定转置位置，在这种情况下，转置和反转置子句将被插入指定的 data 标识的代码区域开始处和结束处。转置点的作用是在指定的位置执行转置操作。因此，需要保证在转置点到使用位置之间没有对数据进行修改，否则将导致结果错误。另外，转置功能需要额外的主存空间，需要用户根据实际的内存使用情况自行决定是否使用转置功能。

代码清单 4-38 给出了一个使用转置子句的示例程序。

代码清单 4-38　转置子句使用示例。

```
1    int A[256][256];
2    int x, y, z;
3
4    #pragma acc parallel loop swapin(A(dimension order:1,2)) \
                                reduction(+:t)
5    for (i = 0; i < 256; i++)
6    {
7        for (j = 0; j < 256; j++)
8            t += A[j][i];
9    }
```

3）局部化子句 local

该子句修饰的变量将在从核的片上局部存储中申请空间，相关变量与主存中的同名变量没有关系，修改其中一个并不会影响到与它同名的变量，且 local 变量的初始值是不确定的。

该子句语法如下。

```
local( varlist )
```

varlist 是变量列表，变量之间以逗号分隔，支持标量、数组、子数组。

4）函数命令 routine

该编译指令用于标识加速区域内调用的函数，这样编译器就会自动为这些函数生成能够在从核上运行的版本。

其语法如下。

```
#pragma acc routine
```

5）暗示子句 annotate

暗示子句用于对其他子句或命令进行辅助说明，其是否发挥作用将由编译器根据实际情况决定。

其语法如下。

```
annotate([ 暗示信息 ][; 暗示信息 ])
```

暗示信息可以为以下选项。

```
tilemask(array 1, array2,...)/tilemask(dim1:array, dim2:array,...)
entire(array1, array2,array3,...)
readonly(varlist)
dimension(array1name(dim1, dim2),...)
co_compute
margin_compute
slice(array1 name(access_mode_info),...)
```

其中，比较常用的有 entire、readonly、dimension。

（1）entire 暗示选项：一般用于 parallel 命令的子句，该选项指出需要将数组全部传输到每一个从核的局部存储。

（2）readonly 暗示选项：一般用于 parallel 命令的子句，该选项指出在加速计算的区域中哪些变量或数组是只读的。

（3）dimension 暗示选项：指定指针变量的维度信息，这样指针变量就可以在加速计算区域内以数组的形式被使用。

代码清单 4-39 给出了一个使用暗示子句的示例程序。该程序使用子句 annotate（entire（B））暗示应将数组 B 复制到每个从核局部存储。

代码清单 4-39　暗示子句使用示例。

```
1    int A[256][256];
2    int B[256];
3    int x, y, z;
4
```

```
5      #pragma acc parallel loop copyin(A, B) annotate(entire(B)) reduction(+:t)
6      for ( i = 0; i < 256; i++ )
7      {
8          for (j = 0; j < 256; j++)
9              t += A[i][j]*B[j];
10     }
```

5. 申威 OpenACC 版本的矩阵相乘程序

下面给出一个申威 OpenACC 的程序示例，该程序用于实现基于申威处理器的并行矩阵相乘，具体见代码清单 4-40。

代码清单 4-40 申威 OpenACC 版的矩阵相乘程序。

```
1      #include <stdio.h>
2      #include <stdlib.h>
3
4      #define N 256                    // 矩阵的维数
5      double matrix_a[N][N];           // 输入矩阵 A
6      double matrix_b[N][N];           // 输入矩阵 B
7
8      int main(int argc, char *argv[])
9      {
10         int i, j, k;
11         double result_parallel[N][N];
12
13         // OpenACC 版本计算
14         memset(result_parallel, 0, sizeof(double)*N*N);
15
16         #pragma acc parallel loop local(i, j, k) copyin(matrix_a) \
17            copy(result_parallel) swapin(matrix_b(dimension order: 1, 2))
18         for (i = 0; i < N; i++)
19         {
20            #pragma acc loop tile(2) annotate(tilemask(result_parallel))
21            for (j = 0; j < N; j++)
22              for (k = 0; k < N; k++)
23                  result_parallel[i][j] += matrix_a[i][k]*matrix_b[k][j];
24         }
25         exit(EXIT_SUCCESS);
26     }
```

执行下面的命令进行编译。

```
swacc -O2 matrix_mul_openacc.c -o matrix_mul
```

执行下面命令可以在"神威·太湖之光"上运行该程序。

```
$ bsub -I -b -q q_sw_expr -n 1 -cgsp 64 ./matrix_mul
```

通过比较矩阵相乘的 OpenACC 版程序和 Athread 版程序可以看出，编写申威 OpenACC 程序更简单，程序也更简洁。另一方面，对于较为复杂的算法或程序，Athread 可以进行更加灵活的从核控制，经过优化设计后，也可以获得更高的性能。

◆ 4.6 小 结

本章介绍了异构系统的并行编程。从体系结构角度看，异构系统可以分为片内异构、节点内异构、节点间异构几种。本章重点关注片内异构和节点内异构，其中节点内异构的典型系统就是 CPU–GPU 架构，也就是"通用处理器 + 加速器"结构。本章介绍的异构编程接口多数都属于此类，包括厂商专用的 CUDA 编程接口、通用编程接口 OpenCL 和 OpenACC；而对于片内异构的异构系统，我国自主研发的申威处理器则属于典型实例，本章介绍了其编程接口 Athread。

CUDA 编程接口专门为 NVIDIA GPU 而设计，近年来应用非常广泛。本章首先介绍了 CUDA 的基本概念，从硬件层面讲述了 GPU 实现高性能计算的方法；随后，通过几个程序实例由浅入深介绍了 CUDA C/C++ 的编程方法。用户如果想要通过 CUDA 编程获取更高性能，则必须熟悉 GPU 架构，了解各部件特性，并合理使用它们。另外，在进行 CUDA 程序设计时，要充分考虑数据传输带来的开销。GPU 程序的并行度、访存性能，以及主机端 – 设备端数据传输这些因素都可能影响 GPU 性能的发挥，使程序无法获得预期的性能提升。

本章介绍的第二种编程接口 OpenCL 是一种独立于厂商硬件的加速器通用编程接口。相比于 CUDA 编程，OpenCL 支持的平台更广泛，但随之带来的问题是程序的流程较长，完整的执行流程超过十步。OpenCL 中的许多概念与 CUDA 比较相似，在学习本章时，可以参考之前的章节理解。

申威处理器采用了一种"通用核（主核）+ 加速核（从核）"的片内异构架构，Athread 是专门为这种处理器设计的并行编程接口。由于处理器中的从核并不共享系统主存，且每个从核仅拥有容量有限的局部存储，其很多并行编程机制都是针对这种架构特点而设计的，如变量的属性定义、变量的传输等，这与 CUDA 有一定相似之处。

本章最后介绍了另一种独立于厂商的加速器通用编程接口 OpenACC。循环并行化是 OpenACC 充分利用多核、众核和 GPU 硬件能力的核心功能。在使用 OpenACC 对程序进行加速时，要注意并行的正确性。基于对程序的了解和硬件的充分利用，开发者可以指定将循环映射到硬件上，以进一步提升程序的性能。需要说明的是，申威处理器也支持 OpenACC 编程。

◆ 习 题

1. 寻找可供使用的 CPU–GPU 系统，完成 CUDA 版 Hello World 程序的编译和运行。

2. 简述 CUDA 线程的组织形式。

3. CUDA 中可以使用的变量修饰符有哪几种？定义变量时使用这些不同修饰符的作用分别是什么？

4. CUDA 中可以使用的函数修饰符有哪几种？其作用分别是什么？

5. 用 CUDA 编程实现 $n \times n$ 矩阵与 n 维向量相乘程序，并与 CPU 版的 OpenMP 多线程矩阵－向量相乘程序进行性能比较。

（1）假设 $n=30$，使用一个线程块完成矩阵－向量相乘。

（2）在（1）的程序基础上，假设 $n=8000$，用多个线程块实现矩阵－向量相乘。

6. 用 CUDA 的统一内存空间模式改写上述矩阵－向量相乘程序，并与前述程序性能进行对比。

7. 用 CUDA 编程实现并行扫描（即前缀求和）程序，并与 CPU 串行程序性能进行对比。

8. 完成 OpenCL 版 Hello World 程序的编译和运行。

9. 试对 OpenCL 和 CUDA 的编程要素进行简单对比。

10. 用 OpenCL 改写前述的 CUDA 版 $n \times n$ 矩阵与 n 维向量相乘程序，并在 CPU–GPU 系统中与 CUDA 版程序性能进行比较。

11. 寻找可供使用的申威处理器计算系统，完成 Athread 版 Hello World 程序的编译和运行。

12. 用 Athread 编写 $n \times n$ 矩阵与 n 维向量相乘程序。

13. 用 OpenACC 编写 $n \times n$ 矩阵与 n 维向量相乘程序。

14. 寻找可供使用的 CPU–GPU 集群系统，用 MPI＋CUDA 编程实现两种矩阵规模 8000×8000、12000×12000 下的矩阵相乘 MPI 编程实验，即节点间通过 MPI 实现进程间通信，节点内使用 CUDA 完成矩阵块相乘，并与 CPU 版程序进行性能对比。

第 5 章　并行程序性能优化

前面几章介绍了几种主流的并行编程语言和接口，在掌握基本并行编程知识的基础上，本章将重点讨论常用的并行设计及性能优化方法，即如何使一个并行程序的性能更优、可扩展性更好。这在并行编程中常被称为调优（tuning），其中，狭义的性能调优是指并行程序编写完成后，进一步改进程序以优化其性能；但广义来讲，并行程序的性能优化应当覆盖并行编程的全过程，特别是程序设计初期的算法设计和并行划分，其对程序性能的影响远大于后期的一些局部改进优化，本章将从多个角度讨论这一问题。

◈ 5.1　Amdahl 定律

阿姆达尔（Amdahl）定律是计算机系统设计的重要原理，由 IBM 360 计算机的主要设计者 Gene Amdahl 于 1967 年提出。**该定律的基本思想是：由于系统中某一部件采用更快的执行方式后，整个系统性能的提升取决于这种执行方式的使用频率，或占总执行时间的比例。**

Amdahl 定律原本是设计计算机系统的指导性原则，这里从程序并行化的角度对该定律进行解读。其核心思想是：**设计并行程序或对并行程序进行性能优化时，应优先选取执行频度高，或在程序总执行时间中占比高的部分进行并行化或性能优化。**

根据 Amdahl 定律，一个程序包含两部分：并行部分和串行部分。假设并行部分的执行时间为 T_p，串行部分的执行时间为 T_s，则串行部分执行时间在总执行时间中的占比为

$$f = \frac{T_s}{T_p + T_s} \tag{5-1}$$

当使用 n 个处理器执行该程序时，其并行部分的执行时间可降为原来的 $1/n$，而串行部分的执行时间不受影响。这样，加速比计算公式为

$$S = \frac{1}{f + \frac{(1-f)}{n}} \tag{5-2}$$

根据以上公式，对于给定的处理器个数 n，如果 f 越小，则（$1-f$）越大，

可以获得的加速比也越高。这意味着：**一个程序的并行部分执行时间在总执行时间中占比越高，可以获得的加速比越高。**

图 5-1 给出了不同 f 取值下的加速比曲线。可以看出，f 越小，可以获得的加速比越接近于线性，当 $f=0.1\%$ 时，使用 256 个处理器可以获得超过 200 倍的加速比；而同样使用 256 个处理器，$f=1\%$ 和 $f=5\%$ 可以获得的加速比仅为 72 倍和 18 倍。之所以出现这种现象，是由于**程序中的串行部分拖累了整体的并行加速效果。**

如果从极限角度分析 Amdahl 定律的加速比计算公式（5-2）可以得出，当处理器个数 n 无限增大时，加速比将无限接近于 $1/f$，这实际上设定了加速比的上限值，故可以直观地将其理解为加速比的"天花板"。另一方面，还可以看到，$f=5\%$ 时的加速比上限值为 20 倍，当处理器个数为 32 时，就已经获得 12 倍的加速比，而在处理器个数从 32 增加到 256 后，加速比也仅从 12 倍增加到 18 倍。从这里也可以得出一个启示：**即使 f 较大，通过小规模并行也可以获得较好的加速效果。**

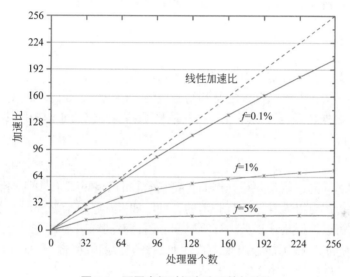

图 5-1　不同串行时间占比下的加速比

Amdahl 定律除了告诉人们获得线性加速比的难度之外，还给出了程序性能优化的重要启示，即**进行并行性能优化时，应聚焦在程序执行时间中占比最高的部分。**注意这里所说的"占比"不是指代码行数的多少，而是执行时间的占比。对于大多数计算复杂度较高的程序，其执行时间往往呈现出 90/10 特征，即程序执行时间的 90% 耗费在 10% 的代码上，这就是通常所说的**"密集计算部分"。**根据 Amdahl 定律，开发者应优先选择"密集计算部分"进行并行化，或对其进行性能优化。设想一个使用多重循环进行计算的程序，其多重循环部分的代码行数在总代码行数中仅占很小比例，但执行时间却占了总执行时间的绝大部分，这就是典型的"密集计算部分"。通过对多重循环进行并行化，就能以较小的代价获得更大的收益（加速效果）；又如，多重循环的最内层循环语句执行频率高，在并行化基础上对这部分语句进一步优化（如减少互斥／同步、改进数据局部性等）也可能获得较为明显的加速效果。

◆ 5.2 影响性能的主要因素

性能是并行计算最重要的目标之一。限制并行性能的因素有很多，包括并行开销、并行粒度、负载均衡等。评价性能的指标一般为计算的加速比。更具体地说，性能有两个衡量指标：**延迟**和**吞吐量**。延迟即完成单位工作所花费的时间，吞吐量即单位时间内完成的工作量。

并行性通常用来提高吞吐量，第 1 章中提到的指令级并行就是提高吞吐量的例子。假设流水线微处理器将指令执行分为五个阶段，通过指令级并行可以同时执行五条指令，因此吞吐量就有可能提高五倍，这也意味着程序执行时间减少。并行性也可以用来隐藏延迟，例如，处理器可以无须等待长时间执行的操作，而通过切换上下文执行另一个进程或线程。注意这种延迟隐藏技术实际上并没有减少等待时间，而只是隐藏了等待而导致的执行时间的损失。下文将分别介绍影响并行性能的主要因素。

5.2.1 并行开销

相比串行方案，并行方案产生的任何成本都被看作是并行开销。首先，创建或释放线程和进程会产生开销，由于内存分配及其初始化的开销很大，因此进程相比线程会产生更多的开销。除此之外，并行开销还有一些其他来源，主要包括通信、同步和资源争用等。下面对此进行分析。

1. 通信

线程和进程之间的通信是并行开销的主要来源。由于串行计算中处理器之间不需要通信，因此所有通信都可以被看作并行开销的一种。如果观察单个处理器上单个任务的计算时间，会发现它可以被粗略地划分为计算时间、通信时间和闲置时间。当任务需要等待系统传输的某条消息时，很可能会出现闲置。如果将进程和线程之间的通信时间考虑在内，则可以对并行程序的性能给出更实际的预测。

通信的具体开销取决于硬件。共享内存系统和消息传递系统的硬件通信开销构成有很大不同。在共享内存系统中，通信开销的主要来源是访存延迟、一致性操作、互斥和争用；而在消息传递系统中，通信开销的主要来源则是网络延迟、数据编组、消息形成、数据解组和争用。

2. 同步

当一个线程或进程必须等待另一线程或进程上的事件时，就会产生同步开销。对于消息传递系统而言，由于消息的传送必须在消息的接收之前，因此大多数情况下同步是隐式的。而对于共享内存系统而言，同步往往是显式的，这意味着开发者必须显式地指定某段代码需要在线程之间互斥执行（即临界区）。如图 5-2 所示，一个线程可能等待其他线程完成计算或释放资源。线程获取和释放锁的过程也是同步开销，因为串行代码不需要这些操作。如果获取锁的次数过多或频繁地在所有线程间同步，那么由此产生的同步开销往往非常巨大。

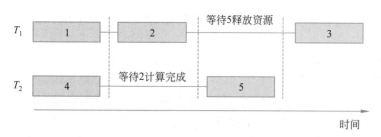

图 5-2　线程之间的同步

3. 资源争用

对共享资源（如 cache、总线、内存、锁等）的访问冲突会产生资源争用。作为并行开销的一种特殊情况，资源争用可能会导致系统性能明显下降，甚至会使并行执行的性能比串行执行还差。例如，当两个或多个处理器交替地重复更新同一个缓存行（cache line）时会发生 cache 争用。cache 争用有两个主要来源：内存争用和伪共享（false sharing）。内存争用即两个或多个处理器尝试更新同样的变量；伪共享即多个处理器更新占用同一个缓存行的不同变量。伪共享会导致同一个缓存行在不同的缓存之间不断被置为无效并最终访问主存。在这种情况下，总线流量的增加会影响所有处理器的性能。锁争用可能在内存中产生高负载，进而降低性能。如果为自旋锁（spin lock），则等待线程会重复检查该锁的可用性，从而增加总线流量。与伪共享类似，这种争用会影响所有尝试访问共享总线的线程。

5.2.2　负载均衡

负载均衡（load balance）是指在并行程序运行过程中，系统的每个处理器始终都在计算。如果存在任务量分配不均的情形，例如，有的处理器任务计算时间长，而其他处理器任务计算时间短，那么就会出现有些处理器进行计算而另一些处理器空闲的情形，这被称为负载不均衡（load imbalance）。图 5-3 给出了一个负载不均衡的例子，如图所示，一个程序在 4 个处理器上并行执行，在整个执行过程中，处理器 4 始终在计算，处理器 1 仅有少量时间空闲，而处理器 2 和处理器 3 在程序启动后不久就先后进入空闲状态（这通常意味着分配给它们的进程/线程已完成了计算）。这种负载不均衡会导致计算资源闲置，必然会对程序的性能造成不利影响。

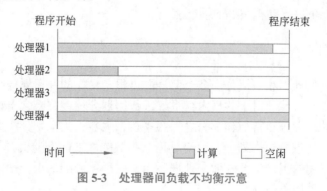

图 5-3　处理器间负载不均衡示意

对于较为规则的计算任务，通过静态的任务划分就可以实现负载均衡。例如，要实现并行的矩阵相乘，无论是按行、按列、按块划分数据，每个处理器分到的计算量都将是相同的。对于不规则或者动态的计算任务，要实现负载均衡的难度就更大一些。例如，在求解线性方程组的 LU 分解中，虽然同样是针对矩阵进行计算，但高斯消去过程是从矩阵的左上角向右下角逐步进行的，此时如果仍然按矩阵的行 / 列 / 块平均划分数据，则随着计算过程的进行，负责矩阵左上部分的处理器在完成计算任务后就会先后进入空闲状态，从而导致负载不均衡；又如，在对树结构进行搜索时，不同子树的宽度或深度可能存在较大差异，进而导致不同子树的搜索计算量大小不一，而且这种差异无法事先确定。因此，在静态数据划分难以保证负载均衡的情形下，就需要采取更加灵活的数据划分方法或动态任务分配策略。例如，不按照处理器个数等分数据，而是将数据划分成数量更多的小块，然后分配给各处理器；又如，在计算量动态变化难以预知的计算中，维护一个动态的待计算任务列表或任务池，然后根据处理器负载情况动态地分配任务。

5.2.3 并行粒度

并行粒度（grain）又被称为并行颗粒，它由线程或进程之间交互的频率确定，可根据交互指令的数量来衡量。业内常用粗粒度（coarse grain）、细粒度（fine grain）来定性地描述程序的并行粒度。**粗粒度**指的是线程或进程很少依赖其他进程或线程的事件，而**细粒度**则需要线程或进程频繁交互。每次交互过程中都会引入通信或同步的开销。另外，并行粒度也可以用**大**和**小**描述。例如，可以把循环中的所有迭代分布到多个处理器上并行执行，处理器数量越多，意味着并行粒度可以被拆分得越小。

在实际应用中，并不存在适用于所有情形的固定并行粒度。相反地，并行粒度需要与硬件平台及应用特点相匹配。例如，共享内存系统可以支持更细粒度的计算；而对于消息传递系统，由于节点间通信延迟大，粗粒度往往更好。除硬件系统外，并行粒度的选择还与应用的计算模式密切相关。例如，扫描（前缀求和）操作是一种细粒度的计算，其计算量较少但涉及相邻线程的细粒度交互，在这种情形下，运行在多核芯片上的线程可以在处理器之间实现低延迟通信。又如，在流体模拟中，计算域通常被表示成具有离散位置的网格；在消息传递系统中，这些网格将被分配给不同的进程以计算网格点数值；此时，域中边界节点的更新需要一个或多个相邻进程的信息，在下一次域更新之前，所有节点需要与相邻子网格节点进程进行通信；由于只需在每次迭代时进行一轮通信，这种粗粒度的计算在消息传递系统上也可以获得很好的性能表现。

5.2.4 并行划分

并行划分就是将计算和数据分为多个部分的过程。良好的并行划分会将计算和数据分成许多小块以提高并行性。对于共享内存系统，**数据划分**往往被隐含于**计算划分**中。尽管如此，由于内存的物理分布特征和数据之间的复杂相关性，数据划分在大部分情况下仍需要由开发者完成。在进行数据划分时，要尽量减小数据块之间的通信开销；此外，并行划分还要平衡处理器间的工作负载。如果处理不当，处理器分配的工作量可能不成比例，从而引起严重的负载不均衡问题。

以矩阵相乘 $C=A \times B$ 为例，有几种可选的并行划分方案。最直接的方案是将矩阵 C 划分为行数据块的集合（即按行划分）。由矩阵相乘的运算规则可知，计算矩阵 C 的每一

个行需要矩阵 *A* 和矩阵 *B* 的相应行。在这种方案下，单元任务就是计算矩阵 *C* 中行的元素。更高效的方案是将三个矩阵都划分成若干个数据块或子矩阵，这样每次计算时不需要复制整个矩阵 *A*。因此，单元任务变成了矩阵 *C* 中数据块的更新。随着计算的进行，矩阵 *A* 和矩阵 *B* 的数据块周期性地出现在单元任务中。这种并行划分方案增加了编程的复杂性，且需要结合硬件架构而在通信和计算间做出权衡。

对矩阵相乘来说，其计算复杂度为 $O(N^3)$，访存次数为 $O(N^2)$。可以看出，访存相对于计算的比率较大。对于此类问题，并行划分方案要考虑对内存的访问模式以提升缓存命中率。具体来说，可以使用细粒度的数据块划分，并调整数据块的大小，使其更适用于缓存。在特定硬件架构（如 GPU）中，开发者也可以显式地将重用率较高或线程共用的数据放置在访存更快的内存层次中（如 shared memory）。

5.2.5 依赖关系

1. 依赖关系简介

为了保证计算的正确性，有些时候开发者必须保证计算步骤之间的先后顺序，这就是依赖关系（dependency），又被称为相关性。依赖关系可以分为控制依赖和数据依赖，但无论是控制依赖还是数据依赖都要求计算步骤必须按顺序进行，这在很大程度上限制了并行性。

代码中一般有两种常见的依赖关系：**循环承载依赖**和**内存承载依赖**。对于循环承载依赖，一个循环体的前后轮循环之间存在依赖关系，这要求执行下一轮循环之前必须得到上一轮的计算结果；对于内存承载依赖，对内存中同一位置的两次访问必须确定先后顺序。依赖在很大程度上限制了并行性。因此，依赖可以用作分析潜在性能损失的来源。假设确知存在依赖关系，即使不知道计算的哪个部分导致了先后顺序关系，也可以推理出并行化后的性能结果。接下来将以并行计算中最为常见的数据依赖为例，进一步阐述依赖的表现形式。

2. 数据依赖

数据依赖即一组内存操作的顺序，必须保持该顺序以保证程序的正确性。

如表 5-1 所示，数据依赖分为 4 种类型：**真依赖**（true dependence）、**反依赖**（anti dependence）、**输出依赖**（output dependence）和**输入依赖**（input dependence）。真依赖即写之后读，其代表了内存操作的基本顺序；反依赖即读之后写，其必须在覆盖数据前读取该数据；输出依赖即写之后写，写的顺序决定了该数据的最终结果；输入依赖即读之后读，其不存在依赖，读的顺序不影响该数据的最终结果。反依赖和输出依赖被统称为**伪依赖**，因为它们是由内存重用而不是操作的基本顺序引起的。尽管输入依赖对于内存操作没有顺序约束，但其可以被用于推理时间局部性。

表 5-1 数据依赖的类型

比较项	真 依 赖	反 依 赖	输 出 依 赖	输入依赖
含义	写之后读	读之后写	写之后写	读之后读
代码示例	① b=a+1; ② c=b+1;	① b=a+1; ② a=c+1;	① c=a+1; ② c=b+1;	① b=a+1; ② c=a+1;
说明	后续计算需使用前期计算结果，必须遵守计算顺序	属于伪依赖，可消除	属于伪依赖，可消除	可以并行

反依赖和输出依赖都属于伪依赖，可以通过增加变量来消除。对于表 5-1 所示的反依赖，也就是读后写操作，第 1 条语句读取变量 a，而第 2 条语句写入变量 a，如果这两条语句并行执行，一旦第 2 条语句先执行，就会导致第 1 条语句读取错误的变量值。要消除这种伪依赖关系，则可以增加一个变量，让第 2 条语句使用新的变量，而不是重用现有变量。修改后的代码如表 5-2 所示。输出依赖的消除也可以采用类似的方法，由于前后两条语句都写入同一个变量 a，在顺序执行的情况下，第 1 条语句的结果将被第 2 条语句覆盖，使第 1 条语句没有存在意义，而一旦并行执行这两条语句，就可能导致不确定的结果，为此，同样可以增加一个变量，让第 1 条语句写入新的变量，这样既消除了两条语句之间的依赖关系，又可以保留第 1 条语句的结果。

表5-2 消除伪依赖的示例

比 较 项	消除反依赖	消除输出依赖
消除措施	语句②写入新增变量 x	语句①写入新增变量 x
修正后的 代码示例	① $b=a+1$; ② $x=c+1$;	① $x=a+1$; ② $c=b+1$;

与伪依赖不同的是，真依赖不能通过增加变量来消除。为保证程序正确性，无论怎样表示，变量的写操作都必须在读操作之前完成。

以上关于数据依赖关系的讨论使用了非常简单的语句。在实际程序应用中，依赖关系的表现可能更加复杂。例如，对同一变量的访问在前后两段代码之间，甚至两个软件模块调用之间产生了依赖关系。此时，开发者仍然可以使用上述原则和方法对程序进行优化，在保证正确性的前提下消除伪依赖，以实现并行。例如，在一个程序中，前后两段代码之间存在反依赖，也就是前一段代码读取某个变量，而后一段代码写入相同的变量，这时，如果用 OpenMP 的 Sections 构造将这两段代码分别定义成两个 section，那么这两个代码块的并行执行就可能导致错误的结果，而通过在后面的代码块中使用新增的变量、消除这种反依赖关系，就可以在保证程序正确性的前提下实现并行。

5.2.6 局部性

由于处理器和存储器之间的性能差距，在等待访存操作（如从主存中读取数据）时，处理器可能会停顿。存储器系统性能包括**带宽**和**延迟**两方面。存储器带宽即数据从存储器到 CPU 的传输速率（单位是 GB/s）；延迟即将数据项从存储器传送到 CPU 的等待时间，通常是数百个 CPU 周期。尽管摩尔定律保证了芯片性能的稳定增长，但存储器性能的增长速度仍然低于处理器，这将导致处理器和存储器的性能差距越来越大（即第 1 章中所介绍的"存储墙"）。在层次化存储体系中，cache 的性能与处理器较为接近，因此，充分利用 cache 可以大幅缓解存储墙对程序性能的不利影响。但由于 cache 容量较小，只有当程序的数据局部性较好时才能保证较高的 cache 命中率，进而提升性能。

局部性分为**时间局部性**（temporal locality）和**空间局部性**（spatial locality）。如图 5-4 所示，时间局部性表征数据访问在时间上的聚集特性，即程序当前访问的数据很可能会被再次访问，如"加 – 规约"中的累加和变量、循环中的循环变量等；而空间局部性表征数据访问在空间上的聚集特性，即程序未来很可能会访问当前数据的邻近数据，例如，程序遍历一维或二维数组。对于时间局部性来说，当一块数据从主存被加载到 cache 后，如果程序在一段时间内频繁访问该块数据，则可以显著提升 cache 命中率；反之，如果一块数据被加载到 cache 后，其在相当长时间内不再被访问，那么其就很容易被 cache 替换策略换出，以后程序访问该块数据时，需要再次从主存加载到 cache，这显然是对性能不利的。对于空间局部性来说，当程序访问一个变量（如数组中的一个元素）时，该变量所在的整块数据将从主存被加载到 cache，如果程序后续访问邻近数据（如按顺序遍历数组），就会形成 cache 命中；而如果程序对数据的访问是跳跃式甚至是随机的，那么 cache 命中率将难以得到保证。

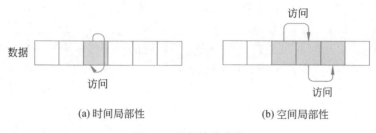

(a) 时间局部性　　　　　　　　(b) 空间局部性

图 5-4　局部性的分类

局部性较差的内存访问通常导致较多的主存访问开销，从而限制了并行化的性能。频繁访问主存还会使多个处理器（核）竞争互连网络或内存带宽，进一步降低性能。在并行计算中，局部性可以提高 cache 的命中率和有效内存带宽，因此，改善局部性是优化程序性能的重要手段。

◇ 5.3　并行程序的可扩展性及性能优化方法

5.3.1　什么是并行程序的可扩展性？

1. 并行程序可扩展性的概念

可扩展性（scalability）又被称为可伸缩性，并行程序的可扩展性是指程序的性能是否可以随着所用计算部件数量的增加而提升。这里的计算部件可以是处理器（核）、异构加速部件、计算节点等。

可扩展性是衡量并行程序设计好坏的重要指标。换句话说，一个好的并行程序设计应当具有良好的可扩展性。为什么可扩展性如此重要？主要是因为可扩展性影响了并行程序的适应性。宽泛地讲，并行程序需要适应不同数量的计算部件及各种问题规模（数据集）。

如何衡量一个并行程序的可扩展性呢？回想本书第 1 章介绍的加速比指标，对于相同的问题规模，通过测试程序在不同进程 / 线程数时的加速比可以画出加速比曲线，该曲线就可以比较直观地反映程序的可扩展性。

2. 强可扩展与弱可扩展

如果更深入地分析可扩展性，可以发现它包含两个方面：第一，对相同的问题规模（数据集），通过增加计算部件的数量，是否能够缩短程序的计算时间；第二，并行程序是否对各种问题规模（数据集）都能表现出良好的性能，以矩阵乘法为例，随着矩阵规模的增大，人们往往希望通过使用更多的处理器或计算节点使计算时间保持稳定或在可接受范围内。

一个理想的并行程序应当同时满足上述两个方面的要求，但现实世界中，很多并行程序受限于应用模型和算法，只能满足一个方面的要求，这时，仍然可以认为该程序具有可扩展性，并使用强可扩展和弱可扩展加以区分。

强可扩展：所谓强可扩展（strongly scalable），就是对于相同的问题规模，通过增加进程/线程的数量（当然也意味着增加计算部件的数量）缩短程序的执行时间。如果用加速比指标衡量，强可扩展就意味着在问题规模不变的情况下，程序的加速比接近于线性。

以矩阵相乘为例，由于计算过程中进程/线程间几乎没有同步和通信，在矩阵足够大的情况下，通过增加进程/线程个数可以持续提升程序性能，因此可以说矩阵相乘是强可扩展的。

需要说明的是，强可扩展通常是有条件、有限度的。仍然以矩阵相乘为例，设想保持矩阵规模不变，进程/线程数量增加到一定程度后，每个进程/线程负责的计算量过小（也就是粒度过细），加速比就会逐渐走平甚至下降。这时，要保证程序性能可扩展，就需要增加矩阵规模，也就是增加问题规模，这就是下面所说的弱可扩展。

弱可扩展：所谓弱可扩展（weakly scalable），就是随着进程/线程数量的增加（当然也意味着增加计算部件的数量），通过增大问题规模使程序的执行时间保持相对稳定。

一般来说，强可扩展对并行程序的要求比弱可扩展更高。换句话说，设计强可扩展并行程序的难度更大一些。但这并不意味着弱可扩展就比强可扩展"差"，因为实际应用中的很多模型和算法本身就不具有强可扩展性。

回忆第 1 章介绍过的加速比概念，该指标常被用于衡量程序的并行可扩展性。理想的可扩展并行程序就意味着它可以获得线性加速比。然而，正如 5.2 节所介绍的影响并行性能的诸多因素那样，这些因素会限制程序的并行可扩展性。

有些计算可以很方便地被分成多个完全独立的计算任务，在计算过程中，这些任务之间没有交互，因而可以获得很好的并行可扩展性。有一个专门的术语用来描述这类计算：**易并行计算**（**embarrassingly parallel**）。一个典型的易并行计算例子是采用蛮力攻击方法破解密码，假设一种加密算法使用的密钥长度为 1024b，则密钥的状态空间为 2^{1024}，蛮力攻击就是对密钥状态空间进行穷举式搜索，以寻找正确的密钥。这显然是一个非常容易实现并行的计算：将密钥状态空间分成多个子空间，并将其分配给多个任务进行并行计算。由于各个子空间的搜索可以独立进行，并且划分子空间的数量也可以根据需要被灵活调整，因此，这个问题就属于典型的易并行计算。

5.3.2 确保并行程序可扩展性的重要原则：独立计算块

前文介绍了可扩展性的概念，那么如何设计出可扩展性好的并行程序呢？这是一个涉及多方面因素、需要综合考虑的问题。这里讨论其中一个重要的独立计算块原则。

从可扩展性考虑，**一个理想的并行程序应当是每个进程/线程负责足够大并且独立的计算任务，这被称为独立计算块原则**。这里所说的计算任务"足够大"就是指本章前文所讲的并行粒度，只有并行粒度足够大，才足以抵消创建进程/线程、分发数据等并行开销。而计算任务"独立"是指进程/线程之间的同步和通信尽可能少。要知道，同步和通信会导致进程/线程间相互等待，因而降低并行执行的效率，而且随着进程/线程数量的增加，这种影响会更加严重。因此，同步 / 通信是制约可扩展性的重要因素，需要开发者在设计并行程序时给予足够重视。

1. 独立计算块示例一：并行统计数据

下面通过一个简单的例子展示独立计算块原则的应用。

假设一个并行程序需要对大量数据进行统计分析，并使用一个全局变量记录统计结果。并行程序创建多个线程，每个线程负责一块数据的统计，由于多个线程都需要写入结果变量，故需使用临界区进行互斥。图 5-5 给出了该程序的两种 OpenMP 伪代码实现，分别用代码 A 和代码 B 表示。代码 A 和代码 B 都使用一个 for 循环对数据进行统计，并在 for 循环处使用多线程进行工作共享。两种代码实现的区别是：代码 A 在循环内部直接更新结果变量 result，而代码 B 则增加了一个线程私有变量 result_p（注意 private 子句），在循环处理过程中，用该变量记录本线程的统计结果，并在循环结束后把该结果变量累加到全局结果变量 result。由于代码 A 在每次循环都有一个线程间互斥操作，所以这显然会严重影响并行效果，而代码 B 在循环过程中没有线程间交互，只在循环结束后进行一次互斥操作，因而可以显著提升并行效果。对于代码 B 来说，每个线程的循环过程都是独立计算块。

```
int  result;  //统计结果变量
int  length;  //待统计的数据个数
int  i;

#pragma omp parallel shared(…)
{
    #pragma omp for private( i )
    for  ( i = 0; i < length; i++ )
    {
        统计数据;
        #pragma omp critical
        更新 result;
    }
}
```

(a) 代码A

```
int  result;  //统计结果变量
int  length;  //待统计的数据个数
int  i;

#pragma   omp   parallel   shared(…)
private(result_p)
{
    初始化 result_p;
    #pragma omp for private( i )
    for  ( i = 0; i < length; i++ )
    {
        统计数据;
        更新 result_p;
    }
    #pragma omp critical
        根据 result_p 更新 result;
}
```

(b) 代码B

图 5-5　独立计算块的简单示例

上述例子非常简单，但其体现出的独立计算块原则适用于所有并行程序的设计。事实上，这一原则不应只体现在程序设计环节，还应在并行算法设计甚至应用模型设计上得到充分考虑。

2. 独立计算块示例二：规约（reduce）计算

下面再看一种体现独立计算块原则的例子：规约计算。

以最常见的"加 - 规约"为例，假设存在一个包含 n 个数的数组，要对数组的所有元素进行累加求和，这是一个典型的"加 - 规约"计算。该计算的最简单实现方式就是使用一个 for 循环对这 n 个数进行顺序累加，如图 5-6（a）所示。由于计算过程形成了一个树状操作结构，故这类计算又被称为树操作。

当规约计算的数据量很大，或者规约计算使用非常频繁时，就需要将其并行化。然而，在图 5-6（a）所示的顺序求和计算中，由于前后循环之间存在依赖关系，故开发者无法直接对其并行化。

分析规约计算的原理可以发现，各个数的累加是可以独立进行的。因此，可以将相邻元素两两相加，再将相邻的中间结果两两相加，以此类推，据此可以得出一种**成对求和**的计算方式，如图 5-6（b）所示。按照这种计算方式，位于树的相同层的计算可以并行完成，因此这种计算方式体现了完全的并行性。然而，在实践中人们发现，这种实现方式的性能表现并不理想，反而另一种使用部分局部计算的方案性能更优，图 5-6（c）示出了这种方案。

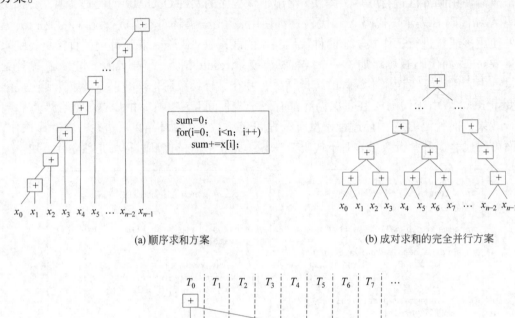

(a) 顺序求和方案   (b) 成对求和的完全并行方案

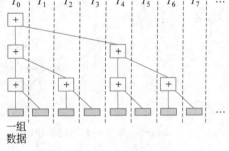

(c) 每个任务负责一组数据求和的方案

图 5-6　加 – 规约的几种实现方案

图 5-6（c）所示的实现方案使用多个进程 / 线程 T_0、T_1、…，每个进程 / 线程负责一组数据的求和，每组数据对应数组中若干个连续元素，然后程序通过树操作将结果累加到一起。与能够体现完全并行性的成对求和方案相比，这种方案可以**在一个紧凑的循环中完成部分数据的累加求和**（即局部计算），因此形成了独立计算块。虽然每个独立计算块是串行完成的，其并行性不如图 5-6（b）所示的成对求和方式高，但要知道，并行性本身会引入开销，在本例中，使用大量的进程 / 线程对数据成对求和无疑会增加进程 / 线程上下文切换次数，其开销往往会超过并行性带来的收益。

通过以上分析可以看出，在规约计算这类树操作中，使用独立计算块原则将局部计算与树结构的并行相结合可以获得更优的并行性能。

5.3.3 数据划分对性能和可扩展性的影响

如前所述,并行模式可以分为数据并行和任务并行。其中数据并行是最为常见的并行模式,在这种模式中,设计并行程序的一个关键步骤就是划分数据并将其分配给多个进程或线程,不同的数据划分方案对程序性能和扩展性有着显著的影响,本节重点讨论这一问题。

程序可能使用的数据结构多种多样,如一维数组、二维数组(矩阵)、树、图等,并且算法种类和特点也各有不同。因此,很难设计出统一的数据划分方案。一般来说,划分数据要考虑的、影响性能的因素主要包括两方面:**数据局部性和通信量**。

1. 数据划分中的局部性

数据局部性与程序执行时的 cache 命中率密切相关,因而是划分数据时需要开发者考虑的重要因素之一。

对于如下的一维和二维数组定义,可能的数据划分方案如图 5-7 所示。为简化讨论,以下统一使用"任务(Task)"指代进程或线程,多个并行任务将被表示为 T_0, T_1, …。

```
double A[M];
double B[N][N];
```

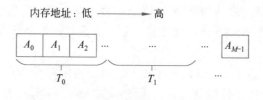

(a) 一维数组的划分

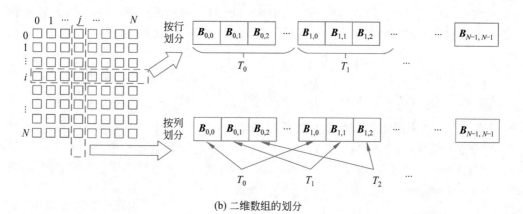

(b) 二维数组的划分

图 5-7 考虑数据局部性的数据划分

一维数组的划分较为简单,由于其元素值在内存中按顺序存放,将连续的多个元素分配给一个任务就可以使任务在计算过程中获得较好的数据局部性。

二维数组常被用来表示矩阵,其数据划分需要更多的讨论。由于二维数组在内存中通常是按行存储的,按行划分数据显然可以获得更好的数据局部性,即让每个任务负责一行或者多行元素的计算；如果按列划分数据，则同一个任务要访问的元素在内存中不是连续存放的，这种跳跃式的内存访问显然会导致更低的 cache 命中率，进而影响程序性能。因此，在静态地将数据分配给各个任务时，按行划分数据显然是较好的方案。

然而实际情形可能更加复杂。一种情形是：在计算矩阵时，某些算法需要按列访问各元素，在矩阵乘法中就可以看到这样的例子。这时可采用的优化方法有两种：一是改变算法访问数据的模式或顺序，也就是把按列访问各元素改为按行访问；二是对矩阵进行转置，形成按列存放的效果，以达到在内存中连续存放列元素的目的。第一种优化方法的代价是可能需改变算法或者数据访问模式。第二种优化方法有一定的局限性，首先，矩阵转置会产生额外开销，但如果将其与数据格式和初始化相结合，则可以基本消除这种开销，否则就要权衡开销和收益的大小；其次，如果对矩阵的访问既有按行访问又有按列访问，那么这种对矩阵进行转置的方法就不再适用，当然，也不是完全无计可施，如果对该矩阵的访问接近于只读（即很少修改），则可以使用两个矩阵副本，一个副本按行存放，另一个副本按列存放，程序可以根据需要访问不同的副本。后者实际上是一种以空间换时间的优化方案，即通过增加额外的数据存储换取性能的提升，此方法在并行程序性能优化中常被采用，当然，前提是系统有足够的内存。

关于二维数组的划分，还有一个问题需要讨论。很多矩阵并行算法采用分块方法，即将矩阵分成一个个子矩阵，并将其分配给多个任务。按块划分的数据局部性虽然不如按行划分，但往往具有其他方面的优势，如更小的通信量（后面将详细讨论这一问题），或者数据和任务之间的灵活映射、负载均衡等。在使用按块划分方案时，每个子矩阵内的数据访问方式仍然需要考虑数据局部性，显然，在子矩阵内按行访问数据的数据局部性优于按列访问。

除了数据局部性带来的 cache 命中率提升之外，在有些情况下，按行划分或按行访问数据的方案很可能带来更多的收益。如以下的示例代码，当程序在一个内层循环中逐个访问连续存放的数组元素时，这段程序就有可能被编译器的自动向量化机制识别，并被优化为向量指令，也就是说，利用处理器的向量部件可以用一条指令完成对多个数据元素的计算。如果数组中元素数量很多，那么这种向量化可以带来显著的性能提升。

```
1    for ( i = 0; i < N; i++ )
2      for ( j = 0; j < N; j++ )
3        X[i][j] = B[i][j] * C[i][j];
```

下面来看一个优化数据局部性的例子：矩阵相乘。

假设要计算矩阵相乘 $C = A \times B$，如图 5-8 所示。在计算矩阵 C 中每个元素时，需要访问矩阵 A 中的一行和矩阵 B 中的一列，在不进行矩阵转置的情况下，访问矩阵 B 的一列元素时，访存地址是跳跃式的（不连续），其数据局部性较差。

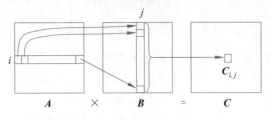

图 5-8　矩阵乘法的示意图

在第 1 章给出的矩阵相乘串行程序中（如下所示），外层两重循环按照"行 – 列"的顺序逐个计算矩阵 **C** 中的各个元素，内层循环用于计算元素 $C_{i,j}$。在内层循环中，程序对矩阵 **A** 的访问是连续的（一行），而对矩阵 **B** 的访问是不连续的（一列）。

```
1    for ( i = 0; i < n; i++ )
2      for ( j = 0; j < n; j++ )
3        for ( k = 0; k < n; k++ )
4          C[i][j] += A[i][k] * B[k][j];
```

为了优化数据局部性，可以改变以上代码中三重循环的顺序，将最内层循环 k 移至最外层，最内层循环变为循环 j，此时，在最内层循环中固定访问 A[i][k]，为简化对数组的寻址，事先将其存入一个临时变量 r，这样，修改后的三重循环代码如下。

```
1    for ( k = 0; k < n; k++ )
2      for ( i = 0; i < n; i++ )
3      {
4        r = A[i][k];
5        for ( j = 0; j < n; j++ )
6          C[i][j] += r * B[k][j];
7      }
```

从修改后的循环代码可以看出，最内层循环对矩阵 **B** 的访问是连续的，这可以显著改善数据局部性。在矩阵规模较大时，计算性能可以得到明显提升。

在上述例子中，为了便于分析讨论，对程序的改进是针对串行程序进行的。需要说明的是，上述改进也同样适用于并行矩阵相乘，无论是简单使用 OpenMP 实现 for 循环的并行化，还是使用更为复杂的、基于分块的并行矩阵相乘，都可以使用上述的数据局部性优化措施。

2. 数据划分中的通信量：以模板计算为例

数据划分不但影响局部性，还会影响通信量。通信量在 MPI 这种消息传递型编程语言中体现为进程间的消息传递，而在共享内存编程语言中则体现为线程间互斥访问共享数据。因此，通信量的多少对程序性能也有着较大的影响，特别是在有些情形下，通信量与局部性两者间存在矛盾，只能二者取其一，此时，对通信量的优化常常被放在更优先的位置，因为额外的消息传输开销或线程间的互斥开销往往远高于局部性改善带来的收益。

下文首先介绍一种并行计算中常用的计算模式：**模板计算**（stencil computation）。模板计算针对二维或更高维的数据结构，数据结构中每个元素值的更新是根据相邻元素值计算得到的，并且整个计算过程包含多轮迭代。图 5-9 给出了一种典型的模板计算，它针对矩阵进行计算，在每一轮迭代时，矩阵中每个元素的新值是其上、下、左、右四个相邻元素的平均值，即

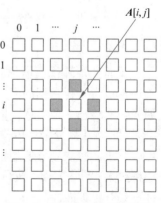

图 5-9 典型的模板计算示例

$$B[i,j]=\frac{(A[i-1,j]+A[i+1,j]+A[i,j-1]+A[i,j+1])}{4.0} \qquad (5\text{-}3)$$

上述模板计算可以有两种数据划分方式（以多进程为例）。

（1）按行划分：每个进程负责矩阵中一行或者若干行数据的计算。

（2）按块划分：将矩阵划分成多个子矩阵，每个进程负责一个或多个子矩阵的计算。

如前所述，由于二维数组在内存中通常按行存储，因此按行划分的数据局部性往往优于按块划分，也就是说，按行划分的 cache 命中率更高，这对性能有益。然而，由于进程间通信涉及消息传递，如果每轮迭代都需要进行消息传递，那么通信量带来的开销将远大于改善数据局部性带来的收益。因此，需要定量分析上述两种数据划分方式的通信量。

假设矩阵规模为 16×16，使用 16 个进程。按行划分采取每个进程负责一行数据的方式，按块划分则将矩阵划分为 16 个 4×4 子矩阵，每个进程负责一个子矩阵。图 5-10 给出了第 6 个进程的通信量示意图，图中深色块表示需要从其他进程获取的数据，也就是需要通过消息传输的数据。可以看出，按行划分需要传输 2 条消息，每条消息包含 16 个元素，共 32 个元素；按块划分需要传输 4 条消息，每条消息包含 4 个元素，共 16 个元素。因此，按块划分的通信量是按行划分的一半，但按行划分也有优越之处，那就是它只需要 2 条消息，而按块划分需要 4 条消息。

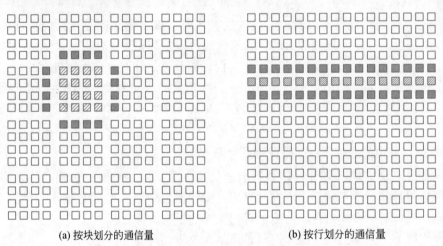

(a) 按块划分的通信量　　　　　　　　(b) 按行划分的通信量

图 5-10　矩阵规模为 16×16 时的通信量对比

下面把矩阵规模增加到 1024×1024，将矩阵个数也增加到 256 个。按行划分采取每个进程负责 4 行数据的方式，按块划分则是每个进程负责一个 64×64 子矩阵。此时按行划分仍然传输 2 条消息，但每条消息包含的元素个数增加到 1024 个，因此通信量共 2048 个元素；按块划分仍然传输 4 条消息，每条消息包含 64 个元素，因此通信量共 256 个元素。可以看出，按块划分的通信量只有按行划分的 1/8，而且随着矩阵规模的增大，这一差距还将拉大；另一方面，按行划分方式虽然具有消息条数少的优势，但这一差距将保持恒定，并不具有可扩展性。

综上所述可以得出结论，对于模板计算，按块划分的方式可扩展性好于按行划分的方式。从这个例子推而广之，在设计并行算法和并行程序的过程中，应当分析评估不同的数据结构和数据划分方法对程序局部性和可扩展性的影响，通过综合评估，选取适合的数据结构和数据划分方式。

3. 数据划分中的负载均衡

在为有些算法划分数据时还需考虑负载均衡问题。下面以 LU 分解为例进行分析，LU 分解算法用于求解线性方程组（本书第 6 章将介绍该算法）。该算法将一个矩阵分解成两个三角矩阵的乘积，进而求解线性方程组，其计算过程包含多次迭代，每次迭代处理矩阵的一行和一列，计算从矩阵的左上角开始，逐步向矩阵的右下角推进，如图 5-11（a）所示。

对此类算法，如果采用按块划分的方法，按照任务数对矩阵分块，并为每个任务指派一块（子矩阵），那么随着计算从矩阵的左上角向右下角推进，部分任务所负责的子矩阵将较早地完成计算，会导致处理器空闲，这就是通常所说的负载不均衡。图 5-11（b）就显示了这种情形，如图中所示，矩阵被分成 3×3 共 9 个子矩阵，使用 9 个任务，每个任务负责一块的计算；在这种情形下，如果给每个任务分配一个处理器（核），那么随着矩阵分解的进行，顶部和左侧的任务将首先完成分解，为其分配的处理器也将提前进入空闲。由于处理器资源没得到充分利用，这种负载不均衡将会制约并行性能和可扩展性。

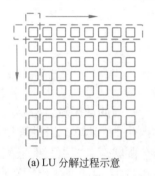 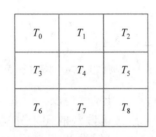

T_0	T_1	T_2	T_3	T_0	T_1
T_2	T_3	T_0	T_1	T_2	T_3
T_0	T_1	T_2	T_3	T_0	T_1
T_2	T_3	T_0	T_1	T_2	T_3
T_0	T_1	T_2	T_3	T_0	T_1
T_2	T_3	T_0	T_1	T_2	T_3

(a) LU 分解过程示意　　　　(b) 按块划分　　　　(c) 块循环分配

图 5-11　LU 分解的数据划分

为了解决上述负载均衡问题，开发者可采用"块 – 循环"分配方法。如图 5-11（c）所示，此时矩阵被分成更小的块（块的数量大于任务数量），然后这些块将被循环分配给各个任务；图中的例子下，矩阵被分成了 6×6 共 36 个块，使用 4 个任务，各个块与任务的映射关系如图中所示，为便于区分，不同任务负责的块填充了不同图案。按照这种数据划分方案，在整个矩阵分解过程中，每个任务都有计算任务，因此实现了负载均衡。

上述"块 – 循环"分配方案可能存在一个问题：如果划分的块过小，每个块的计算量偏小将不符合独立计算块原则；不仅于此，这种情况还可能导致更多的任务间通信，数据局部性也会变差。因此，块大小的设置需要做更多地权衡，不能过大，也不能过小。

4. 树结构的划分

下面讨论树数据结构的并行划分。树能够体现层次结构，是一种重要的数据结构，被广泛应用于多种算法和应用中。然而，树结构比一维、二维数组更为复杂，其并行划分面临一些新的问题：第一，实际应用中，多数情形下树都不是静态的，也就是说，树结构具有动态变化的特点；第二，有些情形下，树表现为不规则结构，如有的分支子树很大而有的分枝子树较小，这使得通信和负载均衡变得更加困难；第三，在实现层面，树结构常用指针来表示父子节点间的关系，然而在多进程场景下，由于每个进程拥有独立的内存空间，在进程间传递指针是无效的。以上这些因素都要求开发者在并行划分时进行专门考虑。

下面重点分析如何使用独立计算块原则对树结构进行并行划分。

在使用多个进程对一棵树进行并行计算时，可以采用一种被称为"帽子分配（cap allocation）"的方案，如图 5-12 所示。该方案给每个进程分配一个子树，子树上方的树顶部分被称为"帽子"，为每个进程复制该树顶，然后每个进程在自己负责的子树上计算。如果子树间的通信很少，那么这种方案就可以取得较好的并行可扩展性。

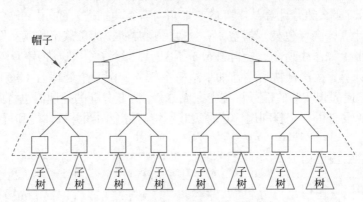

图 5-12　树数据结构的帽子分配

为了适应树结构动态变化的特点，开发者可以使用进程 – 子树间的动态映射机制。例如，当进程完成所分配子树的计算后，可以获取还未分配的子树进行计算，当进程评估所分配子树的计算量过大时，可以将该子树中某一子树置为待分配状态（留给其他进程），自己则继续完成剩余子树的计算。通过这种方式，算法可以适应树结构动态变化的特点，并实现负载均衡。

5.3.4　其他常用性能优化方法

在并行程序设计过程中，开发者要从算法设计、数据划分、并行架构等多个方面进行优化设计，确保程序具有性能可扩展性。同时，针对 5.2 节所给出的影响性能的主要因素，开发者也可以在编程和性能优化过程中采取一些有针对性的优化方法以提升程序性能，本小节介绍几种此类优化方法。

1. 重叠通信和计算：通信优化

降低通信开销的最好方法是将通信与计算重叠，从而部分或全部地隐藏通信时延。典型例子是第 3 章 MPI 编程中的非阻塞式通信函数：MPI_Isend( ) 和 MPI_Irecv( )。

从性能角度来看，重叠通信和计算通常不会引入额外开销；但从编程的角度来看，这种方法会使并行程序变得更为复杂，编程难度也变得更高。

2. 批处理：通信优化

批处理（batching）是一种常用的性能优化方法，它可以将多个同类操作合并到一起，以减少处理开销。一个典型的例子就是将多个零散数据的传输合并为一条消息，这可以显著提升消息传输的效率，毕竟，消息传输开销除了数据的网络传输延迟以外，还包括缓冲区复制、进程交互、发送－接收节点间握手等多种开销。因此，一条长消息的传输开销要显著低于多条短消息的传输开销。类似的例子还存在于 CPU–GPU 异构系统中，在主机端和设备端之间进行数据传输时，将多个零散数据合并到一起传输可以显著提升并行效率。

3. 冗余计算：通信优化

降低通信开销的另一种方法是冗余计算，即在本地重新计算值而不是依靠通信手段来获取。例如，所有进程在本地生成随机数要优于一个进程生成随机数然后发送给其他进程。冗余计算会引入额外的计算开销，但只要增加的开销小于通信开销（如类似于生成随机数的简单运算），那么这种方法就会带来性能的提升。

除了降低通信开销外，冗余计算还可以消除进程之间的依赖关系（发送－接收消息）。这种依赖关系通常会带来同步开销，因此，即使增加的计算开销与通信开销相近，消除依赖关系也会减少进程等待时间。在随机数生成的例子中，冗余计算可以消除进程等待接收随机数的依赖。

4. 新增变量／变量私有化：减少互斥

无论是新增变量还是变量私有化（即每个线程拥有变量的私有副本）都会带来额外的内存空间占用，带来的好处则是减少线程间互斥或消除线程间的依赖关系。在减少线程间互斥方面，前面介绍独立计算块的并行统计数据例子中，通过增加线程私有变量避免了线程在统计数据过程中由于频繁更新全局变量而引入的互斥；在消除线程间依赖关系方面，在 5.2.4 节介绍依赖关系时，编者已经给出了通过新增变量消除程序中伪依赖关系的方法。

5. 数据填充：访存优化

数据填充是消除伪共享的一种有效方法。假设在共享内存系统中，两个处理器（核）上的线程分别访问变量 a、b，如果这两个变量位于同一个 cache 行中，则其会在两个线程间引入伪共享（虽然两个线程并没有共享变量），导致的结果是存放变量 a、b 的数据块在两个处理器（核）的私有 cache 中来回颠簸，进而降低程序性能。此时，通过额外的数据填充可以消除这种伪共享，即强制变量 a、b 存放在不同的数据块中，进而使线程访问的变量驻留在自己的 cache 缓存行中。伪共享可以看作是伪依赖的一种特殊类型，消除伪共享可以降低线程之间的交互频率，从而提高性能。

6. 基于数据依赖图的优化：依赖关系优化

识别程序中可并行部分的一种方法是绘制**数据依赖图**（**data dependence graph，DDG**），它是一种有向图，图中的节点表示要完成的任务，边表示任务之间的依赖关系。例如，从节点 u 到节点 v 的边表示任务 u 必须在任务 v 开始之前完成，即任务 v 依赖任务 u。如果两个节点间没有路径，则任务之间将是独立的，且可以同时执行。

数据依赖图一般表现为三种任务模式：**数据并行、任务并行和串行**。如图 5-13 所示，图中节点内的字母表示操作种类，相同字母表示相同的处理操作。数据并行即相互独立的任务对不同数据执行相同的操作，在图 5-13(a)中，三个任务同时对不同的数据执行操作 B；任务并行即相互独立的任务执行不同的操作，在图 5-13（b）中，三个任务分别执行操作 B、C 和 D，它们之间相互独立，因此可以并行执行；在图 5-13（c）中，A、B、C 三个操作相互依赖，因此必须串行执行。然而，串行任务模式并不意味着无法并行，当需要处理多个数据时，可以采用流水线架构实现并行，即用三个任务分别执行 A、B、C 三种操作，对应流水线的三个阶段；多个数据在流水线中流动；在任意时刻，每个阶段都在处理不同的数据，这样就实现了多个数据的并行处理。

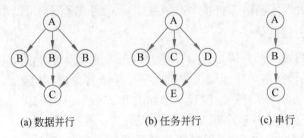

图 5-13　数据依赖图中的并行性

⬖ 5.4　PCAM 并行设计方法

对于一个给定的待求解问题，在编写并行程序之前，开发者首先需要为其设计并行方案，这包括确定数据如何划分、进程/线程各自完成什么工作、进程/线程间如何同步/通信等。由于应用领域和求解问题种类千差万别，**迄今为止业内还没有通用的并行设计方法**。在多数情况下，都是由研究人员和编程人员根据自身经验提出并行设计方案。

Ian Foster 在 *Designing and Building Parallel Programs* 中给出了一种 PCAM 设计方法，该方法将并行算法设计分成四个阶段，分别是**划分**（partitioning）、**通信**（communication）、**组合**（agglomeration）和**映射**（mapping）。如图 5-14 所示，该方法的大致步骤是：对于一个给定的待求解问题，首先，将问题求解所涉及的计算和数据划分成尽可能小的求解任务（即划分），此时不考虑程序运行的处理器数、进程/线程数等因素；其次，确定这些求解任务之间的数据交换、同步关系等（即通信）；再次，根据性能需求和实现开销对这些小的求解任务进行组合，在可能情况下，将一些小的求解任务合并成较大的任务（即合并），合并后的任务对应具体的进程/线程；最后，将组合后的任务分配给处理器（即映射）。

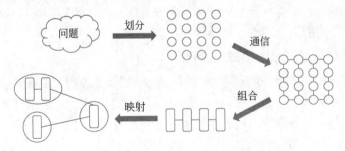

图 5-14　PCAM 并行设计方法的四个步骤

5.4.1　划分

开始设计并行算法时，通常需要挖掘尽可能多的并行性。划分就是将计算和数据分成许多小块的过程，故其被称为"问题的细粒度分解"。

划分过程既要划分计算又要划分数据。那么，在设计划分方案时，先划分计算还是先划分数据呢？答案是两种都有，并可据此将划分方法分为两类：**域分解**（domain decomposition）和**功能分解**（functional decomposition）。其中域分解优先划分数据，而功能分解优先划分计算。

1. 域分解

域分解首先将数据分块，然后确定如何将计算与数据相关联。在可能的情况下，应尽可能将数据分成大致相同大小的块，然后，根据这些数据块所关联的操作对计算进行划分。

分解的数据可以是程序的输入数据、输出数据或程序的中间结果。开发者通常应当聚焦于最大的或最被频繁访问的数据结构。根据数据结构的不同，可以有多种不同的划分方法。

图 5-15 给出了一个与三维网格相关的域分解例子。三维网格与很多应用问题求解相关，例如，天气模型中的空气状态、图像处理中的三维空间等。第 6 章介绍典型应用算法时还会讲到，用有限差分法求解偏微分方程时，得到的也会是这种网格状结构。这类问题的求解往往是在每个网格点上迭代计算，这样，对网格进行划分后，与网格相关的计算也就自然被划分出来了。这种三维网格的划分可以按 x、y、z 轴进行，由此得到一维、二维、三维这三种划分方案。以大小为 $N \times N \times N$ 的三维网格为例，在图 5-15（c）所示的三维分解中，每个网格点将被划分成可以独立计算的任务（图中阴影块表示任务），此时任务个数是 N^3，这是粒度最细的划分方案；在图 5-15（b）所示的二维分解中，一行或者一列网格点将被划分成独立计算的任务，此时任务个数是 N^2；在图 5-15（a）所示的一维分解中，一个平面中的网格点将被划分成独立计算的任务，此时任务个数是 N。在并行设计的初期，应尽可能地划分出更多的计算任务。因此，在这个例子中，三维分解方案是最优的选择。

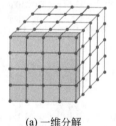 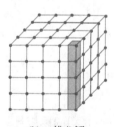 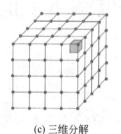

(a) 一维分解　　　　　　　(b) 二维分解　　　　　　　(c) 三维分解

图 5-15　三维网格的域分解

2. 功能分解

功能分解就是首先将计算分为多个部分，然后确定如何将数据与各部分计算相关联。如果在进行功能分解时，各计算部分所使用的数据相互独立、几乎没有交集，则开发者可以较容易地得到划分方案；而如果各个计算部分所使用的数据大量重叠，则此时应当放弃使用功能分解而改用域分解方法。

一般来说，功能分解非常适合包含多个步骤的计算，经过划分后，用户会得到通过流水线实现并发的任务集合。例如，考虑一个支持交互式图像引导脑部手术的系统，在手术期间，系统会跟踪手术器械的位置，然后将其从物理坐标转换为图像坐标，最后在监视器上显示；该系统具有三阶段的流水线并发性，即追踪器械位置→坐标转换→显示，当第1个任务跟踪下一个器械位置时，第2个任务将执行前一个位置的坐标转换，第3个任务则会显示更前一个图像。

无论选择哪种划分方法，目标都是识别尽可能多的基本任务，因为基本任务的数量决定了可利用并行性的上限。虽然域分解是很多并行算法的基础，但功能分解仍然是一种重要的方法，因为它对程序结构有着重要的影响。在很多时候，在域分解的基础上叠加使用功能分解可以更清晰地梳理应用算法的处理流程和功能分块，这对后续的程序架构和模块设计很有帮助。

5.4.2 通信

被划分出的多个任务将被并发执行，但它们通常无法被独立执行。执行一个任务的计算常常需要使用其他任务的数据，这样就需要在任务间相互传输数据，以便计算能够继续下去。本阶段的目标就是明确这些信息流动。

任务之间的通信模式可以按四个维度分类。

（1）本地通信（local communication）与全局通信（global communication）：在本地通信中，任务只与少量任务通信（被称为邻居）；而全局通信则意味着众多任务间相互通信。

（2）结构化通信（structured communication）与非结构化通信（unstructured communication）：在结构化通信中，一个任务与它的邻居构成规则的结构，如树或者网格；而非结构通信则会形成任意形状的图。

（3）静态通信（static communication）与动态通信（dynamic communication）：在静态通信中，任务的通信伙伴随时间持续不变；而动态通信中的通信伙伴则取决于计算过程中的数据，因此它们呈现动态变化的形式。

（4）同步通信（synchronous communication）与异步通信（asynchronous communication）：在同步通信中，数据的生产者和消费者以某种协作方式执行，并相互合作完成数据传输；而异步通信则没有这种协作关系。

下面对主要的几种通信模式进行分析。

1. 本地通信

本地通信的典型实例就是5.3节中介绍的模板计算（stencil computation）。以二维网格为例，每个数据元素的新值等于其上、下、左、右四个邻居元素的平均值；如果是三维网格，那么需要的邻居元素值就是8个。

2. 全局通信

全局通信需要很多任务参与数据交换，这种全局性的操作如果处理不当将很容易成为限制并行可扩展性的瓶颈。因此，将通信和计算分布到多个任务可以避免集中式的通信和计算，进而缓解这种潜在的瓶颈。

下面以一种典型的全局通信实例——并行规约说明。5.3节专门介绍过"加－规约"操作的多种实现方式，从通信角度分析，假设有8个任务：T_0、T_1、T_2、$\cdots$、T_7，每个任务拥有自己的数据（可能是前期计算结果），现在需要对这些数据进行汇总。

最直接的实现方式如图 5-16（a）所示，即使用任务 T_0 作为管理者，它从其他任务接收数据，并进行汇总计算。这种通信方式存在两方面的问题：首先，T_0 需要分别从 $T_1 \sim T_7$ 接收 7 份数据，这种通信是一对一的，因而只能顺序进行；其次，当任务数量很多时（如数千甚至更多），任务 T_0 显然会成为瓶颈，进而限制整个程序的规模扩展。

解决上述问题的方法就是将通信和计算分布到多个任务。图 5-16（b）给出了这种实现方式，实线箭头表示任务间的数据通信，虚线表示形成的树状逻辑关系。如图中所示，8 个任务两两成对通信，进行局部数据汇总，之后，拥有局部汇总数据的任务再两两成对通信，以此类推，8 个任务的数据规约操作仅需 3 步即可完成。推而广之，N 个任务的数据规约操作仅需 $\log_2 N$ 步。由于这种实现方式可以把通信和计算分布到多个任务，故其性能和可扩展性都优于集中式的通信和计算。在实践中，MPI 通信库中的集合通信操作大多采用与此类似的实现方式。

3. 非结构化及动态通信

前文讨论所涉及的主要是静态、结构化的通信，此时，任务间的通信模式是事先明确且规则的（如树、网格）。然而，求解有些问题所涉及的通信是动态、非结构化的。一个典型实例是工程计算中的有限元方法（finite element method），其计算网格不是前面所介绍的一维 / 二维 / 三维那种规则形状，而是根据不规则的物体（如机械零件）形状划分网格，图 5-17 给出了一个例子。在这种情形下，每个网格点的通信模式与数据相关，因此是不规则的，并且随着模拟过程进行，网格可能被进一步细分，这也会导致通信模式的改变。因此，这种通信是非结构化、动态的。

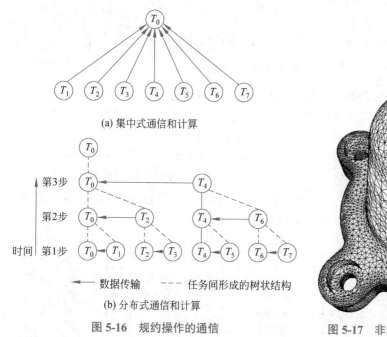

(a) 集中式通信和计算

——— 数据传输   - - - 任务间形成的树状结构

(b) 分布式通信和计算

图 5-16　规约操作的通信

图 5-17　非结构化通信的有限元网格

上述非结构化、动态的通信并不会给划分和通信这两个阶段带来很多困难。例如，对有限元方法来说，有限元图中的每个顶点可以被直接定义为一个任务，并在其每条边上定义通信。但这种通信模式会使后面两个阶段，特别使组合阶段变得更加复杂。

5.4.3 组合

划分、通信这两个阶段的重点是获得尽可能多的并行性，因此这两个阶段并不考虑并行计算机的硬件特性。然而，通过细粒度任务划分得到的任务数很可能远远超过实际可用的处理器数，如果直接让每个任务对应一个进程／线程，那么大量的进程／线程可能会导致整体性能下降。因此，后两个阶段需要考虑如何将原始任务组合成更大的任务，并将其映射到物理处理器，以降低并行开销。

本阶段的组合就是将前面阶段划分的基本任务组合成更大的任务，以提高性能或简化编程。组合的主要目标包括三个方面：①减少通信；②维持并行设计的可扩展性；③降低软件工程成本。

图 5-18 给出了一种通过组合任务减少通信的例子。如果将彼此通信的基本任务组合在一起，那么基本任务控制的数据项将位于组合任务的内存中，从而可以消除通信。如图 5-18（a）所示，由于基本任务间存在数据依赖，任务不能并发执行，那么可以通过组合任务以增加并行算法的局部性。减少通信的另一种方法是分别合并发送／接收任务组，从而减少发送消息的数量，如图 5-18（b）所示。当发送消息的总长度相同时，一般来说，发送数量少、长度更长的消息所花费的总时间更少，这是因为每次发送消息都会产生时间成本（消息延迟），且这个时间的长短几乎与发送消息的长度无关。

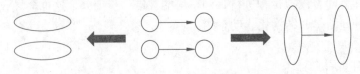

(a) 合并彼此通信的任务　　　　(b) 合并发送/接收任务

图 5-18　组合任务以减少通信

组合的第二个目标是保持并行算法的可扩展性。图 5-19 给出了三维网格组合的例子，如果对网格进行三维划分后得到的任务数过多，则需要通过组合减少任务数。本例有两种组合方案：将一行或一列的块组合到一起（如图中左侧所示），或者将一个块的相邻块组合到一起（如图中右侧所示）。从可扩展性角度考虑，显然，第二种方案（也就是组合成较大块的方案）更好。这是因为第一种组合方案得到的任务数与三维网格规模相关（等于行数或列数），不便被灵活地映射给可用的处理器，而第二种组合方案的块大小可以灵活设置，这样就便于根据可用的处理器个数控制进程／线程数。

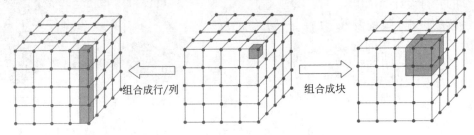

组合成行/列　　　　　　　　　　组合成块

图 5-19　组合任务以提升可扩展性

组合的第三个目标是降低软件工程成本（编程工作量）。在将串行程序并行化时，组合可以获得较为完整的处理步骤或功能模块，尽可能重用已有的串行代码，进而减少开发并行程序的时间和工程量。

5.4.4　映射

映射就是将组合后的任务分配给处理器的过程。映射的目标是最大程度地提高处理器利用率并减少处理器间的通信开销。处理器利用率是处理器执行任务（活跃状态）的平均时间百分比。当计算相对均衡时，所有处理器同时开始和结束执行，处理器利用率将被最大化。相反，当有处理器处于空闲状态而其余处理器处于忙碌状态时，处理器利用率就会下降。当彼此关联的两个任务（有通信关系）被映射到不同的处理器时，处理器间的通信会增加。然而，提升处理器利用率与降低处理器间通信这两个目标往往直接存在冲突。一个极端的例子是，假设有 p 个处理器，将所有任务映射到同一个处理器可以使处理器间的通信为 0，但处理器利用率将被降低为原来的 $1/p$。因此，映射的最终目标是找到最大化利用率和最小化通信之间的合理权衡。大多数情况下，采用启发式方法可以获得令人满意的映射方案。

在使用域划分方法划分问题时，组合步骤之后得到的任务通常大小相近，这意味着任务之间的负载较为均衡。如果任务之间的通信模式是规则的，那么可以创建 p 个使通信最小化的组合任务，并将这些组合任务一一映射到处理器。有些情况下，尽管通信模式是规则的，但执行每个任务所需的时间差距较大。此时，如果附近的任务具有相似的计算要求，则任务与处理器之间的循环映射或交错映射可以平衡负载，但代价是付出较高的通信成本。

有些问题会导致任务之间存在非结构化通信模式（如前面介绍的有限元分析）。在这种情形下，将任务合理地映射到处理器会显得尤为重要，因为好的映射方案可以降低并行程序的通信开销。开发者可以在程序开始前执行静态负载均衡算法以确定映射策略。然而，在任务数不固定，或者任务在运行时的通信或计算要求差别很大时，开发者就需要采用动态负载均衡算法。在并行程序执行期间，动态负载均衡算法可以分析当前任务并生成任务到处理器间的映射。最后，一些并行算法被设计为可以创建短期任务来执行特定功能，其任务之间没有相互通信，每个任务解决一个子问题，并随该子问题的解决方案一起返回，此时，可以采取**集中式**（centralized）或**分布式**（distributed）任务调度算法将任务映射到指定的处理器中。

在 PCAM 设计方法的四个阶段中，前两个阶段聚焦于应用问题求解，与具体硬件和进程/线程数无关，通过尽可能细粒度地划分任务，发掘应用问题求解算法中可能的并行性，为后续的并行设计提供更大的灵活性，同时明确这些细粒度任务之间的通信关系，那么可以为后续的进程/线程设置提供依据；设计方法的后两个阶段聚焦于具体硬件和进程/线程划分，即根据可用的处理器数确定如何划分进程/线程，在前期进行细粒度任务划分的情况下，得到的可并行任务数往往远远大于预期的进程/线程数，这时，就可以把相互关联密切的任务合并成较大的任务，并将之交由进程/线程来完成。

需要说明的是，PCAM 方法只是为并行设计提供了一种高层的指导原则，其整体思想对并行设计具有参考价值和指导意义，但完全套用这种方法并不能直接设计出并行方案。在实际应用中，并行设计仍然需要开发者在深入理解数学/物理模型及算法原理的基础上，通过"分析－设计－测试－改进优化"的多次迭代形成满足需求的并行方案和并行程序。

◈ 5.5 小 结

并行程序的性能优化是一个非常复杂的问题，即使经过多年的研究和探索，业内目前也还没有一种通用的性能优化方法。本章只是初步介绍并行程序性能优化时需要考虑的因素和一些常用的方法。

作为一种体系结构领域的经典定律，Amdahl 定律对优化并行程序性能具有很强的指导意义，即设计并行程序或对并行程序进行性能优化时，应优先选取执行频率较高，或在程序总执行时间中占比最高的部分进行并行化或性能优化。

并行程序性能往往难以获得线性加速比，这主要是受到了一系列因素的影响，包括并行开销、负载均衡、并行粒度、并行划分、依赖关系、局部性等。本章对这些因素进行了逐个分析，并介绍了设计并行程序时应考虑的问题。

性能可扩展性是衡量并行程序的重要指标。本章介绍了性能可扩展性的概念，并分析了强可扩展和弱可扩展两种方式。在此基础上，给出了确保并行程序性能可扩展的"独立计算块"原则，即让每个进程/线程负责足够大并且独立的计算任务。在进行数据划分时，根据独立计算块原则，也有一些需要重点考虑的方法，本章通过几个实例对这一问题进行了分析。

最后，本章给出了一种并行算法设计方法——PCAM 设计方法，该方法将并行算法设计分为四个步骤，分别是划分、通信、组合和映射，对于一个给定的应用问题，开发者可以通过以上步骤完成该问题的并行算法设计。

◈ 习 题

1. Amdahl 定律对并行编程人员的启示是什么？

2. 影响程序性能的主要因素有哪些？

3. 在消息传递型系统中，请分析把并行程序中传输 5 条长度 1KB 消息的操作合并成传输 1 条长度 5KB 消息后对程序性能的影响。

4. 回顾第 2 章中关于锁的粒度的讨论，以此为例分析同步对程序性能的影响。

5. 假设某程序串行执行时间为 100 分钟，现使用 10 个进程在 10 个处理器并行执行，理想情况下，程序并行执行时间应当是多少？如果程序开始执行后，每经过 20 分钟就有 1 个进程完成计算任务并停止执行，那么程序的执行时间将是多少？

6. 程序中的数据依赖关系有哪几种？哪种依赖关系可以在编程时得以避免？试举例说明。

7. 什么是并行程序的可扩展性？什么是易并行计算？强可扩展和弱可扩展的区别是什么？

8. 设计并行程序时考虑的独立计算块原则是指什么？

9. 用 OpenMP 实现 5.3.3 节中给出的两种矩阵乘法程序，并对比相同矩阵规模和相同线程下两种程序的性能，体会数据局部性对程序性能的影响。

10. 在 5.3.3 节针对模板计算进行数据划分的例子中，按行划分方式的消息条数少于按块划分方式，这意味着通信开销更小，为什么分析结论是按块划分方式更优？

11. 什么是树状结构的帽子分配？假设要对一棵树进行并行搜索，请用 MPI 或 Pthreads 编写帽子分配方案的伪代码。

12. 回答以下关于数据依赖图的问题：

（1）数据并行和任务并行的数据依赖图分别是怎样的？

（2）矩阵相乘是数据并行还是任务并行？为什么？

（3）以处理器的指令流水线为例说明若干串行处理步骤如何并行化，尝试举出一种并行编程中可以使用流水线的例子。

13. 简述 PCAM 并行设计方法的过程。

第 6 章

典型并行应用算法

并行应用算法种类繁多，跨越各个应用领域，很难一一全面地介绍。本章将介绍几种典型且常用的并行应用算法，包括矩阵相乘、线性方程组求解、排序和快速傅里叶变换算法，这些算法被广泛应用在多个领域，因此又被称为**基础算法**。希望读者学习这些算法的基本原理及设计，进一步熟悉、掌握和运用并行算法的设计和优化方法。

◈ 6.1 矩 阵 相 乘

本书前面各章已经讨论了不同版本的矩阵相乘程序，本节重点讨论基于分块的矩阵乘法。划分矩阵的数据可采用按行、按列、按块三种方式，其中按行、按列划分的并行任务数与矩阵行、列数相关联，故其灵活性受到一定限制，而按块划分没有这个问题。此外，按块划分常常还可以减少任务间的通信量，第 5 章中讨论的模板计算就属于这种情形。因此，在矩阵相关的算法中，分块是最为常见的划分方式。下面首先介绍基本的分块矩阵乘法，之后介绍一种改进的分块矩阵相乘算法——Cannon 算法。

6.1.1 基于分块的并行矩阵相乘

下文首先通过一个例子说明分块矩阵乘法的原理。

假设要计算两个 4×4 矩阵相乘 $A\times B=C$，如图 6-1 所示。

$$\begin{bmatrix} a_{0,0} & a_{0,1} & a_{0,2} & a_{0,3} \\ a_{1,0} & a_{1,1} & a_{1,2} & a_{1,3} \\ a_{2,0} & a_{2,1} & a_{2,2} & a_{2,3} \\ a_{3,0} & a_{3,1} & a_{3,2} & a_{3,3} \end{bmatrix} \times \begin{bmatrix} b_{0,0} & b_{0,1} & b_{0,2} & b_{0,3} \\ b_{1,0} & b_{1,1} & b_{1,2} & b_{1,3} \\ b_{2,0} & b_{2,1} & b_{2,2} & b_{2,3} \\ b_{3,0} & b_{3,1} & b_{3,2} & b_{3,3} \end{bmatrix} = \begin{bmatrix} c_{0,0} & c_{0,1} & c_{0,2} & c_{0,3} \\ c_{1,0} & c_{1,1} & c_{1,2} & c_{1,3} \\ c_{2,0} & c_{2,1} & c_{2,2} & c_{2,3} \\ c_{3,0} & c_{3,1} & c_{3,2} & c_{3,3} \end{bmatrix}$$

图 6-1　两个 4×4 矩阵相乘

上述 4×4 矩阵可被分成四个 2×2 子矩阵（如图 6-1 中虚线所示），则矩阵乘法可被转换为 2×2 的分块矩阵乘法，如图 6-2（a）所示，分块矩阵中的每个元素均为 2×2 的子矩阵，如图 6-2（b）所示。矩阵 C 中四个分块 $C_{0,0}$、$C_{0,1}$、

$C_{1,0}$、$C_{1,1}$ 的计算分别对应 2×2 子矩阵相乘。这样，4×4 矩阵的乘法就被转换为四个 2×2 子矩阵的乘法，且这四个子矩阵乘法操作相互独立，因此可以并行进行。

$$\begin{bmatrix} A_{0,0} & A_{0,1} \\ A_{1,0} & A_{1,1} \end{bmatrix} \times \begin{bmatrix} B_{0,0} & B_{0,1} \\ B_{1,0} & B_{1,1} \end{bmatrix} = \begin{bmatrix} C_{0,0} & D_{0,1} \\ C_{1,0} & D_{1,1} \end{bmatrix}$$

(a) 分块矩阵

$$A_{0,0} = \begin{bmatrix} a_{0,0} & a_{0,1} \\ a_{1,0} & a_{1,1} \end{bmatrix} \quad A_{0,1} = \begin{bmatrix} a_{0,2} & a_{0,3} \\ a_{1,2} & a_{1,3} \end{bmatrix} \quad A_{1,0} = \begin{bmatrix} a_{2,0} & a_{2,1} \\ a_{3,0} & a_{3,1} \end{bmatrix} \quad A_{1,1} = \begin{bmatrix} a_{2,2} & a_{2,3} \\ a_{3,2} & a_{3,3} \end{bmatrix}$$

$$B_{0,0} = \begin{bmatrix} b_{0,0} & b_{0,1} \\ b_{1,0} & b_{1,1} \end{bmatrix} \quad B_{0,1} = \begin{bmatrix} b_{0,2} & b_{0,3} \\ b_{1,2} & b_{1,3} \end{bmatrix} \quad B_{1,0} = \begin{bmatrix} b_{2,0} & b_{2,1} \\ b_{3,0} & b_{3,1} \end{bmatrix} \quad B_{1,1} = \begin{bmatrix} b_{2,2} & b_{2,3} \\ b_{3,2} & b_{3,3} \end{bmatrix}$$

$$C_{0,0} = \begin{bmatrix} c_{0,0} & c_{0,1} \\ c_{1,0} & c_{1,1} \end{bmatrix} \quad C_{0,1} = \begin{bmatrix} c_{0,2} & c_{0,3} \\ c_{1,2} & c_{1,3} \end{bmatrix} \quad C_{1,0} = \begin{bmatrix} c_{2,0} & c_{2,1} \\ c_{3,0} & c_{3,1} \end{bmatrix} \quad C_{1,1} = \begin{bmatrix} c_{2,2} & c_{2,3} \\ c_{3,2} & c_{3,3} \end{bmatrix}$$

(b) 子矩阵定义

$$C_{0,0} = A_{0,0} \times B_{0,0} + A_{0,1} \times B_{1,0}$$
$$C_{0,1} = A_{0,0} \times B_{0,1} + A_{0,1} \times B_{1,1}$$
$$C_{1,0} = A_{1,0} \times B_{0,0} + A_{1,1} \times B_{1,0}$$
$$C_{1,1} = A_{1,0} \times B_{0,1} + A_{1,1} \times B_{1,1}$$

(c) 分块矩阵乘法的计算公式

图 6-2　对 4×4 矩阵进行分块矩阵相乘

通过上面的例子可以看出，分块矩阵乘法的原理就是将矩阵分成多个子矩阵（"块"），进而将矩阵乘法转换为多个子矩阵的乘法，且这些分块矩阵乘法相互独立，可以并行进行。如图 6-3 所示。

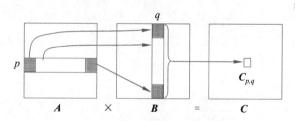

图 6-3　分块矩阵乘法示意

可能有读者会问：对矩阵分块时，如果矩阵的行、列数不能被块大小整除，也就是不能分成整数个块，那么应当如何处理？针对这种情形的常用处理方法是：仍然按照整数块进行处理，此时分块矩阵的最右侧列、最底部行的块中仅有部分有效数据，而在程序中对行、列号进行边界检查则可以避免处理无效数据。

6.1.2　改进的分块矩阵相乘——Cannon 算法

Cannon 算法是前述分块矩阵乘法的改进版，主要用于降低分块矩阵相乘的存储空间占用。

假设在集群系统中用 MPI 实现并行矩阵相乘，以前面的 4×4 矩阵分块乘法为例，矩阵被分成 4 个块后，可以被分配给 4 个进程实现并行相乘。假设进程 P_0 负责计算第一块，即块 $C_{0,0}$，则该进程只存储 $C_{0,0}$ 对应的源矩阵块 $A_{0,0}$、$B_{0,0}$ 是不够的，因为按照分块矩阵乘法的计算公式

$$C_{0,0} = A_{0,0} \times B_{0,0} + A_{0,1} \times B_{1,0} \tag{6-1}$$

进程 P_0 还需要存储源矩阵块 $A_{0,1}$ 和 $B_{1,0}$，其他三个进程也需满足同样的要求。推而广之，当矩阵更大、分块数更多时，分块矩阵乘法中的每个进程都需存储分块矩阵的一行和一列，存储空间占用将由 $O(n^2)$ 变为 $O(n^3)$。如果矩阵规模很大，那么甚至可能由于内存容量问题导致计算无法进行。

Cannon 算法就是针对上述问题进行的改进。算法的思路是让每个进程只存储两个块，并将计算过程分成多步，每一步通过块在行、列方向循环移位，使每个进程获得新的块，并完成乘 – 加计算，重复每个步骤，直到行列块被遍历，至此完成矩阵相乘。

Cannon 算法的描述如下。

将 $n \times n$ 矩阵 A、B 分成 p 个块：$A_{i,j}$、$B_{i,j}$，$i, j = 0, 1, 2, \cdots, \sqrt{p} - 1$，每个块的大小为 $(n/\sqrt{p}) \times (n/\sqrt{p})$，将这些块分配给 p 个进程，其中进程 $P_{i,j}$ 负责计算块 $C_{i,j}$，并在初始时存有块 $A_{i,j}$ 和 $B_{i,j}$。

算法流程如图 6-4 所示。此算法在初始时首先会将数据对齐，目的是让每个进程获得需要计算的两个块，随后进入一个多步循环；在每一步、每个进程计算两个块的乘积，随后将块按照行、列循环移位，以便进程获得下一步要计算的块，直到行 / 列中的所有块被循环一遍；此时，每个进程都遍历了一行块和一列块，也就完成了矩阵 C 中对应块的计算。

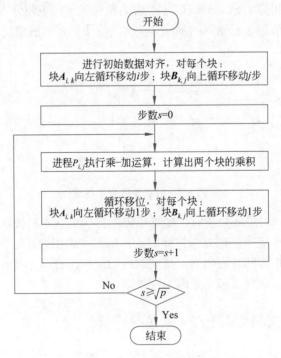

图 6-4　Cannon 算法流程图

图 6-5 通过一个例子给出了 Cannon 算法的计算过程。在这个例子中，矩阵 A、B 分

别被分成 4×4 共 16 个块，如图 6-5（a）和图 6-5（b）所示，其中，$A_{i,j}$、$B_{i,j}$ 均为子矩阵（块）；经过初始数据对齐后，进程拥有的块分布如图 6-5（c）所示；经过第 1、2、3 步计算和循环移位后，进程拥有的块分布分别如图 6-5（d）、图 6-5（e）、图 6-5（f）所示。

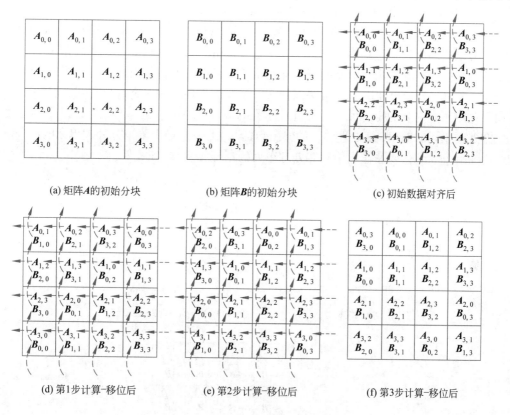

(a) 矩阵 A 的初始分块　　　(b) 矩阵 B 的初始分块　　　(c) 初始数据对齐后

(d) 第1步计算-移位后　　　(e) 第2步计算-移位后　　　(f) 第3步计算-移位后

图 6-5　Cannon 算法计算过程示例

通过 Cannon 算法原理可以看出，它的典型适用场景是消息传递型系统中的 MPI 并行编程，作用是减少各个节点上的内存占用。当矩阵规模非常大时，受到内存空间限制，每个进程存储分块矩阵的一行和一列可能无法做到，此时 Cannon 算法就成为必然的选择。此外，Cannon 算法也可以用于一些异构系统，在这些系统中，计算部件的局部存储容量有限，通过使用 Cannon 算法，可以支持更大规模的矩阵乘法，或者利用高速局部存储器实现更高性能的矩阵相乘。需要说明的是，在通用 CPU 这种共享内存系统中使用多线程并行编程时，由于多个线程共享内存，每个线程都可以访问矩阵的所有块，因此可以直接使用分块矩阵乘法，此时如果使用 Cannon 算法，每一步的块循环移位就成为不必要的操作，反而会增加额外开销。

6.1.3　支持矩阵相乘的专用硬件——脉动阵列

矩阵相乘的计算复杂度为 $O(n^3)$，当矩阵规模较大，或者需要频繁进行矩阵相乘时，计算复杂度就会对程序性能产生较大影响。为了提高矩阵相乘的性能，除了前面介绍的并行算法外，在硬件层面也提供了专门支持。本书第 1 章介绍的向量部件就是一种可用于加速矩阵相乘的典型硬件架构，传统的向量部件支持两个一维向量相乘，也就是一步最多可以完成 n 次乘法运算（$n \leqslant$ 向量部件宽度），矩阵相乘共需要 n^2 步才可以完成。下面介绍一种被专门用于矩阵相乘的硬件部件——脉动阵列（systolic array），它每一步最多可以完成 n^2 次乘法运算，最快可以仅用 n 步完成矩阵相乘。

脉动阵列（systolic array）的组成结构如图 6-6 所示。图 6-6（a）给出了一个 4×4 脉动阵列的组成结构，它包括多个处理单元（processing element, PE），这些处理单元互连形成二维网状结构；每个处理单元进行矩阵元素的乘-加运算，其内部结构如图 6-6（b）所示；可以看出，处理单元由一个乘法部件、一个加法部件和一个寄存器构成，其中，寄存器用于存放预先加载的矩阵元素，而处理单元的输入为另一个矩阵的元素，以及该处理单元上方处理单元的输出，该处理单元的输出包括两个，一是输出给下方处理单元的部分乘-加和（partial sum），以及输出给右侧处理单元的矩阵元素。

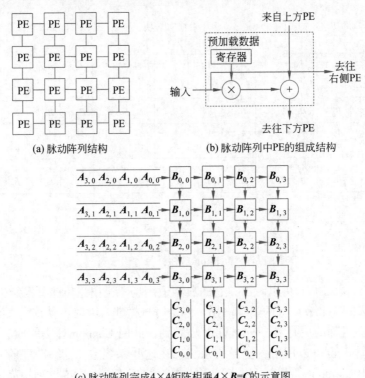

(a) 脉动阵列结构　　(b) 脉动阵列中PE的组成结构

(c) 脉动阵列完成4×4矩阵相乘 $A \times B = C$ 的示意图

图 6-6　用于矩阵相乘的脉动阵列结构

图 6-6（c）给出了两个 4×4 矩阵相乘的运行示意图。其中，矩阵 B 的元素预先加载到各处理单元的内部寄存器中，而矩阵 A 的各行元素作为脉动阵列的输入，脉动阵列在周期控制信号的作用下工作，在每个周期，矩阵 A 的一行元素被输入脉动阵列，同时，脉动阵列中的各处理单元完成矩阵元素的乘-加运算，并输出结果矩阵的元素。在数据加载完毕的情况下，每个周期可以完成 n^2 次矩阵元素的乘-加运算，并输出结果矩阵的一行元素，这显然可以大大加速矩阵相乘的性能。脉动阵列在周期性控制信号的驱动下工作，这类似人类和动物的心跳搏动，这也是这种运算部件名称的来源（systolic 是一个医学用语，意为心脏收缩）。

脉动阵列是一种历史悠久的经典体系结构。在几十年前就被向量计算机采用，但随后经历了很长时间的相对沉寂，近几年随着深度学习技术的快速发展，这种体系结构再次引起人们关注，已经有不止一种面向深度学习的处理器 / 加速器使用脉动阵列结构加速矩阵相乘。其主要原因是深度神经网络中的卷积运算和权值更新操作的基础运算就是矩阵相乘。

在了解脉动阵列结构之后，相信不少人会有一个问题：既然使用脉动阵列可以实现并行矩阵相乘，那么是否还需要用多线程 / 进程实现并行矩阵相乘呢？事实上，脉动阵列结构的规模总是有限的，单个部件通常最多支持数百维的矩阵相乘，而要实现大规模矩阵相乘，那么仍然需要采用分块并行方法。更进一步，在设计矩阵相乘程序时，根据底层硬件的脉动阵列规模进行矩阵分块，并利用脉动阵列实现并行的块矩阵相乘，可以获得更好的加速效果。

6.2　线性方程组的直接求解

6.2.1　线性方程组及其求解方法简介

许多科学和工程问题可以归结为线性方程组求解，产生这些问题的领域包括结构分析、热传递、回归分析等。由于源自实际问题的线性系统通常很大，因此应该学习如何在并行计算机上对其进行高效求解。

包含 n 个变量 $x_0, x_1, \cdots, x_{n-1}$ 的**线性方程**（linear equation）可以表示为

$$a_0x_0+a_1x_1+\cdots+a_{n-1}x_{n-1}=b \tag{6-2}$$

由上述多个线性方程构成的方程组称为线性方程组（linear equation system），又称为**线性系统**（linear system）。假设方程组中的方程个数为 m，变量个数为 n，线性方程组求解通常讨论的是 $m=n$ 的情形。

包含 n 个变量的线性方程组表示为

$$\begin{aligned} a_{0,0}x_0+a_{0,1}x_1+\cdots+a_{0,n-1}x_{n-1}&=b_0 \\ a_{1,0}x_0+a_{1,1}x_1+\cdots+a_{1,n-1}x_{n-1}&=b_1 \\ &\vdots \\ a_{n-1,0}x_0+a_{n-1,1}x_1+\cdots+a_{n-1,n-1}x_{n-1}&=b_{n-1} \end{aligned} \tag{6-3}$$

用矩阵方式可表示为

$$\boldsymbol{Ax}=\boldsymbol{b} \tag{6-4}$$

其中，$\boldsymbol{A}$ 是一个 $n\times n$ 矩阵，被称为系数矩阵；$\boldsymbol{x}$ 和 $\boldsymbol{b}$ 均为 n 维向量，$\boldsymbol{x}$ 被称为解向量。

求解线性方程组常用到几种特殊形态的系数矩阵。图 6-7 以 4×4 矩阵为例画出了这几种矩阵的形态，图中的 × 表示该元素的值不等于 0，未画出的元素值为 0。

$$\begin{pmatrix} \times & \times & \times & \times \\ & \times & \times & \times \\ & & \times & \times \\ & & & \times \end{pmatrix} \quad \begin{pmatrix} \times & & & \\ \times & \times & & \\ \times & \times & \times & \\ \times & \times & \times & \times \end{pmatrix} \quad \begin{pmatrix} \times & & & \\ & \times & & \\ & & \times & \\ & & & \times \end{pmatrix} \quad \begin{pmatrix} 1 & & & \\ & 1 & & \\ & & 1 & \\ & & & 1 \end{pmatrix}$$

(a) 上三角矩阵　(b) 下三角矩阵　(c) 对角矩阵　(d) 单位矩阵

图 6-7　几种特殊形态的系数矩阵

上述几种矩阵的定义如下。

（1）上三角矩阵（upper triangular）：当 $i>j$ 时，$a_{i,j}=0$。

（2）下三角矩阵（lower triangular）：当 $i<j$ 时，$a_{i,j}=0$。

（3）对角矩阵（diagonal）：当 $i\neq j$ 时，$a_{i,j}=0$。

（4）单位矩阵（identity matrix）：对角线元素全为 1 的对角矩阵。

（5）正定矩阵（positive definite）：给定矩阵 A，若对于每个非零向量 x 和它的转置向量 x^T，乘积 $x^T Ax>0$，则 A 为**正定矩阵**。

线性方程组的求解算法可以分为**直接求解法**和**迭代求解法**两大类。

1. 直接法

所谓直接法，就是通过有限步的运算求得线性方程组的精确解析解。此处所说的"精确"是数学意义上的精确。在实际应用中，由于浮点数计算存在舍入误差，直接法求出的解也存在一定的误差。

线性方程组的直接求解方法以**高斯消去法**为基础，经过多年发展，该法派生出了多个变种，并针对特殊形态方程组（如系数矩阵为对称矩阵、带状矩阵等）提出了多种优化求解算法。这些算法都是针对线性方程组的系数矩阵进行分解，因此又被称为矩阵分解算法。在将系数矩阵分解为三角矩阵后，即可通过回代方法实现线性方程组求解。

以高斯消去法为核心的 LU 分解算法用于通用的稠密矩阵分解，本节后面将介绍该算法的原理。对于特殊形态矩阵的分解，典型的有：用于对称矩阵分解的 LDL^T 算法，以及用于对称正定矩阵分解的 Cholesky 算法等。另外，QR 分解算法将矩阵分解为正交矩阵与三角矩阵的乘积，可以用于求解最小二乘问题、矩阵特征值，以及线性系统等。

2. 迭代法

所谓迭代法就是通过多次迭代逐渐逼近线性方程组的精确解，这在数学上讲是一个极限过程。在实际应用中，迭代次数总是有限的。因此，可以认为迭代法求得的是近似解。

迭代法的迭代次数与求解精度密切相关，通常迭代次数越多，求解精度也就越高，但同时求解时间也将越长。因此，迭代次数常常被视为用户设置的一个重要参数。

使用迭代法的前提是该线性系统具有收敛的性质。常见的迭代法求解算法包括雅克比（Jacobi）迭代、高斯 - 赛德尔（Gauss-Seidel）迭代、逐次过度松弛（SOR）迭代，以及共轭梯度法（CG）、广义最小余项法等。为了加速收敛速度，还可以使用预处理的方法处理初始解。迭代法具有占用存储空间少、程序设计简单、原始系数矩阵在计算过程中始终不变等优点，但存在收敛性及收敛速度问题。

在实际应用中，直接法和迭代法在线性方程组的求解中均有应用。具体选用何种算法需要综合考虑数学物理模型、数据量、求解精度要求等多种因素。一般来说，求解阶数较小的稠密线性方程组常采用直接法；而对于阶数很高的稀疏线性方程组，如果采用直接法求解，则可能存在时间复杂度高、存储空间占用过大等问题，因此人们常采用迭代法求解。例如，求解偏微分方程时，在将其离散化后，最终将之归结为求解高阶稀疏线性方程组，通过使用压缩数据格式存储稀疏矩阵，配合使用迭代法求解，可以将存储空间和求解时间控制在可接受的范围内。近年来随着以深度学习为代表的人工智能技术发展，在迭代求解过程中使用人工智能技术可以大幅降低迭代求解的计算量和计算时间。

6.2.2 三角方程组的回代求解

如果一个线性方程组的系数矩阵为三角矩阵，则该线性方程组为三角方程组。处理这种特殊形态的方程组可以直接使用回代方法（back substitution）求解。

对于如下三角方程组

$$
\begin{aligned}
a_{0,0}x_0 + a_{0,1}x_1 + a_{0,2}x_2 + \cdots + a_{0,n-1}x_{n-1} &= b_0 \\
a_{1,1}x_1 + a_{1,2}x_2 + \cdots + a_{1,n-1}x_{n-1} &= b_1 \\
a_{2,2}x_2 + \cdots + a_{2,n-1}x_{n-1} &= b_2 \\
\vdots \\
a_{n-1,n-1}x_{n-1} &= b_{n-1}
\end{aligned}
\tag{6-5}
$$

由于最底下一行（第 $n-1$ 行）仅有一个未知数，可直接求得 x_{n-1}。

$$
x_{n-1} = \frac{b_{n-1}}{a_{n-1,n-1}}
\tag{6-6}
$$

将 x_{n-1} 回代到倒数第二行（第 n-2 行），可以求得 x_{n-2}。

$$
x_{n-2} = \frac{b_{n-2} - a_{n-2,n-1}x_{n-1}}{a_{n-2,n-2}}
\tag{6-7}
$$

以此类推，通过逐行回代可实现方程组求解。对第 i 行，有

$$
x_i = \frac{b_i - \sum_{j=i+1}^{n-1} a_{i,j}x_j}{a_{i,i}}
\tag{6-8}
$$

代码清单 6-1 给出了以上回代过程的顺序伪代码。

代码清单 6-1 三角方程组回代求解的串行伪代码。

```
1   for ( i = n-1; i >= 0; i-- )
2   {
3     x[i] = b[i] / a[i][i];
4     for ( j = 0; j < i; j++ )
5     {
6         b[j] = b[j] - a[j][i] * x[i];
7         a[j][i] = 0;
8     }
9   }
```

通过分析伪代码可知，回代过程的时间复杂度为 $O(n^2)$，具体的计算操作数为 $2n^2-n$。

6.2.3 高斯消去法

根据 6.2.2 节的内容，在求解通用线性方程组时，只要将其转换为三角方程组，就可以使用回代法实现求解。这一转换可以通过高斯消去法完成。

高斯消去法（gaussian elimination）又被称为高斯消元法。该方法可以通过一系列初等行变换将线性方程组的系数矩阵转换为三角矩阵，它利用了线性方程组的一个基本特性，即线性方程组中的任一方程均可由该方程加上另一个方程乘以一个常数代替。

以下面的线性方程组为例。

$$a_{0,0}x_0 + a_{0,1}x_1 + \cdots + a_{0,n-1}x_{n-1} = b_0$$
$$a_{1,0}x_0 + a_{1,1}x_1 + \cdots + a_{1,n-1}x_{n-1} = b_1$$
$$\vdots$$
$$a_{n-1,0}x_0 + a_{n-1,1}x_1 + \cdots + a_{n-1,n-1}x_{n-1} = b_{n-1}$$

（6-9）

可以用该方程组的第 0 行将其他各行的第 0 列清零（即变量 x_0 的系数）。以第 1 行为例，将第 0 行乘以选定常数（$-a_{1,0}/a_{0,0}$），即可将 x_0 的系数 $a_{1,0}$ 清零。

$$a_{1,0} + a_{0,0} \times \left(\frac{-a_{1,0}}{a_{0,0}}\right) = 0$$

（6-10）

以此类推，可以用第 0 行将方程组其下各行的第 0 列清零，用第 1 行将其下各行的第 1 列清零，如图 6-8 所示。

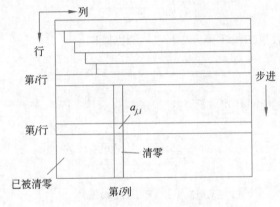

图 6-8　高斯消去过程示意

更一般地，用第 i 行消去第 j 行的第 i 列的计算公式如下。

$$a_{j,i} + a_{i,i} \times \left(\frac{-a_{j,i}}{a_{i,i}}\right) = 0$$

（6-11）

依照以上过程即可将线性方程组转换为三角方程组，或者说，将系数矩阵转换为三角矩阵。

在使用第 i 行消去下方各行时，行 i 被称为**主元行**（**pivot row**）。由前面的计算公式可知，主元行的系数 $a_{i,i}$ 将被用作分母，如果该系数的值为 0 或接近于 0，将无法完成上述计算。此时需要考虑**局部选主元**（**partial pivoting**），即在该行下面的各行找出第 i 列系数值最大的行，将其与第 i 行交换，完成交换后，继续进行高斯消去。

6.2.4　LU 分解算法

1. LU 分解算法原理

LU 分解（LU decomposition 或 LU factorization）是**高斯消去法的矩阵表示**。顾名思义，LU 分解就是将一个矩阵分解为一个下三角单位矩阵（L）和一个上三角矩阵（U）的乘积，即

$$A = LU \qquad (6\text{-}12)$$

LU 分解是直接法求解线性方程组算法中最为基础和经典的算法，应用广泛。为了更好地理解该算法，下面给出一个简单的 LU 分解的例子。

假设对如下 3×3 矩阵 A 进行 LU 分解。

$$A = \begin{bmatrix} 1 & 3 & 5 \\ 4 & 6 & 2 \\ 2 & 9 & 7 \end{bmatrix} \qquad (6\text{-}13)$$

根据高斯消去法执行第一次消去过程，用第 0 行消去第 1、2 行的第 1 列，系数分别为 -4、-2。矩阵变为

$$A^{(2)} = \begin{bmatrix} 1 & 3 & 5 \\ 0 & -6 & -18 \\ 0 & 3 & -3 \end{bmatrix} \qquad (6\text{-}14)$$

随后执行第二次消去过程，用第 1 行消去第 2 行的第 2 列，系数为 1/2。矩阵变为

$$A^{(3)} = \begin{bmatrix} 1 & 3 & 5 \\ 0 & -6 & -18 \\ 0 & 0 & -12 \end{bmatrix} \qquad (6\text{-}15)$$

上述矩阵 $A^{(3)}$ 即为分解得到的矩阵 U，而将消去过程所用系数的相反数填入矩阵下三角部分（单位矩阵对角线元素为 1），即得到矩阵 L

$$U = \begin{bmatrix} 1 & 3 & 5 \\ 0 & -6 & -18 \\ 0 & 0 & -12 \end{bmatrix} \quad L = \begin{bmatrix} 1 & 0 & 0 \\ 1 & 0 & 0 \\ 0 & -1/2 & 1 \end{bmatrix} \qquad (6\text{-}16)$$

通过矩阵相乘可以验证：$L \times U = A$，即系数矩阵 A 被分解为上三角矩阵 U 和下三角矩阵 L 的乘积。

在以上例子的基础上，下面给出 LU 分解的数值计算方法。

由矩阵 LU 分解定理，有

$$A = LU \qquad (6\text{-}17)$$

根据矩阵乘法，有

$$a_{1i} = u_{1i}, \ i = 0, 1, 2, \cdots, n-1 \qquad (6\text{-}18)$$

可以得到 U 的第一行元素。

$$a_{i1} = l_{i1} u_{11}, \ l_{i1} = \frac{a_{i1}}{u_{11}}, \quad i = 0, 1, 2, \cdots, n-1 \qquad (6\text{-}19)$$

可以得出 L 的第一列元素。之后计算 U 的第 r 行，L 的第 r 列元素时可按照以下公式计算：

$$\begin{cases} u_{ri}=a_{ri}-\sum_{k=1}^{r-1}l_{rk}u_{ki}, \, i=r, r+1, \cdots, n \\ l_{ir}=(a_{ir}-\sum_{k=1}^{r-1}l_{ik}u_{kr})/u_{rr}, \, i=r+1, \cdots, n, r \neq n \end{cases} \qquad (6\text{-}20)$$

上述分解公式又被称为杜利特尔分解（Doolittle decomposition）。

从 LU 分解算法原理以及上述公式可以得出以下结论。

（1）矩阵 U 中元素是按行计算的，行中元素的计算依赖于 U 之前的行与 L 之前的列，并且行中元素可并行计算。

（2）矩阵 L 中元素是按列计算的，列中元素的计算依赖于 U 之前的行与 L 之前的列，以及 U 中该行对应的对角元素，并且列中元素可并行计算。

下面简单分析 LU 分解算法的计算复杂度。

在矩阵 LU 分解过程中，消除矩阵中的下三角元素 a_{ij} 需要一次除法运算、n 次乘法运算和 n 次加法运算。

从右往左并且按列对所有的操作数进行求和，可以得到总操作数为

$$\begin{aligned} \sum_{j=0}^{n-2}\sum_{i=0}^{j-1}2(j+1)+1 &= \sum_{j=0}^{n-2}2(j+1)+j \\ &= 2\sum_{j=0}^{n-2}j^2+3\sum_{j=0}^{n-2}j \\ &= \frac{2}{3}n^3+\frac{1}{2}n^2-\frac{7}{6}n \end{aligned} \qquad (6\text{-}21)$$

因此，进行一次 LU 分解所需的浮点运算次数为 $\frac{2}{3}n^3+\frac{1}{2}n^2-\frac{7}{6}n$，算法的时间复杂度为 $O(n^3)$。

2. 算法伪代码

代码清单 6-2 给出了带有局部选主元的 LU 分解算法伪代码。该伪代码采用在原矩阵上工作的方式以节省存储空间，执行结束后，矩阵 A 的上三角部分即为矩阵 U 的上三角部分，而对角线以下的部分为矩阵 L 的对角线下方元素，由于矩阵 L 的对角线元素值为 1，故可不存储。

代码清单 6-2 局部选主元的 LU 分解算法伪代码。

```
1    for ( k = 0; k < n-1; k++ )
2    {
3        局部选主元 : {
4            对 l=k,k+1,k+2,…,n-1, 找出 a[l][k] 最大的行 ;
5            if ( l <> k ) 则交换第 k、l 两行 ;
6        }
7        for ( i = k; i < n; i++ )
8        {
9            a[i][k] = a[i][k] / a[k][k];   /* 计算矩阵L的元素 */
10           for ( j = k; j < n; j++ )
11               a[i][j] = a[i][j] - a[i][k] * a[k][j];
12       }
13   }
```

6.2.5 并行 LU 分解：逐行交错条带划分和块 – 循环分配

LU 分解在稠密线性方程组求解中处于核心地位，在所有的主流计算平台上都可以找到该算法的并行实现。由于该算法计算复杂度高，且分解过程前后存在依赖关系，其并行设计要比矩阵乘法复杂得多。

通过分析 LU 分解过程可以发现其主要执行流程如下。

（1）自上而下计算第 k 列分解结果。

（2）自左向右更新第 k 列之后的尾矩阵。

以上两个步骤交替进行，直至矩阵分解完毕。

从上述流程可以看出：LU 分解过程存在较强的数据依赖，第 k 列的计算需等待第 $k-1$ 步尾矩阵计算完成后才可进行。此外，两个计算步的时间复杂度相差也较大，计算每一列的时间复杂度为 $O(n)$，而尾矩阵更新的时间复杂度为 $O(n^2)$。

LU 分解的直观并行方案就是按划分数据，即设置多个并行任务，令每个任务负责矩阵中若干行的分解。考虑到矩阵的分解是从上向下逐行进行，采用**逐行交错条带划分**方式（也就是将矩阵各行循环分配给各并行任务）可以获得较好的负载均衡效果。代码清单 6-3 给出了这种并行方案的伪代码。

代码清单 6-3 并行 LU 分解的逐行交错条带算法伪代码。

```
1    icol = 0;
2    for ( j = 0; j < n-1; j++ )
3    {
4        if ( myid == (j%p) )
5        {
6            局部选主元 : {
7                对 l=j,j+1,…,n-1, 找出 a[l][icol] 最大的行 l;
8                if (l <> j ) 则交换 a[j][icol] 和 a[l][icol];
9            }
10           if ( a[j][icol] == 0 )
11               A 是奇异矩阵 , 程序结束 ;
12           for ( i = j+1; i < n; i++ )
13           {
14               a[i][icol]=a[i][col] / a[j][icol];
15               f[i-j-1] = a[i][icol];
16           }
17           send( l, myid+1 % p ); send( f, myid+1 % p );
18           icol++;
19       }/*end if*/
20       else
21       {
22          recv( l, myid-1 % p ); recv( f, myid-1 %p );
23          if ( myid+1 <> j%p )
24             send( l, myid+1 % p ); send( f, myid+1 % p );
25       }/*end else*/
26       if ( l <> j )
27           交换 A_j 和 A_l;
```

```
28      for ( k = icol; k < n; k++ )
29        for ( i = j+1; i < n; i++ )
30          a[i][k] = a[i][k] - f[i]*a[j][k];
31   }/*end for*/
```

T_0	T_1	T_2	T_3	T_0	T_1
T_2	T_3	T_0	T_1	T_2	T_3
T_0	T_1	T_2	T_3	T_0	T_1
T_2	T_3	T_0	T_1	T_2	T_3
T_0	T_1	T_2	T_3	T_0	T_1
T_2	T_3	T_0	T_1	T_2	T_3

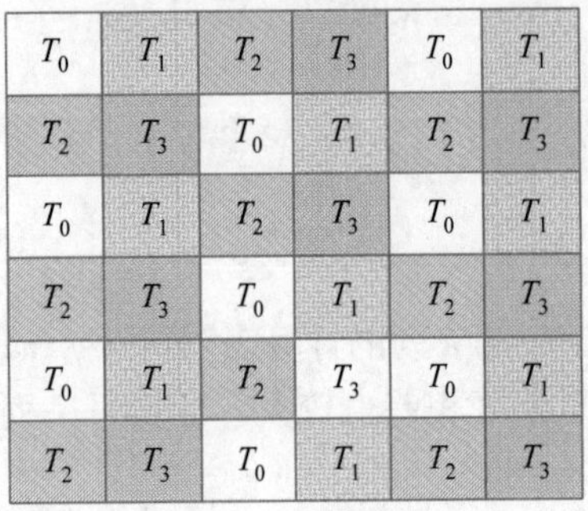

图 6-9 并行 LU 分解的块 – 循环分配

在上述并行方案的基础上还可以再考虑按块划分的方案。第 5 章的并行程序可扩展部分已经从负载均衡角度介绍了 LU 分解的"块 – 循环"分配方案。如图 6-9 所示,将矩阵分成多个块,且分块个数大于并行任务数,使每个任务负责多个块的分解,为了保证负载均衡,还应采用**块 – 循环分配**策略将块分配给各任务。

在图 6-9 所示的例子中,矩阵被分成 36 个块,使用 $T_0 \sim T_3$ 共 4 个并行任务,并用相同图案填充每个任务获得的块。由于 LU 分解是从上向下、从左向右进行的,故这一分配方案可以保证在整个 LU 分解过程中 4 个任务始终都在计算。

与逐行交错条带算法相比,块 – 循环分配方案可以获得更好的性能和可扩展性。请回忆第 1 章中介绍的基准测试程序,其中用于 TOP500 超级计算机排名的 Linpack HPL 测试程序即为线性方程组求解程序,且采用的是 LU 分解算法,其并行方案即为上述块 – 循环分配方案。

◆ 6.3 线性方程组的迭代求解

前面介绍了直接法求解线性方程组,这类方法以高斯消去法为基础,通过多个步骤求得线性方程组的精确解。与直接法不同的另一类求解方法是迭代法,此类方法通过多次迭代逐步逼近线性方程组的解。因此,迭代法求得的是近似解。人们常用直接法求解稠密线性方程组,而对于高阶稀疏线性方程组,由于使用直接法求解面临存储空间和计算复杂度方面的挑战。因此,通常使用迭代法求解。

本节主要介绍两类迭代求解方法:一类称为经典迭代法,这类方法都利用矩阵变换进行迭代;另一类是共轭梯度法,这类方法采用了一种不同的求解思路,将线性方程组求解问题转换为多元函数求最小值问题,也就是变成多维向量空间搜索问题,从而可以通过迭代方法较快地逼近精确解。

6.3.1 经典迭代求解方法

本节将介绍三种经典的迭代求解方法:雅可比迭代法、高斯 – 赛德尔迭代法、逐次超松弛迭代法。其中,雅可比迭代法是基础算法,高斯 – 赛德尔迭代法和逐次超松弛迭代法是雅可比迭代法的改进和扩展。

1. 雅可比迭代法

下面以三阶线性方程组为例说明雅可比迭代法的原理。

对以下线性方程组。

$$\begin{cases} a_{0,0}x_0 + a_{0,1}x_1 + a_{0,2}x_2 = b_0 \\ a_{1,0}x_0 + a_{1,1}x_1 + a_{1,2}x_2 = b_1 \\ a_{2,0}x_0 + a_{2,1}x_1 + a_{2,2}x_2 = b_2 \end{cases} \tag{6-22}$$

假设系数矩阵的主对角元不为 0，即 $a_{0,0}$、$a_{1,1}$、$a_{2,2}$ 均不为 0，则可将上述方程改写为

$$\begin{cases} x_0 = -\dfrac{1}{a_{0,0}}(a_{0,1}x_1 + a_{0,2}x_2) + \dfrac{b_0}{a_{0,0}} \\[2mm] x_1 = -\dfrac{1}{a_{1,1}}(a_{1,0}x_0 + a_{1,2}x_2) + \dfrac{b_1}{a_{1,1}} \\[2mm] x_2 = -\dfrac{1}{a_{2,2}}(a_{2,0}x_0 + a_{2,1}x_1) + \dfrac{b_2}{a_{2,2}} \end{cases} \tag{6-23}$$

迭代法的基本思路是：对上式中"="右侧的式子求近似值，由此即可求出未知数 x_0、x_1、x_2。然而，"="右侧的式子本身就含有未知数，那么如何求解呢？解决方法是给这些未知数赋初始值（如设为 0），由此计算出未知数的第 1 次迭代解；之后将迭代解代入公式的右侧，由此求得未知数的第 2 次迭代解；以此类推，经过多次迭代，未知数的解逐步逼近其精确解。

如果用 $x^{(k)}$（$k = 0, 1, 2, \cdots$）表示未知数的各次迭代解，则雅克比迭代法的迭代计算公式如下。

$$\begin{cases} x_0^{(k+1)} = -\dfrac{1}{a_{0,0}}(a_{0,1}x_1^{(k)} + a_{0,2}x_2^{(k)}) + \dfrac{b_0}{a_{0,0}} \\[2mm] x_1^{(k+1)} = -\dfrac{1}{a_{1,1}}(a_{1,0}x_0^{(k)} + a_{1,2}x_2^{(k)}) + \dfrac{b_1}{a_{1,1}} \\[2mm] x_2^{(k+1)} = -\dfrac{1}{a_{2,2}}(a_{2,0}x_0^{(k)} + a_{2,1}x_1^{(k)}) + \dfrac{b_2}{a_{2,2}} \end{cases} \tag{6-24}$$

在了解上述迭代求解过程之后，相信很多读者会问：如何保证迭代能逐步逼近线性方程组的精确解呢？这就是迭代求解的收敛问题。关于迭代法收敛性和收敛条件的数学证明已经超出了本书的范围，感兴趣的读者可以参考数值算法类的书籍。这里只给出基本结论，即只要迭代矩阵的范数小于或等于 1，那么迭代法就是收敛的。

在介绍了雅克比迭代法的基本原理后，下面给出其矩阵形式的描述。

将系数矩阵 A 写为以下形式。

$$A = D - L - U \tag{6-25}$$

其中，D 为对角矩阵，L 为严格下三角矩阵，U 为严格上三角矩阵。对于前述的三阶线性方程组，D、L、U 分别为

$$D = \begin{bmatrix} a_{0,0} & 0 & 0 \\ 0 & a_{1,1} & 0 \\ 0 & 0 & a_{2,2} \end{bmatrix} \quad L = \begin{bmatrix} 0 & 0 & 0 \\ -a_{1,0} & 0 & 0 \\ -a_{2,0} & -a_{1,1} & 0 \end{bmatrix} \quad U = \begin{bmatrix} 0 & -a_{0,1} & -a_{0,2} \\ 0 & 0 & -a_{1,2} \\ 0 & 0 & 0 \end{bmatrix} \tag{6-26}$$

如果矩阵的对角元 $a_{i,i}$ 不为 0，则矩阵 D 的逆矩阵 D^{-1} 存在。根据前面的雅克比迭代计算公式，可以得到该公式的矩阵形式如下。

$$x^{(k+1)} = D^{-1}(L+U)x^{(k)} + D^{-1}b \qquad (6\text{-}27)$$

由上式可以看出，每次迭代涉及的计算包括矩阵 – 向量相乘和向量相加。

下面分析雅克比迭代法的并行方案。首先看整个迭代求解过程，由于迭代是逐次进行的，前后迭代之间存在数据依赖关系，因此各次迭代必须顺序进行；其次看每次迭代的并行方案，如前所述，每次迭代计算包括矩阵 – 向量相乘和向量相加，其并行方法与前面介绍的矩阵并行计算类似，这里不再赘述。

在实际应用中，除了迭代的收敛性之外，人们还非常关注收敛速度，也就是希望使用尽可能少的迭代次数求近似解。下面要介绍的两种迭代方法都是在雅可比迭代法基础上改进而来，目的是加快收敛速度。

2. 高斯 – 赛德尔迭代法

高斯 – 赛德尔迭代法又简称为 G-S 方法，它是雅可比迭代法的一种改进。

仍然以前面的三阶线性方程组为例，对应的高斯 – 赛德尔迭代计算公式如下。

$$\begin{cases} x_0^{(k+1)} = -\dfrac{1}{a_{0,0}}(a_{0,1}x_1^{(k)} + a_{0,2}x_2^{(k)}) + \dfrac{b_0}{a_{0,0}} \\[2mm] x_1^{(k+1)} = -\dfrac{1}{a_{1,1}}(a_{1,0}x_0^{(k+1)} + a_{1,2}x_2^{(k)}) + \dfrac{b_1}{a_{1,1}} \\[2mm] x_2^{(k+1)} = -\dfrac{1}{a_{2,2}}(a_{2,0}x_0^{(k+1)} + a_{2,1}x_1^{(k+1)}) + \dfrac{b_2}{a_{2,2}} \end{cases} \qquad (6\text{-}28)$$

比较上式与前面的雅可比迭代计算公式（6-24）可以发现，两个计算公式非常相似，唯一的差异在于，高斯 – 赛德尔迭代计算公式的右侧使用了本次迭代刚计算出的分量，而雅可比迭代计算公式的右侧使用的是上一次迭代计算结果。也就是说，高斯 – 赛德尔迭代法的核心思路是**尽快将迭代求得的近似解投入使用，目的就是加快收敛速度**。各种实验验证也表明，对于相同的线性方程组，高斯 – 赛德尔迭代法的收敛速度快于雅可比迭代法，或者说，高斯 – 赛德尔迭代法使用较少的迭代次数即可达到同样的求解精度。

然而，高斯 – 赛德尔迭代法在并行性方面存在不足之处。这是因为每次迭代过程中，当前分量的计算需要使用之前分量的计算结果，这将使各个分量的计算存在前后依赖，显然不利于并行计算。

类似地，可以给出高斯 - 赛德尔迭代法的矩阵表示。

仍然将系数矩阵 A 写为以下形式。

$$A = D - L - U \qquad (6\text{-}29)$$

则高斯 – 赛德尔迭代计算公式的矩阵形式如下。

$$x^{(k+1)} = D^{-1}(Lx^{(k+1)} + Ux^{(k)}) + D^{-1}b \qquad (6\text{-}30)$$

高斯 – 赛德尔迭代法的收敛条件是：系数矩阵 A 为对称正定矩阵或严格对角占优矩阵。

3. 逐次超松弛迭代法

逐次超松弛迭代法（successive over relaxation, SOR）是高斯 – 赛德尔迭代法的一种扩展，简称 SOR 方法。

如前所述，高斯 – 赛德尔迭代法的做法是：在每次迭代过程中，每计算一个分量，就将其用于后续分量的计算。而逐次超松弛迭代法的思路是尽量不这样"激进"，它既考虑最新求出的分量值,也考虑上一次迭代的分量值,方法是求两者加权平均值。为此引入一个松弛因子(relaxation factor):ω,用于计算分量的前后两次迭代的加权平均值。

仍然以前面的三阶线性方程组为例,对应的 SOR 迭代计算公式如下。

$$
\begin{cases}
x_0^{(k+1)} = (1-\omega)x_0^{(k)} + \omega\left(-\dfrac{a_{0,1}}{a_{0,0}}x_1^{(k)} - \dfrac{a_{0,2}}{a_{0,0}}x_2^{(k)} + \dfrac{b_0}{a_{0,0}}\right) \\[2mm]
x_1^{(k+1)} = (1-\omega)x_1^{(k)} + \omega\left(-\dfrac{a_{1,0}}{a_{1,1}}x_0^{(k+1)} - \dfrac{a_{1,2}}{a_{1,1}}x_2^{(k)} + \dfrac{b_1}{a_{1,1}}\right) \\[2mm]
x_2^{(k+1)} = (1-\omega)x_2^{(k)} + \omega\left(-\dfrac{a_{2,0}}{a_{2,2}}x_0^{(k+1)} - \dfrac{a_{2,1}}{a_{2,2}}x_1^{(k+1)} + \dfrac{b_2}{a_{2,2}}\right)
\end{cases}
\tag{6-31}
$$

更一般的分量的计算公式如下。

$$
x_i^{(k+1)} = (1-\omega)x_i^{(k)} + \frac{\omega}{a_{i,i}}\left(b_i - \sum_{j=0}^{i-1}a_{i,j}x_j^{(k+1)} - \sum_{j=i}^{n-1}a_{i,j}x_j^{(k)}\right)
\tag{6-32}
$$

可以看出,如果 $\omega=1$,则 SOR 方法等同于高斯 - 赛德尔迭代法。

SOR 迭代法的收敛速度与松弛因子 ω 的取值密切相关。如果取值适当,则 SOR 的收敛速度快于高斯－赛德尔迭代法;如果 ω 取值不当,那么 SOR 的收敛速度可能慢于高斯－赛德尔迭代法和雅可比迭代法。不幸的是,ω 的适当取值与具体的线性方程组特性相关,在某些应用领域,可以参考已有研究工作中的 ω 取值范围。

SOR 迭代法的收敛条件是:如果系数矩阵 A 为对称正定矩阵,则 $0<\omega<2$ 时,SOR 迭代法收敛;如果系数矩阵 A 为严格对角占优矩阵,则 $0<\omega\leq1$ 时,SOR 迭代法收敛。

6.3.2 共轭梯度求解方法

6.3.1 节介绍的三种经典迭代方法对收敛条件有一定要求,而且即使在收敛情况下,收敛速度也相对较慢。针对这一问题,人们尝试提出不同思路的迭代求解方法,其中 Krylov 子空间迭代法可在一定程度上弥补经典迭代法的不足,故近年来在科学和工程计算中得到了广泛的应用。本节介绍的共轭梯度法(conjugate gradients, CG)就是 Krylov 子空间迭代法的一种。第 1 章所介绍的基准测试程序 HPCG 就使用了共轭梯度法求解稀疏线性方程组。

共轭梯度法涉及多个方面的数学知识,计算机专业的读者阅读相关文献资料时往往感觉晦涩难懂,本书试图用尽量直白的方式介绍该方法的原理。关于该方法的数学阐述和相关证明,读者可参考相关的书籍和论文。

共轭梯度法是在最速下降法(steepest descent method)的基础上进行的改进,下面首先介绍最速下降法。

1. 最速下降法

对于以下线性方程组

$$
Ax = b
\tag{6-33}
$$

最速下降法的思路是将线性方程组求解问题转换为在 n 维向量空间求函数最小值点的问题。这里所说的函数是指 n 元二次函数,其形式如下。

$$
f(x) = \frac{1}{2}x^{\mathrm{T}}Ax - b^{\mathrm{T}}x
\tag{6-34}
$$

其中,A、x、b 分别对应线性方程组的系数矩阵和向量。

根据多元微积分可以证明，如果矩阵 A 是对称正定矩阵，则 $f(x)$ 的极小点对应线性方程组的解，而且这个极小点是 $f(x)$ 的唯一极小点值。

图 6-10 给出了一个多元二次函数的例子，在该例中，A 和 b 的取值分别是

$$A = \begin{bmatrix} 3 & 2 \\ 2 & 6 \end{bmatrix} \quad b = \begin{bmatrix} 2 \\ -8 \end{bmatrix} \tag{6-35}$$

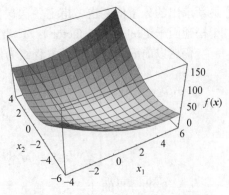

图 6-10　一个多元二次函数 $f(x)$ 的图形

可以看出，该函数的表面形状为"碗形"，呈现出周围高、中间低的特征，图形的最低点就是该函数的极小点，也就是线性方程组的解。而寻找最低点的过程相当于搜索求解，对于这种图形，从任意点出发，只要搜索方向正确就可以通过多次迭代逐步逼近极小点。那么，什么样的方向是正确的方向呢？从图形不难看出，正确的方向就是逐步"下降"。在具体实现上就是寻找适当的方向向量，使函数值逐步减小。

上面的分析针对的图形是"碗形"，事实上，多元二次函数还有多种图形形态。例如，中间高四周低的倒扣碗形，或者马鞍形，在这些图形上寻找极小点就更为复杂，因为在很多时候，函数值减小的方向未必是正确的方向。那么，如何保证函数是碗形图形呢？在开始讨论之初须限定线性方程组的系数矩阵 A 为对称正定矩阵，这一条件保证了其对应的多元二次函数图形为碗形，换句话说，保证迭代的收敛性。

现在回到最速下降法的原理。在将线性方程组求解问题转换为多元二次函数求最小值点问题后，就要确定如何选择搜索方向。**最速下降法采用的策略是：由于函数 $f(x)$ 增加最快的方向是其梯度方向，那么，负梯度方向就是函数值减小最快的方向，因此可在每次迭代时都将负梯度方向作为搜索方向。**

梯度被定义为一个向量，该向量的方向是函数 $f(x)$ 的值增加最快的方向。图 6-11 给出了前面函数例子式（6-35）的等高线和梯度向量。从图中可以看出，等高线呈椭圆形排列，同一条等高线上的点具有相同的函数值，而梯度方向就是该点与等高线正交的方向。可以直观地看出，梯度方向的反方向（即负梯度方向）汇聚于函数的极小点。因此，**在迭代过程中，无论位于哪个点，只要沿负梯度方向继续搜索就可以最终到达极小点。**

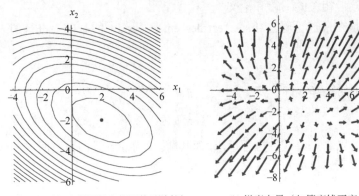

(a) 等高线（每个椭圆具有相同的函数值）　　　(b) 梯度向量（与等高线正交）

图 6-11　函数 $f(x)$ 的等高线和梯度方向

下面用相对正式一些的数学语言来描述最速下降法。

经过推导可以得到对称正定矩阵的梯度计算公式。

$$f'(x) = \frac{1}{2}A^T x + \frac{1}{2}Ax - b = Ax - b \tag{6-36}$$

通过式（6-36）可以看出，当梯度为 0 时，$Ax - b = 0$，因此该点就对应线性方程组的解。

根据最速下降法，迭代从任意一点 $x_{(0)}$ 开始，通过一系列迭代步骤 $x_{(1)}$、$x_{(2)}$、…滑向碗底，直到满足终止条件，即当前点与极小点的误差满足要求。

在迭代过程的每一步 i，也就是当前点 $x_{(i)}$，选择梯度方向的反方向，即

$$-f'(x_{(i)}) = b - Ax_{(i)} \tag{6-37}$$

这里引入残差（residual）的定义。

$$r_{(i)} = b - Ax_{(i)} \tag{6-38}$$

残差定义了当前点距离正确值 b 有多远。可以看出，残差等于负梯度方向，也就是说，残差就是函数值下降最快的方向。

在第 i 步迭代，需要选择下一个点 $x_{(i+1)}$，使得

$$x_{(i+1)} = x_{(i)} + \alpha_{(i)} r_{(i)} \tag{6-39}$$

其中，残差 $r_{(i)}$ 决定了下一步迭代的方向（即负梯度方向），而沿这个方向迈多远（也就是迭代步长）则由 $\alpha_{(i)}$ 决定，其计算公式如下。

$$\alpha_{(i)} = \frac{r_{(i)}^T r_{(i)}}{r_{(i)}^T A r_{(i)}} \tag{6-40}$$

综上，最速下降法包含三个计算公式，即前面给出的残差计算公式（6-38）、迭代点计算公式（6-39），以及迭代步长计算公式（6-40）。最速下降法从任意点开始，每一步迭代均按照上述三个公式进行计算，得出下一步迭代方向、步长和迭代点。

分析最速下降法的三个计算公式可以看出，每一步迭代包含 2 次矩阵-向量相乘，其中，一次用于计算残差 $r_{(i)}$，即 $Ax_{(i)}$，见式（6-38）；另一次用于计算 $\alpha_{(i)}$，即 $Ar_{(i)}$，见式（6-40）。由于矩阵-向量乘法的计算复杂度远高于向量加法，最速下降法的计算复杂度主要来自于矩阵-向量相乘。

化简上述计算可以省去其中的一次矩阵-向量相乘，即在第 i 步迭代时，预先计算出第 $(i+1)$ 步的残差。通过前面几个公式组合变换，可以得到新的残差计算公式。

$$r_{(i+1)} = r_{(i)} - \alpha_{(i)} A r_{(i)} \tag{6-41}$$

式（6-41）中的矩阵-向量相乘操作 $Ar_{(i)}$ 同样出现在 $\alpha_{(i)}$ 的计算公式（6-40）中。因此，用式（6-41）替换式（6-38）后，就可以把 2 次矩阵-向量相乘合并为 1 次。

在实际实现中，上述精简在减少计算量的同时可能带来另一个问题：由于精简后的残差计算不再使用 $x_{(i)}$，而只是在上一次残差值基础上迭代更新，且由于浮点数计算存在舍入误差，经过多次迭代可能会影响最终的收敛精度，这就是第 1 章所介绍的**误差累积**问题。为了避免误差累积可能带来的收敛精度问题，可以在迭代过程中，每经过若干次迭代就使用原始的残差计算公式（6-38）重新计算残差，以消除误差累积。

图 6-10 给出的函数例子精确解向量为（2，–2）^{T}。按照最速下降法，迭代从起始点 $x_{(0)}$ 开始，经过若干次迭代，各个点的取值如下。

$$x_{(0)} = \begin{bmatrix} -2 \\ -2 \end{bmatrix} \rightarrow x_{(1)} = \begin{bmatrix} 0.08 \\ -0.6133 \end{bmatrix} \rightarrow x_{(2)} = \begin{bmatrix} 1.0044 \\ -2.0000 \end{bmatrix} \rightarrow x_{(3)} = \begin{bmatrix} 1.5221 \\ -1.6549 \end{bmatrix} \rightarrow$$

$$x_{(4)} = \begin{bmatrix} 1.7522 \\ -2.0000 \end{bmatrix} \rightarrow \cdots \rightarrow x_{(9)} = \begin{bmatrix} 1.9926 \\ -1.9947 \end{bmatrix} \rightarrow x_{(10)} = \begin{bmatrix} 1.9926 \\ -2.0000 \end{bmatrix} \rightarrow \cdots$$

可以看出，经过 10 次迭代，其解向量与精确解已非常接近。这一过程很形象地展现了迭代求解法逐渐逼近精确解的过程。

上述迭代过程形成的收敛路径如图 6-12 所示。从图中可以看到迭代从初始点开始逐步滑向"碗底"的过程。由于每一步迭代都选择正交方向作为下一步迭代方向，形成的迭代路径呈"之"字形。

2. 共轭梯度法

最速下降法每次都选择负梯度方向作为下一步搜索方向，该方向是函数 $f(x)$ 下降最快的方向，因此是一种局部最优选择。但从全局角度看，该方向可能并不是函数 $f(x)$ 最小化的方向。从前文图 6-12 示例图的"之"字形路径就可以看出，每一步的搜索方向并不一定是直接朝向"碗底"，即不一定是全局最优方向。直观地说，就是迭代在"迂回前进"，多走了弯路，其结果就是减慢了收敛速度。

针对上述问题的直观改进思路就是：通过选择正确的方向实现"一步到位"。这里所说的"一步到位"并不是一步到达精确解，而是用一步迭代完成最速下降法中几步迭代所走的路。共轭梯度法（conjugate gradient method）就是针对上述问题的改进方法，简称 CG 法。

共轭梯度法对最速下降法的改进之处主要体现在选择迭代的搜索方向上。如图 6-13 所示，假设第 i 步迭代的搜索方向是 $d_{(i)}$，到第 $i+1$ 步迭代时，按照最速下降法，搜索方向应当是残差方向，即 $r_{(i+1)}$，而改进方法希望得到更优的搜索方向 $d_{(i+1)}$，该方向能够使向量 $r_{(i+1)}$ 和 $d_{(i)}$ 张成的平面内函数 $f(x)$ 取值最小。

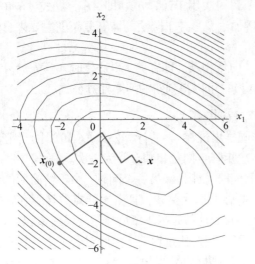

图 6-12　最速下降法的迭代过程示意

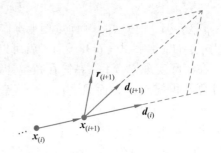

图 6-13　共轭梯度法的搜索方向示意图

略过繁杂的数学分析和推导，这里直接给出结论，即**本次迭代搜索方向 $d_{(i+1)}$ 与前一次搜索方向 $d_{(i)}$ 是 A- 正交（A-orthogonal）的，即共轭正交。**

在每一步迭代，确定迭代方向之后，迭代步长仍然可以采用最速下降法的计算公式。此外，在初始迭代时，由于没有上一次的迭代方向，因此可以仍然采用与最速下降法相同的残差方向作为迭代方向。

由此给出共轭梯度法计算公式如下。

$$
\begin{aligned}
&d_{(0)}=r_{(0)}=b-Ax_{(0)} &&\text{（注：初始时迭代方向）}\\
&\alpha_{(i)}=\frac{x_{(i)}^{\mathrm{T}}r_{(i)}}{d_{(i)}^{\mathrm{T}}Ad_{(i)}} &&\text{（注：计算迭代步长）}\\
&x_{(i+1)}=x_{(i)}+\alpha_{(i)}d_{(i)} &&\text{（注：计算下一迭代点）}\\
&r_{(i+1)}=r_{(i)}-\alpha_{(i)}Ad_{(i)} &&\text{（注：残差方向）}\\
&\beta_{(i+1)}=-\frac{r_{(i+1)}^{\mathrm{T}}r_{(i+1)}}{r_{(i)}^{\mathrm{T}}r_{(i)}} &&\text{（注：本式和下式计算 A- 正交方向）}\\
&d_{(i+1)}=r_{(i+1)}+\beta_{(i+1)}d_{(i)} &&\text{（注：计算下一步迭代方向）}
\end{aligned}
\tag{6-42}
$$

可以看出，共轭梯度法的主要计算仍然是 1 次矩阵 – 向量相乘。

对于前面的 2 阶线性方程组例子，图 6-14 给出了共轭梯度法的迭代过程，可以看到，算法只需 2 步即可以收敛到精确解，比最速下降法有了明显改进。

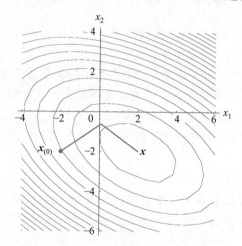

图 6-14　共轭梯度法的迭代过程示意

代码清单 6-4 给出了共轭梯度法的伪代码。

代码清单 6-4　共轭梯度法的伪代码。

```
1    计算 r(0)=b-Ax(0)，d(0)=-r(0)
2    对 i=0, 1, 2, … 迭代直到收敛（随后讨论收敛条件）
3    {
4        α(i)=  r(i)ᵀr(i)                      /* 迭代步长 */
               ──────
               d(i)ᵀAd(i)
5        x(i+1)=x(i)+α(i)d(i)                  /* 下一迭代点 */
6        r(i+1)=r(i)-α(i)Ad(i)                 /* 残差方向 */
```

7	$\beta_{(i+1)} = -\dfrac{r_{(i+1)}^{\mathrm{T}} r_{(i+1)}}{r_{(i)}^{\mathrm{T}} r_{(i)}}$	/* 本式和下式计算 A- 正交方向 */
8	$d_{(i+1)} = r_{(i+1)} + \beta_{(i+1)} d_{(i)}$	/* 计算下一步迭代方向 */
9	}	

下面简单讨论一下算法的**收敛条件**：无论是最速下降法还是共轭梯度法，当到达极小点时，残差为 0，这会导致前述计算公式中的 β 计算出现被 0 除的问题。所以，一旦残差为 0 或者接近于 0，迭代就应终止。在实际应用中，一般希望在接近极小点时就终止迭代，由于没有误差项，习惯上当残差的范数小于设定值时就应终止，例如，设定为残差初始值 $r_{(0)}$ 的一个比例值。

理论上，对于 n 阶对称正定线性方程组，使用共轭梯度法经过 n 次迭代即可收敛到精确解。这一特点看起来很有吸引力，但在实际应用中，低阶线性方程组可以使用 LU 分解等直接法求解，因此共轭梯度法一般被用于求解高阶线性方程组。当阶数 n 很大时，理论上的迭代次数仍然可能很多。共轭梯度法的实际收敛速度可能很快，也可能很慢，具体取决于系数矩阵的特征值分布。这种收敛速度的不确定性将可能导致共轭梯度法在求解高阶线性方程组时的迭代次数很多，不但使得求解时间大大增加，而且迭代次数越多，浮点数计算的累积误差也越大。为了解决这一问题，人们提出了**预条件方法**（**preconditioning**），并将其与共轭梯度法结合使用。

3. 预条件方法

预条件方法就是对线性方程组的系数矩阵进行变换，通过改善矩阵的性质达到加速收敛，减少迭代次数的目的。在数学上，这里所说的"改善矩阵的性质"是指降低矩阵的条件数（condition number），条件数被定义为系数矩阵的范数与其逆矩阵范数的乘积。在线性方程组的求解中，条件数较小的矩阵被称为是良态的，此时收敛速度很快；而条件数较高的矩阵被称为病态的或非良态的，此时收敛很慢，甚至不收敛。预条件方法就是对系数矩阵进行变换以确保其是良态的。直观地说，这种变换的目的是改善系数矩阵的特征值分布。

在实际应用中，如果缺少预条件方法的配合，共轭梯度法的优势将大打折扣。结合使用预条件方法的共轭梯度法被称为**预条件共轭梯度法**（**preconditional conjugate gradient method，PCG**），简称 PCG 法。下面给出预条件方法的简单介绍。

对线性方程组

$$Ax = b \tag{6-43}$$

预条件方法就是使用一个矩阵 M^{-1} 与系数矩阵 A 相乘，得到等价的线性方程组

$$M^{-1}Ax = M^{-1}b \tag{6-44}$$

显然，人们希望通过上述变换减少迭代次数。为此，要求 $M^{-1}A$ 的条件数小于原始矩阵 A 的条件数，或者说，$M^{-1}A$ 的特征值比 A 的特征值聚合的更好。对于上式，要求 M 是一个近似于 A 的对称正定矩阵，但更容易求逆。

因此，预条件方法的关键就是找到满足上述条件的矩阵 M，该矩阵被称为**预条件子**（**preconditioner**）。由于预条件子需要满足的条件较为宽松，其选择和计算策略非常多，下面介绍几种简单的预条件子。

理想的预条件子是 $M=A$，此时 $M^{-1}A$ 的条件数为 1，对系数矩阵变换后可直接得到线性方程组的解。然而，这需要对矩阵 A 求逆，等同于求解线性方程组，因此这个预条件子没有实用意义。

最简单的预条件子是一个对角矩阵，其对角元素与矩阵 A 的对角元素相同，这被称为"对角预条件"或"Jacobi 预条件"。虽然对角矩阵很容易求逆，但这种预条件子的效果一般，也就是说，它对矩阵的条件数有改善，但不很显著。

略复杂一些的预条件子是**不完整 Cholesky 预条件**。该预条件子基于 Cholesky 分解算法，它是一种矩阵分解算法，与本章前文介绍的 LU 分解属于同一类算法，但 LU 分解不限定矩阵类型，而 Cholesky 分解针对的是对称正定矩阵，恰好适用于共轭梯度法的系数矩阵。Cholesky 分解算法的作用是将对称正定矩阵 A 分解为 LL^T，即 $A=LL^T$，其中，L 是一个下三角矩阵。"不完整 Cholesky 预条件"使用的是 Cholesky 分解算法的变种，为区分起见，用 L' 表示分解得到的矩阵，为了简化计算，这里不要求进行完整精确的矩阵分解，只需保证 $L'L'^T$ 近似于 A 即可，一般是让下三角矩阵 L' 中的非 0 元素模式与 A 相同，而 L 中的其他元素可被丢弃。经过分解后，$L'L'^T$ 可以被当作预条件子。

人们还提出了许多更复杂的预条件子，这些预条件子常在一些大规模应用中与共轭梯度法配合使用。

共轭梯度法最初是被当作直接法提出的，这是因为它具有在有限迭代次数内收敛到精确解的能力。然而，由于存在多次迭代的误差累积问题，它与传统直接求解方法相比不具有优势。因此，共轭梯度法在提出后的很多年中没有得到重视。随着线性方程组规模不断增大，特别是近年来偏微分方程求解带来高阶稀疏线性方程组的求解问题，共轭梯度法被作为迭代法再度引起重视，近年来得到了广泛的应用。

6.3.3 迭代法求解示例：偏微分方程求解

偏微分方程（partial differential equation, PDE）是微分方程的一类，指包含未知函数偏导数或偏微分的方程。方程中未知函数偏导数的最高阶数被称为偏微分方程的阶。目前在科学和工程计算中应用较为广泛的是二阶偏微分方程，这些方程也常被称为数学物理方程。

现实世界中的各种物理过程一般随时间和空间位置而变化。例如，热的传导、气体/液体的流动、电磁场变化等，这些物理过程常常可以用偏微分方程量化表征。在给定参数下求解偏微分方程就可以对这些物理过程进行数值模拟，因此求解偏微分方程在科学研究和工程设计中有着广泛的应用。很多应用领域的数学模型都基于偏微分方程，例如，计算流体力学（computational fluid dynamics, CFD）中的 Navier-Stokes 方程（简称 N-S 方程）、电磁场计算中的麦克斯韦方程组（Maxwell's equations），以及描述静电场、稳定浓度分布、稳定温度分布等定场问题的拉普拉斯方程（Laplace equation）等。

偏微分方程可分为三类：椭圆形（拉普拉斯方程）、双曲线型（波方程）和抛物线型（热方程），其求解方法分为多种。本节以一种拉普拉斯方程求解为例说明迭代法的实际应用。

拉普拉斯方程又被称为调和方程，它是泊松（Poisson）方程的特殊形式，下面考虑一种正方形区域的拉普拉斯方程。

$$\frac{\partial^2 u}{\partial x^2}+\frac{\partial^2 u}{\partial y^2}=0, \quad 0\leqslant x\leqslant 1, 0\leqslant y\leqslant 1 \tag{6-45}$$

其中，函数 $u(x, y)$ 在边界上的值如图 6-15（a）所示，现在要求出函数 $u(x, y)$ 在正方形内部点上的值。

由于函数 $u(x, y)$ 是连续的，为了便于使用计算机求解，人们需要对其进行离散化。离散化就是把正方形区域划分成很多网格，然后对每个网格点求函数值，并用这些离散点的函数值作为偏微分方程的近似解。显然，这是一种典型的插值方法。从极限角度分析，网格划分得越细，解的近似程度就越高。每个网格点的 2 阶导数可以用泰勒级数做差商计算近似，也就是用泰勒级数展开 2 阶导数，并做适当的截断，以此求得 2 阶导数的近似解。

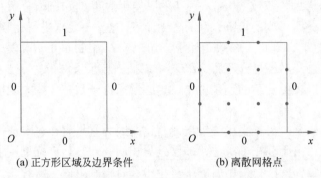

(a) 正方形区域及边界条件   (b) 离散网格点

图 6-15　拉普拉斯方程的边界条件与网格划分示例

本例的正方形区域网格划分如图 6-15（b）所示。网格内部节点为 $(x_i, y_j)=(ih, jh)$，其中 h 为网格点之间的步长，$i, j=1, 2,\cdots, n+1$；本例中 $n=2$，$h=1/(n+1)=1/3$。在每个内部节点用 2 阶中心差商近似方程中的 2 阶导数，得到方程

$$\frac{u_{i+1,j}-2u_{i,j}+u_{i-1,j}}{h^2}+\frac{u_{i,j+1}-2u_{i,j}+u_{i,j-1}}{h^2}=0, \quad i, j=1, 2,\cdots, n+1 \tag{6-46}$$

其中，$u_{i,j}$ 是函数值 $u(x_i, y_j)$ 的近似，并且如果 $i, j=0$ 或 $n+1$，则 $u_{i,j}$ 为已知的边界值。采用这种方法可以导出 4 阶线性方程组如下。

$$\begin{cases} -4u_{1,1}+u_{0,1}+u_{2,1}+u_{1,0}+u_{1,2}=0 \\ -4u_{2,1}+u_{1,1}+u_{3,1}+u_{2,0}+u_{2,2}=0 \\ -4u_{1,2}+u_{0,2}+u_{2,2}+u_{1,1}+u_{1,3}=0 \\ -4u_{2,2}+u_{1,2}+u_{3,2}+u_{2,1}+u_{2,3}=0 \end{cases} \tag{6-47}$$

将边界值代入后，可以得到矩阵形式的方程如下。

$$\boldsymbol{A}\boldsymbol{x}=\begin{bmatrix} -4 & 1 & 1 & 0 \\ 1 & -4 & 0 & 1 \\ 1 & 0 & -4 & 1 \\ 0 & 1 & 1 & -4 \end{bmatrix}\begin{bmatrix} u_{1,1} \\ u_{2,1} \\ u_{1,2} \\ u_{2,2} \end{bmatrix}=\begin{bmatrix} u_{0,1}+u_{1,0} \\ u_{3,1}+u_{2,0} \\ u_{0,2}+u_{1,3} \\ u_{3,2}+u_{2,3} \end{bmatrix}=\begin{bmatrix} 0 \\ 0 \\ 1 \\ 1 \end{bmatrix}=\boldsymbol{b} \tag{6-48}$$

这是一个对称正定的线性方程组，可以由直接法或迭代法求解。首先用直接法求得精

确解如下。

$$x = \begin{bmatrix} u_{1,1} \\ u_{2,1} \\ u_{1,2} \\ u_{2,2} \end{bmatrix} = \begin{bmatrix} 0.125 \\ 0.125 \\ 0.375 \\ 0.375 \end{bmatrix} \tag{6-49}$$

之后分别用三种经典迭代法和共轭梯度法求解，表6-1给出了各种方法求精确解所需的迭代次数。可以看出，在三种经典迭代法中，高斯–赛德尔迭代法的迭代次数少于雅克比迭代，而SOR迭代法在选择恰当松弛因子的前提下可将迭代次数进一步减少；与经典迭代法相比，共轭梯度法仅需2次迭代就可以求得精确解，明显优于经典迭代法。

表6-1 几种迭代法的迭代次数

迭 代 法	参 数	收敛到精确解	迭 代 次 数
雅克比迭代	初始解（0,0,0,0）	是	9
高斯–赛德尔迭代	初始解（0,0,0,0）	是	6
SOR迭代法	初始解（0,0,0,0） 松弛因子 $\omega = 1.072$	是	5
共轭梯度法	初始解（0,0,0,0）	是	2

以上例子为了方便讨论，刻意采用了较少的划分网格数（$n=2$）。由于采用了离散网格点近似连续函数，因此网格点越密，近似程度越高。在实际应用中，人们通常使用较多的网格，这也意味着线性方程组的阶数更高。例如，在划分网格点时设定 $n=100$，则线性方程组的阶数为 $n^2 = 10\,000$。

图6-16（a）给出了更一般的计算方法，网格点 (i,j) 对应的方程如下。

$$-4u_{i,j} + u_{i-1,j} + u_{i+1,j} + u_{i,j-1} + u_{i,j+1} = 0 \tag{6-50}$$

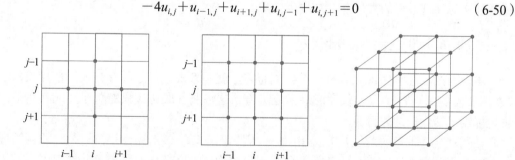

(a) 五点差分格式　　　(b) 九点差分格式　　　(c) 三维27点差分格式

图6-16 五点差分和九点差分公式

上述公式被称为**五点差分格式**，可以看出，网格点的函数值与其上、下、左、右四个相邻网格点的函数值相关。如果划分网格时设定 $n=100$，则线性方程组的阶数为 $n^2 = 10\,000$。也就是说方程组中共有 10 000 个未知数，而由五点差分格式可知，方程组中的每个方程的未知数不超过5个。因此，该方程组的稀疏矩阵是一个稀疏矩阵，如图6-17所示，显然，这种矩阵非常适合用迭代法求解。

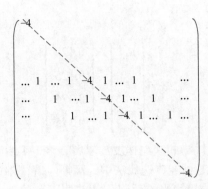

图 6-17　五点差分格式对应的稀疏矩阵

　　仍然延续前面的讨论，虽然网格划分越密，求解的近似程度越高，但这也同时导致线性方程组的阶数快速增长（二次方关系）。为了在有限网格数下进一步提高偏微分方程的求解精度，人们在五点差分格式的基础上又提出了**九点差分格式**，如图 6-16（b）所示，使网格点的函数值与其邻近的 8 个网格点相关。更进一步，如果求解区域是三维的，则离散网格划分也是三维结构，此时就有 **27 点差分格式**，网格点的函数值将与其三维相邻的 26 个网格点相关。

　　以上介绍的求解方法被称为**有限差分法**（finite difference method, FDM），这种方法的基本原理是将偏微分方程的求解区域划分为离散网格，然后用有限差分公式近似每个网格点的导数，进而将偏微分方程求解转换为线性方程组求解。用有限差分法求解偏微分方程的方法在百年前就已提出，但在没有计算机提供强大计算能力的年代，这种方法只是把偏微分方程求解这个难题转化成了高阶线性方程组求解这另一个难题，因此难以得到广泛应用。近年来随着计算机性能的持续提升，特别是在高性能计算机的支持下，使用有限差分法求解偏微分方程的精度越来越高，人们终于可以在科学研究和工程设计中使用并行计算软件实现物理过程的大尺度、高精度模拟。

6.3.4　几种迭代法的并行性讨论

　　本节介绍的几种迭代法具有一个共同特点，就是各次迭代之间存在前后依赖关系，第 i 次迭代需要在第 $i-1$ 次迭代完成后才能进行，这将使各次迭代只能顺序完成，在很大程度上限制了迭代法的并行性。

　　使用迭代法求解高阶线性方程组时，人们仍然可以通过对系数矩阵进行分块来实现大规模的并行计算。以前文介绍的偏微分方程求解为例，在使用有限差分法对求解区域进行网格划分后可以将这些网格划分成多个子区域，每个子区域包含多个网格，然后将这些子区域分配给不同的进程进行并行计算。这种并行划分方法称为**区域分解**，属于第 5 章所介绍的域划分方法。

　　在进行区域划分后，子区域内部网格点的函数值仅与该子区域内部网格点相关，这些网格点被称为**内区**；而子区域边界网格点的函数值还与相邻子区域的网格点相关，这就涉及进程间的通信，这些网格点被称为**外区**。此外，根据迭代法求解过程可知，每次迭代计算还涉及完整的向量计算，这需要在所有进程间通信，而且这种全局通信在每次迭代过程中需要进行多次。

无论是经典迭代法还是共轭梯度法，其每次迭代的核心计算都是矩阵 – 向量相乘。虽然其计算复杂度在理论上较高，但由于迭代法通常被用于高阶稀疏线性方程组求解，矩阵规模虽大，但如果考虑矩阵的稀疏性特点而忽略其中 0 元素的计算，那么算法的计算复杂度将大大降低。6.3.5 节将介绍专门针对稀疏矩阵的压缩数据格式，通过只存储矩阵中不为 0 的元素不但可以减少稀疏矩阵的内存空间占用，还可以降低迭代法求解的计算复杂度。

在对稀疏矩阵采用压缩数据格式的情况下，人们将迭代过程中的核心计算归纳为**稀疏矩阵 – 向量相乘 SpMV**（**sparse matrix-vector multiplication**），通过多核处理器、GPU 等各种硬件实现并行优化的 SpMV 计算，并为上层程序提供调用接口，可以在每次迭代过程中实现核心计算的并行化。SpMV 计算在不同硬件平台上的并行化有较大差异，除了通过向量化以发挥处理器向量部件的性能优势外，还可以通过重排数据来改善数据局部性和减少访存开销。

通过以上分析可以看出，与 LU 分解等直接法相比，迭代法虽然也可以实现大规模并行计算，但存在全局通信多、进程在每次迭代中的计算复杂度有限等不利因素，如果再考虑稀疏矩阵带来的数据局部性问题，则迭代法的大规模并行效果很难与直接法相比。以第 1 章介绍的基准测试程序 Linpack HPL 和 HPCG 为例，其中 Linpack 程序使用 LU 分解实现稠密线性方程组求解，属于典型的直接法，其在超级计算机上的并行效率可以达到系统峰值性能的 70% 左右；而 HPCG 使用预条件共轭梯度法求解稀疏线性方程组（有限差分法求解 Poisson 方程），属于典型的迭代法，其在超级计算机上的并行效率一般不到系统峰值性能的 5%。

6.3.5 稀疏矩阵的压缩数据格式

对于高阶稀疏线性方程组，除了求解算法之外人们还需要解决一个重要问题，就是系数矩阵的存储问题。当矩阵规模非常大时，如果仍然使用二维数组存储矩阵的所有元素，就需要占用很大的内存空间。例如，对于 10 万维的矩阵，如果使用双精度浮点数表示矩阵中的元素（8 字节 / 元素），则存储一个这样的矩阵需要的内存空间是

$$10^5 \times 10^5 \times 8B \approx 74GB \tag{6-51}$$

如果矩阵规模增加到 100 万维，需要的内存空间将超过 7TB。由于稀疏矩阵中大多数元素值为 0，这种存储空间的消耗显然是不必要的。不止于此，庞大的数据量还会导致处理效率低下。设想在一个绝大多数元素为 0 的数据空间中执行遍历操作，逐个访问大量 0 元素将产生很高的开销，且这些开销是不必要的。

大规模稀疏矩阵的存储问题不仅存在于线性方程组求解中，在大数据分析、机器学习等领域，数据的表示也常常采用大规模稀疏矩阵。为了存储大规模的稀疏矩阵，人们通常使用压缩数据格式，简单介绍如下。

要减少稀疏矩阵的存储空间占用，一种简单直观的方法就是只存储矩阵中的非 0 元素及其所在位置（即行、列坐标）。这相当于每个非 0 元素对应一个三元组：<value,row,column>，分别对应该元素的值、行索引、列索引。在具体实现时，可以使用三个一维数组存储这些三元组，其中一个数组 value 用来存储非 0 元素值，另外两个数组 rowIndex、columnIndex 分别用来存储这些元素的行、列索引。这种存储格式被称为 COO 格式（**coordinate format**），图 6-18（a）、图 6-18（b）给出了一个 4×4 矩阵及其 COO 存

储的例子。

COO 格式非常灵活，但其效率不高。稀疏矩阵通常采取与稠密矩阵类似的按行或按列存储方式，也就是将同一行或同一列的元素连续存放，这主要是为了便于对矩阵中的非 0 元素进行定位。图 6-18（b）的 COO 格式例子即为按行存储，可以看出，位于相同行的元素在行索引数组 rowIndex 中被呈现为多个相同的连续值。为了进一步减少对存储空间的占用，可以对这些连续的相同行号进行压缩合并。方法是：将行索引数组 rowIndex 改为行偏移数组（又被称为行指针数组）rowOffset，数组 rowOffset 的长度与矩阵的行数相等，即矩阵的每一行对应行偏移数组 rowOffset 的一个元素，值为该行在元素值数组 value 中的偏移量。

与行偏移数组 rowOffset 相比，数组 rowIndex 的长度等于矩阵中的非 0 元素个数，访问该数组的下标与元素值数组 value 的下标相同；行偏移数组 rowOffset 的长度等于矩阵中的行数 +1，访问该数组的下标为行号；行索引数组 rowIndex 存放矩阵中非 0 元素所在的行号，而行偏移数组 rowOffset 存放每一行元素在元素值数组 value 中的偏移。例如，对矩阵的第 i 行（$i=0, 1, 2, \cdots, n-1$），rowOffset[i] 表示该行在数组 value 中的起始位置，即 value[rowOffset[i]] 为第 i 行元素值的起始位置。第 i 行中的非 0 元素个数可通过（rowOffset[$i+1$]$-$rowOffset[i]）计算得出，由于 rowOffset 的长度为矩阵行数 +1，该计算公式对所有行都成立。需要说明的是，虽然同一行的非 0 元素在 value 中连续存放，但这些元素的前后顺序并没有被强制性规定，也就是不一定自左向右逐个排列，其列索引将被存放在数组 columnIndex 中。

经过上述压缩后，稀疏矩阵对应三个数组，分别是元素值数组 value、行偏移数组 rowOffset、列索引数组 columnIndex，这种数据格式被称为 CSR 格式（**compressed sparse row format**）。图 6-18（c）给出了本例中 4×4 矩阵的 CSR 格式。

同理，如果将矩阵的非 0 元素按列存储，并对列索引数组进行压缩，也就是将列索引数组 columnIndex 改为列偏移数组 columnOffset，则稀疏矩阵对应的三个数组分别是元素值数组 value、列偏移数组 columnOffset、行索引数组 rowIndex，这种数据格式被称为 **CSC**（**compressed sparse column format**）。

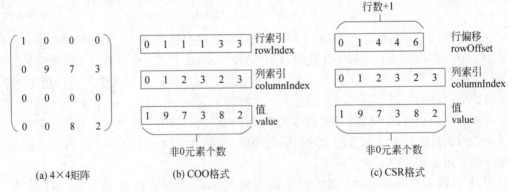

(a) 4×4矩阵　　　　(b) COO格式　　　　(c) CSR格式

图 6-18　稀疏矩阵的压缩数据格式

CSR 和 CSC 格式的存储效率高且访问灵活，是目前较为常用的稀疏矩阵存储格式。显然，CSR 格式更适合按行访问矩阵元素，因为矩阵中同一行的元素是连续存放的；同理，CSC 格式更适合按列访问矩阵元素。

除了 CSR 和 CSC 格式外，目前业内还有一些其他的系数矩阵压缩存储格式，如

ELLPACK（简称 ELL）、HYB、DIA 等。这些格式的灵活性不如 CSR 和 CSC，但适合一些特殊形态矩阵的存储和计算。ELL 格式采用 2 个与原始矩阵行数相同的矩阵实现压缩存储，其中，一个矩阵存储每行的非 0 元素，另一个矩阵存储这些非 0 元素所在的列号；由于每个矩阵的行数与原始矩阵相同，因此行号可以不存储；这种格式适合存储每行中非 0 元素个数相差不大的矩阵，例如，前面介绍的有限差分法求解偏微分方程形成的稀疏矩阵；而如果矩阵某一行中非 0 元素个数远比其他行多，那么 ELL 格式就会面临存储空间浪费或格式复杂化的问题。HYB 格式则是将 ELL 和 COO 组合到一起形成的混合存储格式，它用 COO 格式存储非 0 元素个数远大于其他行的那些行，其他行仍使用 ELL 格式。DIA 格式则是按对角线存储矩阵，特别适合稀疏带状矩阵。一些实验测试表明，ELL 和 DIA 在稀疏矩阵 – 向量相乘计算时效率最高，因此适合用于迭代法求解稀疏线性方程组。

上述多种数据格式并不相互矛盾，在实际应用中开发者可以根据需要混合使用。例如，CSR 和 CSC 格式最为灵活，常被用于稀疏矩阵的文件存储，以及线性代数算法库和软件包调用接口的输入输出参数，而在计算程序中可以根据算法特点使用更高效的数据格式，只需在算法开始和结束时转换格式即可。

◆ 6.4 快速排序

排序是计算机执行的最常见操作之一。许多算法都使用了某种排序，以便之后可以更高效地访问信息。特别是在大数据应用日益普及的背景下，人们需要排序的数值序列越来越长，通过对排序操作的并行化可以缩短排序时间，因此具有重要的应用价值。排序算法种类较多，其中，**快速排序**（**quicksort**）算法的平均时间复杂度为 $O(n\log_2 n)$，效率较高。本节针对快速排序算法介绍其并行设计。

首先给出排序的定义：给定 n 个数字的序列 $\{a_0, a_1, a_2, \cdots, a_{n-1}\}$，排序就是找到满足 $a_0' \leqslant a_1' \leqslant a_2' \leqslant \cdots \leqslant a_{n-1}'$ 的排列 $\{a_0', a_1', a_2', \cdots, a_{n-1}'\}$。

1. 串行算法

快速排序是一种递归算法，其通过比较键而对无序的列表进行排序。在传递列表时，算法选择列表中的数字之一作为基准（pivot）。基准将列表分为两个子列表："低列表"包含小于或等于基准的数字，"高列表"包含大于基准的数字。快速排序递归地调用自身以对两个子列表进行排序。若子列表中没有数字则可以省略该调用。每次调用返回低列表、基准和高列表的级联。

图 6-19 展示了快速排序对整数列表 {75, 46, 16, 54, 11, 86, 97, 22} 进行排序时的操作。假设算法始终选择列表中的第一个元素作为基准值。75 为基准值时，低列表包含 {46, 16, 54, 11, 22}，高列表包含 {86, 97}。接下来，快速排序函数递归调用每个子列表。每次函数调用都会返回两个子列表和基准的级联。例如，对节点 $S(46, 16, 54, 11, 22)$ 的调用返回 {11, 16, 22, 46, 54}，对节点 $S(86, 97)$ 的调用返回 {86, 97}。将子列表和基准级联起来后，函数对于节点 $S(75, 46, 16, 54, 11, 86, 97, 22)$ 返回 {11, 16, 22, 46, 54, 75, 86, 97}。

由于基准元素在每步的移除操作可以保证列表长度在不断减小，函数的递归调用最终会停止。如果子列表没有元素，则无须对其排序。如果单个元素调用函数且该元素已成为了基准，则快速排序算法会将该元素看作已排序列表并返回。

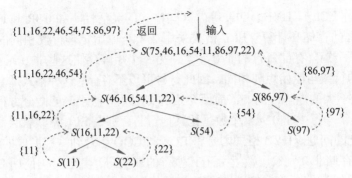

图 6-19　快速排序方法处理 8 元素的列表

2. 并行算法

由于快速排序算法在排序过程中会生成多个子列表，且每个子列表的处理相互独立，因此该算法具有自然的并行性。当算法递归调用自身时，两个调用可以独立执行。这里首先要确定计算机对无序列表排序的定义。一种情况是在算法开始时，单个处理器在其主存中包含未排序的列表；而在算法结束时，同一处理器将在其主存中包含已排序的列表。这一定义存在的问题是其不允许问题大小随处理器数量的增加而增大。取而代之的是，这里假设无序列表最初在处理器的主存之间平均分配，且排序后的值不需要在处理器之间平均分配。

算法完成时满足两个条件。

（1）存储在每个处理器内存中的列表已被排序。

（2）处理器 P_i 列表中最后一个元素的值小于或等于 P_{i+1} 列表中第一个元素的值，其中 $0 \leqslant i \leqslant p-2$。

如果忽略空子列表导致的调用，那么快速排序算法的调用图中的叶子数目将是 2 的幂。如图 6-20 所示，假设活动进程的数量也是 2 的幂，且未排序的数字分布在进程的内存之间。从其中一个进程中选择一个基准并广播到其他进程（见图 6-20（a）），每个进程将未排序的数字分为小于或等于基准的列表和大于基准的列表。进程组上半部分的每个进程将其低列表发送到进程组下半部分中的伙伴进程，并接收高列表作为回报（见图 6-20（b））。此时将进程组分为两组并递归调用，每个进程组中会选择一个进程并将其基准广播到整组（见图 6-20（c））。进程组划分其值列表，其中，每个进程与其伙伴进程交换值（见图 6-20（d））。经过 $\log_2 p$ 次递归后，每个进程都有一个未排序的值列表，且进程之间的值列表完全不相交（见图 6-20（e））。换句话说，进程 i 保持的最大值小于进程 $i+1$ 所保持的最小值。最后，每个进程使用串行快速排序算法对其控制的列表进行排序（见图 6-20（f））。

3. 算法分析

如果要实现并行快速排序算法，那么它的性能如何？该算法从第一个进程启动执行时开始，到最后一个进程完成执行时结束。因此，重要的是要确保所有进程的工作负载大致相同，以使它们大致在同一时间终止。在并行快速排序算法中，工作负载与进程控制的元素数量是相关的。

不幸的是，并行快速排序算法不容易平衡分配给进程的列表大小。如图 6-19 所示的串行快速排序算法，原始列表在第一次拆分后会生成大小为 5 和大小为 2 的两个列表。假

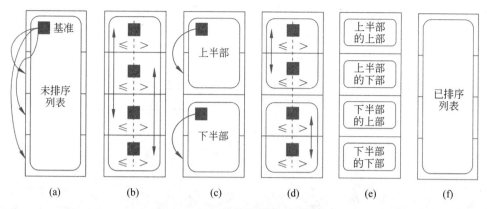

图 6-20 并行快速排序算法流程

设基准值等于列表的中位数，则可以将该列表划分为相等的部分。为了找到中位数，可能还要先以日志方式对列表进行排序，因此，将基准值设为中间值是不切实际的。但是，如果可以选择一个更可能接近已排序列表的真实中位数的值而不是任选列表元素作为中间值，则可以更好地平衡进程之间的列表大小。上述动力驱动了**超快速排序**（hyperquicksort）的设计。

◇ 6.5 快速傅里叶变换

6.5.1 算法背景

傅里叶变换（Fourier transform, FT）被誉为世界上最伟大的数学公式之一，它首先由法国数学家和物理学家傅里叶（Fourier）在 1807 年发表的一篇论文中提出。该论文提出了一个核心观点：**任何连续周期信号都可以由一组适当的正弦曲线组合而成。**人们后来研究发现，将多种正弦曲线信号组合叠加，可以无限逼近任何连续周期信号。由于信号的形态千变万化，而正弦曲线简单且已被深入研究，故这种变换就为用数学方法描述各种复杂信号提供了非常有用的工具，它不但可以用来描述常见的时域信号，还可以用来描述频域信号。现在傅里叶变换和傅里叶级数已成为通信领域的基础数学方法，不止于此，傅里叶变换还在组合数学、概率论、密码学、声学、光学等领域有着广泛的应用。

离散傅里叶变换（discrete Fourier transform, DFT）可以被看作是离散域的傅里叶变换，它处理的是非周期离散信号，这样的信号适合用计算机处理，因此，在计算机出现后受到了更多的关注。

快速傅里叶变换（fast Fourier transform，FFT）是离散傅里叶变换（DFT）的快速计算方法，它可以大幅减少计算离散傅里叶变换所需的乘法次数。通过增加限制条件和简化计算，将时间复杂度从离散傅里叶变换的 $O(n^2)$ 减小到快速傅里叶变换的 $O(n\log_2 n)$，其中 n 为被变换的抽样点数。

6.5.2 算法原理

直观地说，快速傅里叶变换就是将多项式从系数表示方式转换为点值表示，以减小多项式乘法的计算复杂度。

根据离散傅里叶变换（DFT），长度为 N 的有限长序列 $x(n)$ 的 DFT 为

$$X(k)=\sum_{n=0}^{N-1}x(n)W_N^{ki},\ k=0,\ 1,\ 2,\cdots,N-1 \tag{6-52}$$

考虑 $x(n)$ 为复数序列的一般情况，计算 N 点 DFT 的复杂度为 $O(N^2)$。

快速傅里叶变换的核心是减少多项式乘法的计算复杂度，对以下多项式的系数表示如下。

$$A(x)=\sum_{i=0}^{n-1}a_ix^i=a_0x^0+a_1x^1+\cdots+a_{n-1}x^{n-1}$$
$$B(x)=\sum_{i=0}^{n-1}b_ix^i=b_0x^0+b_1x^1+\cdots+b_{n-1}x^{n-1} \tag{6-53}$$

两个多项式的乘积对应这两个多项式的系数向量的卷积，显然，其时间复杂度为 $O(n^2)$。

快速傅里叶变换将上述多项式系数表示转换为点值表示。以 $A(x)$ 为例，选定 n 个 x 值：$x_0, x_1, x_2, \cdots, x_{n-1}$，将这些值代入多项式（6-53），可以得到多项式的 n 个点值如下。

$$(x_0, A(x_0)), (x_1, A(x_1)), (x_2, A(x_2)), \cdots, (x_{n-1}, A(x_{n-1})) \tag{6-54}$$

多项式 $A(x)$ 可以用这 n 个点值来表示。这样，多项式 $A(x)$ 和 $B(x)$ 的乘积用点值方式表示就是

$$(x_0, A(x_0)B(x_0)), (x_1, A(x_1)B(x_1)), (x_2, A(x_2)B(x_2)), \cdots, (x_{n-1}, A(x_{n-1})B(x_{n-1})) \tag{6-55}$$

上述计算的时间复杂度为 $O(n)$。需要说明的是，估算时间复杂度时暂未考虑计算多项式的点值。快速傅里叶变换进一步将多项式点值计算的时间复杂度降到了 $O(\log_2 n)$，从而使总的时间复杂度减为 $O(n\log_2 n)$。

下面考虑如何计算多项式的点值。

假设要计算多项式 $f(x)$，快速傅里叶变换使用分而治之的策略，将 n 项 n 次多项式按照下标的奇偶拆分成两半（n 是 2 的幂），即

$$f(x)=a_0x^0+a_1x^1+a_2x^2+\cdots+a_{n-1}x^{n-1}$$
$$=(a_0x^0+a_2x^2+\cdots+a_{n-2}x^{n-2})+(a_1x^1+a_3x^3+\cdots+a_{n-1}x^{n-1}) \tag{6-56}$$
$$=(a_0+a_2x^2+\cdots+a_{n-2}x^{n-2})+x(a_1+a_3x^2+\cdots+a_{n-1}x^{n-2})$$

根据括号内的多项式特点，分别定义 $f_1(x)$ 和 $f_2(x)$

$$f_1(x)=a_0+a_2x^1+\cdots+a_{n-2}x^{\frac{n}{2}-1}$$
$$f_2(x)=a_1+a_3x^1+\cdots+a_{n-1}x^{\frac{n}{2}-1} \tag{6-57}$$

用 $f_1(x)$ 和 $f_2(x)$ 表示 $f(x)$ 的奇偶部分，有

$$f(x)=f_1(x^2)+xf_2(x^2) \tag{6-58}$$

快速傅里叶变换算法需计算在点 $\omega_n^0, \omega_n^1, \omega_n^2, \cdots, \omega_n^{n-1}$ 处的 $f(x)$ 值，经过数学推导可得

$$f(\omega_n^k)=f_1(\omega_{\frac{n}{2}}^k)+\omega_n^k f_2(\omega_{\frac{n}{2}}^k)$$
$$f(\omega_n^{k+\frac{n}{2}})=f_1(\omega_{\frac{n}{2}}^k)+\omega_n^k f_2(\omega_{\frac{n}{2}}^k) \tag{6-59}$$

通过观察上式可以发现，只要计算出 $f_1(\omega_{\frac{n}{2}}^k)$ 和 $f_2(\omega_{\frac{n}{2}}^k)$，就可以计算出以上两式的值，

由此不断递归，到 $f_1(\omega_1^k)$ 和 $f_2(\omega_1^k)$ 时，得到常数结果，递归结束并返回。

由此可知上述计算多项式点值的时间复杂度为 $O(\log_2 n)$，加上多项式乘积的时间复杂度 $O(n)$，得到快速傅里叶变换的总时间复杂度为 $O(n\log_2 n)$。

代码清单 6-5 给出了递归形式的快速傅里叶变换伪代码。为简化程序，伪代码使用 C++ 语言编写，以便使用其复数数据类型 complex，如果用 C 语言编程，只需自定义 complex 结构体即可。程序中的 fft( ) 函数将多项式 A 由系数表示转换为点值表示，或者反向变换，由参数 type 指定；该函数采用递归调用方式，按照前述的 FFT 算法原理工作，首先将多项式拆分成奇偶两半，分别存入 $F1$ 和 $F2$，然后通过递归调用对 $F1$ 和 $F2$ 继续拆分，直到多项式只有一项时返回；函数最后合并多项式并返回。主程序首先对输入的两个多项式 A、B 分别调用 fft( ) 将其转换为点值表示，然后计算两个多项式的点值乘积（第 31~32 行的 for 循环），最后将点值形式的多项式转换成系数表示（通过调用 fft( ) 时指定 type＝－1 实现）。

代码清单 6-5 快速傅里叶变换的递归算法伪代码。

```
1    // 递归形式的 FFT 变换函数
2    // 参数：A——多项式向量；n——多项式项数；type——指定变换 (1) 或逆变换 (-1)
3    void fft( complex<double> *A, int n, int type )
4    {
5        if (n <= 1) // 递归终止检测：如只有 1 项就直接返回
6            return;
7        i = n / 2;
8        complex<double> F1[i + 1], F2[i + 1];        // 使用 C++ 复数类型
9        for (j = 0; j <= n; j += 2)                   // 按奇偶项将多项式拆分成两半
10       {
11           F1[j/2] = A[j];
12           F2[j/2] = A[j + 1];
13       }
14       fft(F1, i, type);                            // 对拆分成的两半分别递归
15       fft(F2, i, type);
16       complex<double> w(1, 0), Wn(cos(2*PI/n), type*sin(2*PI/n));
17       for (j = 0; j < half; j++)                   // 合并多项式
18       {
19           A[j] = F1[j] + w * F2[j];
20           A[j + i] = F1[j] - w * F2[j];
21           w0 *= Wn;
22       }
23   }
24
25   int main()
26   {    // 输入：A、B——多项式系数向量；Len——多项式项数，应为 2 次幂 */
27       // 调用递归函数 fft() 将多项式由系数表示转换为点值表示
28       fft(A, Len, 1);
29       fft(B, Len, 1);
30       // 计算两个多项式的点值乘积
31       for (int i = 0; i <= Len; i++)
32           A[i] = A[i] * B[i];
```

```
33        // 将多项式转换成系数表示，注意第 3 个参数为 -1，指定逆 FFT 变换
34        fft(A, Len, -1);
35    }
```

6.5.3 递归算法转换为迭代算法

上述快速傅里叶变换过程可以很自然地由递归算法实现。尽管递归形式的算法符合快速傅里叶变换原理且相对容易理解，但开发快速傅里叶变换的迭代算法仍然十分必要，主要原因有两点：首先，快速傅里叶变换算法的迭代版本可以执行较少的索引计算，并且每次循环迭代时都无须进行二次求值；其次，当串行算法为迭代形式时，更容易推导得到并行快速傅里叶变换算法。

图 6-21 通过一个例子说明了如何将快速傅里叶变换由递归算法转换为迭代算法。

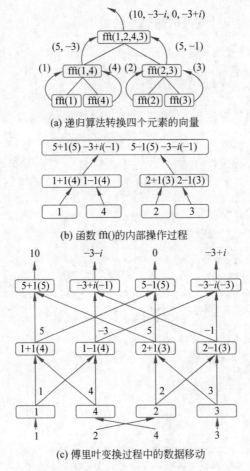

(a) 递归算法转换四个元素的向量

(b) 函数 fft() 的内部操作过程

(c) 傅里叶变换过程中的数据移动

图 6-21　快速傅里叶变换从递归算法到迭代算法的转换

图 6-21（a）说明了如何用递归算法转换四个元素的向量。其中，每个圆角矩形代表对函数 fft() 的调用，要转换的向量在括号内。函数 fft() 将向量一分为二，并在每一半递归调用自身，直到向量大小为 1（单个值的离散傅里叶变换）。函数 fft() 组合在两个长度

为 i 的向量中接收到的值，并返回一个长度为 $2i$ 的向量。对输入向量 $(1, 2, 4, 3)$ 执行快速傅里叶变换产生结果向量 $(10, -3-i, 0, -3+i)$。

图 6-21（b）显示了函数 fft( ) 的内部操作过程，确定每次调用执行了哪些操作。形式 $a+b(c)$ 和 $a-b(c)$ 分别对应以下伪代码语句。

$$y[k] \leftarrow y^{[0]}[k] + \omega \times y^{[1]}[k]$$

$$y[k+\frac{n}{2}] \leftarrow y^{[0]}[k] - \omega \times y^{[1]}[k]$$ 　　　　（6-60）

图 6-21（c）跟踪了变换过程中数据值的移动。算法开始时对向量元素进行置换，输入向量的索引 i 处的元素移至索引 rev(i)，其中，rev(i) 的位顺序与 i 相反。换句话说，最初在索引 01 处的值 2 移动到索引 10，而最初在索引 10 处的值 4 移动到索引 01。在第一阶段，该算法将查找各个值的离散傅里叶变换，然后将结果传递出去。剩下的每个阶段算法都根据上一个阶段中的两个值计算得到新值。数据流方向形成了**蝴蝶图形**（butterfly pattern）。

可以直接从图 6-21 得出迭代算法。在初始排列步骤之后，该算法将迭代 $\log_2 n$ 次，其中每次迭代都对应于图 6-21（c）中的水平层。在每次迭代中，算法会更新 n 个索引的值。迭代算法与递归算法具有相同的时间复杂度：$O(n\log_2 n)$。

6.5.4 　并行算法

1. 划分及通信

为了实现多进程并行的快速傅里叶变换，首先应设计高效的迭代算法。如图 6-22（a）所示，使用域分解方法将原始任务与输入向量 a 的每个元素和输出向量 y 的相应元素相关联，该算法的第一步是执行向量 a 的置换。每个元素 $a[i]$ 被复制到 $y[j]$，其中 j 是 i 的位顺序的反转。例如，当 $n=8$ 时，可以得到 $001 \rightarrow 100$，$010 \rightarrow 010$，$\cdots$，$110 \rightarrow 011$，$111 \rightarrow 111$。如图 6-22（a）所示，这种通信由通道箭头表示。该函数的主循环具有 $\log_2 n$ 次迭代。在每次迭代期间，每个任务都从 $y[k]$ 的先前值以及 $y[k+m/2]$ 或 $y[k-m/2]$ 计算其新值 $y[k]$，其中 $m \in (k, n)$。任务 / 通道图仍表现为蝶形通信的模式。

2. 组合及映射

通过将向量的相邻元素相关联的原始任务组合可以消除部分通信步骤。假设 $n=16$ 且 $p=4$，则进程 0 的系数下标为 0, 1, 2, 3；进程 1 的系数下标为 4, 5, 6, 7；以此类推。图 6-22（b）指示了进程之间的通信模式，其每个聚集的任务用一个灰色矩形表示。每个进程控制两个数组，第一个数组 a 包含一组连续的输入系数，第二个数组 y 保留中间计算结果。在计算结束时，数组 y 包含一组经快速傅里叶变换的连续值。

并行算法分为三个阶段：在第一阶段，进程通过多对多通信置换数组 a；在第二阶段，进程通过对两个数组执行乘法、加法和减法操作实现快速傅里叶变换的首次 $\log_2 n$ 到 $\log_2 p$ 的迭代，注意第二阶段不需要消息传递；在第三阶段，进程交换数组 y 并通过乘法、加法和减法操作执行快速傅里叶变换的最终 $\log_2 p$ 迭代。

可以将进程看作逻辑超立方体（hypercube）的组织形式，在每个最终 $\log_2 p$ 迭代期间，成对的进程在超立方体的不同维度交换值。

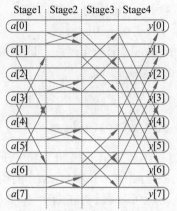

(a) 8元素FFT算法的任务/通道图

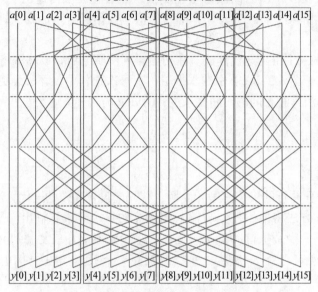

(b) 16元素FFT算法在4进程下的并行方案

图 6-22　快速傅里叶变换迭代算法的并行方案

3. 算法分析

每个进程执行相同的计算负载。由于串行算法的计算复杂度为 $O(n\log_2 n)$，因此并行算法的计算复杂度为 $O(n\log_2 n/p)$。每个进程最多控制向量 a 的 $[n/p]$ 个元素。假设将进程组织为逻辑超立方体，则全部通信步骤是在超立方体的每个维度进行一系列交换而实现的，其时间复杂度为 $O((n/p)\log_2 p)$。并行算法共有 $\log_2 p$ 次迭代，在每次迭代中，每个进程都与伙伴进程沿着超立方体维度之一交换大约 n/p 个值。这些交换的总时间复杂度为 $O((n/p)\log_2 p)$。基于以上假设，并行算法的总通信复杂度为 $O((n/p)\log_2 p)$。

接下来确定并行算法的等效率（isoefficiency）。串行算法的时间复杂度为 $O(n\log_2 n)$，且并行开销是通信复杂度的 p 倍。因此，等效率函数为

$$n\log_2 n \geqslant Cn\log_2 p \rightarrow \log_2 n \geqslant C\log_2 p \rightarrow n \geqslant p^C \qquad (6\text{-}61)$$

快速傅里叶变换算法的可扩展性类似超快速排序的可扩展性。

◇ 6.6　基础线性代数库和软件包

本章前几节介绍了几种典型且常用的并行应用算法,这些算法在科学与工程计算、大数据、人工智能等领域有着广泛的应用。为了更高效地支持这些基础算法,人们经过长期研发,已经形成了一些被广泛采用和认可的算法库和软件包。本节将介绍线性代数算法库中最基础、最常用的线性代数算法库——BLAS,以及影响十分广泛的线性代数求解软件包 LAPACK。这两种软件经过数十年的发展,在某种程度上已经成为事实行业标准。

6.6.1　线性代数算法库 BLAS

BLAS(basic linear algebra subprograms)是一种应用广泛的基础向量 / 矩阵算法库。目前主流的通用处理器 / 加速器上都提供该算法库,因而其已成为向量 / 矩阵算法库的事实标准。如 Intel 为 x86 处理器开发的 Intel MKL 数学库中就集成了 BLAS 库,NVIDIA 为其 GPU 开发了 cuBLAS,我国自主研发的申威处理器和迈创(Matrix)加速器上也开发了 BLAS 库。此外,还有多种开源实现的 BLAS 库,如 OpenBLAS、GotoBLAS2 等。

BLAS 支持基础的向量 / 矩阵计算,包括向量与向量、矩阵与向量、矩阵与矩阵三类运算;每一类运算还支持四种数据类型,包括单精度浮点数、双精度浮点数、单精度复数、双精度复数。BLAS 最初采用 FORTRAN 语言实现,后来又陆续扩展了包括 C、Java 语言在内的其他接口。

BLAS 提供的接口包括以下三层。

(1)第一层(Level 1):向量 – 向量运算。

(2)第二层(Level 2):矩阵 – 向量运算。

(3)第三层(Level 3):矩阵 – 矩阵运算。

表 6-2~表 6-4 分别给出了上述三个层次的双精度浮点数接口函数清单。表格中的所有接口函数都以字母 D 开头,指代双精度浮点数(double)。与此类同,单精度浮点数的接口函数均以字母 S(single)开头,单精度复数的接口函数均以字母 C(complex)开头,双精度复数的接口函数均以字母 Z 开头。

第一层(level 1)提供向量与向量运算接口,双精度浮点数的接口共有 14 种,支持多种一维向量运算。

表 6-2　BLAS 第一层(level 1)接口函数:向量 – 向量运算(双精度浮点数)

序　号	接口函数	功　　能
1	DROTG	建立吉文斯旋转(Givens rotation)
2	DROTMG	建立改良后的吉文斯旋转(Givens rotation)
3	DROT	实现吉文斯旋转
4	DROTM	实现改良后的吉文斯旋转、
5	DSWAP	向量交换
6	DSCAL	向量缩放
7	DCOPY	向量复制
8	DAXPY	向量缩放后与另一向量相加

序　号	接口函数	功　　能
9	DDOT	向量点积
10	DSDOT	扩展精度累加的向量点积
11	DNRM2	向量的欧几里得范数
12	DZNRM2	复数向量的欧几里得范数
13	DASUM	向量各元素绝对值之和
14	IDAMAX	向量各元素绝对值的最大值

　　第二层（level 2）提供矩阵与向量运算接口，双精度浮点数的接口共有 15 种，支持多种矩阵类型的矩阵 – 向量运算。

表 6-3　BLAS 第二层（level 2）接口函数：矩阵 – 向量运算（双精度浮点数）

序　号	接口函数	功　　能
1	DGEMV	矩阵与向量相乘
2	DGBMV	带状矩阵与向量相乘
3	DSYMV	对称矩阵与向量相乘
4	DSBMV	对称带状矩阵与向量相乘
5	DSPMV	对称压缩矩阵与向量相乘
6	DTRMV	三角矩阵与向量相乘
7	DTBMV	三角带状矩阵与向量相乘
8	DTPMV	三角压缩矩阵与向量相乘
9	DTRSV	三角矩阵求解
10	DTBSV	三角带状矩阵求解
11	DTPSV	三角压缩矩阵求解
12	DGER	矩阵的单秩校正
13	DSYR	对称矩阵的单秩校正
14	DSPR	对称压缩矩阵的单秩校正
15	DSYR2	对称矩阵的 2 秩校正

　　第三层（level 3）提供矩阵与矩阵运算接口，双精度浮点数的接口共有 6 种，支持多种矩阵类型的矩阵相乘和求秩。

表 6-4　BLAS 第三层（level 3）接口函数：矩阵 – 矩阵运算（双精度浮点数）

序　号	接口函数	功　　能
1	DGEMM	矩阵与矩阵相乘
2	DSYMM	对称矩阵与矩阵相乘
3	DSYRK	对称矩阵的 k 秩校正
4	DSYR2K	对称矩阵的 $2k$ 秩校正
5	DTRMM	三角矩阵与矩阵相乘
6	DTRSM	三角矩阵求解

　　下面以 BLAS 接口中最为常用的双精度浮点数矩阵相乘接口 dgemm 为例说明其定义

及使用方法。该接口函数名中的 d 表示双精度浮点数（double），gemm 则是通用矩阵相乘（general matrix multiplication）的缩写。

dgemm 执行的矩阵相乘计算如下式。

$$C = \alpha A \times B + \beta C \tag{6-62}$$

在矩阵相乘运算之前，dgemm 可以先对矩阵 A、B 进行转置，包括矩阵转置或共轭转置。因此，更完整的 dgemm 计算公式如下。

$$C = AOP(A) \times OP(B) + \beta C \tag{6-63}$$

其中，OP 指转置操作，包括无转置、转置（transpose）、共轭转置（conjugate transpose）。

C 语言格式的 dgemm 接口定义如下。

```
dgemm(): 双精度浮点数矩阵相乘
dgemm(
    char   TRANSA,    // 指定矩阵 A 的转置操作：N、T、C
    char   TRANSB,    // 指定矩阵 B 的转置操作：N、T、C
    int    M,         // 矩阵 A 和 C 的行数
    int    N,         // 矩阵 B 和 C 的列数
    int    K,         // 矩阵 A 的列数和矩阵 B 的行数
    double ALPHA,     // 标量 ALPHA
    double *A,        // 矩阵 A
    int    LDA,       // 矩阵 A 的主维数
    double *B,        // 矩阵 B
    int    LDB,       // 矩阵 B 的主维数
    double BETA,      // 标量 BETA
    double *C,        // 矩阵 C
    int    LDC        // 矩阵 C 的主维数
);
```

在 dgemm 的接口参数中，A、B、C、ALPHA、BETA 分别对应计算公式中的各个元素；第 1 和第 2 个参数 TRANSA、TRANSB 用于指定矩阵 A、B 的转置操作类型 OP，取值可以是 N——不转置、T——转置（transpose）、C——共轭转置（conjugate transpose）；M、N、K 用于指定矩阵的维数；LDA、LDB、LDC 分别用于指定三个矩阵的主维。

代码清单 6-6 给出了一个调用 dgemm 的程序示例。该程序仅实现简单的矩阵相乘，因此初始化时，可将参数 α 设为 1，β 设为 0，参数 TRANSA 和 TRANSB 均取值 N。该例中，矩阵 A 大小为 8000×6000，矩阵 B 大小为 6000×10 000，矩阵 C 大小为 8000×10 000。

代码清单 6-6 调用 BLAS 接口实现矩阵相乘程序示例。

```
1    double *A, *B, *C;
2    int m, n, k, i, j;
3    double alpha, beta;
4
5    m = 8000, k = 6000, n = 10000;
6    alpha = 1.0; beta = 0.0;
7    A = (double *)malloc( m*k*sizeof(double) );
8    B = (double *)malloc( k*n*sizeof(double) );
9    C = (double *)malloc( m*n*sizeof(double) );
```

```
10    /* 初始化矩阵 A、B、C*/
11    ...
12    /* 调用 dgemm() 实现 A*B=C */
13    dgemm( 'N', 'N', m, n, k, alpha, A, k, B, n, beta, C, n);
```

需要注意的是，在 BLAS 的各种实现版本中，接口函数的名称和参数会略有差异。仍然以双精度浮点数矩阵相乘 dgemm 为例，在 Intel 用于 x86 CPU 的数学库 Intel MKL 中，对应的接口函数为 cblas_dgemm( )，且增加了一个参数（第一个参数），用于声明矩阵的存储格式是行优先还是列优先；在 NVIDIA 用于其 GPU 的 cuBLAS 库中，对应的接口函数为 cublasDgemm( )，而且也增加了一个参数（第一个参数），用于给出 cuBLAS 库的句柄。

本书前几章已经给出了使用各种并行编程接口实现的矩阵相乘示例程序，相信不少读者心中存有疑问：与自己直接编写程序相比，使用 BLAS 接口实现矩阵相乘有什么优势？总体而言，优势体现在三个方面：首先，使用 BLAS 库通常能获得更高的性能，其接口函数内部的很多核心计算甚至采用汇编语言编程以优化性能，硬件厂商开发的 BLAS 库更是会针对其处理器体系结构进行了优化设计，计算性能往往显著优于用户自行编写的程序；其次，BLAS 接口提供更全面、更多样化的功能，使得用户可以通过一个接口函数实现多个计算操作，通过前面的 dgemm 实例可以看到这一点；第三，BLAS 针对不同的向量 / 矩阵特点进行了专门设计和优化，例如，除通用矩阵接口外，还有专门针对三角矩阵、对称矩阵、带状矩阵等特殊形态矩阵的调用接口，从而可以在底层实现中利用矩阵的这些特性简化计算，以获得更优的性能。

标准的 BLAS 库仅适用于共享内存系统，也就是通常所说的"节点内"。为了在集群这类消息传递型系统上支持 BLAS 接口，还开发了 PBLAS（Parallel BLAS），它可以在分布式内存系统上运行，并且拥有与 BLAS 相似的接口。

6.6.2　线性代数软件包 LAPACK

LAPACK（Linear Algebra PACKage）是一种线性代数运算软件包，它在 BLAS 基础上开发，支持更复杂的矩阵运算和线性方程组求解。

LAPACK 最初采用 FORTRAN 语言实现，提供求解线性方程组、最小二乘法求解、特征值问题和奇异值问题的子程序。除此之外，还支持一系列矩阵分解算法，包括 LU 分解、Cholesky 分解、QR 分解、SVD 分解、Schur 分解、广义 Schur 分解。LAPACK 支持稠密矩阵和带状矩阵运算，现阶段不支持稀疏矩阵算法。

LAPACK 同样也成为了矩阵分解和线性方程组求解计算的事实标准，被多种处理器 / 加速器支持。例如，Intel MKL 数学库、NVIDIA cuSolver 均涵盖了 LAPACK 的算法和接口。

LAPACK 集成了数量众多的矩阵运算算法，其子程序和接口组织成以下三个层次。

（1）驱动子程序（driver routines）。每种子程序支持一个问题的完整求解。例如，求解线性方程组、计算实数对称矩阵特征值等。

（2）计算子程序（computational routines）。每种子程序执行一个不同的计算任务。例如，LU 分解、实数对称矩阵化简为三角矩阵等。前文的驱动子程序需要调用一系列计算子程序实现其功能。

（3）辅助子程序（auxiliary routines）。分为三类：执行分块算法的子任务；底层共性计算子程序，如矩阵缩放、矩阵范数计算等；BLAS 的少量扩展，如复数平面旋转、复数对称矩阵的矩阵 – 向量操作等。

LAPACK 的子程序和接口数量远超 BLAS，本书难以一一列举。下文以线性方程组求解中的对称矩阵求解算法相关接口为例进行说明。

线性方程组求解涉及矩阵分解、回代、求解三部分。其中，矩阵分解是关键，通过将线性方程组的系数矩阵分解为三角矩阵，然后可以采用逐级回代方法完成求解。LAPACK 提供了多种矩阵分解算法子程序，如 LU 分解、QR 分解、Cholesky 分解和 LDL 分解等。当矩阵为对称矩阵时，可采用部分选主元策略的 Bunch-Kaufman 算法，该算法又被称为 LDL 算法，它将对称矩阵分解为 LDL^{T} 形式，其中，L 是一个单位下三角矩阵，D 是一个对称的块对角矩阵，完成矩阵分解后，即可通过回代完成线性方程组的求解。

表 6-5 给出了 LDL 对称矩阵求解所涉及的 12 个接口，包括矩阵分解、回代、求解三类，每类接口包含单 / 双精度实数、单 / 双精度复数四种数据类型。实际上求解子程序是通过顺序调用分解、回代子程序实现的。

表 6-5　LAPACK 对称矩阵求解接口

序　号	类　　别	功　　能	接　口　名
1	分解	单精度实数分解	SSYTRF
2		双精度实数分解	DSYTRF
3		单精度复数分解	CSYTRF
4		双精度复数分解	ZSYTRF
5	回代	单精度实数回代	SSYTRS
6		双精度实数回代	DSYTRS
7		单精度复数回代	CSYTRS
8		双精度复数回代	ZSYTRS
9	求解	单精度实数求解	SSYSV
10		双精度实数求解	DSYSV
11		单精度复数求解	CSYSV
12		双精度复数求解	ZSYSV

上述表格中的双精度浮点数对称矩阵分解接口（LAPAKE_dsytrf() 函数）定义如下（C 语言接口）。

```
LAPACKE_dsytrf(
    int matrix_layout,     // 矩阵存储格式：列主序或行主序
    char uplo,             // 指定上三角(Upper)或下三角(Lower)
    lapack_int n,          // 矩阵 A 的行数
    double *a,             // 输入对称矩阵 A，输出分解结果
    lapack_int lda,        // 矩阵 A 的主维数
    lapack_int *ipiv;      // 分解结果矩阵 D 的块结构
);
```

LAPACK 最初是用 FORTRAN 语言实现的，其子程序均以 "LAPACK_" 开头。后来为了方便 C 语言程序调用该软件包，人们对 FORTRAN 接口重新封装后实现了 C 语言接口，

为便于区分，其接口函数均以"LAPACKE_"开头。

与 BLAS 类似，LAPACK 也是仅适用于单节点共享内存系统。为了在集群系统和高性能计算机上支持大规模矩阵运算，人们实现了 ScaLAPACK。它是 LAPACK 在分布式内存系统上的扩展，实现了 LAPACK 的一个子集，可求解大部分 LAPACK 支持的算法，包括线性方程组求解、线性最小二乘问题，以及特征值奇异值问题等。ScaLAPACK 建立在 PBLAS 和 BLACS（basic linear algebra communication subprograms）基础上，其中 PBLAS 是 BLAS 在分布式内存系统上的扩展（前文已有介绍），BLACS 则是专门用于线性代数运算的通信程序库，它曾先后采用多种消息传递协议实现，目前应用最广泛的是基于 MPI 协议的版本。

6.7 小　　结

并行应用算法种类繁多，很难在一章内容中全面覆盖。由于本书的重点是介绍并行编程方法而不是并行应用算法，故本章仅选取了一些典型且常用的并行算法进行了介绍。在介绍有些算法时，本章还有意略去了一些繁杂的数学推导和证明，而尽量使用简洁易懂的语言说明。

对于矩阵相乘这个贯穿全书的程序实例，本章介绍了矩阵相乘的并行算法。首先介绍了基于分块的并行矩阵乘法，在此基础上，还介绍了一种 Cannon 算法，该算法适用于矩阵规模很大而内存容量有限的场景，如集群、GPU 等，该算法可以通过循环块传递，在占用较少内存的前提下实现并行矩阵相乘。

求解线性方程组是十分常用且典型的并行算法，由于其通常被归结为矩阵分解等操作，不但被广泛应用于科学/工程计算中，还是深度学习、大数据分析等新兴应用的底层基础运算。线性方程组的求解算法可以分为直接法和迭代法两大类：直接解法以高斯消去法为基础，形成了通用的 LU 分解算法，以及针对各种特殊形态矩阵的变种分解算法；迭代法则通过多次迭代逐渐逼近线性方程组的解，在迭代求解算法中，除了经典的雅可比迭代、高斯-赛德尔迭代、逐次超松弛迭代法之外，近年来，基于 Krylov 子空间迭代的共轭梯度法也得到了越来越多的关注。在实际应用中，直接法和迭代法均得到了广泛的应用，习惯上，人们常使用直接法求解稠密线性方程组，而使用迭代法求解高阶稀疏线性方程组。另外，本章还介绍了一种高阶稀疏线性方程组求解的典型实例——偏微分方程求解。

除了线性方程组求解算法之外，本章还介绍了快速排序和快速傅里叶变换（FFT）算法，这两种算法也被广泛应用于科学/工程计算和大数据分析等多个领域。

高性能计算技术历经数十年发展，业内已经出现了一系列具有事实标准性质的基础算法库和软件包。本章介绍了最为基础和常用的两种算法库/软件包：BLAS 和 LAPACK。

习　　题

1. 说明 Cannon 算法的基本原理，并分析其可能的适用场合。

2. 用 MPI 编程实现基于 Cannon 算法的矩阵相乘，并测试不同矩阵规模、不同进程数下的性能。

3. 说明高斯消去法求解线性方程组的基本过程，给出其时间复杂度。

4. LU 分解算法编程实验。

（1）编写串行 LU 分解程序。

（2）用 OpenMP 实现并行 LU 分解程序，测试不同线程数、不同矩阵规模下的性能及加速比。

（3）[选做] 改写 OpenMP 版程序，程序中的向量计算通过调用厂商提供的基础线性代数库 BLAS 实现，测试不同线程数、不同矩阵规模下的性能及加速比。

（4）[选做] 在 GPU 或其他加速器上实现并行 LU 分解程序，并测试性能和相对于 CPU 串行程序的加速比。

（5）[选做] 改写加速器版 LU 分解程序，程序中的向量计算通过调用加速器厂商提供的基础线性代数库实现，测试不同线程数、不同矩阵规模下的性能及加速比。

5. 请比较 Jacobi 迭代、Gauss-Seidel 迭代和 SOR 迭代法的异同之处。

6. 迭代法编程实验。

（1）编写串行 Jacobi 迭代和 SOR 迭代程序，测试两种程序求解不同规模线性方程组时的性能。

（2）用 OpenMP 实现并行 SOR 迭代程序，测试程序性能和加速比。

（3）对不同的矩阵，测试比较直接法 LU 分解与 SOR 迭代法程序的性能。

7. 比较经典迭代法与共轭梯度法的优缺点。

8. 根据共轭梯度法的迭代过程和伪代码，用 C/C++ 编写每次迭代的代码段落。

9. 线性方程组求解的直接法和迭代法各有哪些优缺点？各自的适用场合是什么？

10. 对共轭梯度法使用预条件技术可以起到什么作用？

11. 为什么偏微分方程求解一般被归结为稀疏矩阵求解？此时的稀疏矩阵为什么是高阶的？

12. 请分析快速傅里叶变换可能达到的并行规模和效果。

13. 编程实现以下矩阵格式转换。

（1）由二维数组转换为 CSR 格式。

（2）由 CSR 格式转换为二维数组。

14. 稀疏矩阵 – 向量相乘 SpMV 编程实验。

（1）编程实现稀疏矩阵 – 向量相乘 SpMV，在多核处理器或 GPU 上进行并行优化，并测试比较不同矩阵规模下的性能，要求稀疏矩阵使用 CSR 格式存储。

（2）用 MPI 编程实现 $n \times n$ 稀疏矩阵与 n 维向量相乘。要求稀疏矩阵使用 CSR 格式存储，由进程 0 负责读取矩阵和向量，将矩阵分为多个子矩阵块，并将子矩阵块和向量发给其他进程；每个进程调用在（1）中实现的 SpMV 程序完成本进程的矩阵 – 向量相乘；计算完成后，各进程通过集合通信来汇总生成结果向量，要求最后每个进程都存有结果向量。

15. 编写多线程并行快速排序程序，要求数组中元素个数大于或等于 1000 万，测试不同线程个数下的性能及相对于串行程序的加速比。

16. 调用基础线性代数库 BLAS 实现矩阵相乘，测试不同矩阵规模下的性能，并与之前已编写的矩阵相乘程序比较。

英文缩写词

API（application programming interface）应用程序编程接口

BLAS（basic linear algebra subprograms）基础线性代数运算库，实现基本的向量 /
矩阵运算

BF（brain float）一种低精度浮点数据格式，主要用于深度学习

CAF（Co-array FORTRAN）一种 PGAS 类的编程语言

CFD（computational fluid dynamics）计算流体力学

CG（conjugate gradients）共轭梯度法，一种求解线性方程组的迭代算法

CISC（complex instruction set computer）复杂指令集计算机

CMP（chip multi-processor）片上多处理器

COO（coordinate format）一种稀疏矩阵存储格式

CSC（compressed sparse column format）一种稀疏矩阵存储格式

CSR（compressed sparse row format）一种稀疏矩阵存储格式

CUDA（compute unified device architecture）统一计算设备架构，NVIDIA 公司为
其 GPU 设计的编程接口

DDG（data dependence graph）数据依赖图

FDM（finite difference method）有限差分法

FFT（fast fourier transform）快速傅里叶变换

FIFO（first-in first-out）先进先出

FLOPS（floating-point operations per second）每秒浮点运算次数

GEMM（general matrix multiplication）通用矩阵相乘

GPU（graph processing unit）图形处理器

GP-GPU（general-purpose GPU）通用图形处理器，现在往往与 GPU 不加区分

HPC（high performance computing）高性能计算

HPCG（high performance conjugate gradients）共轭梯度法求解稀疏方程组的基准
测试程序

HPL（high performance linpack）一种采用高斯消元法求解线性方程组的基准测试
程序，用于 TOP500 排名测试

IB（infiniband）一种高速互连网络

ILP（instruction level parallelism）指令级并行

IPC（inter-process communication）进程间通信

LAPACK（Linear Algebra PACKage）线性代数运算软件包，提供多种线性方程组求解算法

LWP（light-weight process）轻量级进程，线程的早期名称

MIPS（million instructions per second）每秒百万指令数，处理器性能指标之一

MPI（message passing interface）一种消息传递编程接口

MPP（massively parallel processing）大规模并行处理

NPB（NAS parallel benchmarks）一种并行基准测试程序集

NoC（network on chip）片上网络

NUMA（non-uniform memory access）非一致内存访问

OpenCL（open computing language）一种面向异构平台的并行编程接口

OpenMP（open multi-processing）一种多线程编程接口

OPS（operations per second）每秒操作次数，深度学习处理器的性能指标之一

PCG（preconditional conjugate gradient method）使用预条件方法的共轭梯度法

PDE（partial differential equation）偏微分方程

PE（processing element）处理单元

PGAS（partitioned global address space）分区全局地址空间

POSIX（portable operating system interface）UNIX/Linux 系统编程接口标准

Pthreads（POSIX thread）一种多线程编程接口标准

RISC（reduced instruction set computer）精简指令集计算机

RDMA（remote direct memory access）远程 DMA 或远程直接内存访问

RMA（remote memory access）远程内存访问

SIMD（single-instruction multiple-data）单指令流多数据流

SIMT（single-instruction multiple-thread）单指令流多线程

SM（streaming multiprocessor）流式多处理器，构成 GPU 的计算部件

SMP（symmetric multi-processing）对称多处理

SMT（simultaneous multi-threading）同时多线程

SoC（system on chip）片上系统

SOR（successive over relaxation）逐次超松弛迭代法，求解线性方程组的迭代算法

SPMD（single program multiple data）单程序多数据，MPI 程序的并行模式

SpMV（sparse matrix-vector multiplication）稀疏矩阵 – 向量相乘

SSH（secure shell）一种用于远程登录的安全传输协议，用于取代无安全机制的 telnet

UPC（unified parallel C）一种 PGAS 类编程语言

参 考 文 献

扫描如下二维码查看参考文献。